国家出版基金项目
NATIONAL PUBLICATION FOUNDATION

有色金属理论与技术前沿丛书

# 复杂地层钻探技术

## DRILLING TECHNOLOGY IN COMPLEX FORMATION

彭振斌　孙平贺　曹　函　彭文祥　左文贵
胡焕校　杨俊德　熊清林　匡立新　编著

Peng Zhenbin　Sun Pinghe　Cao Han　Peng Wenxiang　Zuo Wengui
Hu Huanxiao　Yang Junde　Xiong Qinglin　Kuang Lixin

中南大学出版社
www.csupress.com.cn

C.NMC
中国有色集团

# 内容简介
## Introduction

　　本书系统地介绍了目前钻探所遇各种复杂地层的钻进技术。全书共分5章,内容十分丰富,涵盖全面,是目前针对钻进所遇到的各种复杂地层或复杂情况阐述相关钻探工艺技术较为系统的书籍,全书包括复杂地层的分类、各种复杂地层的探测、复杂地层护壁堵漏技术以及各种复杂地层的钻探工艺技术等。

　　全书搜集了国内外关于复杂地层方面的最新成果或成熟的钻进工艺技术,可供高等院校师生、生产工程技术人员和技术工人参阅。

# 作者简介 / About the Authors

**彭振斌**，1952 年 8 月出生，湖南宁乡人。中南大学教授，博士生导师，地质工程学科带头人，主要从事钻探工程、地质工程相关领域的教学与科研工作。1992 年获得湖南省优秀科技工作者、湖南地质系统优秀科技工作者，1993 年获得国务院政府特殊津贴，1995 年获得湖南省优秀科技开发先进个人，2001 年获得全国宝钢优秀教师奖，2007 年被评为中南大学教学名师。被英国剑桥传记中心评为 1993—1994 年度世界有成就的人，多年来获得厅级以上各种奖励 45 项。主持完成国家、省部级课题 30 余项，出版专著 13 部，公开发表国内外学术论文 120 余篇。荣获各类奖励 50 余次，其中"金刚石岩芯钻探配套技术推广应用"获得国家进步一等奖、"钻井系列堵漏剂"获湖南省教委科技进步一等奖、中国有色金属工业总公司科技进步三等奖等。参加工作以来，已培养硕士、博士生 140 余名，其中博士生 70 余名。

**孙平贺**，籍贯吉林松原，1982 年 3 月出生。中南大学讲师，硕士研究生指导老师，美国环境与工程地质学家协会会员。主要从事非开挖、矿产地质及非常规能源钻进技术的教学与科研工作。2006 年毕业于中国地质大学（武汉）勘查技术与工程专业，同年获准硕博连读；2009 年受国家留学基金委资助赴美留学并完成博士论文，2011 年获地质工程专业中美联合培养博士学位；同年进入中南大学地质资源与地质工程博士后科研流动站深造，并任教于地质工程系。先后主持、参与国家级、省部级课题 12 项；完成的科技成果获国际先进鉴定水平 2 项，省级工法 2 项；公开发表国内外学术论文 40 余篇，参编教材 1 部；拥有授权国内专利 11 项；荣获湖北省优秀博士论文、中国施工企业管理协会科技进步奖、广东省土木工程师协会科学技术奖、广东省市政行业协会科学技术奖等多项荣誉。

# 学术委员会

Academic Committee

国家出版基金项目
有色金属理论与技术前沿丛书

**主 任**

王淀佐　中国科学院院士　中国工程院院士

**委 员**（按姓氏笔画排序）

| | | | |
|---|---|---|---|
| 于润沧 | 中国工程院院士 | 古德生 | 中国工程院院士 |
| 左铁镛 | 中国工程院院士 | 刘业翔 | 中国工程院院士 |
| 刘宝琛 | 中国工程院院士 | 孙传尧 | 中国工程院院士 |
| 李东英 | 中国工程院院士 | 邱定蕃 | 中国工程院院士 |
| 何季麟 | 中国工程院院士 | 何继善 | 中国工程院院士 |
| 余永富 | 中国工程院院士 | 汪旭光 | 中国工程院院士 |
| 张文海 | 中国工程院院士 | 张国成 | 中国工程院院士 |
| 张 懿 | 中国工程院院士 | 陈 景 | 中国工程院院士 |
| 金展鹏 | 中国科学院院士 | 周克崧 | 中国工程院院士 |
| 周 廉 | 中国工程院院士 | 钟 掘 | 中国工程院院士 |
| 黄伯云 | 中国工程院院士 | 黄培云 | 中国工程院院士 |
| 屠海令 | 中国工程院院士 | 曾苏民 | 中国工程院院士 |
| 戴永年 | 中国工程院院士 | | |

# 总序

当今有色金属已成为决定一个国家经济、科学技术、国防建设等发展的重要物质基础，是提升国家综合实力和保障国家安全的关键性战略资源。作为有色金属生产第一大国，我国在有色金属研究领域，特别是在复杂低品位有色金属资源的开发与利用上取得了长足进展。

我国有色金属工业近30年来发展迅速，产量连年来居世界首位，有色金属科技在国民经济建设和现代化国防建设中发挥着越来越重要的作用。与此同时，有色金属资源短缺与国民经济发展需求之间的矛盾也日益突出，对国外资源的依赖程度逐年增加，严重影响我国国民经济的健康发展。

随着经济的发展，已探明的优质矿产资源接近枯竭，不仅使我国面临有色金属材料总量供应严重短缺的危机，而且因为"难探、难采、难选、难冶"的复杂低品位矿石资源或二次资源逐步成为主体原料后，对传统的地质、采矿、选矿、冶金、材料、加工、环境等科学技术提出了巨大挑战。资源的低质化将会使我国有色金属工业及相关产业面临生存竞争的危机。我国有色金属工业的发展迫切需要适应我国资源特点的新理论、新技术。系统完整、水平领先和相互融合的有色金属科技图书的出版，对于提高我国有色金属工业的自主创新能力，促进高效、低耗、无污染、综合利用有色金属资源的新理论与新技术的应用，确保我国有色金属产业的可持续发展，具有重大的推动作用。

作为国家出版基金资助的国家重大出版项目，《有色金属理论与技术前沿丛书》计划出版100种图书，涵盖材料、冶金、矿业、地学和机电等学科。丛书的作者荟萃了有色金属研究领域的院士、国家重大科研计划项目的首席科学家、长江学者特聘教授、国家杰出青年科学基金获得者、全国优秀博士论文奖获得者、国家重大人才计划入选者、有色金属大型研究院所及骨干企业的顶尖专家。

国家出版基金由国家设立，用于鼓励和支持优秀公益性出版项目，代表我国学术出版的最高水平。《有色金属理论与技术前沿丛书》瞄准有色金属研究发展前沿，把握国内外有色金属学科的最新动态，全面、及时、准确地反映有色金属科学与工程技术方面的新理论、新技术和新应用，发掘与采集极富价值的研究成果，具有很高的学术价值。

中南大学出版社长期倾力服务有色金属的图书出版，在《有色金属理论与技术前沿丛书》的策划与出版过程中做了大量极富成效的工作，大力推动了我国有色金属行业优秀科技著作的出版，对高等院校、研究院所及大中型企业的有色金属学科人才培养具有直接而重大的促进作用。

王淀佐

2010 年 12 月

# 前言
## Foreword

　　钻探工程是一门古老而又复杂的工程技术学科，涉及到多种学科知识，也包含着许多复杂系统，其中复杂地层的钻探技术是其中一个非常重要的分支。随着社会的发展与进步，各种资源的需求量也越来越大，许多资源的发现和勘探都离不开钻探技术，随着钻探深度的增加，钻探的复杂程度越来越大。广大钻探工程行业的人员通过长期不懈努力，积累了不少在复杂地层钻进中的经验和技术，作者收集了国内外复杂地层分类、探测、护壁堵漏和钻探技术等方面的相关资料，并加上作者的相关研究成果编著了本书。

　　本书共分5章，第1章绪论，由彭振斌执笔；第2章复杂地层分类，由彭振斌、熊清林执笔；第3章复杂地层探测技术，由孙平贺、彭振斌执笔；第4章复杂地层护壁堵漏技术，由曹函执笔；第5章复杂地层钻进技术，分5节，其中第1节难取芯地层钻进技术，由左文贵执笔；第2节钻孔弯曲地层钻进技术，由胡焕校执笔；第3节高地应力地层钻进技术，由李建中执笔；第4节冻土地层钻进技术，由彭文祥执笔；第5节坚硬地层钻进技术，由杨俊德执笔。

　　全书由彭振斌、孙平贺、曹函负责审核、修改和统稿。

　　本书收集和应用了复杂地层分类、探测和钻进方面的许多资料，涉及到许多人员，尽管作者在参考文献中一一列出，但难免有所疏漏，作者在此表示衷心的感谢。对于本书的出版、发行提供过各种帮助和支持的相关人士，编委会同样表示衷心感谢。

　　本书可用于地质工程专业本科生、研究生课堂教学，亦可作为相近专业学生学习、自修的补充参考书目，同时也可以为地质矿产、有色冶金、煤炭油气、非常规能源等领域从事钻采和研究工作的技术人员提供参考。

　　编著过程中，尽量采用了国家已经颁布或即将颁布的标准、规范，尽可能地采用复杂地层分类、探测和钻进方面的最新资料和成果，由于钻进技术日新月异，肯定还有很多资料收集不到或有所遗漏，以及在编写、出版过程中出现一些差错，希望读者或相关人士将信息及时反馈给我们，以便再版时修订、补充和完善。

# 目录 / Contents

# 第 1 章 绪 论

## 1.1 复杂地层概述

地层是由各种造岩矿物组成的，矿物的化学成分和性质，直接影响着岩石的性质和地下水的化学成分。各种类型的岩石，其物理性质和化学性质也不同，如强度、硬度、弹性、塑性、脆性、孔隙度、含水率、水溶性、水敏性(遇水崩解、剥落)、分散性、膨胀性和离子交换吸附、水化等性能。

另外，由于内动力地质作用(如地壳运动、岩浆作用和变质作用)和外动力作用(如风化、剥蚀、堆积、成岩等作用)使地层中存在着各种空隙、裂隙和溶隙。在这些空隙中，一般都有流体(水、油、气)和某些松软的固体堆积物或化学沉积物充填其中。同时，地下水的埋藏条件和运动状态，对地层的稳定性起着极其重要的作用。

一般情况下，地层是处于相对稳定状态的，但是由于上述各种地质因素的存在，对其实施钻探时可能会破坏它原有的稳定状态，出现各种复杂的情况——钻孔坍塌、掉块、冲洗液漏失、涌水、井喷、膨胀缩径等问题，影响正常钻进。出现上述影响钻探的各种情况的地层统称为复杂地层[1]。

上述的复杂地层和由于技术、工艺以及因钻探要求更新而产生的其他复杂情况，统称为钻探复杂条件。

在钻探过程中，破碎地层是比较常见的一类复杂地层。破碎地层通常可分为两类：一是在构造运动作用下形成的复杂破碎地层，即由地质构造运动所产生的挤压、张拉、剪切等作用，使岩层产生节理、裂隙、裂缝、断层和片理，其中坚硬的脆性岩石受构造力的剧烈作用最容易形成复杂破碎地层。二是由外力地质作用所形成的复杂破碎地层，即风化层、河流冲积层、洪积层、风积层。岩层经风化作用变为岩性较松散、胶结不良的风化层，而冲积、洪积、风积作用形成的各种沉积层一般含有黏土、流砂、卵石、砾石、漂石，从而形成更为复杂的地层。由于在破碎地层中，碎块状岩石存在大小不均、胶结性差、结构松散、换层频繁、软硬悬殊、颗粒级配悬殊等特点，所以在钻进过程中碎块不能稳定受力，容易发生滚动，产生多个切削面，使得破岩效率降低，岩芯采取率低，容易出现垮孔、掉块和卡钻等事故；再者因为破碎地层渗透性强，容易造成冲洗液漏失，或者出现涌水等事故。实践表明，在复杂破碎地层中钻进施工，技术上主要存在三难——钻进难、护壁难、取芯难[2]。

## 1.2 复杂地层钻进技术的发展

我国的钻探工程是在非常薄弱的基础上逐步发展起来的。在过去的几十年里，国内钻探工作者对复杂破碎地层钻进技术进行了大量的研究，并取得了骄人的成绩，其中许多技术已经达到了国际先进水平，且在实践生产中取得了很好的效果。当然，其中也还存在许多难题亟待解决。随着我国中东部一大批老矿山在已有勘查范围内资源的枯竭，未来地质找矿和钻探施工无疑将需要向更深、更复杂地层及其外围区域拓展，以延长矿山开采年限，满足国家对资源的急需要求。因此，进一步研究破碎复杂地层的钻进技术，解决其存在的问题，改进已有的技术方法，探索出更有效的新方法和新技术，对未来寻找新矿产资源将有着非常明显的现实意义。

在复杂地层中钻进，主要会遇到钻进、保护孔壁、取芯等困难问题。虽然目前国内外钻进技术可以解决一些复杂地层钻进问题。但是，由于复杂地层的复杂程度不同，对于取芯(样)要求不同，目前国内外钻进技术还难于达到钻进的目的要求[3]。

在保护孔壁方面：①国内外覆盖层钻进中，对于厚度小于 20～50 m 的覆盖层，一般采用泥浆护壁快速钻穿覆盖层，然后下入套管隔离覆盖层；对于比较厚的覆盖层采用多层套管的钻孔结构，逐级钻进并下入套管，最终靠多层套管隔离保护孔壁。存在的问题是：钻孔结构复杂、套管数量多、成本较高。国外采用的同径跟管取芯钻进技术，虽有一定的优越性，但还存在钻具使用寿命短和适用范围有限等不足。②采用优质泥浆与多功能无固相冲洗液护壁堵漏。③采用水泥护壁堵漏，在漏失轻微、坍塌掉块严重的地层中，采用水泥护壁是行之有效的方法。对于地层比较单一、地层厚度不大和岩芯质量要求不高的复杂地层钻探，钻探难度相对不大，比较容易满足地质勘探要求。而对于水利水电工程勘察岩芯钻探和工程施工钻探，由于覆盖层厚、地层复杂，上述技术难以满足要求。

卵砾石覆盖层由于地层松散、包裹砂卵砾石无规律、砾石大小不均、换层频繁、软硬悬殊和要求岩石采取率高(80%)等，在施工时矿产资源钻探技术难以满足要求。国内水利水电勘察等部门的多家单位对覆盖层钻探和工程施工钻进行了长期的探索，在传统钻探技术的基础上，先后经历了锤击跟管取芯钻进技术和推广应用金刚石取芯钻进技术两个重要阶段(两次重大技术突破)，先后取得一大批科研成果，促进了水利水电勘察技术的发展。

(1)第一次重大技术突破——锤击跟管硬质合金取芯钻进技术

20 世纪 50 年代，国家电力公司成都勘测设计研究院针对卵砾石覆盖层钻探中，因地层不稳定出现的钻孔频繁垮塌、钻进效率低和取芯质量较差等问题，成功地研究和总结出了"孔内爆破技术研究"，较好解决了这种地层钻进中的跟管技术难题。后来，经过不断改进，形成了一整套完善的锤击跟管取芯钻进技术，并在水利水电勘察中得到广泛应用。目前，这种技术仍然是一种对付架空层的主要技术方法，其中，取芯钻进方法与 80 年代前所不同的是采用金刚石钻进代替了硬质合金钻进和钢粒钻进。

早期锤击跟管钻进原理(工艺流程)：先导孔钻进→孔底爆破→锤击跟管→先导孔钻进。具体技术方法：①采用比套管小一级的钻具在套管下部孔段进行取芯钻进(先导孔钻进)，钻进方法为硬质合金和钢粒钻进，有时采用泥浆护壁。②当裸孔段的孔壁垮塌和掉块对正常取芯钻进构成比较严重的影响时，采取孔内爆破方法在裸孔孔段进行爆破；③采用吊锤打击的方法将套管逐根跟到孔底，靠套管护壁。①、②、③工艺形成一个钻进周期，构成完整的锤击跟管取芯钻进工艺流程。该技术方法尽管存在一定的技术领陷：①具有炸坏套管的可能；②套管容易在锤击时变形；③一级套管难以实现长孔段跟管等。但在尚无其他有效技术方法的情况下，该技术不失为一种实用的取芯钻进技术。

(2)第二次重大技术突破——金刚石取芯钻进技术

20 世纪 80 年代，随着天然金刚石在钻探中的成功应用和人造金刚石技术的飞跃发展，水利水电勘察部门开展了金刚石钻进技术在深厚覆盖层中的研究，具有代表性的研究项目是：国家电力公司成都勘测设计研究院承担的国家六五攻关项目"深厚砂卵石层金刚石钻进与取样技术的研究"，成功地实现了金刚石取芯钻进技术移植(推广)，并在国内广泛推广应用。

在取芯(样)技术方面：采取高质量的岩芯标本仍然是现代岩芯钻探的主要目的之一。所谓"取芯质量"，主要包括岩芯采取率和反映岩层(或矿层)结构状态及物理力学性能的程度。不同勘探目的的钻孔，采取岩芯质量的要求不同，矿床勘探钻孔，主要目的是查明矿层位置和含矿量，要求只需得到较高的岩矿芯采取率即可。工程地质勘探钻孔，除了必须采取足够数量的岩芯以外，还须取出保持地层原始结构状态和物理力学性状的岩样，即原状岩样，同时还须查明地层的水文地质条件。为了达到上述目的，有的还须进行必要的孔内测试。

取芯钻具的结构对取芯质量有重要的影响。目前主要采用回转式取芯钻具。回转式取芯钻具包括单管钻具、单动双管钻具、双动双管钻具和三层管钻具。绳索取芯钻具一般属于单动双管钻具。按冲洗液流向分有正循环钻具和反循环钻具。

单管正循环钻具取芯的效果最差，不论什么结构和采用什么类型的冲洗液，其采取率最低，且不能取原结构状岩样。反循环钻具大多采用局部反循环，有单管反循环和双管反循环两种。反循环钻具岩芯采取率最高，可以达到100%，它的缺点是岩芯质量差，分选严重，一般不能反映原状结构。

双动双管钻具的岩芯采取率高，但它的适用范围有限，由于只能采用硬质合金钻头，故一般只适用于软塑性岩层。

三层管钻具实质是在双管钻具的内壁增加一层薄壁的半合管，以避免退出岩芯时人为损坏破碎的岩芯。

单动双管钻具(包括绳索取芯钻具)是目前应用最广的取芯钻具，它适用于各种岩层，结构种类很多，性能相差也很远。

金刚石钻进和绳索取芯钻进，以及有的单位研制的专用取芯钻具，采用清水或泥浆作为冲洗液，可以获得较高的岩芯采取率，但是想要取到原状岩样是比较困难的。在一些破碎地层，采取率仍有明显地降低；在无泥质的砂卵石覆盖层，只能采取大块的卵石，而且只能采取扰动样。人们为了提高岩芯采取率，为了在破碎地层、软弱夹层和砂层取样，设计了各式各样的取芯钻具和取芯工具，这些钻具和取芯工具的共同特点是减少或避免冲洗液对岩芯的冲刷，在一定的地层如泥质胶结地层、破碎地层和厚砂层有一定效果，但适用范围较小，尤其对漂卵砾石层、砂卵石层和薄砂层不能见效。

在钻进碎岩技术方面：覆盖层质地坚硬，结构复杂，其成分主要由坚硬的火成岩、变质岩组成，漂石和卵石的可钻性级别一般在 7 ~ 11 级，颗粒级配无规律性，从细砂到粒径 10m 以上的漂砾无一不有，钻进碎岩有一定的难度。目前主要采用有硬质合金钻进法、金刚石钻进法、冲击钻进法、潜孔锤钻进法。其中金刚石钻进法碎岩效率较高，相比潜孔锤钻进法在可钻性为 5 ~ 7 级的岩石中钻进效率有明显提高，在坚硬致密"打滑"岩层中可成倍地提高钻进效率；特别是在裂隙及解理发育(岩芯容易堵塞)的岩层钻进可以提高回次岩芯长度，提高岩矿芯采取率，对于硬、脆、碎的破碎带效果更为明显[4]。

为了战胜复杂地层，20 世纪 50 年代以来，国内地质勘探部门就开始重视钻井液护壁技术，把它作为处理孔内复杂问题的主要措施之一。利用各种无机盐和有机护胶剂的化学处理，大大改善了钻井液的性能，增强了钻井液的护壁性能。煤碱剂、丹宁酸钠、亚硫酸纸浆废液配制的细分散钻井液是这个时期的代表。随着化学工业的发展，钠－羧甲基纤维素、铁铬盐等新型钻井液处理剂的出现，使细分散钻井液又提升到一个新水平。以碳酸钙钻井液为代表的粗分散体系和以聚丙烯酰胺为代表的低固相钻井液，70 年代以来在国内地质岩芯钻探中几乎是同时或相继出现的，而且很快为后者所替代，目前以聚丙烯酰胺及其衍生物配制的不分散低固相优质轻钻井液，在提高钻进效率和护壁效果方面发挥了巨大的作用。

随着优质轻钻井液的推广和技术发展的要求，黏土粉特别是膨润土粉应运而生。造浆土的大量出现和应用，使我国钻井液技术又提高到一个新的水平。与此同时，在钻井液性能测量仪器方面在原有基础上也渐趋完善。

20 世纪八、九十年代以来，我国的钻井液技术又有了新的突破。腐植酸钾、磺化沥青、羟乙基纤维素、速溶纤维素、生物聚合物等新型钻井液处理剂相继研制成功。聚丙烯酰胺适度交联液、魔芋、田菁、生物聚合物、纤维素等无黏土钻井液，得到发展，能降低泵压的无黏土钻井液、泡沫钻井液的试验研究也取得了一定成果。各种乳状钻井液和以松香酸钠、十二烷基苯磺酸钠及其他具有润滑性能的表面活性剂组成的润滑钻井液，都得到迅速地推广。钻井液及其他钻井液流变学的研究也取得一定进展。S 系列植物胶钻井液是目前使用最简单，效果最好的黏弹性钻井液。S 系列植物胶钻井液最早创研于 1984 年，当时只有唯一的一个产品，商品名称叫 SM 植物胶钻井液，系发明专利。在国内地质勘探中畅销二十余年，由于原料资源减少，故已逐渐淘汰。2005 年以来新研制开发的产品有 SH 和 ST 两种类型的植物胶，与 SM 胶一起统称为 S 系列植物胶。S 系列植物胶钻井液和 SDB（及 SD）系列金刚石钻具的结合，在破碎复杂地层钻进中取得很好的效果。

除此之外，国内用于破碎地层钻探的植物胶钻井液还有 CL 植物胶复合无固相冲洗液和一些改性复合胶无黏土冲洗液。其中，CL 植物胶复合无固相冲洗液的黏度适当，有较好的携带岩粉能力；在孔壁上能形成有一定强度的吸附膜，失水量低，适合松散破碎、水敏膨胀等破碎构造带及不稳定地层护壁；该冲洗液流变性好，润滑减阻性好，可满足复杂地层绳索取芯钻进的需要[8]。邱存家，陈礼仪（2003 年）采用由植物胶（GRJ）、交联控制剂（PHP）和交联剂（PS2D1）组成的一种改性复合胶无黏土冲洗液。其除了具有黏度适当，流变性好，润滑减阻性好，成膜作用强，取芯护芯效果好等特点之外，最大优点是用可种植再生的工业植物胶和合成高分子聚合物作为复合改性的基本原材料，具有原料来源广、稳定可靠的优点，较好地解决了野生植物胶资源短缺供不应求的矛盾，成为配制无黏土冲洗液的新材料。

所以，长期以来广大钻探工作者在处理复杂地层条件方面做了不懈努力，也做出了很多成效[5]，归纳起来有如下几个方面：

①选用好的钻井液，并配合其他护壁堵漏措施处理复杂地层；

②套管隔离复杂地层；

③跟套管钻进技术或跟管冲击钻进技术对付复杂地层；

④潜孔锤钻进复杂地层；

⑤综合钻进技术对付复杂地层：在钻进结构、钻进方法、钻具、钻头等方面，再配合护壁堵漏等技术对付复杂条件下的钻探；

⑥多冲洗介质反循环连续取芯钻进技术对付复杂地层条件；

⑦全面收集岩粉钻进技术；

⑧多冲洗介质（含空气、泡沫、雾化等）对付复杂地层。

对护壁、取芯、钻进问题，虽然有很多技术方法可选，但仍未能有效解决复杂地层钻探和工程施工钻探技术问题。其关键是应将高效率碎岩技术与有效的护壁、取芯技术结合起来，进一步完善和发展复杂地层钻进技术。

# 第 2 章 复杂地层分类

## 2.1 国内复杂地层分类

目前国内复杂地层分类是根据产生复杂地层的地质条件：包括地质成因（火成岩、沉积岩和变质岩）、岩层产状、性质、胶结物、构造运动、蚀变、矿化和风化等，如地层的松散、破碎、节理、裂缝、空洞发育及水敏性性质等因素以及根据地下水活动所造成的钻孔漏失与涌水的水文地质条件来进行划分的。

依据钻进中的孔内状况，岩层的矿物成分、结构、胶结性能以及地质构造，岩层的水化及分散现象，地层的孔隙、裂隙、洞隙发育程度等，福建省将复杂地层分为松散、破碎、水敏和漏失四大类型，其中水敏地层又分为吸水膨胀地层、吸水分散地层和吸水剥落地层。漏失地层分为孔隙漏失地层、裂隙漏失地层和洞隙漏失地层。

湖南省将复杂地层分为破碎性地层、水敏性地层、孔隙洞地层三大类。其中破碎地层又分为松散破碎地层和硬、脆、碎地层，水敏性地层分为水化松散地层、水化剥落地层、水化膨胀地层和水化溶蚀地层。孔隙洞地层分为孔隙地层和岩溶地层。

而华东地区将复杂地层分为四类：

1）遇水易水化膨胀、坍塌的以水敏性为主的地层。这类地层包括含蒙脱石、伊利石、绿泥石、高岭石等黏土矿物的糜棱岩、泥质构造充填物、泥质胶结的角砾岩以及煤矿围岩等。这类地层的岩石吸水性很强，遇水后易水化膨胀、水化剥落，使用清水钻进，几乎随钻随垮，有的会产生钻孔缩径。

2）弱水敏性的构造破碎带及胶结物强度极低的松散地层。这类地层包括一些弱水敏性的构造破碎带、结构松散的红砂岩、变质砂岩、千枚岩、高山坡积物、洪积物、风化层等。由于胶结物强度极低，孔壁形成后，在冲洗液冲洗和钻具回转作用下，造成孔壁坍塌，钻孔超径，有时出现涌水或漏失现象。

3）非水敏性岩层经过碎裂蚀变而形成的碎裂性地层。这类地层岩石呈碎裂状，遇水并不产生水敏性破坏。地层被钻穿后，在地应力的作用下，碎岩块向孔内坍落移动，产生掉块或坍塌现象，并常伴有漏失或涌水。常见的是一些无胶结的构造破碎带以及构造带上下盘的碎裂岩带。

4)溶蚀性地层。这类地层形成的溶洞直径可达 2 米左右。施工中有严重漏失或涌水，并发生孔壁坍塌，钻进中易折断钻杆。

吉林地区将复杂地层分为五类：

1)遇水极易水化、膨胀、剥落坍塌的以水敏性地层为主的岩层。如构造断层泥、断层破碎带的糜棱岩、糜棱岩化角砾岩、煤矿围岩以及受急剧挤压变形和混合岩化影响的高岭土化、绢云母化、绿林石化的岩层。这类岩层厚度由几米至几十米不等，且多层出现。这类地层如使用清水或失水量大的泥浆作为冲洗液，易造成钻孔缩径和坍塌。

2)由于受地壳多期运动形成的岩石节理、片理裂隙极为发育的非水敏性碎裂地层。代表性岩层有石墨大理岩、碎裂化混合岩、混合花岗岩、斜长角闪岩、蚀变带等。岩层受机械震动或水力冲刷就稀疏破碎，甚至被破坏成碴子状碎粒，钻进过程中极易坍塌、掉块。

3)结构松散、胶结性差的不稳定岩层，这类地层普遍存在。常见的有第四纪覆盖层、风化残坡积层、松花江流域的砂卵砾石层。这类地层在钻探施工过程中，垮塌严重，并伴有漏失。

4)易造浆地层。常见的岩层有泥质页岩、黏土矿床、千枚岩层和某些矿区的蚀变带。在钻探施工过程中，岩屑混入泥浆，引起泥浆固相含量增大，黏度升高，破坏泥浆的原有性质。或因泥浆失水量过大，造成钻孔缩径或坍塌。

5)漏失地层。由于地壳构造运动形成的裂隙和破碎带所造成的漏失居多，属溶岩中出现的溶洞所造成的漏失也存在。按其漏失程度划分，前者大都属于"微型"、"中型"漏失，个别矿区、个别地层也有"严重"漏失，后者则基本属于"严重"漏失。

而综合国外复杂条件分类情况可知，复杂条件主要包括：泥岩中钻探、吸水性岩层钻探、厚层盐类沉积地层中钻探、严重自然孔斜地带钻探、水域钻探、在冻土和冰层钻探、地热资源钻探、非稳定性松散地层、伴有永冻和融化等复杂条件下钻探。

综合国内分类情况，目前对复杂地层的分类可综合如表 2-1 所示。

近年来随着钻探技术的进步和对钻探要求的提高，钻探的复杂条件已越来越多，它不仅包括过去常称的复杂地层，还包括除地层以外影响钻探的其他复杂情况，但是目前对复杂条件的分类情况仍然停留在 20 世纪八、九十年代的水平上，上述分类方法随着地层复杂程度的增加，钻孔的加深，已很难满足目前的钻进需要。

表 2 - 1　复杂地层分类表

| 地层分类 | 成因类型 | 复杂情况 | 典型地层 |
|---|---|---|---|
| 各种盐类地层 | 水溶性地层 | 钻孔超径、钻井液污染、坍塌 | 盐岩、钾盐、光卤石、芒硝、天然碱、石膏等地层 |
| 各种黏土、泥岩、页岩地层 | 水敏性地层(溶胀分散地层,水化剥离地层) | 膨胀缩径、钻井液增稠、钻头泥包、孔壁表面剥落、崩解、垮塌超径 | 松散黏土层、各种泥岩、软页岩、具有裂隙的硬页岩、黏土胶结及水溶矿物胶结的地层 |
| 流砂、砂砾、松散破碎地层 | 松散的空隙性地层,风化裂隙发育地层,未胶结的构造破碎带 | 漏水、涌水、涌砂、孔壁垮塌、钻孔超径 | 流砂层、砂砾石层、基岩风化层、断层破碎带 |
| 裂隙地层 | 构造裂隙地层,成岩裂隙地层 | 漏水、涌水、掉块、坍塌 | 节理、断裂发育地层 |
| 岩溶地层 | 溶隙地层 | 漏水、涌水、坍塌 | 石灰岩、白云岩、大理岩等地层 |
| 高压油、气、水地层 | 封闭的储油、气、水的孔隙型地层、裂隙地层及溶隙地层 | 井喷及其带来的一切不良后果 | 储油、气、水背斜构造,逆掩断层的封闭构造 |
| 高温地层 | 岩浆活动带与放射性矿物有关地层 | 钻井液处理剂失效,地层不稳定,$H_2S$造成危害 | 地热井、超深井所遇到的地层 |

## 2.2　复杂地层成因分析

### 2.2.1　地质因素

根据成因,岩石可分为三大类——岩浆岩、变质岩、沉积岩。一般金属矿床生成于岩浆岩与变质岩中;而煤和石油天然气以及其他非金属矿床则多生于沉积岩中。

在钻探工作中，上述三类岩石都是经常遇到的。结合钻探施工的技术难点分析，这些地层易于形成孔壁不稳定、漏水、涌水等复杂地层，按其成因类型可从以下三个方面进行分析：岩石的性质、岩层的空隙性以及地下水的作用等。

1）岩石性质

在钻探施工中，经常遇到一些岩石性质松软的地层，它们容易分散溶解于水或泥浆中，如黏土层、页岩层、盐岩层、钾盐层、芒硝及天然碱等地层。这些地层，遇到水以后会使孔壁溶蚀成不规则的形状，造成泥浆污染、清孔困难、孔壁垮塌等复杂情况，甚至导致严重的孔内事故，如埋钻、钻具折断等。也给事故处理带来困难，甚至使钻孔报废。石膏层的溶解度虽然很小，但其对泥浆的性能影响是很大的。

某些岩石遇水以后，即产生吸水膨胀、分散、崩解、剥落等现象，这些地层对水很敏感，简称水敏性地层。大部分含黏土矿物的岩石都属于此类，还包括有某些水溶性矿物胶结充填的地层。地层之所以具有不同的水敏性，关键在于所含黏土矿物本身的类型、性质和含量。如含大量钠或钙蒙脱石矿物的松软地层，水敏性是最强的；若所含矿物是以高岭石、伊利石、绿泥石为主的硬黏土岩，则水敏性较弱。

根据所含黏土矿物的物理化学性质、含量和软硬程度，可分为两类：

（1）溶胀分散地层——含大量黏土矿物的松软地层；

（2）水化剥落地层——硬页岩，黏土胶结或水溶性矿物胶结的地层。

2）岩层的空隙性

岩层的空隙性是指岩层在形成过程中或者形成以后，在内外动力地质作用下所产生的空间，按其成因类型可分为：松散的孔隙岩层、坚硬的裂隙岩层以及溶隙岩层等。

（1）松散的孔隙岩层

第四纪都是一些松散堆积岩层，松散堆积物的特征和分布规律性取决于搬运介质的不同，如风、流水、冰川等，从而使岩石的粒度成分差别很大，但它们的共同点是：颗粒之间没有牢固的胶结，颗粒和颗粒集合之间存在着孔隙。其基本特点是：多孔、相互连通，分布比较均匀。孔隙的大小和发育程度主要取决于不同的成因类型。

（2）坚硬的裂隙岩层

坚硬岩层的裂隙特点和类型，它与孔隙岩层对比，主要是孔隙分布极不均匀，按裂隙的成因可分为：由风化作用形成的裂隙——风化裂隙；由构造运动形成的裂隙——构造裂隙；以及由于岩石形成过程中产生的裂隙——成岩裂隙等。

（3）溶隙岩层

溶隙岩层主要是由于水对可溶性岩石长期溶解作用形成的孔隙，小的称为溶隙、溶孔，大的称为溶洞。可溶岩主要有：卤素岩、硫酸盐、碳酸盐。按溶解度来说，碳酸盐层最小，但它分布最广泛。我国碳酸盐层的分布遍及全国，但以华南分布最广，如云南、贵州、广西三省、区的碳酸岩类岩层的出露面积占三省、区总面积的一半。地层年代自震旦纪到第三纪均有沉积，厚度五六千米。华北次之，厚度一二千米；华南由于高温多雨，所以岩溶最为发育，东北则发育较差。

3）地层含水情况

地层存在孔隙是含水的先决条件，根据地层的含水情况可分为：透水而不含水、含潜水、含承压水。前两种情况经常产生冲洗液的漏失，其漏失量的大小与岩层的渗透性密切相关，当遇到渗透性良好的岩层时，由于水流速快，会造成冲洗液的大量漏失。如果是渗透性较差的岩层，则其漏失量较小。在承压水地区钻探时，根据含水层压力及所用冲洗液比重的情况，可能涌水也可能漏水，当含水层压力大于孔内液柱压力时则涌水，反之，则漏水。这些情况都是由于地层中含有不同状态的地下水所造成的。

正是由于上述各种地质因素的存在加上地层的岩石压力和地层压力，在钻进中地层可能会出现缩径、垮塌、漏失等复杂情况。

## 2.2.2 技术因素

钻孔出现复杂情况，地质因素是内因条件，但如果采取恰当的技术措施，改变外因条件的作用，孔内复杂情况是可以减轻或消除的。影响孔内复杂情况出现的技术因素有如下几方面：

1）钻孔直径、深度及裸眼时间

孔壁岩石由垂直地层所引起的侧压，可使胶结不好的岩石向孔内滑落与坍塌。由于钻孔断面呈圆形，孔壁岩石构成"承压带"，改变了原来的应力分布状态，孔壁岩石抗压强度提高，可防止岩石滑入孔内。但随着钻孔直径的增大，侧压力也增大，使孔壁稳定性变差，这就是小口径钻进比大口径钻进事故少的原因之一。

孔越深，孔壁越不稳定。究其原因：一是较深的地层具有较大的内应力，容易发生崩解或变形。二是孔越深时，孔内温度也越高，这就增加了泥浆性能维护的困难程度。

孔内温度的高低很重要，如地热井、深井和超深井，有较高的温度，此时许多化学处理剂失去效力，因而控制泥浆性能就比较困难。由于泥浆性能发生变化，因此更容易引起地层失稳。

钻孔的裸眼时间直接影响孔壁的稳定性，特别是水敏性地层，它的破坏有一个变化过程，即需要一定的时间。裸眼浸泡时间越长，孔壁的破坏越严重，越易出现复杂问题。因此，在不稳定地层中钻进时，应尽量缩短钻进周期，或者迅速穿过以后，下入套管护壁。

2）泥浆性能与地层的适应性

在复杂岩层内钻进，正确的使用泥浆是一个关键问题。钻孔内很多复杂情况，如漏失、坍塌、缩径、超径等，多数是由于泥浆性能与地层岩性不相适应造成的。我们应该力求采用符合地层需要的优质泥浆，如在松散砂层中钻进，使用清水时，孔壁很容易被水冲毁，造成孔壁坍塌，但使用失水量较小的泥浆，却可以在泥皮的保护下不发生孔壁坍塌，如果使用失水量很大的劣质泥浆，则形成的泥皮松厚，孔径缩小，泥皮脱落，就会导致严重的坍塌埋钻事故。

在吸水膨胀的含黏土矿物较多的水敏性岩层中钻进时，使用清水或一般淡水泥浆往往会出现缩径或严重的孔壁坍塌事故，但如果采用有抑制性的钙处理泥浆、盐水泥浆或聚丙烯酰胺泥浆，则孔壁可以保持完好。

对破碎程度较大的岩层来说，在保持泥浆失水量极低的条件下，常常可以使用低固相泥浆而不致发生孔壁坍塌。低失水泥浆的防塌效果，只有在泥浆液柱压力与地层压力相平衡时，才能表现出来。从岩层稳定方面来看，高比重泥浆对防坍塌极为有利。但高比重泥浆的失水量很低。但是在岩层较破碎时，高比重泥浆也会不断失水，使孔壁逐渐由较稳定而变为不稳定，以致孔壁坍塌。因而减少裸眼时间，实行快速钻进，是消除孔壁坍塌的一项积极措施。

对破碎程度较小的岩层来说，对泥浆性能的要求并不太高。但一个钻孔往往是通过多种不同的地层，各地层复杂程度不一样，有些要求平衡其地层压力；有些则要求保持岩层的稳定。在这种情况下，泥浆应首先满足共同的要求，再分别满足特殊的要求。通常要求具有适当的泥浆比重，高压水层所需之液柱压力要稍大于地层压力；而坍塌层所需之液柱压力，则可在较大范围内变动，在这种情况下调节泥浆比重时，就应以高压水层为准。对失水量来说，坍塌层要求失水量小，但这与高压含水层是不矛盾的。

在同一钻孔中，有时会出现对泥浆要求相互矛盾的情况，如漏失层要求泥浆密度低，而坍塌层和高压层则相反，在这种情况下，应抓住主要矛盾，先解决漏失层的问题，即先堵塞低压漏失层的通道或用套管及其他办法将性质差别很大的地层隔离开来，再采用高密度、低失水量的泥浆解决坍塌或高压地层。

3）钻进工艺

从钻进工艺方面看，操作技术不当，会导致孔内复杂情况的发生和发展。钻进时，经常要回转钻具、升降钻具，冲洗液循环洗井时开泵、停泵等，这些工艺过程都会造成孔内压力的波动，影响孔内压力平衡。因为在钻进时，冲洗液由静止到流动或由流动到静止的变化，水泵往复运动的不均匀性，升投钻具，特别是小口径金刚石钻进升降钻具所引起的抽吸力、高压及冲洗液的不均匀流动等，都是造成孔内压力变化的因素。钻进过程中，由某些外力引起的孔内压力的突变，称为压力波动。压力波动是钻进过程中不可避免的现象，是破坏平衡的一个经常性因素，它可以导致漏失、坍塌或井喷。若使用泥浆洗井，开泵时泥浆由静止到流动时，又从裂缝中流出来，这样，使坍塌岩层，尤其是倾角大的岩层变得极不稳定；停泵时，泥浆不能立刻停止，继续从孔口流出，因而液柱压力会短暂地低于静止条件下的数值，引起高压地层中的介质侵入泥浆，甚至导致地层坍塌。提升钻具时，孔内泥浆量减少，也是一种压力波动，也会造成水浸或孔壁坍塌的后果。下降钻具时钻速过大，会使孔内压力瞬时剧增而导致地层漏失。

漏失与井喷会引起严重的压力波动现象，这种现象多数是由于孔壁间隙过小，并采用高速井升降钻具造成的。泥浆质量不好，泥皮过厚，泵量不足等均能引起泥包钻头现象，升降钻具时更容易引起压力波动而造成钻孔坍塌或漏失事故。

已有试验资料说明：钻孔愈深，压力波动愈大；当孔深一定时，升降钻具速度愈快，钻具与孔壁间隙愈小，泥浆黏度与切力愈大，则压力波动也愈大，且下降钻具时较提升钻具时的压力波动值大；切力较黏度的影响大。

由此可见，压力波动是破坏平衡的经常性因素。为了减小压力波动，必须对泥浆的性能进行调整，还要注意钻具的尺寸配合和水泵、升降机的操作技术。提升钻具时，要坚持向孔内回灌泥浆以减少孔内压力波动。

4）钻孔环间隙大小与水力因素

钻杆与孔壁间隙愈大，钻杆柱愈易弯曲。在回转状态下的弯曲钻柱，对孔壁的敲击破坏作用是很大的，特别是对强度不大的软岩，或具有裂隙的水敏地层，是极易引起掉块，坍塌超径现象的。当然，小口径钻进对孔壁的稳定作用是比较好的，但升降钻具时的压力波动对孔壁的冲刷破坏作用仍是不能忽视的，特别是在正常钻孔冲洗过程中，环状间隙水力因素的控制是值得重视的问题。泥浆或清水在环状空间的上返速度过高，往往导致孔壁稳定性的破坏。一般说来，采用小口径金刚石钻头钻进坚硬岩石时的岩粉颗粒一般都较小，环空间隙也较小，洗井是不成问题的，应该在保证钻头正常工作的条件下，尽量减小冲洗液的上返流速，以减轻冲洗液对孔壁不稳定地层的冲刷作用[6]。

## 2.2.3　其他因素

1）冻土形成因素

冻土是由未冻水、强结合水、固体矿物颗粒、黏塑性包裹体以及包裹体组成的。冻土的形成过程，实质是土中水结冰并将固体颗粒胶结成整体的物理力学性质发生质变的过程，也是释放热量最多的过程。由于冻土是一种复杂的四项体，所以冻土成分、组构、热物理及物理力学性质有着与一般土不同的性质。冻土在形成过程中，强度提高，产生了水分迁移，热物理参数发生了变化。由于冰和矿物颗粒胶结后具有较大的黏结力和内摩擦力，从而使冻土的抗压、抗剪、抗拉强度较未冻状态大大提高。冻结过程中由于水分迁移和水结冰而引起体积膨胀和土层隆起，融化过程中由于体积收缩引起土层的沉陷。由于冰的导热系数约为水的4倍，冰的比热约为水的1/2，所以冻土和非冻土在热物理性能方面存在很大差别。

在冻土的形成过程中，往往伴随着水的过冷和水分迁移现象。在结冰之前，若水中没有结晶核，水温低于0℃时仍不结冰，就会出现过冷现象，过冷温度的数值取决于冷却状况，这种现象在温度梯度大时，水结冰的初期才会出现，开始结冰以后，这种现象就不再发生或不明显。土层结冰时发生的水分向冻结面转移的现象称为水分迁移。由于土粒间彼此的距离很小，甚至相互接触，所以相邻两个土粒的薄膜水就汇合在一起形成公共水化膜。冻结过程中，增长的结晶不断地从邻近的水化膜中夺走水分，促使水化膜逐渐变薄。而相邻的水分子又不断向薄膜补充，这样依次传递就形成了冻结时水分子向冻结面的迁移。由于分子引力的作用，变薄了的水膜也不断地从自由水中吸取水分，使冻土中的水分子增大。水结冰后体积增大9%，当这种体积膨胀足以引起土颗粒间的相对位移时，就形成了冻土的冻胀，并产生冻胀力。由于水分的迁移，变成冰的水量增多，土的冻胀量增大，从而使冻土的膨胀加剧。

2）钻孔易弯曲地层形成因素

（1）地质原因

大的裂隙、断层、破碎带、软硬互层及溶洞等，都能促使钻孔发生弯曲，如：

①第四纪地层钻进时，遇到大砾石、大块石，钻孔易沿砾石斜面弯曲。

②钻孔遇到裂隙，而裂隙面与钻孔方向相近时，钻孔沿裂隙面弯曲。

③钻孔遇到溶洞或矿洞时，易发生弯曲。

④钻头穿过软硬换层时，钻孔的顶角和方位角会发生变化。

⑤在断层及破碎带中钻进时，钻孔极易偏离原定方向。

⑥钻头由硬岩层进入软岩层时，由于软的一面钻进速度快，钻孔便向硬岩层方向弯曲。

（2）钻进方法原因

①在斜孔钻进中，钻孔有逐渐上漂，顶角逐渐增大的倾向。

②钢粒钻进时，投砂量过多，与岩石可钻性等级不相适应，所钻孔径过大。

③钢粒钻进斜孔时，由于钻粒聚于孔底下方比较多，而孔底上方钻粒较少，钻孔会向上方弯曲。

（3）技术操作因素

①钻机安装的不正不平，或部分地基发生沉陷，钻孔随之偏斜。

②定向管下的不正，与所定钻孔方向不符。

③使用的钻机老旧，回转器晃动，立轴部件严重磨损。

④钻进中，立轴角度发生变化，未及时发现进行纠正。

⑤钻进时，定向岩芯管过短，或使用了弯曲的钻具。

⑥钻进时，压力过大，促使钻杆弯曲、钻头偏斜，孔壁与钻具间隙愈大愈严重。

⑦处理孔内事故而造成的钻孔弯曲。

3）难取芯地层形成因素

（1）自然因素

主要是受地层的物理力学性质和地层结构、构造等的影响。由于难取芯地层钻进的是松散、破碎、节理裂隙发育、胶结性差和软硬夹层的岩矿层，故取出的岩芯主要呈块状、片状、粒状，不但原有结构被破坏，而且采取率较低，甚至取不到岩芯。

（2）人为因素

①钻进方法不合理

钢粒钻进时，振动较大、孔壁间隙大、钻出的岩芯细，对岩芯的磨损最大，而硬质合金钻进时磨损很小，金刚石钻进最小。

②钻具结构选用不合理

钻进过程中，采用弯曲或偏心的钻杆、岩芯管或钻头时，钻具回转转动，产生离心力和水平震动，使岩芯受到冲撞、磨损而破坏。

③钻进规程不当

钻进时压力过大，转速过高或过低，以及泵量过大都会导致岩芯破坏而影响采取。

（3）操作方法不正确

钻进中回次时间过长，提钻不及时，可能导致岩芯在孔底被破坏，提钻过猛和采芯方法不当，易导致岩芯脱落；退芯时过分敲打容易导致岩芯破碎和顺序颠倒，影响岩芯完整和层次。

4）坚硬地层形成因素

（1）自然因素

岩石中石英和其他坚硬矿物或碎屑的含量越多，胶结物硬度愈大，岩石颗粒愈细，结构愈致密，岩石的硬度愈大。另外，岩石的硬度具各向异性，在各向均匀压缩的条件下，岩石的硬度增加，在常压下硬度越低的岩石，随着围压增大，其硬度增长越快。

（2）技术因素

一般情况下，随着加载速度增加，导致岩石的塑性系数降低，硬度增加。加载速度对低强度、高塑性及多孔隙岩石的硬度影响更显著。

5)高地应力形成因素

高地应力是一个相对的概念,它是相对于围岩强度而言的。也就是说,当围岩内部的最大地应力与围岩强度的比值达到某一水平时,称为高地应力或极高地应力。高地应力状态下的钻探成孔是极其困难的。首先高地应力容易引起钻孔的变形以及膨胀等不稳定情况,其次由于岩体受高地应力的作用,岩体坚硬致密,其破碎机理与正常情况下岩体破碎机理不尽相同,岩体破碎较正常条件下更难进行,所以钻进效率一般比较低。

## 2.3 复杂地层分类

### 2.3.1 垮塌漏失地层

1)纯漏失地层

纯漏失地层特征:该类地层一般不会发生坍塌、掉块、膨胀、缩径,或有轻微的坍塌、掉块、膨胀、缩径等现象,但出现不同情况的漏失,有时甚至全漏即严重漏失。

该类地层主要有:溶洞,地下暗河,完整岩层的接触带等。

(1)按钻孔钻井液量上返程度或孔内水位高低进行分类。这是目前野外常用的方法。按返水情况分为轻微漏失、中等漏失和严重漏失。苏联学者Я·А·舒瓦罗奇于1951年最早提出的方法也属于这一类。他按照地层吸收情况和孔内水位高低把漏失层分为轻微系吸收、吸收、强吸收、钻井液漏失、强漏失和严重漏失等六类。这种分类虽然比较直观,有一个相对的数量概念,但是不能反映漏失层的物理性质和水力特性,因而此方法是相当粗糙的,不能有效地指导处理漏失工作。

(2)按地层漏失能力系数或漏失系数分类。提出过这种方法的有苏联的А·А·加伊沃罗恩斯基、В·М·沙伊杰罗夫、П·М·加恩、В·И·米谢维奇和Н·И·季特科夫等人,其中以漏失能力系数K进行分类的方法较为人们所熟悉。

即:

$$Q = \sqrt{\frac{\pi g d^5 H}{8\lambda l}} \qquad (2-1)$$

令 $K^2 = \pi g d^5/8\lambda l$,则 $K = \frac{Q}{\sqrt{H}} = \frac{Q}{\sqrt{H_动 - H_静}}$ \qquad (2-2)

式中:Q为液体漏失量,m³/h;H为动静水位差表示的压头,mH₂O(1 mH₂O = 9806.65 Pa);d为通道直径,m;l为通道长度,m;λ为水力阻力系数;g为重力加速度。

这种分类方法的系数 $K$，在一定程度上反映漏失层的物理性质和水力特征，故在相当时间内，得到一些单位的采用。但是这个方法在测定 $K$ 值时，要求往孔内压送液体一小时甚至更多的时间，才能得到稳定的压力降，液体消耗大，未能被广泛地采用。

（3）按漏失（单位时间漏失量）或比较漏失强度分类。这种分类以 В·И·米谢维奇、Н·И·拉费柯、М·С·维纳尔斯基和 В·Ф 罗德热罗斯等人为代表，典型的公式是：

$$Q = \frac{0.785d^2h_n}{t_n} \tag{2-3}$$

式中：$Q$ 为漏失强度，$m^3/h$；$h$ 为孔径，$m$；$h_n$ 为 $t_n$ 时间内水位降低值，$m$；$t_n$ 为水位从 $h_{n-1}$ 下降到 $h_n$ 所需时间，$min$。

显然，这种方法对漏失层物理特性和水力特性研究得不够，如漏失通道的尺寸、形状和连通情况等是决定堵漏材料规格、数量的重要依据，公式中没有反映。

（4）按漏失通道大小分类。这种分类法从理论上和实践上都可以认为是较理想的方法，但国内某些单位提出这种方法时，只是按照漏失后孔内残留的钻井液柱压力来间接反映漏失通道的大小，方法本身尚不够完善，有待今后进一步的工作。

（5）按钻孔产生漏失后造成的复杂情况，用统计方法划分漏失层。这是 Ф·Е·阿加耶夫于 1980 年提出的方法。这种分类法建立在统计分析基础上，可以得出接近于实际情况的结论，有利于指导生产，但必须有充分的统计资料，对于新区的勘探工作是受限制的。

上述复杂地层分类和漏失地层分类方法各有优缺点，特别是复杂地层分类是很难统一的。由于复杂地层受多方面综合因素的影响，既有漏失的，又有不漏失的；既有坍塌、掉块、膨胀、缩径的，又有各种情况都出现的，所以要给予复杂地层一个很确切的分类是较难的。

2）纯不稳定地层

纯不稳定地层特征：该类地层一般只会发生坍塌、掉块、膨胀、缩径等不稳定情况，而不发生漏失或者非常轻微的漏失。

根据地层产生的原因和性质，该类地层又可分为"力学不稳定地层"和"遇水不稳定地层"。

力学不稳定地层是指受地质成因或受构造运动影响造成的破碎地层，或受太阳、大气、地表水、地下水和生物活动而遭受机械破坏与化学破坏的地层。这类地层一旦被钻穿后，就会破坏其原来的相对稳定或平衡状态，使孔壁在重力作用下产生坍塌掉块等孔壁失稳现象。这类地层埋藏较深（浅部力学不稳定地层多属于既漏又不稳定地层,后续将介绍)。深部的力学不稳地层主要有破碎地层和裂隙地层,具体如断层破碎带和交叉断裂裂隙形成的硬脆碎地层。这类地层的特征是:被破碎呈颗粒或被切割成大小不等的块体,颗粒或块体间无连结、空隙大、透水性强、稳定差。钻进时孔壁坍塌、钻孔超径,同时常出现钻井液的漏失。

遇水不稳定地层是指孔壁与钻井液接触,因而产生松散、溶胀、剥落、溶蚀等孔壁失稳问题的地层。依孔壁遇水产生的情况不同,遇水不稳定地层又可分为如下四种。

(1)遇水松散地层。这类地层受风化或蚀变的影响,遇水后经浸泡,产生松散性破碎,表现为掉块、塌孔、孔内渣子多等。如风化黄铁矿、风化大理岩、风化花岗岩、风化泥质砂岩等。

(2)遇水溶胀地层。这类地层遇水后,颗粒或分子间的连结力降低,岩层吸水后体积膨胀,甚至以胶体或悬浮状态在水中形成悬浮体。这类岩层有黏土、泥岩、软页岩、绿泥石等。钻进这类岩层时,可能会产生因溶胀而缩径,因分散成悬浮体而超径的现象。

(3)遇水剥落地层。这类地层由于其结构的不均匀性,如层理、节理、片理的存在,以及其充填物和胶结物的水敏性,遇水后往往产生片状剥落或块状剥落。如硬片岩、片岩、千枚岩、滑石化高岭石化板岩、硬煤层等。

(4)遇水溶解地层。这类地层与水接触后便溶解于水中,由于溶解的结果,使孔壁出现超径现象。属于这类地层的有:岩盐、钾盐、石膏、芒硝及天然碱等。

另外纯不稳定地层又可分为一般的不稳定地层和严重的不稳定地层两类。

(1)一般的不稳定地层。该类地层使用清水或一般的钻井液而出现上述不稳定情况。属于这类地层的有:风化不严重的残积层,一般的不稳定煤系地层,第四系地层和水敏性不严重的地层。

(2)严重的不稳定地层。该类地层一般会发生坍塌、掉块、膨胀,严重时甚至无法成孔。属于这类地层的有:流沙层,破碎带,严重的风化层等。

3)既漏又不稳定地层

对于前两种类型的复杂地层,钻探工作者能非常直观地认识到它们,所以目前对付这类地层的方法也较多,而且一般情况下效果都非常好。目前钻探工作者面临的主要复杂地层是既漏又不稳定地层,如何合理地进行分类并寻找合适的处理技术是非常艰巨的任务,同时也是几十年来影响着钻探工作发展的一个重要因素,许多钻探工作者为此进行了不懈的努力,取得了一定的成效,但要很好地解决复杂地层的问题目前还有一定的困难。

(1)复杂地层参数选择及定名

①不稳定强度($A$)

在复杂地层中,由于力学不稳定性和水敏性而造成地层出现不同程度的不稳定情况。这些情况，不管是基于力学原因（即受地质成因或受构造运动产生多向挤压作用，使地层内部受力不平衡，加之受重力作用），还是水敏性原因，它们所造成的复杂情况基本都是坍塌、掉块、溶胀、崩落等，所以笔者将不稳定地层强度分为如下三个参数：即 $A_1$，崩落；$A_2$，轻微坍塌；$A_3$，严重坍塌。

不稳定强度的检测和确定方法：采取不稳定岩层进行烘干、粉碎，做成直径为 2 cm 的泥球（岩样球），然后晾干，再作浸泡实验或滚动实验，简单方法是作浸泡实验，根据浸泡结果确定其不稳定强度（注意采取岩层样品时要有代表性），通过实验初步认为：岩样球在清水中，浸泡 10 min 以上不全坍塌为 $A_1$；浸泡 3 ~ 10 min 全坍塌为 $A_2$；浸泡不足 3 min 就全坍塌为 $A_3$。

②漏失强度（$Q$）

国内外学者对漏失如何进行分类进行了不少的探讨，这已在前面叙述过，在此将漏失层参数的选择及定名，分述如下：

漏失层参数选择及定名

a. 漏失主通道类型（$R$）：在漏失层中，钻井液的主要流失通道称为漏失主通道，它表明漏失层的成岩与构造特征，是漏失层最严重的部位和堵漏的重点，而且主通道类型是决定堵漏材料种类、规格、堵漏工艺的关键参数。根据漏失地层的孔、缝、洞特征，主通道类型可分为 $R_1$，即空隙类，为过流断面在孔壁上呈点孔状排布；$R_2$，即裂隙类，为过流断面在孔壁上呈脉状交叉；$R_3$，即洞穴类，为过流断面在孔壁上呈管洞状网络。

b. 漏失量（$q$）：说明漏失层在一定条件下的吸收能力或吞吐能力，因为漏失量直观实用，是漏失现象的综合反映，它分为 $q_1$，即漏失量 <1/2 泵量的小漏；$q_2$，即漏失量为 1/2 ~ 1 泵量的中等漏失；$q_3$，即漏失量 >1 泵量的大漏。

c. 漏失层厚度（$H$）：指与不漏失层上、下界面的孔段长度。漏失的发生往往是连续的，具有一定的厚度，它是漏失层的主要特征，是决定防治工艺方法，堵漏材料用量的主要因素，大致可分为 $H_1$，即厚度小于 1 m；$H_2$，即厚度 1 ~ 10 m；$H_3$，即厚度大于 10 m。

d. 漏失地层地下水径流量（$u$）：指漏失层中含水层受推移速度产生的地下水径流量，表明地下水的活动状态（即形式、流速、大小）。漏失层往往是含水层。地下水处在流动状态。流经漏失层的地下水的径流量影响堵漏方法、工艺、材料性能、配方用量等。其可以划分为三个等级，$u_1$，微弱流量，<10 L/min；$u_2$，较强流量，1 ~ 10 L/min；$u_3$，强烈流量，>10 L/min。

对漏失层参数的探测现总结如下：

a. 主通道类型：可运用声波时差、伽玛、井径、流速流量进行测量，测定空隙漏失层、裂隙漏失层、洞穴漏失层特征，并能清晰反映漏失层通道性质和形态。

b.漏失量：可用测漏仪测定。

c.漏失层厚度：因漏失层与它的围岩界面是它们的物理性能发生突变的界线，可通过测井曲线清晰地显示该界面的分层特征。

d.漏失地层地下水径流量：可用伽玛 - 伽玛曲线、声波曲线、测漏曲线三者之间的对比来确定。

漏失强度分类：

$Q_1$：孔、裂隙一般漏失；漏失通道为 $R_1$ 至 $R_2$，漏失量为中至小漏失，漏失厚度为 $H_1$ 至 $H_2$，漏失层地下水径流量为 $u_1$ 至 $u_2$。

$Q_2$：孔、裂隙严重漏失；漏失通道为 $R_1$ 至 $R_2$，漏失量为中至大漏失，漏失厚度为 $H_2$ 至 $H_3$，漏失层地下水径流量为 $u_1$ 至 $u_3$。

$Q_3$：洞穴一般漏失；漏失通道为 $R_3$，漏失量为中至小漏失，漏失厚度为 $H_3$，漏失层地下水径流量为 $u_1$ 至 $u_2$。

$Q_4$：洞穴严重漏失；漏失通道为 $R_3$，漏失量为中至大漏失，漏失厚度为 $H_1$ 至 $H_3$，漏失层地下水径流量为 $u_2$ 至 $u_3$。

$Q_5$：综合一般漏失；漏失通道为 $R_1$ 和 $R_2$ 或 $R_1$ 和 $R_3$ 或 $R_2$ 和 $R_3$，漏失量为中至小漏失，漏失厚度为 $H_1$ 至 $H_2$，漏失层地下水径流量为 $u_1$。

$Q_6$：综合严重漏失；漏失通道为 $R_1$ 和 $R_2$、$R_1$ 和 $R_3$ 或 $R_2$ 和 $R_3$，漏失量为大漏失，漏失厚度为 $H_2$ 至 $H_3$，漏失层地下水径流量为 $u_2$ 至 $u_3$。

(2)既漏又不稳定地层分类

①裂隙型地层

裂隙型地层一般为坚硬岩层，该类地层的特点主要是裂隙分布极不均匀。按裂隙成因可分为：由风化作用形成的裂隙——风化裂隙；由构造运动形成的裂隙——构造裂隙；以及在岩石形成过程中产生的裂隙——成岩裂隙等。

a.风化裂隙　坚硬岩石裸露于地表，由于太阳辐射热的作用，在水和生物等参与下，使岩体破碎。风化作用分为物理风化和化学风化，物理风化是由于岩石在水和生物等作用下，发生溶解、氧化、水解等一系列的反应，使岩石的矿物成分和化学成分发生显著的变化，不稳定矿物随水流失，稳定矿物残留下来。风化作用使岩石的强度大大降低。在基岩山区，岩石裸露的表层，裂隙发育，分布均匀，相互切割成网状。风化裂隙从地表向深处迅速弱化，风化裂隙发育深度一般仅 20 ~ 30 m，个别可达 50 ~ 100 m。在风化壳进行钻探，开始的渗漏量较大，到达一定深度后漏失量就很快减少。

b.构造裂隙　构造裂隙是受地质构造运动所引起的各种应力作用造成的。地层受构造运动的破坏而产生断层破碎带和裂隙节理等。断层破碎带大都由断层泥、糜棱岩、断层角砾岩、压碎岩、碎块岩和片状岩等组成，这些组成断层破碎带的构造岩石，在强烈的挤压作用下，原岩的结构和构造大都被破坏，有些被碾磨成细粉,有些被破碎成颗粒,有些被切割成大小不等的块体,有些再结晶的矿物及细小碎屑组成定向排列的片状岩,它们的延伸宽度可以很大,规模最大可达数十米、数百米,深度可达数千米,但方向性极强,呈脉状分布。构造裂隙除了与应力性质有关外,还与岩石的力学性质有关,如断层通过脆性岩石时,常形成断层角砾岩,裂隙发育良好,成为地下水贮存和活动的场所。如断层通过塑性岩石时,断层带多为泥质所充填,常形成地下水的隔水边界。所以钻进通过断裂带时,由于钻具的碰撞和钻井液的冲刷,往往会造成严重坍塌或钻井液的漏失。

岩石由于构造运动而产生的节理、片理、断裂带,其延伸及宽度有限,但分布较为均匀、密集,往往构成统一的裂隙体系,又称为区域性构造裂隙。

c. 成岩裂隙 成岩裂隙是指各种岩石在成岩(冷凝收缩)过程中所形成的裂隙。如喷出岩(玄武岩)中的柱状节理,深成侵入体(花岗岩)中的边缘裂隙;沉积岩中的水平层理和某些变质岩的片理等。成岩裂隙的生成发育与岩性相关,它的分布也受岩性所控制。在钻探工作中,常遇到片岩、千枚岩,因岩层遇水膨胀,钻孔易变形、坍塌。而沉积岩多具有层理、层面、整合面和不整合面,它们的交界面都可能成为钻井液的流失通道,造成钻井液漏失,特别是当层面倾角很大时,岩层更加不稳定。

根据裂隙不稳定强度$(A)$和漏失强度$(Q)$可以将裂隙型地层分为下列几类:

a. $A_1Q_1$——崩落的裂隙型一般复杂地层

该类地层只发生轻微的坍塌、掉块、膨胀缩径,有的伴有轻微的漏失,该类地层在钻进工程中出现的问题不太大,一般只需调整钻井液性能就可预防井内事故的发生。

b. $A_1Q_2$——崩落的裂隙型严重复杂层

该类地层只出现轻微的坍塌、掉块、膨胀、缩径,伴有孔及裂、缝隙型的中等严重的漏失,在钻进工程中常会既漏又崩落,这样造成一定的钻进难度,所以一般要处理漏失后再调整钻井液的性能,使之比较顺利地钻进这类地层。

c. $A_2Q_1$——轻微坍塌的裂隙型一般复杂层

该类复杂层由于地层风化,破碎等造成中等情况的坍塌、掉块、膨胀,缩径等现象,局部出现比较严重的不稳定,但地层的孔、裂隙发育不太严重,漏失也是轻微的,所以应先处理漏失,然后使用优质钻井液钻进,才能有效的对付该类地层。

d. $A_2Q_2$——轻微坍塌的裂隙型严重复杂层

这类复杂层由于孔、裂隙发育,造成严重漏失,使地层出现不稳定,出现的主要情况有坍塌、掉块、膨胀,缩径等,但孔、裂隙型的漏失一般还是好处理的,所以应先处理漏失,然后使用优质钻井液钻进,才能有效地对付该类地层。

e. $A_3Q_1$—严重坍塌的裂隙型一般复杂层

该类复杂底层由于构造等原因，加之风化使地层严重的不稳定，易出现严重的坍塌、掉块、膨胀、缩径等，但孔、裂隙发育不严重，常出现轻微的漏失，所以对付该类地层应先处理漏失，然后使用优质的钻井液或特殊的无黏土钻井液钻进。

f. $A_3Q_2$—严重坍塌的裂隙型严重复杂层

该类地层由于风化、构造等原因，加之孔、裂隙发育严重，造成地层严重不稳定，严重影响钻进，有时甚至无法成孔，而且漏失严重，所以在对付这类复杂地层时，先应采取有效措施处理漏失，然后再采用优质钻井液或特殊的无黏土钻井液、特殊的钻井液钻进，否则无法很好地对付。

②孔隙型地层

根据孔隙形成的地质成因，目前有如下几种情况：

a. 风积砂层　在干旱或半干旱地区，风蚀作用是强烈的，风携带砂砾，在搬运到一定距离后，由于风力减弱或受到障碍物阻挡，所搬运物质就堆积下来，称为风积物。一般以细砂和粉砂为主，由于风力搬运而磨圆，所以颗粒均匀而圆度大。在我国主要分布在西北地区。风积砂层通常是很松散的，孔隙率在40%以上，厚度可以是几米、几十米。地下水一般埋藏很深。在风积砂层地区钻进，只有使用钻井液护孔才能顺利施工，否则不能成孔。钻进过程中容易产生严重的钻井液漏失、孔壁坍塌、埋钻等复杂情况。

b. 冲洪积层　洪积层广泛分布在山前地带，是由暂时性水流（洪水）和经常性水流的作用形成的。由于水流出山口时，坡度减小，流速降低，使携带的砂砾不断地堆积下来，形成洪积扇。当许多洪积扇毗连起来，就形成山前倾斜平原。在我国的天山，祁连山、大青山、太行山，小兴安岭等地区广泛分布。根据冲洪积扇的物质成分，颗粒大小和厚度，在平面上可分为三个带：

洪积扇上砾砂带　近山口部分为粗的碎屑堆积物，分选不好，有砾石和砂，磨圆程度不好，大小混杂，具棱角状，往往在砾石中夹有砂的透镜体，厚度可由十几米到数百米，如大兴安岭山前白城一带为30~50 m，而天山山前厚达百余米。地下水埋藏很深，在这种地带进行钻探时主要是钻井液的大量漏失问题。

洪积扇中部砂砾黏性土交错带　离山口较远，颗粒有较好的分选性和磨圆程度。主要有砂层和小砾石，并有黏性夹层，由于岩性是粗砾砂急剧变为细粒的黏性土，潜水流被阻而溢出地面，形成沼泽地带，在较深部经常埋藏有承压水，易产生涌水和坍塌事故。

洪积扇的边缘地带　则多为亚砂十、亚黏十和黏十等比较简单的地层。

c. 冲积层　冲积层是河流的沉积物，它是组成平原地区第四纪的主要沉积物，河流是在河谷中常年流动的河流，在河流上游主要以侵蚀为主，堆积物极少，而河流的中下游是以堆积为主。双层结构和牛轭湖相的沉积岩是河流的沉积特点。具有双层结构(下部为砂岩卵石层,上部覆盖有亚黏土、黏土等)的岩层内常有承压水,钻探时易产生井喷和孔壁坍塌等事故。

根据孔隙不稳定强度($A$)和漏失强度($Q'$)可以将孔隙型地层分为下列几类:

a. $A_1Q_1'$——崩落的孔隙型一般复杂地层

该类地层只发生轻微的坍塌、掉块、膨胀缩径,有的伴有轻微的漏失,该类地层在钻进工程中出现的问题不太大,一般只需调整钻井液性能就可预防井内事故的发生。

b. $A_1Q_2'$——崩落的孔隙型严重复杂层

该类地层只出现轻微的坍塌、掉块、膨胀、缩径,伴有孔和裂、缝隙型的中等严重的漏失,在钻进工程中常会既漏失又崩落,这样造成一定的钻进难度,所以一般要处理漏失后再调整钻井液的性能,使之比较顺利地钻进这类地层。

c. $A_2Q_1'$—轻微坍塌的孔隙型一般复杂层

该类复杂层由于地层风化、破碎等造成中等情况的坍塌、掉块、膨胀,缩径等现象,局部出现比较严重的不稳定,但地层的孔、裂隙发育不太严重,漏失也是轻微的,所以应先处理漏失,然后使用优质钻井液钻进,才能有效地对付该类地层。

d. $A_2Q_2'$—轻微坍塌的孔隙型严重复杂层

这类复杂层由于孔、裂隙发育,造成严重漏失,使地层出现不稳定,产生的主要类型为坍塌、掉块、膨胀、缩径等,但孔、裂隙型的漏失一般还是好处理的,所以应先处理漏失,然后使用优质钻井液钻进,才能有效地对付该类地层。

e. $A_3Q_1'$—严重坍塌的孔隙型一般复杂层

该类复杂底层由于构造等原因,加之风化使地层严重的不稳定,易出现严重的坍塌、掉块、膨胀、缩径等,但孔、裂隙发育不严重,常出现轻微的漏失,所以对付该类地层应先处理漏失,然后使用优质的钻井液或特殊的无黏土钻井液钻进。

f. $A_3Q_2'$——严重坍塌的孔隙型严重复杂层

该类地层由于风化、构造等原因,加之孔、裂隙发育严重,造成地层严重不稳定,影响钻进,有时甚至无法成孔,而且漏失严重,所以在对付这类复杂地层时,应先采取有效措施处理漏失,然后再采用优质钻井液或特殊的无黏土钻井液钻进,否则无法很好地对付该类地层。

③ 洞穴型地层

溶隙主要是由于水解可溶性岩石长期溶解作用形成的,小的称为溶隙、溶孔,大的称为溶洞。可溶岩包括:[卤素岩(钠盐、钾盐及镁岩)、硫酸盐(石膏,硬石膏)及碳酸盐(石灰岩、白云岩)]。按溶解度来说,碳酸盐类岩层为最小,但它分布最普遍。我国碳酸盐类岩层的分布遍及全国，但以华南分布最广，如云南、贵州、广西三省、区碳酸盐类岩层的出露面积，占三省、区总面积的一半，地层年代自震旦纪到第三纪均有沉积，厚达五六千米；华北次之，为一二千米；华南由于高温多雨，所以岩溶最为发育；东北发育较差。

岩溶按其发育程度可分为：

a. 微弱发育的溶洞 $B_1$：以裂隙状岩溶或小溶孔为主，裂隙闭合，基本不透水。

b. 中等发育的溶洞 $B_2$：沿断层、层理、不整合面等有显著溶蚀而发育成的串珠状洞穴，地下洞穴系统尚未形成，但有集中径流或小型暗河，呈溶蚀裂隙水涌出，岩溶化裂隙连通性好。

c. 强烈发育的岩溶 $B_3$：以大型暗河、廊道、天然竖井、落水洞和较大规模的溶洞为主，地下洞穴系统已经形成或基本形成，有大量溶洞水涌出，溶洞间管道状连通性强。

在碳酸盐类地层钻进时，经常遇到大小不等的溶洞，或大裂隙，易引起钻具折断或卡钻等孔内事故，同时造成钻井液大量漏失。当溶洞或裂隙含有承压水时，钻进过程中可能产生涌水现象。

根据岩溶发育程度($B$)和漏失强度($Q$)可以将洞穴型地层分为下列几类：

a. $B_1Q_3$—微弱发育的洞穴型一般复杂地层

该类地层受溶洞或大裂隙的影响，造成地层局部不稳定或地层发生轻微的坍塌、掉块、膨胀、缩径，该类地层出现的溶洞、裂隙是不串通的，会出现漏失，所以该类复杂地层处理是先应充填再灌注浆液处理漏失，然后再调整钻井液的性能，只要处理方法得当，也是不难对付的。

b. $B_1Q_4$—崩落的洞穴型严重复杂层

该类地层出现的溶洞、大裂隙甚至地下暗河等，大多是串通的，其漏失是严重的，大部分是全泵不返水，但地层只会发生轻微的不稳定，即可能有少量的坍塌、掉块、缩径、膨胀等现象发生，不至于造成无法钻进，这类地层要处理漏失有一定的困难，可以在不稳定地层段采用清水钻进，并用黏土球补壁的措施，或采用快速通过的办法。

c. $B_2Q_3$—轻微坍塌的洞穴型一般复杂层

由于洞穴发育不严重，而且这些洞穴大都是不串通的，虽然漏失，但有的会自然停止漏失，有的比较容易处理。由于洞穴发育和其他原因，该类地层会出现中等情况以上的不稳定，给钻进造成一定的困难，所以这类复杂地层处理时应先堵漏，然后使用优质钻井液。

d. $B_2Q_4$——轻微坍塌的洞穴型严重复杂层

由于洞穴发育严重，有的洞穴很大，有的是串通的，这样会造成严重的漏失，同时伴有中等情况的坍塌、掉块、膨胀和缩径现象发生，所以处理该类复杂地层应采用一些特殊的处理措施如干粉堵漏护壁后,再使用优质钻井液。

e. $B_3Q_3$——严重坍塌的洞穴型一般复杂层

严重坍塌的地层和一般的洞穴型情况如前所述,应先处理漏失,再采用有效措施钻进。

f. $B_3Q_4$——严重坍塌的洞穴型严重复杂地层

这类复杂层往往是报废钻具或报废钻孔最多的地层,所以碰到这类地层应非常认真地对付,因为洞穴型大的漏失较难处理,漏失时不稳定地层又无法钻进或很难钻进,所以应采取强有效的措施处理漏失,如干法堵漏,下套管等,也可先跟管钻进,然后再采用特殊的优质钻井液钻进。

④ 综合型地层

在以上地层钻进过程中,有时几种复杂情况都会遇到。这些统统归为综合型地层。如我国某地区施工设计的钻孔比较深,其上部为第四纪大部分未胶结的砂层、第三纪松散砂卵石层等,该地层钻穿后又遇到较大裂隙型石灰岩,造成钻井液严重漏失、钻孔严重坍塌(称垮孔)。这给钻进、护孔造成很大困难。

根据不稳定强度($A$)和漏失强度($Q$)可以将综合型地层分为下列几类:

a. $A_1Q_5$——崩落的综合型一般复杂层

这类复杂层是综合型,即既可能出现裂隙、孔隙、洞穴,也可能三者或二者兼有,但漏失不太严重,同时伴有轻微的坍塌、掉块、膨胀、缩径,所以该类复杂层一般先处理漏失后再调整钻井液性能,一般能较顺利的通过。

b. $A_1Q_6$——崩落的综合型严重复杂层

从漏失量来看该类地层较为严重,即它可能是严重的孔、裂隙性漏失,也可能是严重的洞穴型漏失,可能二者都有,但值得庆幸的是该地层只发生轻微的不稳定,其处理办法见 $A_1Q_4$。

c. $A_2Q_5$——轻微坍塌的综合型一种复杂层

该类地层既有孔、裂、缝隙发育,又有洞穴发育,它们都不太严重,但伴有中等情况的力学不稳定发生,所以应先处理其漏失,然后使用好的钻井液。

d. $A_2Q_6$——轻微坍塌的综合型严重复杂层

有关情况如前述,这类复杂地层应采取特殊的处理措施,否则会无法钻进,先处理漏失,然后使用优质钻井液钻进。

e. $A_3Q_5$——严重坍塌的综合型一种复杂层

该类复杂层基本同 $A_3Q_4$。

f. $A_3Q_6$——严重坍塌的综合型严重复杂层

这是最严重的一种复杂地层,事故也是最多的,基本情况同 $A_3Q_4$,只是复杂程度更大一些,处理方法要求更严格一些。

4）垮塌漏失地层预防处理

垮塌漏失地层的预防处理首先要加强对钻孔的监测，掌握孔内动态，并及时根据钻具运转情况和各类地层特点对地层做出分析判断（如在水敏性地层钻进时，地层因吸水膨胀而使钻孔直径变小，其特点是钻进及升降钻具阻力大、憋泵，钻井液密度、黏度增加），同时选用合适的钻井液，把握钻井液的质量（如在松散流砂砾石层中钻进时，有时因钻井液质量不好而发生坍塌埋钻事故。在钻进时坍塌，水泵压力增高，钻井液含砂量、密度增加。在这个时候不能停泵，以免埋钻。在升降钻具时坍塌，变现为阻力大，下钻下不到底，很多地质队都曾出现过下钻几十米不到底，钻孔却越来越浅的现象。这是很严重的孔壁垮塌情况，往往导致严重的孔内钻具事故）。同时根据地层特点合理设计钻孔结构。从材料来源、经济效益、处理时间等方面进行分析比较，从中选择多快好省、行之有效的方案，做好护壁堵漏工作。

## 2.3.2 冻土地层分类

冻土，根据持续时间可分为季节冻土与多年冻土；根据所含盐类与有机物的不同可分为盐渍化冻土与冻结泥炭化土；根据其变形特性可分为坚硬冻土、塑性冻土与松散冻土；其按含冰特征分为少冰冻土、多冰冻土、富冰冻土、饱冰冻土和含土冰层。根据冻土的融沉性与土的冻胀性又可分成若干亚类。

1）冻土的冻胀分类

季节冻土与多年冻土季节融化层土，根据土的冻胀率大小，按表2-2可分为不冻胀、弱冻胀、冻胀、强冻胀和特强冻胀土五类。

表2-2　季节冻土与季节融化层土的冻胀性分类

| 土的名称 | 冻前天然含水量 $\omega$/% | 冻结期间地下水位距冻结面的最小距离 $h_w$/m | 平均冻胀率 $\eta$/% | 冻胀等级 | 冻胀类别 |
|---|---|---|---|---|---|
| 碎（卵）石、砾、粗中砂（粒径<0.074 mm，含量≤15%）、细砂（粒径<0.074 mm，含量≤10%） | 不考虑 | 不考虑 | $\eta \leq 1$ | I | 不冻胀 |

| 土的名称 | 冻前天然含水量 $\omega/\%$ | 冻结期间地下水位距冻结面的最小距离 $h_w/\text{m}$ | 平均冻胀率 $\eta/\%$ | 冻胀等级 | 冻胀类别 |
|---|---|---|---|---|---|
| 碎(卵)石、砾、粗中砂(粒径 < 0.074 mm，含量 > 15%)、细砂(粒径 < 0.074 mm，含量 > 10%) | $\omega \leqslant 12$ | > 1.0 | $\eta \leqslant 1$ | I | 不冻胀 |
|  |  | ≤ 1.0 |  |  |  |
|  | $12 < \omega \leqslant 18$ | > 1.0 | $1 < \eta \leqslant 3.5$ | II | 弱冻胀 |
|  |  | ≤ 1.0 |  |  |  |
|  | $\omega > 18$ | > 0.5 | $3.5 < \eta \leqslant 6$ | III | 冻胀 |
|  |  | ≤ 0.5 | $6 < \eta \leqslant 12$ | IV | 强冻胀 |
| 粉砂 | $\omega \leqslant 14$ | > 1.0 | $\eta \leqslant 1$ | I | 不冻胀 |
|  |  | ≤ 1.0 |  |  |  |
|  | $14 < \omega \leqslant 19$ | > 1.0 | $1 < \eta \leqslant 3.5$ | II | 弱冻胀 |
|  |  | ≤ 1.0 |  |  |  |
|  | $19 < \omega \leqslant 23$ | > 1.0 | $3.5 < \eta \leqslant 6$ | III | 冻胀 |
|  |  | ≤ 1.0 | $6 < \eta \leqslant 12$ | IV | 强冻胀 |
|  | $\omega > 23$ | 不考虑 | $\eta > 12$ | V | 特强冻胀 |
| 粉土 | $\omega \leqslant 19$ | > 1.5 | $\eta \leqslant 1$ | I | 不冻胀 |
|  |  | ≤ 1.5 |  |  |  |
|  | $19 < \omega \leqslant 22$ | > 1.5 | $1 < \eta \leqslant 3.5$ | II | 弱冻胀 |
|  |  | ≤ 1.5 |  |  |  |
|  | $22 < \omega \leqslant 26$ | > 1.5 | $3.5 < \eta \leqslant 6$ | III | 冻胀 |
|  |  | ≤ 1.5 |  |  |  |
|  | $26 < \omega \leqslant 30$ | > 1.5 | $6 < \eta \leqslant 12$ | IV | 强冻胀 |
|  |  | ≤ 1.5 |  |  |  |
|  | $\omega > 30$ | 不考虑 | $\eta > 12$ | V | 特强冻胀 |
| 黏性土 | $\omega \leqslant \omega_p + 2$ | > 2.0 | $\eta \leqslant 1$ | I | 不冻胀 |
|  |  | ≤ 2.0 |  |  |  |
|  | $\omega_p + 2 < \omega \leqslant \omega_p + 5$ | > 2.0 | $1 < \eta \leqslant 3.5$ | II | 弱冻胀 |
|  |  | ≤ 2.0 |  |  |  |
|  | $\omega_p + 5 < \omega \leqslant \omega_p + 9$ | > 2.0 | $3.5 < \eta \leqslant 6$ | III | 冻胀 |
|  |  | ≤ 2.0 |  |  |  |
|  | $\omega_p + 9 < \omega \leqslant \omega_p + 15$ | > 2.0 | $6 < \eta \leqslant 12$ | IV | 强冻胀 |
|  |  | ≤ 2.0 |  |  |  |
|  | $\omega > \omega_p + 15$ | 不考虑 | $\eta > 12$ | V | 特强冻胀 |

注：①$\omega_p$—塑限含水量(%)；$\omega$—冻前天然含水量在冻层内的平均值；

②盐渍化冻土不在表列；

③塑性指数大于 22 时，冻胀性降低一级；

④粒径小于 0.005 mm 的颗粒含量大于 60% 时为不冻胀土；

⑤碎石类土当填充物大于全部质量的 40% 时其冻胀性按填充物土的类别判定。

冻土层的平均冻胀率 $\eta$ 计算公式：

$$\eta = \frac{\Delta z}{z_{\mathrm{d}}} \qquad\qquad (2-4)$$

式中：$\Delta z$ 为地表冻胀量，mm；$z_{\mathrm{d}}$ 为设计冻深，mm；$z_{\mathrm{d}} = h - \Delta z$；$h$ 为冻层深度，mm。

土体不均匀冻胀是寒区工程和人工冻结工程遭受大量破坏的重要因素之一。因此，各项工程开展之前，必须对工程所在地区的土体作出冻胀敏感性评价，以便采取相应措施，确保工程构筑物安全可靠。因为原状土和扰动土的结构差异较大，为了对冻胀敏感性作出正确评价，试验一般应采用原状土进行。试验尺寸采用 $\phi50$ mm $\times 25$ mm，冻胀方式为有侧限单向冻胀。试验冷端温度为 $-10℃$，热端温度为 $20℃ \pm 2℃$，试件在封闭系统下（无外水源补给）进行单向冻结，并在试件的上、下端各设置一个温度传感器以检测试验过程中温度的变化是否符合规范的要求。

2）冻土的融沉分类

多年冻土的融化下沉性，根据土的平均融沉系数的大小，按表 2-3 可分为不融沉、弱融沉、融沉、强融沉和融陷土五类。

表 2-3 多年冻土的融沉性分类

| 土的名称 | 总含水量 $\omega/\%$ | 平均融沉系数 $\delta_0/\mathrm{m}$ | 融沉等级 | 融沉类别 | 冻土类型 |
|---|---|---|---|---|---|
| 碎（卵）石、砾、粗中砂（粒径 <0.074 mm，含量 ≤15%） | $\omega < 10$<br>$\omega \geqslant 10$ | $\delta_0 \leqslant 1$<br>$1 < \delta_0 \leqslant 3$ | I<br>II | 不融沉<br>弱融沉 | 少冰冻土<br>多冰冻土 |
| 碎（卵）石、砾、粗中砂（粒径 <0.074 mm，含量 >15%） | $\omega < 12$<br>$12 \leqslant \omega < 15$<br>$15 \leqslant \omega < 25$<br>$\omega \geqslant 25$ | $\delta_0 \leqslant 1$<br>$1 < \delta_0 \leqslant 3$<br>$3 < \delta_0 \leqslant 10$<br>$10 < \delta_0 \leqslant 25$ | I<br>II<br>III<br>IV | 不融沉<br>弱融沉<br>融沉<br>强融沉 | 少冰冻土<br>多冰冻土<br>富冰冻土<br>饱冰冻土 |
| 粉、细砂 | $\omega < 14$<br>$14 \leqslant \omega < 18$<br>$18 \leqslant \omega < 28$<br>$\omega \geqslant 28$ | $\delta_0 \leqslant 1$<br>$1 < \delta_0 \leqslant 3$<br>$3 < \delta_0 \leqslant 10$<br>$10 < \delta_0 \leqslant 25$ | I<br>II<br>III<br>IV | 不融沉<br>弱融沉<br>融沉<br>强融沉 | 少冰冻土<br>多冰冻土<br>富冰冻土<br>饱冰冻土 |

| 土的名称 | 总含水量 $\omega/\%$ | 平均融沉系数 $\delta_0/m$ | 融沉等级 | 融沉类别 | 冻土类型 |
|---|---|---|---|---|---|
| 粉土 | $\omega < 17$ | $\delta_0 \leqslant 1$ | I | 不融沉 | 少冰冻土 |
| | $17 \leqslant \omega < 21$ | $1 < \delta_0 \leqslant 3$ | II | 弱融沉 | 多冰冻土 |
| | $21 \leqslant \omega < 32$ | $3 < \delta_0 \leqslant 10$ | III | 融沉 | 富冰冻土 |
| | $\omega \geqslant 32$ | $10 < \delta_0 \leqslant 25$ | IV | 强融沉 | 饱冰冻土 |
| 黏性土 | $\omega < \omega_p$ | $\delta_0 \leqslant 1$ | I | 不融沉 | 少冰冻土 |
| | $\omega_p \leqslant \omega < \omega_p + 4$ | $1 < \delta_0 \leqslant 3$ | II | 弱融沉 | 多冰冻土 |
| | $\omega_p + 4 \leqslant \omega < \omega_p + 15$ | $3 < \delta_0 \leqslant 10$ | III | 融沉 | 富冰冻土 |
| | $\omega_p + 15 \leqslant \omega < \omega_p + 35$ | $10 < \delta_0 \leqslant 25$ | IV | 强融沉 | 饱冰冻土 |
| | $\omega \geqslant \omega_p + 35$ | $\delta_0 > 25$ | V | 融陷 | 含土冰层 |

注：①总含水量 $\omega$，包括冰和未冻水；

②盐渍化冻土、冻结泥炭化土、腐殖土、高塑性黏土不在表列。

冻土层的平均融沉系数 $\delta_0$ 计算公式为：

$$\delta_0 = \frac{h_1 - h_2}{h_1} = \frac{e_1 - e_2}{1 + e_1} \times 100\% \qquad (2 - 5)$$

式中：$h_1$ 为冻土试样融化前的高度，mm；$h_2$ 为冻土试样融化后的高度，mm；$e_1$ 为冻土试样融化前的孔隙比；$e_2$ 为冻土试样融化后的孔隙比。

3）多年冻土工程综合分类

多年冻土的工程分类主要是以单因素分类为主，其中常见的分类方法有两种，即以多年冻土的含水量和多年冻土的地温分类，详见表 2 – 4、表 2 – 5。

表 2 – 4 以含水量为主要指标的多年冻土工程分类表

| 项目 冻土总含水量 $\omega/\%$ | 多年冻土工程分类 | | | | |
|---|---|---|---|---|---|
| | I | II | III | IV | V |
| | $\omega < \omega_p + 2$ | $\omega_p + 2 \leqslant \omega < \omega_p + 5$ | $\omega_p + 5 \leqslant \omega < \omega_p + 9$ | $\omega_p + 9 \leqslant \omega < \omega_p + 15$ | $\omega \geqslant \omega_p + 15$ |
| 冻土类别 | 少冰冻土 | 多冰冻土 | 富冰冻土 | 饱冰冻土 | 含土冰层 |
| 构造类别 | 整体状 | 微层、网状 | 层状 | 斑状 | 基底状 |

续表 2-4

| 项目<br>冻土总含水量<br>ω/% | | 多年冻土工程分类 | | | | |
| --- | --- | --- | --- | --- | --- | --- |
| | | I | II | III | IV | V |
| | | $\omega < \omega_p + 2$ | $\omega_p + 2 \leqslant \omega < \omega_p + 5$ | $\omega_p + 5 \leqslant \omega < \omega_p + 9$ | $\omega_p + 9 \leqslant \omega < \omega_p + 15$ | $\omega \geqslant \omega_p + 15$ |
| 融沉评价 | 等级 | 不融沉 | 弱融沉 | 中融沉 | 强融沉 | 融沉 |
| | 融沉系数 $\delta_0$ | $\delta_0 \leqslant 1$ | $1 < \delta_0 \leqslant 3$ | $3 < \delta_0 \leqslant 10$ | $10 < \delta_0 \leqslant 25$ | $\delta_0 > 25$ |
| 冻胀评价 | 等级 | 不冻胀 | 弱冻胀 | 冻胀 | 强冻胀 | 特强冻胀 |
| | 冻胀系数 $\eta$ | $\eta \leqslant 1$ | $1 < \eta \leqslant 3.5$ | $3.5 < \eta \leqslant 6$ | $6 < \eta \leqslant 12$ | $\eta > 12$ |
| 评价强度 | 等级 | 中 | 高 | 高 | 中低 | 低 |
| | 相对强度值 | 0.8~1.0 | 1.0 | 1.0 | 0.8~0.4 | <0.4 |

注：①$\omega_p$—塑限含水量(%)；$\omega$—冻土总含水量。

表 2-5 按多年地温进行的多年冻土分类表

| 项目 | 数据与分区 | | | |
| --- | --- | --- | --- | --- |
| | I | II | III | IV |
| 多年冻土地温分区 | 高温极不稳定区 | 高温不稳定区 | 低温基本稳定区 | 低温稳定区 |
| 多年冻土年平均地温 $T_{cp}$ | $0℃ > T_{cp} \geqslant -0.5℃$ | $-0.5℃ > T_{cp} \geqslant -1.0℃$ | $-1.0℃ > T_{cp} \geqslant -2.0℃$ | $-2.0℃ > T_{cp} \geqslant -3.0℃$ |

## 2.3.3 钻孔易弯曲地层分类

钻孔易弯曲地层按其地质成因主要分为：各向异性地层、软硬互层地层、地质构造复杂和破碎的地层。

1) 各向异性岩层

对于各向异性的岩层，异向性越强的岩石，钻孔弯曲的程度越大。一般来说，火成岩的各向异性不明显，钻孔弯曲程度小些。变质岩类(如浅变质作用形成的板岩、含铁石英岩、千枚岩化岩类的岩石；变质强烈的深部变质作用形成的角闪片麻岩、闪长片麻岩、阳起石片麻岩、混合片麻岩等片麻岩类和混合花岗岩类等的岩动力变质作用形成的糜棱岩化类岩石；热液变质和围岩蚀变作用形成的硅化、矽卡岩化接触交代岩石等)和层理发育的岩石(如片岩、页岩等)的各向异性强，钻孔弯曲程度大。

目前衡量岩石各向异性的指标尚未统一。按照可钻性、压入硬度、夹层特点将岩石按钻孔弯曲程度分类，如表 2-6 所示。

表 2 - 6　按钻孔弯曲程度划分的岩石分类

| 岩石分类 | 岩石成分均质性 | 岩石物理力学性质 | | | 不同岩性的夹层 | | |
| --- | --- | --- | --- | --- | --- | --- | --- |
| | | 各向异性 | 各向异性系数 | | 换层程度 | 夹层硬度差 | |
| | | | 按可钻性 | 按硬度 | | 压入硬度等级 $9.8 \times 10^6 Pa$ | 可钻性 |
| Ⅰ | 成分极不均匀 | 强各向异性(片理等) | 1 ~ 0.5 | 1.25 ~ 2.0 | 频繁(层厚数毫米至数十厘米) | 200 ~ 500 | 2 ~ 6 级 |
| Ⅱ | 成分不均匀 | 各向异性 | 1 ~ 0.8 | 1.06 ~ 1.25 | 中等(厚度几米至数十米) | 50 ~ 200 | 1 ~ 2 级 |
| Ⅲ | 成分均匀 | 弱各向异性或均质的 | 1 ~ 0.95 | 1 ~ 1.05 | 少量(厚度至数百米) | 0 ~ 50 | 小于1 级 |

对Ⅰ类岩石,孔底钻速差最大,故对钻具产生多种偏斜力,使孔斜率的变化最大。

对Ⅱ类岩石,孔底存在钻速差,孔斜率有所增大,但变化较平稳。

对Ⅲ类岩石,由于成分均一,各向异性不明显,故孔斜率小。若遇偶然情况,如局部裂隙带、硬夹层、砾石层等,则会引起孔斜率增大,但穿过上述层位之后,钻孔方向又趋稳定。

2)倾斜的软硬不均的交错互层

钻孔穿过倾斜的软硬互层时,因软硬岩石抵抗破碎的能力不同,使孔底产生不均匀破碎,造成钻速差,引起钻孔顶角及方位角的变化。

钻孔倾斜的方向和顶角变化率,取决于钻孔轴线与岩层面的夹角(遇层角)和软硬层岩石的硬度差,差值越大,钻孔弯曲率越大。

钻孔弯曲规律如下:

(1)钻孔顶角的变化

由软岩层向硬岩层钻进:如图 2 - 1 所示,顶角的变化随遇层角 $\delta$ 的大小及软硬岩层的硬度差而不同。当遇层角 $\delta$ 小于 15°,且互层的软硬程度相差较大时,钻孔沿硬岩层上盘弯曲,俗称"顺层跑"(a);当遇层角 $\delta$ 大于 30° 时,钻孔将向与硬岩层层面相垂直的方向弯曲,俗称"顶层进"(b)。当遇层角 $\delta$ 在 15° ~ 30° 之间时,钻孔弯曲一般没有规律,可能沿岩层接触面弯曲,也可能沿相反方向弯曲。

由硬岩层向软岩层钻进:如图 2 - 2 所示,当遇层角 $\delta$ 为锐角时,钻孔顶角向硬岩层倾角方向弯曲,若遇层角越大时,且软硬层接触面的倾角越大,则弯曲程度也越大。

钻进软硬互层，由硬岩层进入软岩层，当两岩层的硬度差小，且岩层的厚度较大时，钻孔顶角不再弯曲，仍是顶层进；当两岩层的硬度差大，硬岩层厚度较小时，钻孔顶角可能向下弯曲。如图 2 - 3 所示。

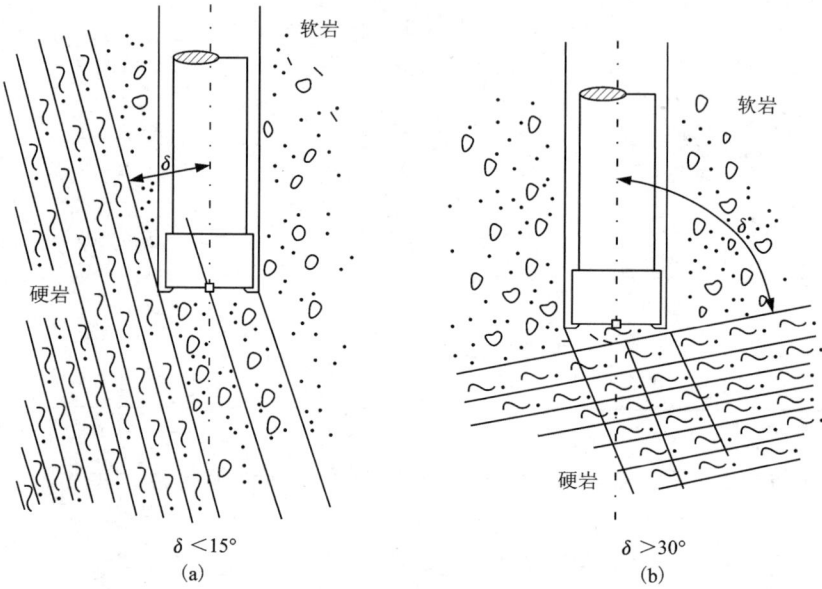

δ <15°
(a)

δ >30°
(b)

**图 2 - 1　钻孔由软至硬岩时弯曲情况**

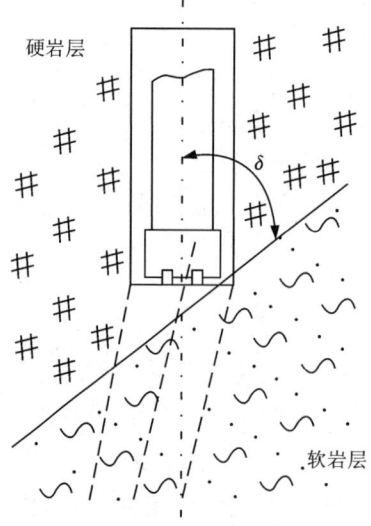

**图 2 - 2　钻孔由硬至软岩弯曲情况**

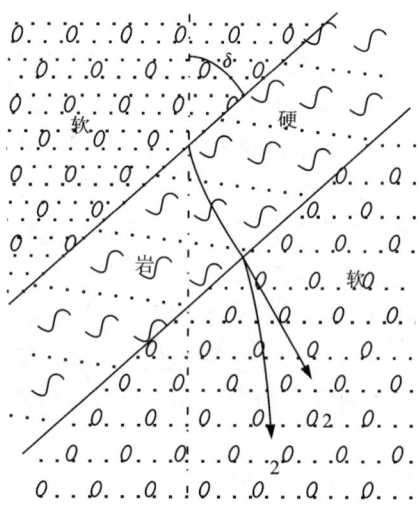

**图 2 - 3　钻孔穿过软硬互层的弯曲情况**

（2）钻孔方位角的变化

有两种情况：由软岩层向硬岩层钻进时由于钻头顺时针方向旋转，硬岩界面阻力 $A$ 大于软岩界面阻力 $B$，见图 2-4(a)。钻头围绕 $A$ 点产生附加力矩 $M$ 促使钻头发生偏斜，同时钻头受到水平力 $R(P_2-P_1)$ 的作用也使其偏斜。另外，粗径钻具位于软岩层中易扩大钻壁。因此，钻孔的方位角，将沿岩层走向往右偏斜（顺岩层倾斜方向看）。

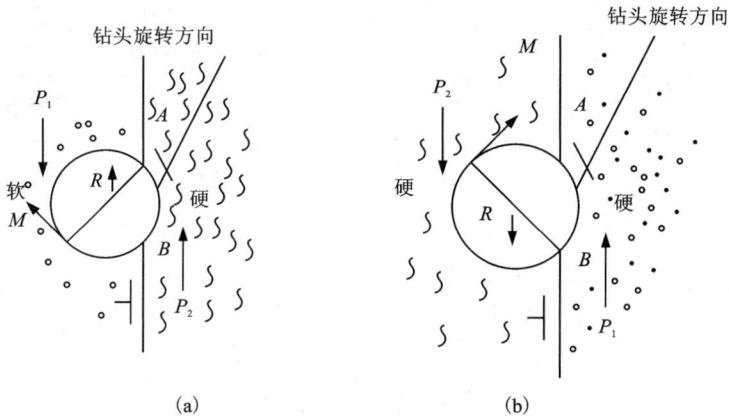

**图 2-4　钻孔方位角的变化**

$P_1$—软岩层中旋转阻力；$P_2$—硬岩层中旋转阻力

由硬岩层向软岩层钻进时由于钻头顺时针方向旋转，硬岩层界面 $B$ 点阻力远远大于 $A$ 点阻力，见图 2-4(b)。钻头围绕 $B$ 点产生附加力矩 $M$ 促使钻头偏斜，同时钻头受到水平力 $R(P_2-P_1)$ 作用也使之发生倾斜。但粗径钻具处于硬岩层中而使偏斜程度有所减小。因此总的趋势是，钻孔的方位角向后，并沿岩层走向往左偏斜（顺岩层倾斜方向看）。

3）地质构造复杂和自然破碎的地层

在这类地层中钻进，钻孔也会发生顶角和方位角的变化。

（1）在松散的流砂层或破碎层钻进斜孔时，因其具有流散性，故在钻具的自重钻用下，钻孔极易下垂。

（2）遇大溶洞时，斜孔钻进由于重力作用，钻孔顶角会急剧缩小而向下弯曲；直孔钻进由于孔底不规则，粗径钻具也易偏离钻孔轴线而发生弯曲。

（3）钻进中，遇到大的裂隙或断层，其方向和角度又与钻孔的方向和角度相近时，钻孔会沿裂隙或断层的方向发生弯曲。

（4）在松散的地层中遇到大的砾石、卵石等坚硬的包裹体时，钻孔会沿其斜面弯曲。

### 2.3.4 难取芯地层分类

为了反映地质因素对岩矿芯的形成和保全的影响，选择与之相适应的技术和工艺措施来提高岩矿芯采取质量，根据取芯难易程度的不同，大致可以将常见的地层分为七类（见表2-7）。

表2-7 岩矿层按取芯难易程度分类

| | 岩矿层类别 | | 可钻性等级 | 岩矿层主要物理力学性质 | 适用的取芯方法和取芯钻具 |
|---|---|---|---|---|---|
| 1 | 完整、致密、少裂隙的岩矿层 | 如板岩、灰质页岩，致密石灰岩、砂岩、花岗岩、致密铁矿床、铜矿床等 | 4~12 | 不易断裂破碎，耐磨性高，不怕冲刷，取芯容易，采取率高 | 普通单管合金钻进和钢粒钻进，卡料取芯，金刚石双管钻进，卡簧取芯无泵钻进，双动双层岩芯管，隔水单动，活塞式单动，爪簧式单动双层岩芯管，或喷射式孔底反循环钻具 |
| 2 | 节理、片理、裂隙发育，硬或中硬，性脆易碎的岩矿层 | 中硬、碎、脆岩矿层，如矽卡岩、辉绿岩、千枚岩、轻硅化灰岩、汞矿、黄铁矿、磷矿、石墨、滑石等 | 4~6 | 黏性低或无黏性，抗磨性低，回转振动易破碎，或酥脆、怕冲刷易磨损流失或污 | 钢粒钻进喷射式反循环钻具，金刚石双管钻具，无泵双动双管钻具 |
| | | 硬、碎、脆岩矿层，如石英二长斑岩、粗面岩、变质安山岩、花岗岩、强硅化灰岩、钼矿、铅锌矿等 | 6~9 10~11 (部分) | 无黏性，易受钻具振动和冲洗液冲刷而破碎成块状，易磨损、流失，不易取出完整岩矿芯 | |
| 3 | 软硬不均，夹石、夹层多，层次变化频率，性质不稳定的岩矿层 | 如不稳定的煤层，氧化矿床，破碎带，砾石层等 | 可钻性相差悬殊 | 围岩与矿体和岩层间可钻性悬殊，易破碎和磨损，黏性差，怕冲刷，煤层怕烧灼变质，不易钻进和取芯 | 爪簧式单动双管，隔水式单动双管等 |

| | 岩矿层类别 | | 可钻性等级 | 岩矿层主要物理力学性质 | 适用的取芯方法和取芯钻具 |
|---|---|---|---|---|---|
| 4 | 软、松散破碎的岩矿层 | 如表土、黏土层、煤层、软锰矿、铁帽、铝钒土、褐铁矿、断层带、氧化破碎带 | 1~5 | 胶结性差，松散易破碎，易烧灼变质，易坍塌 | 无泵反循环钻具，双层双动岩芯管，阿氏双管，喷射式孔底反循环钻具 |
| 5 | 易被冲洗液冲蚀、溶解的岩矿层 | 如岩盐、钾盐、石膏、芒硝、冻土层等 | 2~5 | 易溶解、溶蚀，怕冲刷 | 采用不同介质的饱和冲洗液，选用无泵钻具，喷反钻具，或单动双管的硬合金钻进 |
| 6 | 怕污染的岩矿层 | 如铝土矿、滑石、型砂、石墨等 | 2~4 | 怕污染 | 活塞式单动双管取芯，用清水冲洗液，在缺水地区也可用空气洗孔钻进 |
| 7 | 淤泥和流砂类岩矿层 | 如淤泥、流砂等 | | 怕冲刷易流失 | 花篮式或活阀式取样器 |

1）完整、致密、少裂隙的岩矿层

这类岩矿层可钻性为 4~12 极。钻进时经得起振动，不易断裂破碎，耐磨性强，不怕冲刷，取芯容易，采取率高，取出的岩芯完整，代表性强。即便是采用单层岩芯管正循环洗孔取芯钻进也可保证岩芯采取率。

2）节理、片理、裂隙发育，硬或中硬，性脆易碎的岩矿层

这类岩矿层可钻性为 4~9 级。钻进时若受钻具回转转动和冲洗液冲刷，则易破坏成碎块和细粒而相互磨损，导致岩矿芯材料流失，物质成分可能贫化、富集或污染。采集较完整的岩矿芯困难，卡取也不容易。一般采用喷射反循环钻具和单动双管钻具取芯。对于可钻性级别低的岩矿层，有时还要采用无泵钻具和双动双管钻具。

3）软硬不均，夹石、夹层多，层次变化频繁，性质不稳定的岩矿层

这类岩矿层（如薄煤层、氧化层等）的围岩与矿层、岩层与岩层之间可钻性级别相差悬殊。钻进中很易破碎和磨损，软弱部分黏结性差，怕冲刷，煤层还怕烧灼变质。一般采用隔水单动双管、爪簧式单动双管和双动双管钻具取芯。

4）软、松散、破碎、胶结性差的岩矿层

这类岩矿层可钻性为 1~5 级。松散易坍塌，胶结不良，钻进中易被冲蚀，岩矿芯呈细粒粉末状，也易烧灼变质。一般采用内管超前式单动双管，带半合管的单动双管取芯。孔浅时可采用无泵钻具保证取芯质量。

5）易被冲洗液溶蚀和融化的岩矿层

这类岩矿层(如岩盐、冻土层)的可钻性为 2~5 级。由于其可溶性,岩矿芯常溶蚀成蜂窝状或完全解体,取不上岩芯。因此要根据不同的盐类矿层采用饱和盐溶液作冲洗液,或选用无泵钻具,双管黄油护芯钻进,在缺水干旱地区或冻土层也可用空气洗孔钻进。

6)怕污染的岩矿层

这类岩矿层(如铝土矿、滑石、型砂、石墨等),钻进时岩屑或泥浆中的黏土颗粒混入矿芯,会改变矿石的品位和成分。为防止污染,采用活塞式单动双管取芯。地层完整时可用清水作冲洗液。在缺水地区也可用空气洗孔钻进。

7)淤泥和流砂类岩矿层

对于这类岩矿层,用一般取芯工具很难取上岩芯。需要采用花篮式或活阀式取样器。

俄罗斯全俄勘探技术研究所根据裂隙性程度、岩芯块度、岩石可钻性联合指标和岩石结构构造性四项指标,制定了岩石按取芯难度的分类方案。对影响因素作了某种程度上的量化。不仅可以帮助评价取芯难度,而且还可以评价某类岩矿层岩矿芯损失的原因。

岩石按取芯难度分类的标准方案如表 2-8 所示。

另外在上述分类的基础上,还提出了选用取芯方法与工具的建议,见表 2-9。

表 2-8 岩石按取芯难度分类的标准

| 裂隙程度 | 块度 $K_y$/(块·m$^{-1}$) | 岩石可钻性联合指标 $\rho_m$ | 按数字分组 | 结构构造特征 | | | | |
|---|---|---|---|---|---|---|---|---|
| | | | | 非胶结,松散,易冲蚀 | 胶结,硬度不均质 | 胶结,软硬交替 | 胶结,不均质 | 胶结,均质 |
| | | | | $\frac{F_{g1}}{F_{g2}} \gg 1$ | $\frac{F_{g1}}{F_{g2}} \gg 1$ | $\frac{F_{g1}}{F_{g2}} \gg 1$ | $\frac{F_{g1}}{F_{g2}} \gg 1$ | $\frac{F_{g1}}{F_{g2}} \approx 1$ |
| | | | | 按字母分组 | | | | |
| | | | | A | Б | B | Г | Д |
| | | | | 单层岩芯管钻进正循环洗孔时岩芯采取率 $B_k$ | | | | |
| 弱裂隙,完整 | 1~10, $\frac{l_k}{d_k} > 2.4$ | >22.5 | 1 | 0~20 | 65~70 | 70~75 | 80~85 | 90~100 |
| | | 10~22.5 | 2 | | 60~65 | 65~70 | 70~75 | 85~90 |
| | | 0~10 | 3 | | 50~55 | 60~65 | 65~70 | 80~85 |
| 中等裂隙,完整 | 11~31, $\frac{l_k}{d_k} = 0.8~2.4$ | >22.5 | 1 | 0~20 | 45~50 | 65~60 | 60~65 | 75~80 |
| | | 10~22.5 | 2 | | 40~45 | 45~50 | 55~60 | 70~75 |
| | | 0~10 | 3 | | 35~40 | 40~45 | 45~50 | 60~65 |
| 强裂隙 | >31, $\frac{l_k}{d_k} = 0.8$ | >22.5 | 1 | 0~20 | 20~25 | 25~30 | 35~40 | 45~55 |
| | | 10~22.5 | 2 | | 15~20 | 20~25 | 25~30 | 35~40 |
| | | 0~10 | 3 | | 0~5 | 5~10 | 10~15 | 15~20 |

注:动载强度:$F_{g1}$ 为碎屑和斑晶;$F_{g2}$ 为胶结物或基质。

表 2 - 9  根据取芯难易对选用取芯方法和工具的建议

| 岩石按取芯难度的分类 | 单管钻进时的取芯率 /% | 按表 2 - 8 标准方案的分组 | 岩石可钻性级别 | 岩性简述 | 建议选用的取芯方法和工具 |
|---|---|---|---|---|---|
| 1 | 0 ~ 20 | А - 1 ~ А - 9 | 1 ~ 3 | 非胶结，松散，易冲蚀 | 孔深小于 50 m 时用螺旋钻进，振动钻进，气动冲击锤钻进，爪头钻进；孔深大于 50 m 时，用无泵回转钻进，绳索取芯钻进，喷射式钻具，封隔式钻具，无泵钻进，水力输芯钻进 |
| | | Б - 8 - 9 ~ В - 8 | 3 ~ 8 | 不均质，软硬交替，均质，弱胶结，强裂隙 | |
| | | Б - 6 | 3 ~ 4 | 不均质，软硬交替，弱胶结，中等裂隙 | 绳索取芯钻进，泥浆洗孔单动双管钻具，内管超前式取煤单动双管 |
| 2 | 20 ~ 40 | Б - 7 | 9 ~ 12 | 不均质，软硬交替，强裂隙 | 喷射式钻具，孔底反冲洗单动双管，泥浆洗孔单动双管，绳索取芯钻进 |
| | | Б - 7 - 9 ~ Д - 8 | 7 ~ 8 | 胶结，结构不均质或均质，强裂隙不均质，软硬交替非胶结，完整或弱裂隙 | 冲洗液底泄式单动双管钻具，绳索取芯钻进，喷射式钻具 |
| | | Б - 3 | 3 ~ 4 | | 内管超前式取煤单动双管，泥浆洗孔单动双管，绳索取芯钻进 |
| 3 | 40 ~ 60 | Б - 4Г - 5 - 6 | 3 ~ 8 | 不均质，软硬交替，胶结，中等裂隙 | 喷射式钻具，泥浆洗孔单动双管，绳索取芯钻进 |
| | | В - 4 - 5 | 3 ~ 8 | 均质，弱裂隙 | 孔底正反冲洗单动双管钻具，绳索取芯钻进 |
| | | В - 6 | 9 ~ 12 | 均质，中裂隙 | 喷射式钻具，孔底正反冲洗单动双管钻具 |
| | | Д - 7 | 9 ~ 12 | 均质，强裂隙 | 喷射式钻具，孔底反冲洗单动双管钻具，泥浆洗孔单动双管 |
| | | Б - 1 - 2 В - 1 - 2 | 7 ~ 12 | 不均质，软硬交替，完整和弱裂隙 | 孔底正反冲洗单动双管钻具，泥浆洗孔单动双管，单管钻具 |
| 4 | 60 ~ 80 | В - 3 | 3 ~ 8 | 均质和不均质，完整和弱裂隙 | 孔底正反冲洗单动双管钻具，绳索取芯钻进 |
| | | Г - 4 Д - 4 - 5 | 7 ~ 12 | 均质和不均质，中等裂隙 | 泥浆洗孔单动双管钻具，绳索取芯钻进，单管钻具 |
| | | Д - 6 | 3 ~ 6 | 均质，中等裂隙 | 内管超前式取煤单动双管，单管钻具 |
| | | Г - 1Д - 1 | 9 ~ 12 | 不均质和均质，强裂隙 | 孔底正反冲洗单动双管钻具，绳索取芯 |
| 5 | 80 ~ 100 | Д - 2 - 3 | 3 ~ 8 | 均质，胶结，完整和弱裂隙 | 钻进，单管钻具孔底正反冲洗单动双管钻具，绳索取芯钻进，单管钻具 |

### 2.3.5 坚硬地层分类

坚硬地层一般是可钻性级别比较大的地层,其特性为硬度大、研磨性弱。

1)按岩芯钻探岩石可钻性分级

地质部于 1958 年颁布的岩芯钻探岩石可钻性 12 级分类表,以硬质合金和钢粒钻进的机械钻速作为分级指标,虽然在现在的技术条件与工艺水平下,原分级表中的指标已失去意义,但对岩石的分级归类仍可作参考,见表 2 - 10。

**表 2 - 10 岩芯钻探岩石可钻性 12 级分类表**

| 级别 | 硬度 | 每一级有代表性的岩石 | 普氏坚固系数 | 可钻性/(m·h$^{-1}$) | 一次提钻长度/(m·回次$^{-1}$) |
|---|---|---|---|---|---|
| I | 松软疏散的 | 次生黄土、次生红土、泥质土壤;松软的砂质土壤(不含石子及角砾)、冲积砂土层;湿的软泥、硅藻土、泥炭质腐殖层(不含植物根) | 0.30 ~ 1 | 7.50 | 2.80 |
| II | 较松软疏散的 | 黄土层、红土层、松软的泥灰层;含有 10% ~ 20% 砾石的黏土质及砂质土层、砂姜黄土层、松软的高岭土类(包括矿层中的黏土夹层)、泥炭及腐殖层(带有植物根) | 1 ~ 2 | 4.00 | 2.40 |
| III | 软的 | 全部风化变质的页岩、板岩、千枚岩、片岩;轻微胶结的砂层;含有超过 20% 砾石(大于 3 cm)的砂质土壤及超过 20% 的砂姜黄土层;泥灰岩、石膏质土层、滑石片岩、软白垩、贝壳石灰岩;褐煤、烟煤;较软的锰矿 | 2 ~ 4 | 2.45 | 2.00 |
| IV | 较软的 | 砂质页岩、油页岩、碳质页岩、含锰页岩、钙质页岩及砂页岩互层;较致密的泥灰岩;泥质砂岩;块状石灰岩、白云岩;风化剧烈的橄榄岩、纯橄榄岩、蛇纹岩;铝矾土菱镁矿、滑石化蛇纹岩、磷块岩(磷灰岩);中等硬度煤层;岩土;钾土、结晶石膏、无水石膏;高岭土层;褐铁矿(包括疏松的铁帽)、冻结的含水砂层;火山凝灰岩 | 4 ~ 6 | 1.6 | 1.70 |
| V | 稍硬的 | 卵石、碎石及砾石层、崩积层;泥质板岩;绢云母绿泥石板岩、千枚岩、片岩;细粒结晶的石灰岩、大理岩;较松软的砂岩;蛇纹岩、纯橄榄岩、蛇纹岩化的火山凝灰岩;风化的角闪石斑岩、粗面岩;硬烟煤、无烟煤;松散砂质的磷灰石矿、冻结的粗粒砂层、砾层、泥层、砂土层、萤石带 | 6 ~ 7 | 1.15 | 1.50 |

| 级别 | 硬度 | 每一级有代表性的岩石 | 普氏坚固系数 | 可钻性 /(m· h⁻¹) | 一次提钻长度 /(m·回次⁻¹) |
|---|---|---|---|---|---|
| VI | 中等硬度的 | 石英、绿泥石、云母、绢云母板岩、千枚岩、片岩。轻微硅化的石灰岩;方解石及绿帘石硅卡岩;含黄铁矿斑点的千枚岩、板岩、片岩、铁帽;钙质胶结的砾石、长石砂岩、石英砂岩;微风化含矿的橄榄岩及纯橄榄岩;石英粗面岩;角闪石斑岩、透辉石岩、辉长岩、阳起石、辉石岩;冻结的砾石层;较纯的明矾石 | 7~8 | 0.82 | 1.30 |
| VII | 中等硬度的 | 角闪石、云母、石英、磁铁矿、赤铁矿化的板岩、千枚岩、片岩(如含铁镁矿物的鞍山式贫矿);微硅化的板岩、千枚岩、片岩;含石英粒的石灰岩;含长石石英砂岩;石英二长岩;微片岩化的钠长石斑岩、粗面岩,角闪石斑岩、玢岩、辉绿凝灰岩;方解石化的辉岩、石榴子石硅卡岩;硅质叶蜡石(寿山石)多孔石英;有硅质的海绵状铁帽;铬铁矿、硫化矿物、菱铁赤铁矿;含角闪石磁铁矿;含矿的辉石岩类、含矿的角闪石岩类;砾石(50%砾石,系水成岩组成,钙质和硅质胶结的);砾石层、碎石层;轻微风化的粗粒花岗岩、正长岩、斑岩、玢岩、辉长岩及其他火成岩;硅质石灰岩、燧石石灰岩;极松散的磷灰石矿 | 8~10 | 0.57 | 1.10 |
| VIII | 硬的 | 硅化绢云母板岩、千枚岩、片岩;片麻岩,绿帘石岩,明矾石;含石英的碳酸盐岩石;含石英重晶石岩石;含磁铁矿及赤铁矿的石英岩;粗粒及中粒的辉岩、石榴子石硅卡岩;钙质胶结的砾石;轻微风化的花岗岩、花岗片麻岩、伟晶岩、闪长岩、辉长岩,石英电气石岩类;玄武岩、钙钠斜长石岩、辉石岩、安山岩、石英安山斑岩;含矿的橄榄岩、纯橄榄岩等;中粒结晶钠长斑岩、角闪石斑岩;水成赤铁矿层、层状黄铁矿、磁铁矿层;细粒硅质胶结的石英砂岩、长石砂岩;含大块燧石石灰岩;粗粒宽条带状的磁铁矿、赤铁矿、石英岩 | 10~14 | 0.38 | 0.85 |

| 级别 | 硬度 | 每一级有代表性的岩石 | 普氏坚固系数 | 可钻性/(m·h$^{-1}$) | 一次提钻长度/(m·回次$^{-1}$) |
|---|---|---|---|---|---|
| IX | 硬的 | 高硅化板岩、千枚岩、石灰岩及砂岩等；粗粒的花岗岩、花岗闪长岩、花岗片麻岩、正长岩、辉长岩、粗面岩等；伟晶岩；微风化的石英粗面岩、微晶花岗岩、带有溶解空洞的石灰岩；硅化的磷灰岩、角页化凝灰岩、绢云母化角页岩；细晶质的辉石、绿帘石、石榴子石硅卡岩；硅钙硼石、石榴石、铁钙辉石、微晶硅卡岩；细粒细纹状的磁铁矿、赤铁矿、石英岩、层状重晶石；含石英的黄铁矿、带有相当多黄铁矿的石英；含石英质的磷灰岩层 | 14～16 | 0.25 | 0.65 |
| X | 坚硬的 | 细粒的花岗岩、花岗闪长岩、花岗片麻岩；流纹岩、微晶花岗岩、石英钠长斑岩、石英粗面岩；坚硬的石英伟晶岩；粗纹结晶的层状硅卡岩、角页岩；带有微晶硫化矿物的角页岩；层状磁铁矿层夹有角页岩薄层；致密的石英铁帽；含碧玉玛瑙的铝矾土 | 16～18 | 0.15 | 0.50 |
| XI | 坚硬的 | 刚玉岩、石英岩、碧玉岩；块状石英、最硬的铁质角页岩；含赤铁矿、磁铁矿的碧玉岩；碧玉质的硅化板岩；燧石岩 | 18～20 | 0.09 | 0.32 |
| XII | 最坚硬的 | 完全没有风化的极致密的石英岩、碧玉岩、角页岩、纯钠辉石刚玉岩、石英、燧石、碧玉 |  | 0.045 | 0.16 |

2）按实际钻进速度分类

在规定的设备工具和技术规范条件下进行实际钻进，以所得的纯钻进速度作为岩石的可钻性级别。这种方法随着技术的进步，必须实时修正。原地质矿产部制定了金刚石岩芯钻探岩石可钻性分级表，如表 2－11 所示。

表 2－11 适合于金刚石钻进的岩石可钻性分级表

| 岩石级别 | 钻进时效 | | 代表性岩石举例 |
|---|---|---|---|
|  | 金刚石 | 硬合金 |  |
| 1～4 |  | ＞3.90 | 粉砂质泥岩，碳质页岩，粉砂岩，中粒砂岩，透闪岩，煌斑岩 |
| 5 | 2.90～3.60 | 2.50 | 硅化粉砂岩、滑石透闪岩、橄榄大理岩、白色大理岩、石英闪长玢岩、黑色片岩 |

| 岩石级别 | 钻进时效 | | 代表性岩石举例 |
| --- | --- | --- | --- |
| | 金刚石 | 硬合金 | |
| 6 | 2.30 ~ 3.10 | 2.00 | 黑色角闪斜长片麻岩，白云斜长片麻岩，黑云母大理岩，白云岩，角闪岩，角岩 |
| 7 | 1.90 ~ 2.60 | 1.40 | 白云斜长片麻岩，石英白云石大理岩，透辉石化闪长玢岩，混合岩化浅粒岩，黑云角闪斜长岩，透辉石岩，白云母大理岩，蚀变石英闪长玢岩，黑云角石英片岩 |
| 8 | 1.50 ~ 2.10 | 0.80 | 花岗岩，矽卡岩化闪长玢岩，石榴石矽卡岩，石英闪长玢岩，石英角闪岩，黑云母斜长角闪岩，混合伟晶岩，黑云母花岗岩，斜长闪长岩，混合片麻岩 |
| 9 | 1.1 ~ 1.70 | | 混合岩化浅粒岩，花岗岩，斜长角闪岩，混合闪长岩，钾长伟晶岩，橄榄岩，斜长混合岩，闪长玢岩，石英闪长玢岩，似斑状花岗岩，斑状花岗闪长岩 |
| 10 | 0.8 ~ 1.20 | | 硅化大理岩，矽卡岩，钠长斑岩，斜长岩，花岗岩，石英岩，硅质凝灰砂砾岩 |
| 11 | 0.5 ~ 0.90 | | 凝灰岩，熔凝灰岩，石英角岩，英安岩 |
| 12 | <0.60 | | 石英角岩，玉髓，熔凝灰岩，纯石英岩 |

3）按照岩石的坚固性系数分类

由俄罗斯学者于 1926 年提出的岩石坚固性系数（又称普氏系数）至今仍在矿山开采业和勘探掘进中广泛应用。岩石的坚固性区别于岩石的强度，强度值必定与某种变形相联系，而坚固性反映的是岩石在几种变形方式的组合作用下抵抗破坏的能力。因为在钻掘施工中往往不是采用纯正压入或纯回转的方法破碎岩石，因此这种反映在组合作用下岩石破碎难易程度的指标比较贴近生产实际情况。岩石坚固性系数 f 表征的是岩石抵抗破碎的相对值。因为岩石的抵抗能力最强，故把岩石单轴抗压强度极限的 1/10 作为岩石的坚固性系数，即

$$f = \sigma_c / 10 \tag{2-6}$$

式中：$\sigma_c$ 为岩石的单轴抗压强度，MPa。

根据岩石的坚固性系数（f）可把岩石分成 10 级（见表 2 - 12），等级越高的岩石越易破碎。为了方便使用，又在第Ⅲ、Ⅳ、Ⅴ、Ⅵ、Ⅶ级的中间加了半级。考虑到生产中不会大量遇到强度大于 200 MPa 的岩石，故把凡是抗压强度大于 200 MPa 的岩石归入Ⅰ类。

这种方法比较简单，而且在一定程度上反映了岩石的客观性质。但它也还存

在一些缺点：

①岩石的坚固性虽概括了岩石的各种属性(如岩石的凿岩性、爆破性、稳定性等)，但在有些情况下这些属性并不是完全一致的。

②普氏分级法采用实验室测定来代替现场测定，这不可避免地会带来因应力状态的改变而造成的坚固程度上的误差。

**表 2-12 按坚固性系数对岩石可钻性分级表**

| 岩石级别 | 坚固程度 | 代表性岩石 | $f$ |
|---|---|---|---|
| I | 最坚固 | 最坚固、致密、有韧性的石英岩、玄武岩和其他各种特别坚固的岩石 | 20 |
| II | 很坚固 | 很坚固的花岗岩、石英斑岩、硅质片岩，较坚固的石英岩，最坚固的砂岩和石灰岩 | 15 |
| IIIa | 坚固 | 致密的花岗岩，很坚固的砂岩和石灰岩，石英矿脉，坚固的砾岩，很坚固的铁矿石 | 10 |
| III | 坚固 | 坚固的砂岩、石灰岩、大理岩、白云岩、黄铁矿，不坚固的花岗岩 | 8 |
| IV | 比较坚固 | 一般的砂岩，铁矿石 | 6 |
| IVa | 比较坚固 | 砂质页岩，页岩质砂岩 | 5 |
| V | 中等坚固 | 坚固的泥质页岩，不坚固的砂岩和石灰岩，软砾石 | 4 |
| Va | 中等坚固 | 各种不坚固的页岩，致密的泥灰岩 | 3 |
| VI | 比较软 | 软质页岩，很软的石灰岩，白垩，盐岩，石膏，无烟煤，破碎的砂岩和石质土壤 | 2 |
| VIa | 比较软 | 碎石质土壤，破碎的页岩，粘结成块的砾石、碎石，坚固的煤、硬化的黏土 | 1.5 |
| VII | 软 | 致密黏土，较软的烟煤，坚固的冲积土层，黏土质土壤 | 1 |
| VIIa | 软 | 软砂质黏土、砾石，黄土 | 0.8 |
| VIII | 土状 | 腐殖土，泥煤，软砂质土壤，湿砂 | 0.6 |
| IX | 松散状 | 砂，山砾堆积，细粒石，松土，开采下来的煤 | 0.5 |
| X | 流砂状 | 流砂，沼泽土壤，含水黄土及其他含水土壤 | 0.3 |

4)坚硬致密弱研磨性地层

根据岩石压入硬度、单轴抗压强度及研磨性三项指标，参考前苏联的金刚石钻进的岩石可钻性分级，可将坚硬致密弱研磨性岩石分为三类，如表 2-13 所示。

表 2 - 13 坚硬致密弱研磨性岩石分类

| 类别 | 岩石可钻性级别 | 压入硬度/MPa | 单轴抗压强度/MPa | 耐磨性/mg | 可钻性指标/(m·h⁻¹) | 代表性岩石 |
|---|---|---|---|---|---|---|
| 1 | 10 | 5000～6000 | 150～200 | <5 | 0.50 | 花岗岩、花岗闪长岩 |
| 2 | 11 | 6000～7000 | 200～250 | <5 | 0.30 | 石英砂岩、石英角岩、变质凝灰岩、硅化石英岩 |
| 3 | 12 | >7000 | >250 | <5 | 0.10 | 磁铁石英岩、变质凝灰岩、熔结凝灰岩、隧石 |

弱研磨性地层还可按金刚石钻进时可钻性大致分为三类：

①轻微风化的玄武岩、辉绿岩、拉长岩、辉长岩、正长岩、辉岩、闪长岩、安山岩、玢岩、角闪岩、花岗片麻岩；弱石英化的致密石灰岩，硅化泥质页岩。可钻性等级为 7～8 级。

②最硬的各种玄武岩、辉绿岩、正长岩、辉长岩、微晶花岗岩、片麻岩等。可钻性等级为 9～10 级。

③坚硬的、致密的、细晶质的、强硅化的，含石英的致密岩石—角岩、石英岩、碧石、隧石、软玉；熔结凝灰岩等。可钻性等级为 11～12 级。

在用金刚石钻头钻进坚硬致密弱研磨性地层时，容易出现"打滑"情况。其原因如下：

a. 岩石坚硬、致密、研磨性弱。这类岩石大都由坚硬的石英、长石等矿物组成，整个岩石坚硬；另一方面这些组成岩石的矿物颗粒较细，大小均匀，硅质胶结，因而岩石的结构致密，研磨性弱。常规金刚石钻头在这类岩层中钻进很难出刃。

b. 钻头胎体的耐磨性与这类岩石的耐磨性不相适应。常规孕镶金刚石钻头的胎体硬度都比较高，一般都在 40～45 HRC，比较耐磨。而坚硬致密弱研磨性岩层的岩石耐磨能力小，不能有效地研磨钻头胎体。当孕镶金刚石钻头的孕镶层中第一层金刚石被磨平抛光，失去工作能力之后，钻头胎体不能适应磨损，失去工作能力的金刚石不能及时脱落，新的金刚石不能出露。

c. 金刚石的强度低、耐磨性差。常规金刚石钻头所用金刚石的强度都较低，这种低强度的金刚石只能短时工作，未等到新的金刚石出露就会失去工作能力。

d. 钻进规程参数选择不当。在坚硬致密弱研磨性岩层中钻进时，仍采用中硬岩层中使用常规金刚石钻头时的钻进规程参数，盲目追求所谓的高转速，不仅不利于金刚石的出刃，而且会助长打滑现象的发生。

通过对钻进坚硬致密弱研磨性岩层原因的探讨，在目前生产技术水平的条件下，要解决好坚硬致密弱研磨性岩层的金刚石钻进打滑问题，可从下列几方面入手[7]：

a. 根据这类岩层坚硬致密、硬度大、强度高、研磨性弱、难钻进的特点，要选用高强度的金刚石。金刚石是金刚石钻头直接破碎岩石的刃具，金刚石强度的高低，对金刚石的钻进效率起决定性的作用。特别是钻进坚硬致密的打滑岩层时更为重要。

b. 根据这类岩层研磨性小的特点，适当降低钻头胎体的耐磨性。前面已经分析过，常规金刚石钻头钻进坚硬致密弱研磨性岩层时之所以打滑，主要原因是常规金刚石钻头的胎体硬度大，耐磨性高，与研磨性小的坚硬致密打滑岩层不相适应。因此，人为地降低钻头胎体硬度、耐磨性是解决这类岩层金刚石钻进打滑问题的关键。

c. 合理设计金刚石钻头的底唇面形状，增加钻头破碎岩石的自由面和钻头底唇面上金刚石的单向轴压力。

d. 配备高频液动冲击器，实现金刚石回转冲击钻进，进一步提高钻进效率。

e. 优选合理的钻进参数。金刚石钻进的效果，不仅取决于所钻岩石的可钻性及金刚石钻头的性能和质量，而且与钻进时所选用的钻进参数密切相关。采用孕镶金刚石钻头钻进坚硬致密弱研磨性岩层时，除要合理设计与其相适应的钻头外，为使金刚石及时出刃，往往还需选择合理的钻进参数。

## 2.3.6 地应力分类

地应力是指岩体由于地壳构造运动和上覆岩层的自重作用造成的水平应力、内应力、变异应力及其他应力，是岩体区别于其他土体的最基本的特征，主要表现为自重应力与构造应力。对于高地应力的定义还没有明确的定义，高地应力的判定主要有以下三种：

1) 三个方向主应力的最大值达到 20～30 MPa 时，就可以认为处于高地应力环境中。

2) 用岩石单轴抗压强度 ($R_b$) 和最大主应力 ($\sigma_1$) 的比值 ($R_b/\sigma_1$) 来划分地应力的级别。不同国家对地应力高低的界定有一定的区别，表 2-14 所示是部分国家的分级标准，表 2-15 是我国《工程岩体分级标准》(GB50218-94) 规定的分级标准。

表 2-14 其他国家地应力分级方法

| 国家 | 低地应力/MPa | 中地应力/MPa | 高地应力/MPa |
|---|---|---|---|
| 法国隧协 | >4 | 2～4 | <2 |
| 日本应用地质协会 | >4 | 2～4 | <2 |
| 苏联顿巴斯矿区 | >4 | 2.2～4 | <2.2 |

**表 2-15 我国高地应力判别准则**

| 应力情况 | 主要现象 | $R_b/\sigma_{max}$ |
|---|---|---|
| 极高应力 | (1)硬质岩：施工过程中会有岩爆发生以及块体弹出，内壁岩体会发生剥离，新产生裂隙较多，洞成型性差；基坑有剥离现象，成型性也差<br>(2)软质岩：开挖过程中洞壁岩体有剥离，岩芯有饼化现象，位移相当显著甚至发生大位移，持续时间长，不容易成洞；基坑发生显著隆起或剥离，不易成形 | <4 |
| 高应力 | (1)硬质岩：施工过程中可能发生岩爆现象，内壁岩体有剥离和掉块现象，新产生裂缝较多，洞成型性差；基坑有剥离现象，成形性通常比较好<br>(2)软质岩：施工过程中洞壁岩体位移相当显著，持续时间也较长，不容易成洞，岩芯时有饼化现象；基坑有隆起现象，成形性不好 | 4~7 |

3)通过自重应力与地应力量级的对比，初始应力状态下，特别是水平应力分量远远超过上覆岩体的重量时，可以认为岩体处于高地应力环境中，其分级标准见表 2-16。

**表 2-16 地应力分级方法**

| 地应力级别 | 一般地应力 | 较高地应力 | 高地应力 |
|---|---|---|---|
| $N = I_1/I_1'$ | 1~1.5 | 1.5~2 | >2 |
| 说明 | $N=1$ 时为纯自重应力 | 在地应力场中有 30%~50% 是构造应力产生的，其余为自重场应力 | 50% 以上的地应力值是由构造应力产生 |

孙广忠教授曾指出：地应力高低与岩体强度有直接关系，弹性模量大的地应力高、弹性模量小的地应力低。地应力的大小不仅与埋深有关，而且受重力、构造作用的影响，一般高地应力地区有岩爆、岩芯饼化现象。

# 第3章 复杂地层探测技术

## 3.1 复杂地层探测设备及仪表

### 3.1.1 井径仪

井径仪或叫孔径仪可进行钻孔直径的测量，了解钻孔超径或空洞的情况，以判断钻孔坍塌或漏失层的部位，也可作为计算封堵物质体积的根据。

目前所用井径仪是四腿伸开电阻式井径仪（如图 3-1 所示），是和孔壁接触的仪器。当仪器下入孔底后（下井时四支测量腿收拢在一起），通电使腿伸张，并利用弹簧使测量腿与孔壁紧密接触。仪器上提时，测量腿随孔径变化而伸张或收缩，从而改变电阻值，并由地表电阻电桥仪器（或测井仪）中反映出来，再换算成孔径的变化。过去也曾用三支曲腿式井径仪，一般可测孔径达 600 mm。

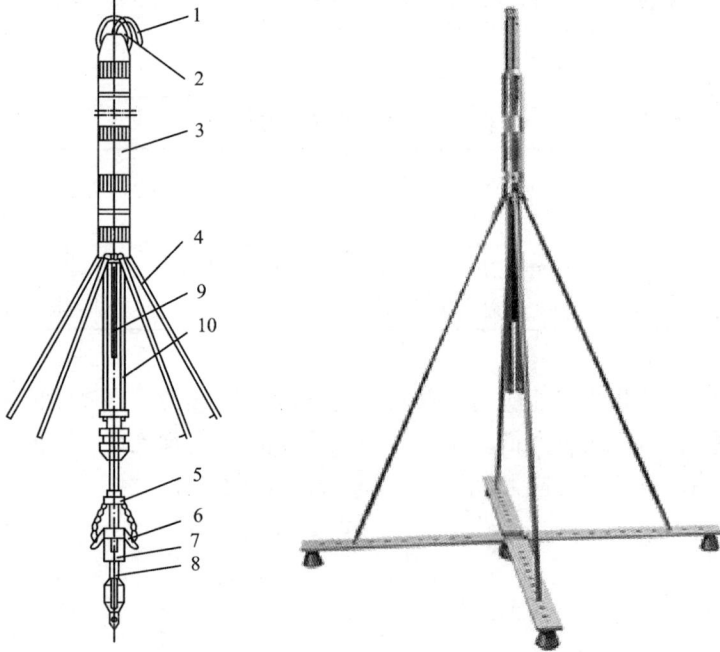

**图 3-1 井径仪**

1—三心电缆；2—挂钩；3—密封筒；4—测量腿；5—束缚盒；
6—鳍条；7—固定座；8—连杆；9—压力补偿器；10—支柱

接触点式井径仪最大缺点是易卡在孔壁岩石中。为此,应设计无触点式井径仪,如利用超声波测量井径,或和超声电视结合起来。

## 3.1.2　电测水位计

它主要用于测定孔内动、静水位,结构简单,测定准确。图 3 - 2 所示是单线水位计探头的结构。探头的外径不大于 20 mm,便于下入孔内钻杆及接头中。导线可采用 7 丝(4 根钢丝,3 根铜丝)单被复线。当探头的探杆 6 与水面接触时,通过孔壁与大地形成闭合回路,用万用表电阻挡可测得此时电阻变小。离开水面时电阻又重新变大。

图 3 - 3 是双线简易电测水位计示意图,测杆只起到加重物作用,不必绝缘。而 2 根塑料导线上各刮破一处(上、下相距 10 ~ 15 mm),破坏绝缘起导电作用。当下入孔内水面处时,可导电形成回路,同样用万用表电阻挡指示电阻变小,离开水面后电阻又变大,从而测定水面的孔深位置。

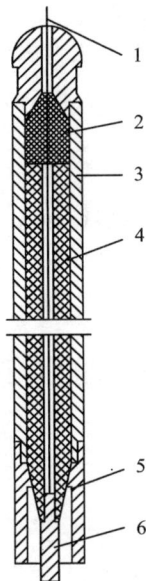

图 3 - 2　单线电测水位计探头

1—导线;2—绝缘橡胶;3—外壳;
4—橡胶或塑料;5—外壳下罩;6—探杆

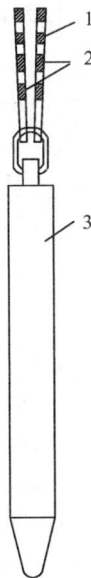

图 3 - 3　双线简易电测水位计

1—导线;2—导线刮破点;3—测杆

## 3.1.3　钻孔测漏仪(钻孔流量计)

测漏仪用于测量钻孔漏失的位置、厚度和漏失量大小。有的仪器既可测漏也可测涌。无论哪种仪器，其井下部分均属用液体流动推动涡轮旋转的一种流量计。其结构和地面水用的流量计相似。不同之处在于测漏仪是钻孔测漏专用仪器。它可以在钻孔中测量水从静止到高速流动时的不同状态，以判断漏水、涌水位置，钻孔的水位和漏失量的大小，并可在曲线上分析钻孔扩大的概况。若配合孔径测量，就可以对流量进行定量测量。

测漏仪由井内涡轮变送器，地面显示仪，电缆（二心七股被复线）及附属装置（孔口滑轮、轻便绞车<线架>）组成。

变送器用于在孔内将不同的水流速度转变为不同的涡轮转数，再把转数变成脉冲电信号，通过电缆将信号输送至地面计数器或荧光数码显示盘，取得定时或瞬时转数数据，根据孔内不同点的转数变化去判断漏水位置。

测漏仪型号较多，仪器仍处在定型过程中，现以 LWJ - 73 井下涡轮流量计为例，介绍其结构及工作原理。

（1）LWJ - 73 井下涡轮流量计

①仪器的主要技术性能

根据地质勘探钻孔的工作条件，试验样机的主要技术性能和要求如下：

可测钻孔直径　　75～150 mm；

可测钻孔深度　　1000 m；

可测液体　　　　水、钻井液；

可测范围　　　　对直径 75 mm 钻孔，清水时为 1～600 L/min；

测量时间　　　　用测点法不少于 30 s；

电源电压　　　　直流 12 V；

讯号输送线　　　三心轻便电缆或测井电缆。

井下涡轮流量变送器规格与重量：

直径　　　　　　73 mm；

长　　　　　　　1 m；

重　　　　　　　4.5 kg；

地面显示仪表规格和重量：

规格　　　　　　230 mm×140 mm×115 mm；

重　　　　　　　2.3 kg；

②仪器的结构与工作原理

流量计由井下涡轮变送器与地面显示仪表所组成，两者用三心电缆相连。

井下涡轮变送器的机构如图 3－4 所示。外壳 12 为直径 73 mm 的圆管，其上下各有四根导向杆 3、19；导向杆与导向杆接头 2、20 和上、下压紧圈 6、18 焊接，7、16 分别为上下导流件。为使变送器能在直径 75～150 mm 的钻孔中测试，并保持其灵敏度，在外壳上开有四个较大的窗口。

工作元件为可以正反转和导程较大的双螺旋轴向叶轮 13，叶轮与叶轮轴 14 呈 45°倾角，叶轮在上下两个轴承 5、11 上旋转。叶轮由铝合金制造，锥形轴承与轴尖由刚玉制成。用带有锁紧螺母 17 的调节螺杆 15 调节轴尖和轴承间的间隙。

井下涡轮变送器的工作原理是：当被测液体流经变送器时，变送器内叶轮借助流体的动能而产生旋转，使叶轮轴上的导磁片周期性地改变靠近叶轮轴的线圈磁值，从而使通有交流电的线圈的电感、电抗发生周期性变化，而产生脉冲电压讯号。此讯号送到地面显示仪表，即可显示电脉冲数。

对一定的过水断面，被测液体流量越大则叶轮转数越快，显示的电脉冲数也越多，因脉冲频率与流量近似成正比。因此，记录单位时间内脉冲数多少，就能知道被测流量的相对大小。但是，也可以在一定条件下，先测定变送器的仪表常数（脉冲频率与流量的比值），然后在现场记录脉冲频率，从而获得被测流量的具体数值。

地面显示仪表的线路图如图 3 - 5 所示。

因电感及其变化常采用电桥原理进行测量，所以将变送器电感式传感器的两线

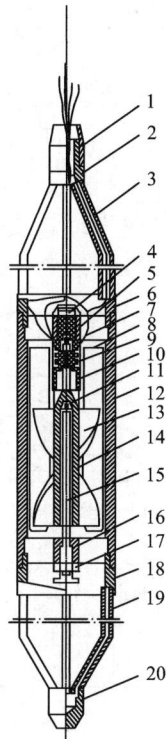

**图 3 - 4　井下涡轮流量变送器结构**

1—上接头；2—上导向杆接头；3—导向杆；4—上螺母；5—上轴承；6—上压紧圈；7—上导流件；8—导磁片；9—铁心线圈；10—感应转换器壳体；11—下轴承；12—外壳；13—叶轮；14—叶轮轴；15—调节螺杆；16—下导流件；17—下螺母；18—下压紧圈；19—下导向杆；20—下导向杆接头

圈($L_3$，$L_4$)与另两线圈($L_1$，$L_2$)接成交流电桥，并用 1.5 kΩ，100 Ω 电位器调节平衡。由变压器反馈振荡线路形成的工作频率约 3000 Hz 的振荡讯号，经 $B_1$、$BG_2$、$B_2$送到电桥的对角线 AB 作为交流电源。电桥的另一对角线 CD，则输出电感式传感器中靠近叶轮的线圈因电感的周期性变化而产生的不平衡脉冲电压讯号。从电桥中输出的不平衡的脉冲电压讯号，经 $BG_3$共射极电路放大，$2AP_7$检波，$BG_4$射极输出器，去触发由 $BG_5$、$BG_6$所组成的施密特电路（平时 $BG_5$截止，$BG_6$导通），最后经 $BG_7$、$BG_8$使计数器 J 计数。变送器叶轮每转一次，电桥就输出一个不平衡信号，则计数器就计一次。因此，只要记录计数器的工作时间和数字，就可以知道叶轮转速。

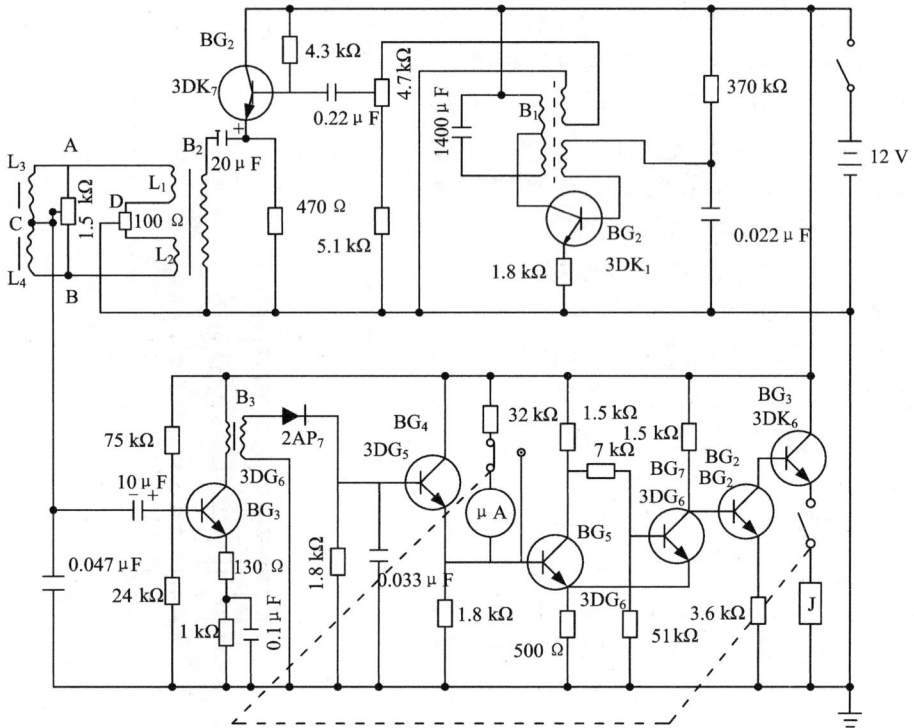

图 3 - 5　地面显示仪表的线路图

采用一个直流微安表来指示电桥的平衡。当电桥平衡后，若叶轮回转，则微安表指针将周期性的摆动，这表明流量计正常工作，此时可让计数器工作，微安表不工作。

（2）JCL - 1 型钻孔测漏仪

JCL 型钻孔测漏仪是上海地质仪器厂、地质部第三地质大队（原安徽三一一队）和上海水文队共同研制，经鉴定后在上海仪器厂投产的测漏仪，其特点是：采用频率计数形式测量井下涡轮的回转周期，点测速度快，判断精度高，地面仪器采用全集成电路，四位荧光数码显示，采样点测，清零复位全自动进行，且能自动重复测量，测量时间短，自动化程度高，重量轻，体积小，灵敏度高，操作简便。仪器适用于测量钻孔直径为 45 ~ 110 mm，孔深 1000 m 以内的钻孔，无论在何种钻井液中均能使用。

JCL - 1 型钻孔测漏仪由井下传感器、地面显示仪器和轻便绞车组成，不包括电缆总重为 9 kg。

井下传感器采用 JAG - 4 - H 型干式舌簧开关管，作为把涡轮转速变为相应开个脉冲的转换元件。干簧管是在充有惰性气体的玻璃管内，密封有两根即导磁又导电的簧片，两簧片组成一对常开触点，间隙仅几丝。当有外加磁场作用时，两簧片分别被磁化，在玻璃管内磁片因极性相异而相互吸引，接触后使电路导通，反之，当磁场远离，簧片靠本身弹力而断开被控电路，磁场来源于镶在涡轮轴上的磁钢，涡轮每转一圈磁钢靠近干簧管一次，使电路导通一次，达到把涡轮转数转换为开关脉冲信号，并把它通过电缆传到地面仪器的目的。

为了反映钻孔涌水和漏失两种不同情况，扩大测漏仪的使用范围，中南大学设计了测量涡轮正反转的测量线路，其原理及方框图如图 3-6 所示。

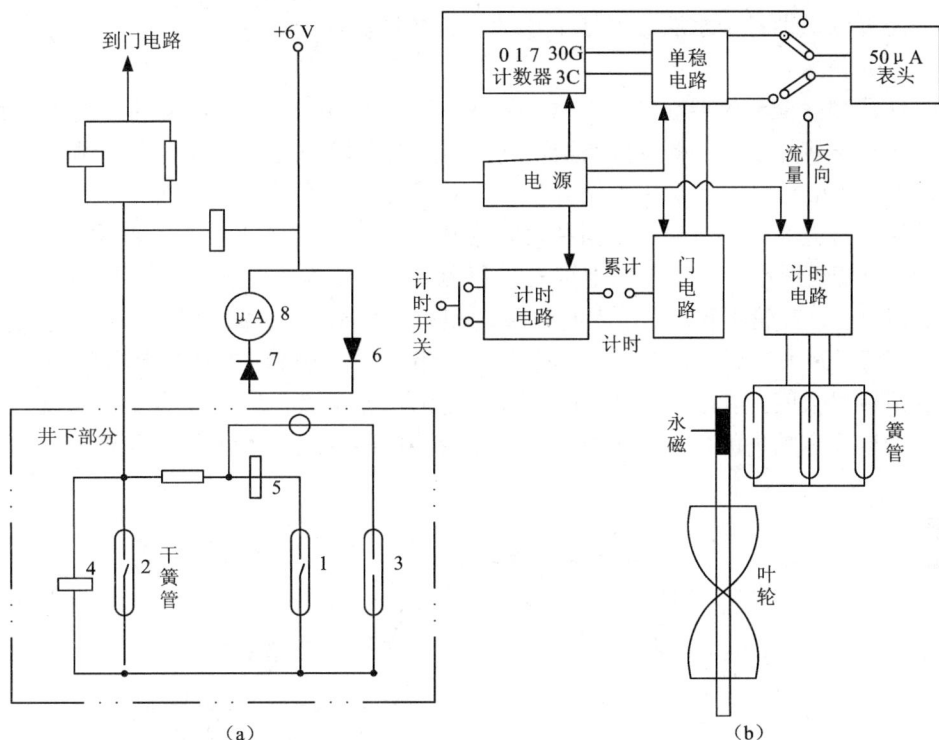

图 3-6　测量涡轮正反转线路原理图

①当叶轮逆时针转动时，磁钢与干簧管靠近的顺序，即导通的顺序是 1→2→3。当干簧管接通时，有一正脉冲电流从电源经二极管 6，干簧管 1 和电容 4、5 至门电路，推动计数器一次，此时电容 4 自行放电。当干簧管 3 接通时，由于电已放完，不会影响电容 5 的电位变化，微安表（50 μA，内阻 2500 Ω）不偏转。即叶轮逆时针转动时，是液流下行，代表孔口注入测定漏失情况，此时计数器工作，而微安表不动。

②当叶轮顺时针转动时，干簧管导通的顺序是 1→3→2。当干簧管接通时，如

前述一个正脉冲电流从电源经二极管6，电容4、5及门电路推动计数器一次，同时电容4被充电。当干簧管3导通时，干簧管1断开。此时，电容器4将其一端高电位经干簧管3突然加到电容器5的低电位端，使其电位突然升高。根据电容器两端电压不能突变的现象，则电容器5原来正电位端电位也必然突然提高，使其电位高于电源电压值。因此，电容器4、5的放电电流，经过二极管7，推动微安表发生偏转一次，即叶轮顺时针转动时，是液流上行，表示向上涌水情况，此时计算器不断工作，而微安表亦来回摆动。

因而在计数器计数时，还可根据微安表是否摆动来判断是漏失还是涌水，特别是还可以识别各透水层之间地下水的交流情形。

（3）测漏方法

钻孔测漏全套仪器在现场布置如图3-7所示。井下变送器、电缆、地面显示仪表线路连接好以后，将电桥调至平衡位置，然后把变送器用电缆下到钻孔静水位以下，从钻孔口用水泵注入钻井液。此时，钻井液不断地流入漏失层，但钻井液的注入量应大于漏失量，使钻井液在孔内形成的稳定动水位高于漏失层顶板。然后，将变送器沿钻孔从下向上提升进行测点。当变送器处于漏失层以下时，由于液流静止，叶轮不转动；进入漏失层，则叶轮转动；到达漏失层顶部，叶轮转速加快；高于漏失层后，如果上部钻孔直径变化不大，则叶轮的转速基本稳定在漏失层顶板时数值。这样，根据叶轮转速的变化孔段及该孔段的电缆下入深度，即可准确地确定漏失的位置与厚度，根据叶轮转速的变化，即可大致确定漏失量的大小。

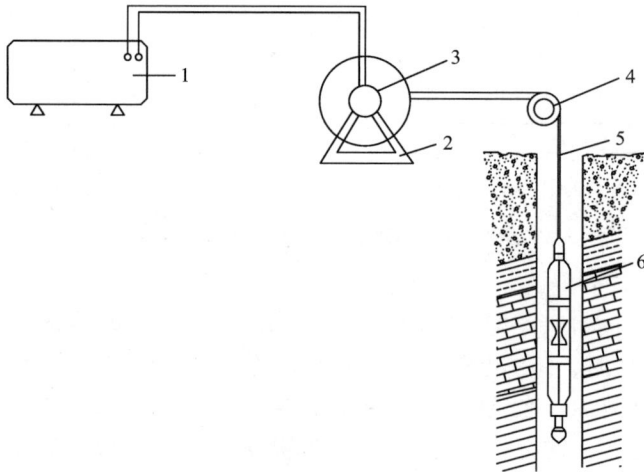

**图3-7　钻孔测漏全套仪器**

1—脉冲记录器；2—线架；3—集流环；4—井口滑轮；5—电缆；6—井下变送器

当钻孔有几个漏失层时，只要注入的钻井液在孔内形成的稳定动水位高于所有漏失层，则可按上述方法准确地分层确定每一个漏失层的位置和厚度以及漏失量的相对大小。

进行点测时，每点的测量时间应不少于 30 s，两测点的间距开始时可以大一些，进入漏失层的孔段以后，则应小一些，根据实际情况，也可以加密测点。

例如某钻孔钻至 125 m 时，由于孔壁长期坍塌，漏失严重，难以继续钻进，本来怀疑是 60 ~ 80 m 孔段坍塌漏水，经流量计测量，发现漏失位置在其上部。如图 3 - 8 所示，为根据此数据绘制的曲线图，由图可知，严重漏失位置在测点 5 ~ 8 之间，即 50.7 ~ 51.7 m 深的孔段。取出的岩芯也证明该段岩石极为破碎，最后下入 80 m 套管，止住了漏失。

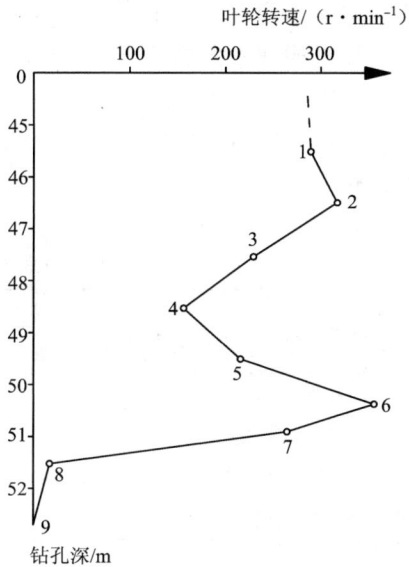

图 3 - 8　钻孔流量测量结果

## 3.1.4　钻孔弯曲的测量仪器

钻孔弯曲的测量仪器分顶角测量和全面测量（顶角和方位角）两种，原理见下节钻孔弯曲的测量方法部分。测斜仪种类比较多，例如 20 世纪 50 年代的 JXY - 1 罗盘测斜仪、JJX - 1 井斜仪；60 年代的 JDP - 1 定盘测斜仪，JJG - 1 型测斜仪校正台；20 世纪 70 年代的 JDL - 1 型、JDL - 2 型冻结孔陀螺测斜仪、JDL - 50 型陀螺测斜仪；20 世纪 80 年代的 KXP - 1 型轻便小口径测斜仪、KXP - 2 型小口径罗盘测斜仪、KD - 1 型单点照相测斜仪、KXX - 1 型多点照相测斜仪及 KXT - 38 型小口径陀螺测斜仪等。20 世纪 90 年代以来的 CQ - 1 型磁球单点定向测斜仪、YT - 1 型压电陀螺测斜仪、CCD 摄像和磁球测角单元相结合的 CQ 型光电多点连续测斜仪、GSX - 40 型高精度随钻测斜仪、CX - 01 型数字显示测斜仪、GC - 1 型测斜仪等。

## 3.1.5　钻孔摄像设备

（1）概述

钻孔摄像技术（BCT）依靠光学原理使人们能直接观测到钻孔的内部。这一技术的出现是基于当代科学技术的发展，特别是在照相和摄像设备的小型化方面的突破,然而现代数字技术的成就又进一步地将钻孔摄像技术推向到一个更高的水平。钻孔摄像技术发展至今,按其功能特点可分为四个阶段,如表3-1所示。从表3-1中不难发现,数字式全景钻孔摄像,以其卓越的功能特点,特别是在确定结构面产状、形成平面图像和三维图像以及统计分析等方面,是其他几种方法无法比拟的。

**表 3-1 钻孔摄像技术的功能特点**

| 摄像类型 | 结构完整性 | 资料完备性 | 监视实时性 | 360°平面展开图 | 虚拟岩芯 | 计算分析 |
|---|---|---|---|---|---|---|
| 钻孔照相 | √ | | | | | |
| 钻孔电视 | √ | | √ | | | |
| 全景钻孔照相 | √ | √ | | | | |
| 数字式全景钻孔摄像 | √ | √ | √ | √ | √ | √ |

数字式全景钻孔摄像系统是一套全新的先进的智能型勘探设备。它集电子技术、视频技术、数字技术和计算机应用技术于一体,解决了钻孔内的工程地质信息采集的完整性和准确性问题,摆脱了钻孔摄像技术长期停留在模拟方式下以观察为主的钻孔电视模式,将其推向更高层次,即数字方式下的全景技术。该系统不仅具有全景观察的能力,而且还有测量、计算和分析功能。可广泛地应用于水利、土木、能源、交通、采矿等领域的地质勘探、工程安全监测及工程质量检测。

(2)系统的总体结构

系统的总体结构如图3-9所示,它由硬件和软件两大部分组成,下面分别给予介绍。

硬件部分:硬件部分由全景摄像探头、图像捕获卡、深度脉冲发生器、计算机、录像机、监视器、绞车及专用电缆等组成。其中全景摄像探头是该系统的关键设备,它的内部包含有可获得全景图像的截头锥面反射镜、提供探测照明的光源、用于定位的磁性罗盘以及微型CCD摄像机。全景摄像探头采用了高压密封技术,因此,它可以在水中进行探测。深度脉冲发生器是该系统的定位设备之一,它由测量轮、光电转角编码器、深度信号采集板以及接口板组成。深度是一个数字量,它有两个作用:其一是确定探头的准确位置;其二是系统进行自动探测的控制量。

软件部分包括用于现场的实时监视系统和用于室内处理的统计分析系统两大部分。在使用的条件和目的方面,它们有很大的区别,但在功能上它们又有相同之处。下面分别给予介绍。

①实时监视系统

用于探测过程的实时监视与实时处理；实现对硬件的控制，包括捕获卡、深度接口板等；图像的快速存储；图像的快速还原变换及显示；对探测结果的快速浏览；实时计算与分析，包括计算结构面产状、隙宽等。

②统计分析系统

用于室内的统计分析以及结果输出；单纯的软件系统，不单独对硬件进行控制；图像数据来源于实时监视系统的结果；优化的还原变换算法，保证探测的精度；具有单帧和连续播放能力；能够对图像进行处理，形成各种结果图像，包括图像的无缝拼接、三维钻孔岩芯图和平面展开图；具有计算与分析能力，包括计算结构面产状、隙宽等；能够对探测结果进行统计分析，并建立数据库；拥有良好的用户界面，便于二次开发。

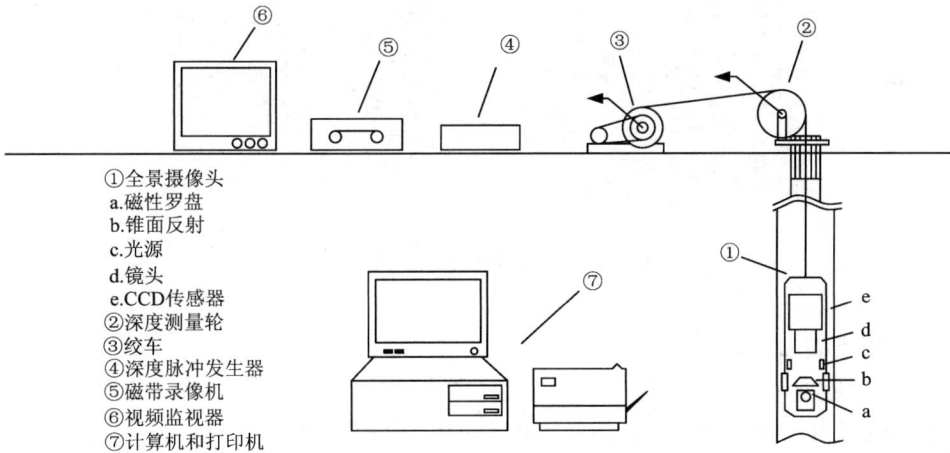

①全景摄像头
a.磁性罗盘
b.锥面反射
c.光源
d.镜头
e.CCD传感器
②深度测量轮
③绞车
④深度脉冲发生器
⑤磁带录像机
⑥视频监视器
⑦计算机和打印机

图 3-9　系统框图

(3)工作原理

全景摄像探头进入钻孔；摄像光源照明孔壁上的摄像区域；孔壁图像经锥面反射镜变换后形成全景图像；全景图像与罗盘方位图像一并进入摄像机；摄像机将摄取的图像经专用电缆传输至位于地面的视频分配器中，一路进入录像机，记录探测的全过程，另一路进入计算机内的捕获卡中进行数字化；位于绞车上的测量轮实时测量探头所处的位置，并通过接口板将深度值置于计算机内的专用端口中；由深度值控制捕获卡的捕获方式；在连续捕获方式下，全景图像被快速地还原成平面展开图，并实时地显示出来，用于现场监测；在静止捕获方式下，全景图像被快速地存储起来，用于现场的快速分析和室内的统计分析；下降探头直至整个探测结束。

（4）用途

①识别不同的岩层

在不同岩层的分界处，由于岩石结构和性质发生了变化，必然导致钻孔孔壁图像的变化，主要表现在：颜色、明暗度、纹理、颗粒大小的变化。该系统形成的钻孔孔壁图像是 11 位真彩色图像，具有色彩逼真、高清晰度等特点，因此很容易识别图像在分界处的变化。如果将图像再作特殊处理，则效果更好。图 3 - 10 所示为典型的不同岩层分界处的一组图像。

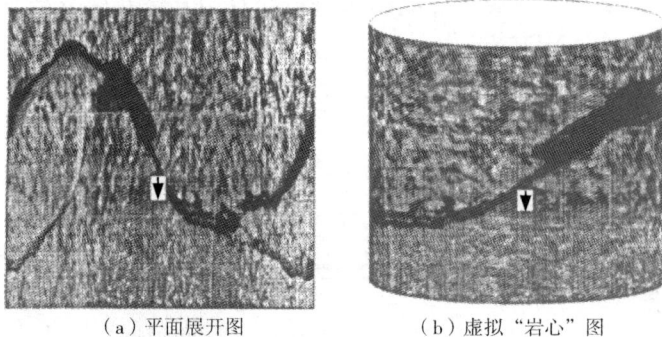

（a）平面展开图　　　　　　（b）虚拟"岩心"图

图 3 - 10　不同岩层分界处的图像

②探索破碎带和大断层

典型的结构面在钻孔孔壁上表现出一个完整的椭圆（或者圆），它可以单独地出现，也可以多个同时出现，即使这样，也可以将它们明显地区别开来。然而，破碎带内的结构面往往都是纵横交错，极不规则，有时还出现空洞等情况，这些现象在数字式全景钻孔摄像屏幕上可以清晰地观察到，为探寻破碎带和大断层提供了可靠、直观的依据。图 3 - 11 所示为一组破碎带的图像。

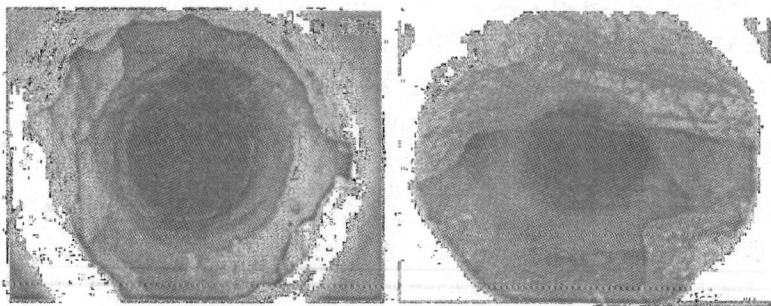

图 3 - 11　破碎带的图像

③探明地下水活动情况

该系统很容易对孔内地下水位的变化，裂隙、溶洞及断层水流情况进行探测，为钻孔内水文地质调查提供直观可靠的依据。

④检查孔内事故

孔内事故往往会影响到摄像探头的安全和整个试验的成败，因此在进行孔内地质调查的同时，还要注意对摄像探头安全可能造成的危害情况进行探测，如孤石、探头石、堵孔等。如果发现这些情况应立即排除，确保摄像探头运行畅通。另外，数字式全景钻孔摄像还能发现孔内潜在的事故和危险。

# 3.2　复杂地层探测方法

## 3.2.1　复杂情况探测方法

1）钻井中漏失层的探测方法

对钻进中漏失层的水文地质研究应获得如下资料：

（1）漏失带的存在和数目；

（2）每个漏失带的厚度和结构；

（3）地层压力；

（4）漏失强度（钻井液的消耗量与动水位）；

（5）渗透性；

（6）漏失通道的尺寸及其空间分布；

（7）渗透岩石的成分；

（8）渗透岩石的弹性和强度特性；

（9）地层中水的含盐量等。

上述参数一部分由直接考察而得，一部分是通过间接计算得来。在某些情况下还可以通过对岩芯、岩粉和岩屑进行评价来获得。总之，钻进过程的最终目的就是要对漏失（涌水）层进行评价，进而选择消除漏失的方法。

钻孔漏失带的探测方法分直接的和间接的两类。钻进过程的直接考察如：机械钻速的观测；钻进时钻井液漏失强度的测定；钻进过程中孔内液面高度（动水位）的观测；循环停止时孔内液面高度（静水位）的观测；岩芯和岩粉的观测等。间接的方法有：物探测井法、水动力学的研究方法以及综合研究法。这些方法都是简单可行的。

水动力学的方法包括：短时间的抽水法和注水、压水渗滤法。采用渗滤法时应测定不同时间的液面下降的数据，以及用岩层的试样对钻孔中出现的地层的研究工作。

①机械钻速的观测

钻速的变化能反映地下岩层的坚硬和松软程度。通过钻速的变化不仅能了解到所钻岩石的性质变化，还能了解漏失层裂隙尺寸的变化，如在溶洞地层中钻进时的钻具突然坠落；在有松软充填物的大裂隙中钻速的突然加快等现象均可对溶洞或裂隙出现的深度和尺寸进行直接考量。

钻速除用"m/h"表示外，在石油钻井中还常用"钻时"表示，即钻进一单位深度所需的时间，用"min/m"表示。还可以用 1∶500 的比例尺在地质预测柱状图上，配合钻孔结构绘制钻孔深度与钻速或钻时的关系曲线图，配合钻孔结构绘制钻孔深度与钻速或钻时的关系曲线图，以便及时判断地层岩性的变化和漏失层的出现深度、厚度、洞隙及裂隙大小等。这种方法在没有必要采用物探测井或没有测井的钻孔中划分地层、对比地层，既及时、又方便。此外，它对计算纯钻进时间、失效分析和指导钻进和采取岩芯，都具有重要意义。

应当指出，钻速虽然与岩性密切相关，但还受其他各种因素的制约。如钻头类型、新旧程度，钻进工艺参数、操作技术等，都会使钻速的真实性受到不同程度的影响。所以在使用钻速资料时，应综合考虑各种因素的影响。使最终得到的结论比较接近真实的地层情况。

②岩芯和岩粉的观测

岩芯资料是最直观地反映地下岩层特征的第一手资料，通过对岩芯的分析研究可以了解地层倾角、接触关系、孔隙、裂隙、溶洞及断层的发育情况，通过岩芯采取率可以评价岩石的破碎程度，间接判断岩石的透水性及含水层厚度。因为钻孔漏失通道都发生在含水层中，特别是含裂隙和溶洞的地层，所以要特别注意对岩芯裂隙的观察和描述。这项工作对及时发现漏失并间接了解漏失通道的大致尺寸，有时是很有用的。例如钻进风化裂隙岩层时，由于裂隙对岩体的分割，使采取岩芯很困难。如果能注意收集岩屑和岩粉并及时地进行观察研究，就可以对漏失层作出正确的判断并提出合理的治漏措施。另一方面，还可以通过岩屑颗粒的大小间接判断漏失通道的尺寸。因为漏失通道的尺寸大于岩屑的尺寸时，钻井液中就不会含有岩屑。

因为石油钻井多采用无岩芯钻进，所以对岩屑的观察非常重要。经常通过对岩屑的观察和分析研究，可以得到很多地层和油、气、水层的信息资料。例如，他们可以根据岩屑的粒度组成来评价漏失通道的张开量；在双目镜下挑出所有裂隙和溶洞充填物，用面积法估计裂隙和溶洞中岩屑在全部岩屑中所占的比例，得出裂隙和溶洞发育系数和张开系数等。

③钻井液性质及消耗量的观察

钻井液的性质在现场主要指：颜色、稠度、密度、含砂量等，它们的变化通常能反映孔底的岩石性质。如果遇到含水层时，钻井液密度和稠度可能降低；在砂、砾石含水层中钻进时，可使钻井液含砂量增加。因而必须经常注意对钻井液性质变化的观测，以便及时采取防止漏失的措施。

钻进中钻井液消耗量的非正常变化，最能说明岩层透水性的变化。在隔水层钻进时钻井液消耗甚微。而当遇到含水层并发生漏失时，钻井液消耗量就可能突然增加。所以要特别注意观测钻井液突然大量漏失时单位时间的消耗量（漏失强度）。如果漏失严重，孔内不返水时，则应尽快观测孔内水位高度。必要时应提钻观测含水漏失层的静止水位，并通过向孔内定量注水，测量不同时间的动水位变化数据，按动静水位差及漏失强度初步计算该地层的渗透性。

在能维持正常循环的漏失条件下，应该在每次提升钻具后和下降钻具前各测一次孔内水位并记录两次测量的间隔时间。停钻期间，每隔 1～4 h 测量一次水位，钻进时应按时测量记录钻井液的增添量和消耗量。

总之，对钻孔漏失应观察收集下列资料：

a. 钻孔漏失起止时间、井深、层位、钻头位置；

b. 钻井液单位时间的漏失量；

c. 漏失前后及漏失过程中钻井液性能的变化；

d. 孔内是否有返出量及返出特点；

e. 孔内静止水位及动水位的变化情况；如已进行堵漏，还应了解：堵漏时间、堵漏物质、数量及方法，堵漏前后孔内液柱变化情况；堵漏前后的钻进情况，以及泵量和泵压的变化情况。此外，还应记录对漏失原因的分析及处理效果的分析。

④涌水现象的观测

钻孔涌水时往往伴随有孔壁坍塌、涌砂、钻具陷落等现象出现，这时应立即观测其发生的起止深度，并接长孔口管或压力表测量其水头高度和单位时间的涌水量，以及水的温度。

2）漏失层位的测定

用专门设备测漏虽比较准确，但需要成套设备，耗费时间多。根据钻探现场实际，可采用以下及几种简单的方法测定。

（1）止水测定法

此法是利用橡皮胶囊充水把孔内漏失层隔开的方法来测得漏失层的顶部，如图 3-12 所示。它的结构是将胶囊固定在钻杆上，短钻杆中部有一通水孔，下部还开有泄水孔，短钻杆上部联结带有安全阀门的接手（安全阀门接手内部可以通水，在一定水压时，安全阀门打开往外通水），其结构如图 3-13 所示。应用时，先确定要检查的孔段，把胶囊下至漏水层的顶部，然后开泵，胶囊充满水后，安全阀门打开。如果返水，则证明上部孔段不漏失。关泵后，安全阀门关闭，胶囊内的水通过钻杆底部的泄水孔泄水，然后使胶囊继续往下走，一直到测得产生漏失为止。这种方法比较简单，只要通过地表试验，选择合适的泄水孔尺寸和安全阀弹簧松紧即可实现。安全阀门一般野外队都可以自行加工，胶囊用汽车轮内胎制成。

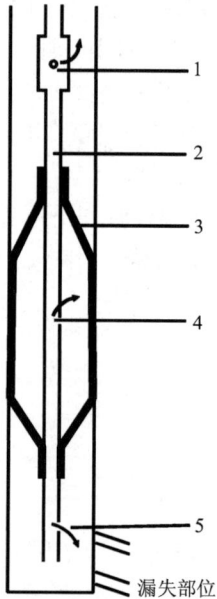

图 3-12　止水测定法示意图
1—安全阀；2—短钻杆；3—胶囊；
4—通水孔；5—泄水孔

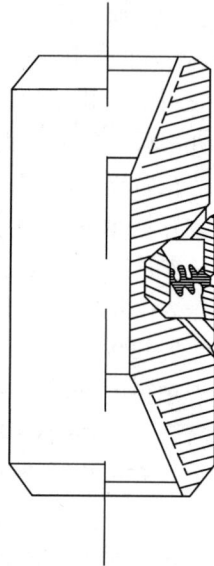

图 3-13　安全阀结构示意图

（2）隔离压力试验法

这种方法就是逐段检查钻孔，开泵检查压力的变化来判断漏失层底部。

①胶囊隔离法　仍是上面介绍的止水胶囊，只需把安全阀门装在胶囊的下部即可。如果胶囊下部不漏失，开泵后，泵压会一直升得很高。如压力升高不多，则可以把胶囊继续下放，直到测得漏失层底部为止。

②隔离体隔离法　就是用某些特殊物质（如海带等）做成隔离体，把它用细铁丝缠到钻杆上，下入孔内预定的位置1~2小时后，利用海带等物质遇水膨胀后将钻孔封堵，把钻孔上下部隔离开，然后下泵试验，如泵压大幅度升高，也可说明其下部没有漏失。

用上面几种方法，都要求漏失层顶部或底部孔壁比较完整，否则难以达到预期目的。

③盐水跟踪测定法　就是利用盐水的电阻率不同来判断漏失层位置。这种方法是在电缆线上挂一盐包，在盐包的稍上方，固定两根铜的探针，将两根探针分

别和电缆线的两根导线连接好，然后下入孔内，孔口灌水，把电缆上下移动几次，再从下至上，匀速提升，在漏失层底部，因无液流存在，水被盐化，地表测得的电阻值会较前增大，这样反复测定几次，就可以确定漏失层的位置。

这种方法一般只适合于清水钻井液。

④压力换能器测定法　这是国外油田使用的一种测定漏失层位的简易仪器，可以自制。仪器外表如图 3－14 所示。

仪器的外壳是岩芯管，岩芯管中间开有窗口，在窗口两端用螺丝装有绝缘材料制成的框架，如图 3－15 的 4、5 所示。框架中部各装一块横片(6 和 7)，横片中部装有相同的电极(8 和 9)，在框架中间装有橡皮膜(10)，其两端夹在中间的主框架上，在橡皮膜的中部和电极 8、9 相对的两面还装有电极(11)。

仪器用专用接头盒电缆下入孔内，在接头上装有带导线的导线接头(12)。

电路如图 3－16 所示，内装有电位计(13)和高灵敏度的检流计(14)，在井内没有液体和漏失的地方，把电位调到零位，电源电压为 10～15 V。

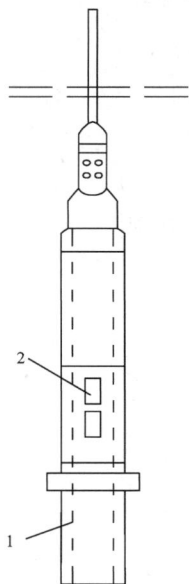

图 3－14　测漏仪外貌　　　图 3－15　测漏仪断面图　　　图 3－16　测漏仪线路图

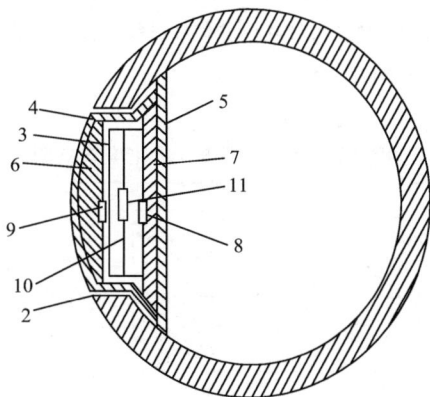

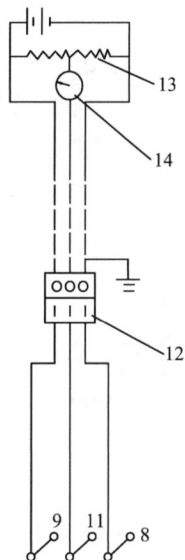

在漏失或液体流动的地方，压力差使橡皮膜向相应的方向移动，并接近电极，这样电阻减小，电流计指针摆动。

在岩芯管下部装的橡皮环套，是为了减小环状间隙，起阻流作用，以便准确测得漏失位置。

3）物探方法探测复杂条件

物探方法是勘探地壳上层岩石构造与寻找有用矿产的重要技术手段之一。常用方法有：电法测井、放射性测井、声波测井、温度测井和钻孔测井技术测井等。对研究地下含水层和钻孔漏失这些方法各有特点，都很有用。

（1）视电阻率测井

所谓视电阻率测井，就是沿井身测量各点的视电阻率变化曲线，根据所用电极不同又可分为普通电极系测井、微电极系测井和钻井液电阻率测井。

视电阻率测井曲线（见图 3-17）是用电极距为 2.5 m 的底部梯度电极系和电极距为 0.5 m 的电位电极系在一段砂-泥岩

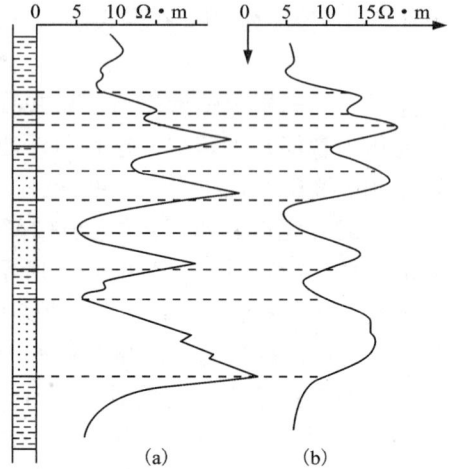

图 3-17　视电阻率测井曲线

剖面上实际测得的视电阻率曲线的实例，可用于划分钻孔地质剖面，确定含水层的位置、厚度和孔隙度。因为孔隙、裂隙和溶隙的存在对坚硬岩石的电阻率影响很大，当空隙中充满不同矿化度的水时，它们的电阻率会降低很多。如贵州某岩溶区，完整灰岩的电阻率约为 2000 Ω·m，但断层带中心则降为 300 Ω·m。岩性、孔隙度、矿化度与电阻率之间的关系如表 3-2 所示。

表 3-2　不同地层岩性、孔隙度、矿化度与电阻率的关系

| 岩性与孔隙度/%　电阻率/(Ω·m)　矿化度/(g·L⁻¹) | 15%~25% 砂砾石 | 25%~35% 粗中砂 | 30%~40% 细粉砂 | 40%~50% 黏土、亚黏土 |
|---|---|---|---|---|
| 1 | 150~75 | 75~30 | 40~25 | 25~20 |
| 2 | 90~45 | 45~18 | 24~15 | 15~12 |
| 3 | 60~30 | 30~12 | 16~10 | 10~8 |
| 4 | 30~15 | 15~6 | 8~5 | 5~4 |
| 5 | 18~9 | 9~3.6 | 4.8~3 | 3~3.2 |

当一定类型的岩石孔隙完全被地层水饱和时，则多孔岩石的电阻率 $\rho_p$ 与孔隙的电阻率 $\rho_0$ 的比值 $\rho$ 可以看作是孔隙度 $m$ 的函数，即：

$$\rho = \frac{\rho_{\mathrm{p}}}{\rho_0} = f(m) = a_2 m^{-n_{\mathrm{p}}} \tag{3-1}$$

式中：$\rho$ 为相对电阻率；$a_2$ 为与岩性有关的比例系数，按岩性在 $0.6 \sim 1.5$ 间变化。$n_{\mathrm{p}}$ 为孔隙度指数，与岩石结构和胶结度有关，其值为 $1.5 \sim 3.0$。

在实际工作中，应根据该区岩性作出 $\rho$ 与 $m$ 的关系曲线图（如图 3-18 所示）供解释时使用。因而只要求出 $\rho_{\mathrm{p}}$ 与 $\rho_0$ 即可求出孔隙度 $m$ 值。

（2）井液电阻率测井

这种方法是通过对井内液体进行盐化或淡化，使井内液体与地下水的电阻率有明显的区别后，在离子浓度扩散过程中，使井液电阻率随时间发生变化，然后每隔一定时间测量一条井内液体的电阻率曲线，直到明显反映出异常为止。根据曲线判断井内漏水（或进水）的位置。还可以利用下式计算含水层的自然渗透速度：

$$v_{\mathrm{p}} = \frac{\pi D_{\mathrm{h}}}{8 \Delta t} \ln \frac{c_1 - c_0}{c_2 - c_1} \tag{3-2}$$

式中：$D_{\mathrm{h}}$ 为钻孔直径；$\Delta t = t_2 - t_1$ 为为井液盐化后浓度由 $c_2$ 变为 $c_1$ 的时间间隔；$c_0$ 为井液盐化前的浓度。

为加速井液浓度的变化过程，应根据具体条件分别采用自然扩散法、抽水法和注水法（见图 3-19、图 3-20、图 3-21）。

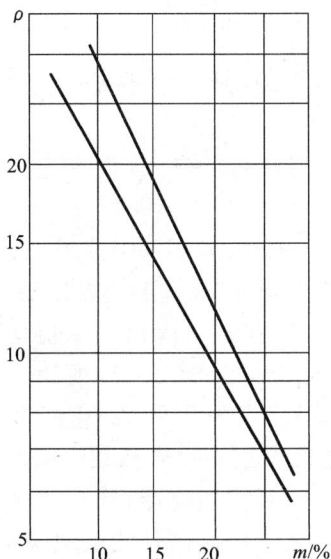

图 3-18　$\rho - m$ 关系曲线

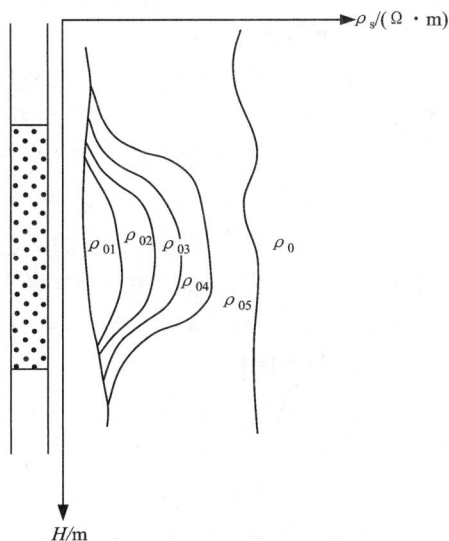

图 3-19　自然扩散法井液电阻率曲线

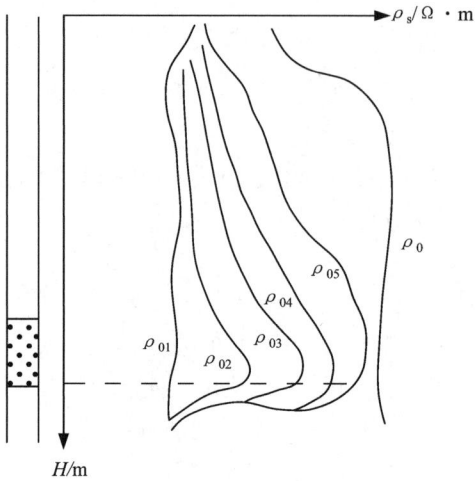

图 3-20  抽水法井液电阻率曲线　　　　图 3-21  注水法井液电阻率曲线

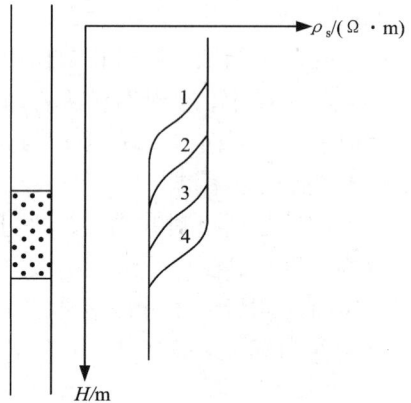

注水法是井液盐化后，连续向钻孔中注入淡水，并用井液电阻计测量咸、淡水界面随时间的移动位置，直至界面移动到含水层为止。这时，界面的深度便是钻孔漏失（或涌水）层的底界面深度。

注入法和抽水法都可用来计算含水层的漏失（涌水）量。此法是向钻孔中注入一段盐水水柱作指示剂，然后进行连续注水或抽水，并测量指示剂沿钻孔纵向移动的速度，再按钻孔直径计算涌水量。

（3）放射性测井

放射性测井又称核测井，它是利用元素的核物理特性（物质天然放射性、人工核反应）而进行工作的一种井中物探方法。其特点：

① 核性质一般不受温度、压力、化学性质等因素的影响，因而它能更本质的反映岩石的性质；

② γ射线和中子流具有较强的穿透能力，它不仅能在裸眼井中使用，也能在有套管的钻孔中应用。同时，在干孔和有钻井液的孔中均可应用。目前常用的方法有：自然伽马法（γ）、伽马-伽马法（γ-γ）、中子-中子法（n-n）和中子-伽马法（n-γ），以及放射性同位素等方法。曲线如图 3-22、图 3-23、图 3-24 所示。

自然伽马法测井有自然伽玛（GR）和自然伽玛能谱测井两种，它们是测量地层中天然放射性元素的含量。由于放射性元素通常聚集在页岩和黏土中，故可间接测量沉积地层中的泥质含量。伽玛能谱（GST—碳氧比型仪器）和自然伽玛能谱（NGT）测井所测量的是伽玛射线的特定谱域。自然伽玛能谱是测量地层中的钾、钍和铀的含量，钾与云母和长石有关，钍和铀与放射性盐类有关，铀还与有机质有关。自然伽马法测井可用于储层划分、确定泥质类型和含量、井间对比、阳离子交换能力研究、火山岩识别、放射性矿物识别，以及钾、铀含量评价。

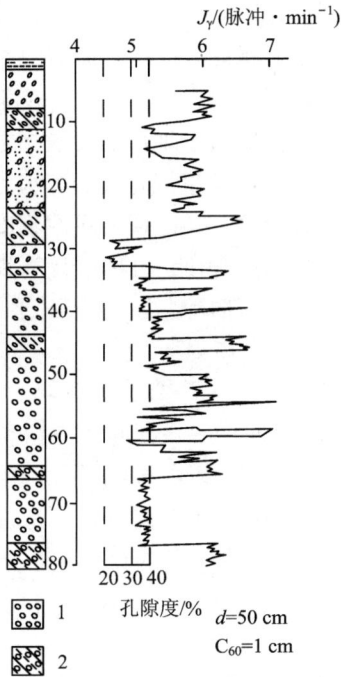

$J_\gamma/($脉冲·$min^{-1})$

孔隙度/%　$d=50$ cm

$C_{60}=1$ cm

1

2

**图 3 – 22　用 γ – γ 曲线确定**

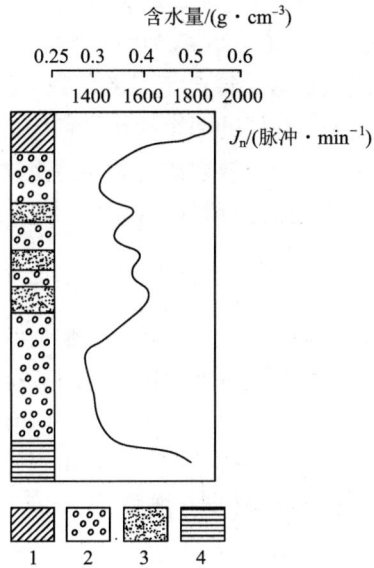

含水量/$(g·cm^{-3})$

$J_n/($脉冲·$min^{-1})$

1　2　3　4

**图 3 – 23　用 n – n 曲线确定**

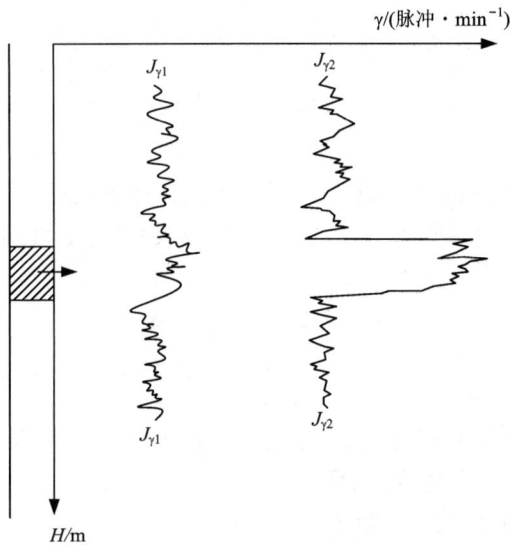

$\gamma/($脉冲·$min^{-1})$

$J_{\gamma1}$

$J_{\gamma2}$

$J_{\gamma1}$

$J_{\gamma2}$

$H/$m

**图 3 – 24　同位素测漏**

$J_{\gamma1}$、$J_{\gamma2}$—活化前后测量的曲线

中子测井的中子仪使用一个放射源(钚－铍或镅－铍源)向地层发射高能(4.1 MeV)快中子,这些中子与地层物质的原子核发生碰撞,每次碰撞后每个中子会损失能量(玻耳兹曼输运方程);发射的中子与氢原子碰撞的影响最大。反射回的慢(热)中子(0.025 eV)由两个探头进行计数,中子读数取决于地层的含氢指数—孔隙空间中的含水或含氢量的函数。含氢指数与单位体积含氢量成正比,淡水为1个单位。提供补偿的两个探头计数率之比由地面计算机处理,以计算出线性刻度的中子孔隙度记录。放射源与两个探头之间的距离决定其探测深度。可用于计算视孔隙度、与其他测井资料结合识别岩性、还可用于探测气、套管井测井、地层对比、黏土分析。

(4)超声波测井

利用声波在岩石中的传播速度、幅度和反射特性研究钻井剖面的方法称为声波测井。由于通常使用的声波频率约为 20000 Hz,故又称超声波测井。目前常用的方法有以下几种:一是按声波速度研究岩石性质的声波速度测井;二是按声波幅度的衰减反映岩性的声波幅度测井;三是利用声波在孔壁上的反射特性研究孔壁结构情况的声波电视测井。

① 声速测井

声速测井仪常采用单发射双接收井下仪器(如图3－25所示),当声波由声波发射器发出后,经由钻井液射向孔壁时,一部分透过孔壁射向地层(透射波);一部分反射回来(反射波),其中以临界角 $i_k$ 入射的一部分,在孔壁上产生滑行波,另外还有一部分直接沿钻井液传播称为直达波。声速测井主要是记录滑行波通过厚度等于仪器间距的一段地层所需要的时间 $\Delta t_s$,单位为 μs/m。习惯上把声波在岩层中走过1 m所需要的时间(μs)称作旅行时间。显然,各种岩石均有自己的波速特性,因而声速测速曲线可用于划分岩性剖面(如图3－26、图3－27所示)

岩石中的声波是通过固体颗粒(岩石骨架)和孔隙中的液体进行传播的,实验证明,声波通过岩石的时间等于其通过固体颗粒和孔隙液体时间之和,若 $m$ 为岩石的孔隙度,则:

$$\Delta t = m\Delta t + (1 - m)\Delta t_m \qquad (3 - 3)$$

$$m = \frac{\Delta t_s - \Delta t_m}{\Delta t_f - \Delta t_m} \qquad (3 - 4)$$

式中:$\Delta t_s$ 为声波在岩石中的旅行时间;$\Delta t_f$ 为声波在岩石孔隙液体中的旅行时间;$\Delta t_m$ 为声波在岩石骨架中的旅行时间。

令 $a = \Delta t_f - \Delta t_m$;$b = \Delta t_m$,则 $\Delta t_s = am + b$ $\qquad (3 - 5)$

当岩石骨架成分和孔隙内液体性质确定后,$\Delta t_f$ 和 $\Delta t_m$ 均为常数,因而上式为一直线方程,它说明了孔隙度与时差的关系。即可以从实测的声速时差曲线上直接读出 $\Delta t_s$,然后利用上式计算出岩石的孔隙度 $m$ 值。

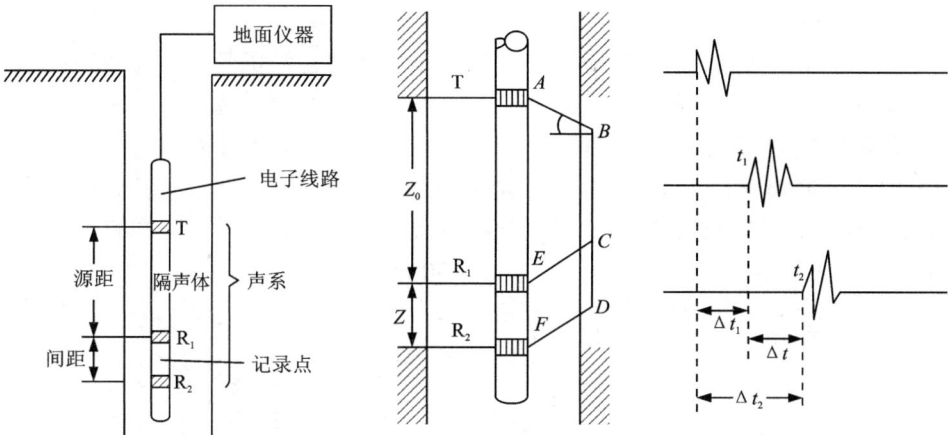

图 3 – 25　单发双收声速测井原理图

T—声发生器；$R_1$、$R_2$—声呐接收器；$Z_0$—源距；$Z$—间距；$\Delta t$—时差

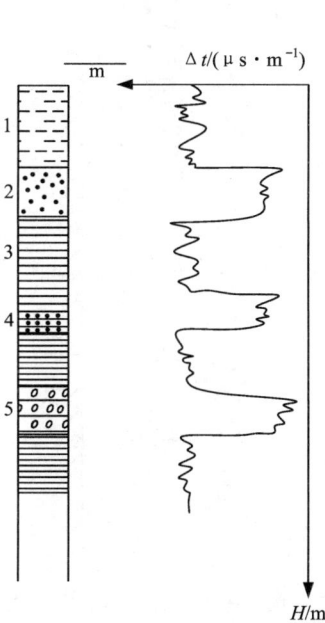

图 3 – 26　声波时差曲线

1—黏土；2—砂；3—泥岩；
4—砂岩；5—砾岩

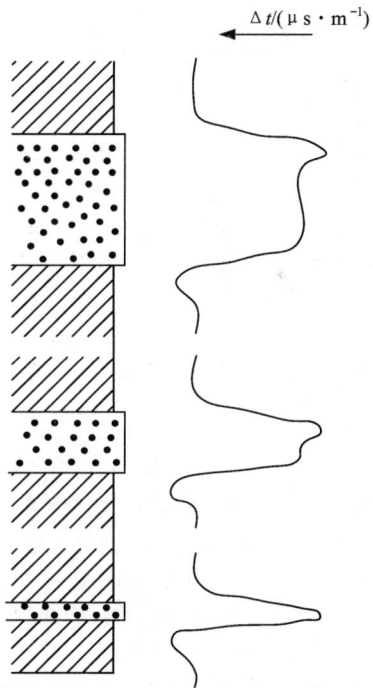

图 3 – 27　井径变化时在砂岩地层上下
界面造成声波时差曲线的异常

② 超声电视测井

超声电视测井实质上就是反射法超声波测井，它能够直接观察孔壁的变化情况，这是其他测井法无法比拟的。它具有结构简单，测速高且能在有钻井液的钻

孔中使用等特点。

超声电视测井的原理与雷达相似，雷达是利用电磁波的反射，而超声电视是利用超声波被井壁反射的回波来反映孔壁的图像。仪器中声波的产生和接受由同一个晶体转换器交替进行，换能器产生的超声波频率约为 2 MHz，并以每秒约 2000 次的脉冲频率，以很窄的脉冲束定向射向孔壁。一部分能量被孔壁反射会进入换能器由同一晶体进行接收，并以脉冲形式输出讯号，讯号的强弱直接反映了孔壁的情况（如图 3 -28、图 3 -29、图 3 -30 所示）。

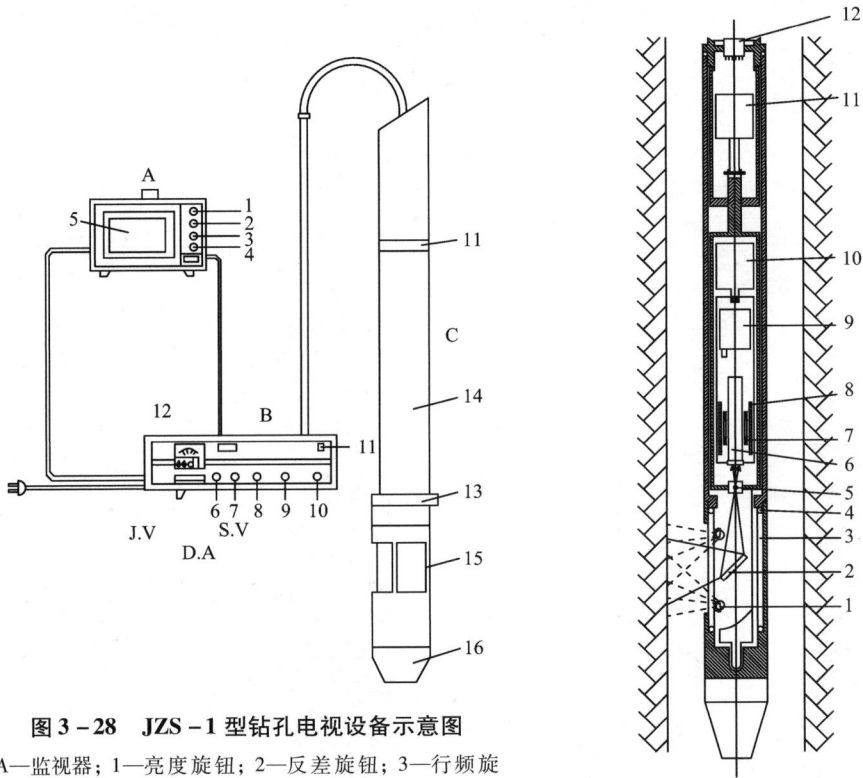

**图 3 -28  JZS -1 型钻孔电视设备示意图**

A—监视器；1—亮度旋钮；2—反差旋钮；3—行频旋钮；4—帧频旋钮；5—荧光屏；B—地面控制器；J. V—监视器电压测量按键；D. A—摄像机微电机电流测量按键；S. V—摄像机电压测量按键；5—顺逆板键（旋转方向）；7—远近板键（光学调象）；8—亮度旋钮；9—靶压旋钮；10—聚焦旋钮；11—电源开关兼指示灯；12—电表；C—摄像机；13—定心环；14—外壳；15—玻璃筒；16—橡皮头

**图 3 -29  摄像机结构示意图**

1—光源；2—反光镜；3—钢化玻璃筒；4—O 型密封圈；5—近焦距镜头；5—摄像管；7—偏转线圈；8—磁聚焦线圈；9—放大器；10—调焦电机；11—转向电机；12—电缆插座

仪器还有测量地磁场和确定记录方位用的磁通门地磁仪，在仪器沿钻孔移动的同时，由一马达带动换能器和地磁仪绕仪器轴芯以一定速度自传。因而超声脉冲是沿着螺旋线射向孔壁，所得到的声波图像实际上是孔壁表面的展开平面图像。如果用自动照相机将它拍摄下来就成为永久记录的超声图像。在换能器转换到磁北方向的瞬间，地磁仪及联合电路便产生一个指北脉冲。因为换能器和地磁仪都是迅速旋转的，所以根据指北脉冲到达的时间，就可以知道换能器在任意时间的方位角。在地面，由指北脉冲、反射讯号和深度讯号组成一个记录系统。每张图像代表的孔壁长度与测速和换能器沿孔壁扫描频率有关。目前国产仪器，每幅图像

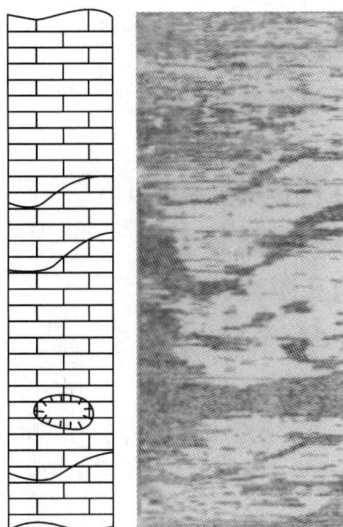

图 3 - 30　超声成像产状图像

代表 1 m 的长度。亦可采用连续记录的方式，使水平扫描线固定在某一位置上，让胶卷与电缆提升速度按一定比例移动，即可在胶片上留下连续的明暗图案。

超声电视目前在石油、煤炭和水文工程地质钻孔中已获得应用。主要用它探明孔壁或套管(水管)裂隙、溶洞的形状、大小和分布情况；探测岩层的产状、裂隙的方向和倾角等。

当确定岩层产状、裂隙方位和倾角时，可以使换能器作 360°扫描，由于上下两种岩层具有不同的波阻抗，因而反射回来的声波强度不同，随着井下仪器向下移动，在孔壁平面展开图像上，就会出现一个与界面倾角有关的类似于正弦曲线形状的弯曲界面，见图 3 - 31。相邻两岩层声阻抗差异越大，声波反射幅度差异(图像明暗程度)也越大，弯曲界面也就越清晰。界面倾角越陡，正弦曲线高低点差值也越大。倾角若为零时(水平岩层)则变为一条直线。

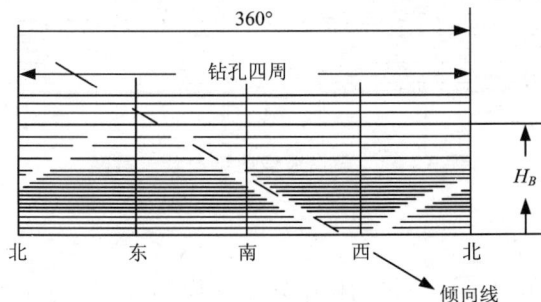

图 3 - 31　超声电视图像中的裂隙溶洞实例

量出界面的高度差 $H_B$ ,测出实际孔径 $D_h$ (见孔径测量部分),则可由下式算出岩层的视倾角 $\theta_g$ :

$$\theta_g = \arctan \frac{H_B}{D_h} \qquad (3-6)$$

界面的倾斜方向可由弯曲界面的最高点指向最低点的方向(图 3-31 中箭头所指方向)来确定。图 3-32 中列出了岩层接触界面向四个不同象限倾斜时的典型产状图像。

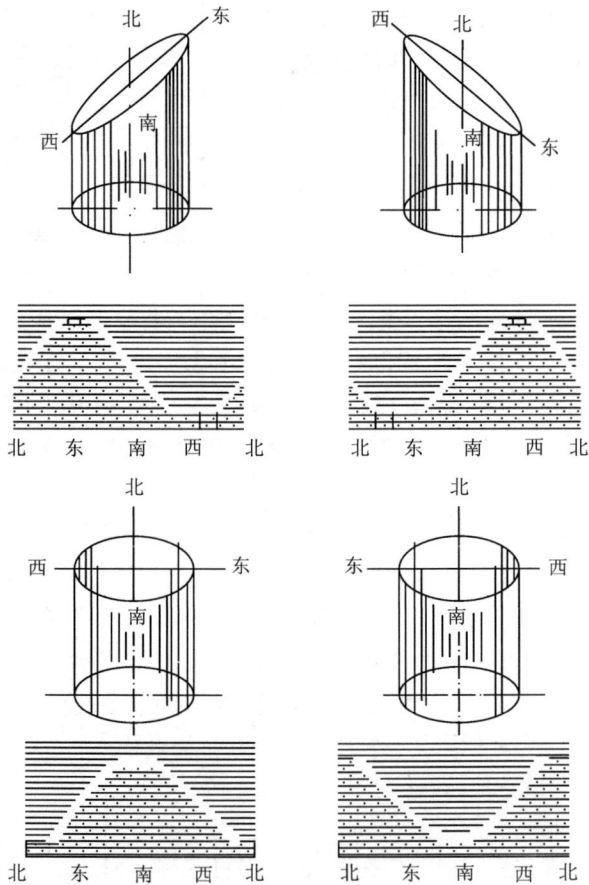

图 3-32 超声成像典型产状示意图

(5)温度测井

井内温度测量可以解决地热勘探中测量岩层的温度,地温梯度,井内温度等问题。对于钻孔漏失,井温测量可以确定漏失位置。

温度测井中，目前常采用电阻式井温仪连续记录井内温度随深度的变化曲线（井温曲线）。井温仪的原理线路和外观如图 3 – 33 所示。电桥中 $R_1$ 和 $R_3$ 用温度系数较大的材料（如铜丝）制作，叫作灵敏臂。$R_2$ 和 $R_4$ 选用温度系数很小的合金（如康铜）做成。其电阻值为常数，叫固定臂。灵敏臂装在紫铜管内，开有一缺口，使钻井液畅通，保证紫铜管与钻井液接触良好。固定臂绕在密封的胶木架上。也可以用热敏电阻作为灵敏臂。当在某一温度 $T_1$（18℃ ~ 20℃）时，使仪器 $R_1 = R_2 = R_3 = R_4 = R_0$，此时电桥处于平衡状态。由 $A$，$B$ 处通电，$M$，$N$ 间的电位输出为零。

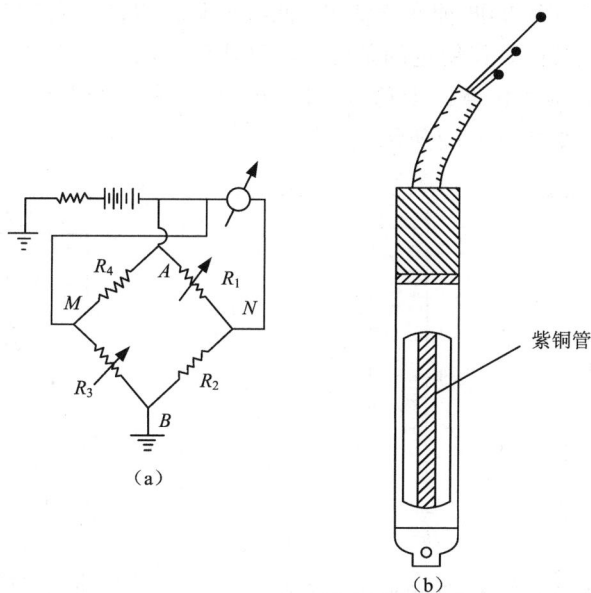

**图 3 – 33 井温仪示意图**

(a)原理图；(b)仪表外观

当温度由 $T_0$ 变为 $T$ 时，因固定臂电阻温度系数很小，可以认为仍然满足 $R_2 = R_4 = R_0$，但灵敏臂电阻则变为 $R_1 = R_3 = R_0[1 + a_3(T - T_0)]$，其中 $a_3$ 为灵敏臂的电阻温度系数，它表示温度每身高 1℃ 电阻的相对增量。于是电桥平衡被破坏，在 $MN$ 间产生了电位差 $\Delta U_{MN}$，它是温度的函数，其关系式如下：

$$T = T_0 + C_T \frac{\Delta U_{MN}}{I} \qquad (3 - 7)$$

式中：$T_0$ 为电桥平衡时的温度（仪器的零点温度）；$C_T$ 为井温仪常数，$C_T = 2/a_3 R_0$；$I$ 为供电电流。

若事先用检验的办法求出井温仪的 $T_0$ 和 $C_T$ 值，并在测量中保持供电电流不变，则 $MN$ 之间的电位差变化就反映了温度的变化。为了测出井内漏失位置，可采用抽水和注水两种方法。

测井时有两种可能状态：一种是循环钻井液一段较长时间以后使钻井液与底层进行热交换达到平衡的状态；另一种是钻井液刚循环后尚未达到平衡时即进行测量的不稳定状态。

在不稳定情况下常用抽水法，若估计漏水处温度为 $T_2$，则先将温度为 $T_1$ 的液体注入井中，然后循环钻井液，立即进行检查性测量，这时沿井深温度变化较小时，如图 3-34 中曲线 1 所示。然后从井内向外抽水，降低井内液面高度，使地层水进入井内，若 $T_2 > T_1$ 时，则井内温度升高；若 $T_2 < T_1$ 时，则井内温度降低。如曲线 2 和曲线 3 所示的两种变化情况。曲线变化最大的位置即为漏失位置（图 3-34 中箭头所指位置）。在稳定的条件下可采用注水法，将地温液体压入地层后，测出的温度曲线在漏水位置以上总是明显的降低，因而根据井温曲线突变位置即可确定漏失位置，如图 3-35 所示。

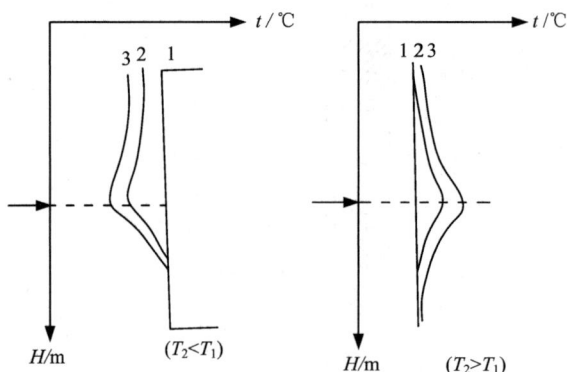

图 3-34　在不稳定情况下用抽水法测漏

$T_1$—注入水温度；$T_2$—地层水温度

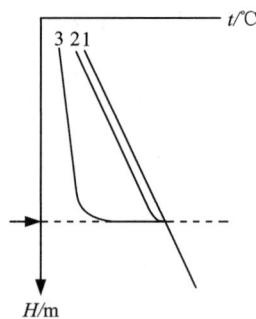

图 3-35　用注水法测漏失位置

物探测井方法及其应用情况见表 3-3。

表 3-3　测井方法分类及应用

| 类别 | 方法名称 | | 应用情况 |
| --- | --- | --- | --- |
| 电法测井 | 视电阻率法测井 | 普通视电阻率法 | 划分钻井液面，确定岩石电阻率参数 |
| | | 微电极系测井 | 详细划分钻井液面，确定渗透性地层 |
| | | 井液电阻率测井 | 确定含水层及漏失层位置，估计水文地质参数 |
| | 自然电法测井 | | 确定渗透层，划分咸淡水界面，估计地层水电阻率 |
| | 井中电磁波法 | | 探查溶洞，破碎带 |

| 类别 | 方法名称 | | 应用情况 |
|---|---|---|---|
| 放射性测井（核测井） | 自然伽马（γ）法测井 | | 划分岩性剖面，确定含泥质地层，求地层含泥量 |
| | 伽马 - 伽马（γ - γ）法测井 | | 按密度差异划分界面，确定岩层的密度，孔隙度 |
| | 中子法测井 | 中子 - 伽马法 | 按含氢量不同划分剖面，确定含水层位置以及地层的孔隙度 |
| | | 中子 - 中子法 | |
| | 放射性同位素测井 | | 确定孔内漏水的位置，估计水文地质参数 |
| 声波测井 | 声速测井 | | 划分岩性，确定孔隙度，划分裂隙含水带 |
| | 声幅测井 | | 划分岩性，确定孔隙度，划分裂隙含水带 |
| | 声波电视测井 | | 区分岩性，查明裂隙，溶洞，套管壁情况，确定岩层、裂隙产状 |
| 热测井 | 温度测井 | | 探查热水层，测定地温梯度，确定井内漏失位置 |
| 井内技术情况检查 | 井径测量 | | 为其他方法提供井径参数，了解岩性变化 |
| | 井斜测量 | | 为其他方法提供钻孔倾角和方位角参数 |
| | 井漏及流量测量 | | 确定钻井漏失位置及漏失量，含水层间越流补、排水量 |

4）用测漏仪及流速流向仪研究漏失层

近年来，采用测漏仪确定钻孔漏失位置，并通过流速及钻孔直径计算流量的方法已得到广泛应用。用这类仪器不仅能测定漏失位置、漏失量，还能测定含水层、隔水层的层次，以及各层的厚度、埋藏深度。当使用流速仪及流速流向仪时还可以直接测定各含水层由于压力不同而造成的各层间的地下水流动状态、流量及含水层的渗透系数。

在测量之前必须在不同套管直径和流量下在标定装置测得流量 $Q_1$ 与仪器叶轮每分钟的转数 $n_R$ 之间的关系曲线，即 $Q_1 = f(n_R)$ 曲线；以及在水量 $Q_1$ 和 $Q_2$ 条件下的孔径 $D_h$ 与 $n$ 的关系曲线，即 $D_h = f(n)$ 曲线。作图时以 $Q_1$ 和 $D_h$ 为纵坐标，$n_R$ 为横坐标。如图 3 - 36 和图 3 - 37 所示。此曲线用于钻孔实测井径计算不同孔段的实际流量。

在测井时，通常是将流速仪下降至孔底，由下向上测定。测定间距一般为0.5 m左右，但在流速急剧变化的区间，应加密到0.1 m，在没有变化的地段可采用1.0 ~ 2.0 m 或 5 m 的测量间距。当使用一般测漏仪或流速仪时，为判断孔内水流方向，可将仪器电缆向上或向下移动一下，如果上提时仪器转数减少，则为上升水

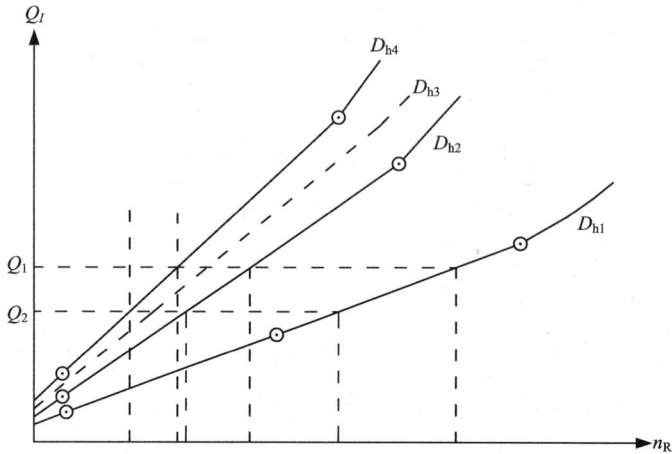

图 3 – 36  $Q = f(n)$ 关系图

流;如转数增加即为下降水流。反之亦然。若采用中南大学设计的 LSX –2 型流速仪测量时,则不仅可测得流速,而且可测得流向。如果测井的目的是为了寻找漏失位置,则可以测绘孔深与仪器转数的关系曲线。若需测绘流量 $Q_l$ 与孔深 $h$ 的关系曲线,即 $Q_l = f(h)$ 曲线,则应预先测得钻孔的井径变化曲线,再按不同孔段的流速和钻孔断面计算流量,并绘制 $Q_l = f(h)$ 曲线,如图 3 – 36 所示。由

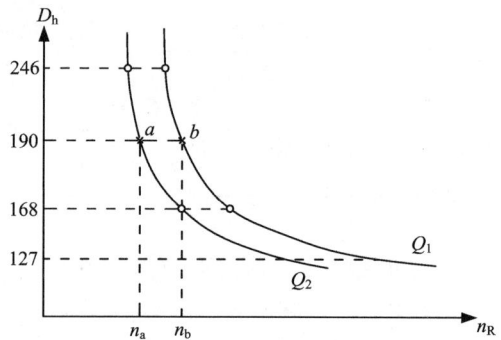

图 3 – 37  $D – f(n)$ 曲线

图可知:曲线上任一点的斜率的倒数 $\cot\alpha = \dfrac{\mathrm{d}Q_l}{\mathrm{d}h}$,即为该点对应岩层单位厚度的流量。同一斜率的直线段,其单位厚度流量相等,如图中 $ab$ 和 $cd$ 线段所示。斜率最小的线段是单位厚度流量递增最快的区间,也就是出水量最大的含水层。

在曲线中,平行于 $h$ 轴的直线段(图 3 – 38 中 $ef$ 段和 $bc$ 段)$\dfrac{\mathrm{d}Q_l}{\mathrm{d}h} = 0$, $\alpha = 90°$。其对应岩层即是隔水层或是静水位恰好等于混合动水位的含水层。这时,只要改变一下动水位(注水或抽水)即可判断。如果变为 $\dfrac{\mathrm{d}Q_l}{\mathrm{d}h} < 0$, $\alpha < 90°$ 的正向线段,如图 3 – 38 中 $ed$ 段所示,则混合动水位比该层静水位低,水量由下向上递增,这是

含水层中的水流入井内所致；相反，则会出现 $\dfrac{\mathrm{d}Q_l}{\mathrm{d}h}>0$，$\alpha>90°$ 的负向线段，如图 3-38 中 fg 段所示，则为混合动水位高于静水位，使井内水流入含水层（漏水）的结果。如果钻孔中的水是由上向下流时，则 $\dfrac{\mathrm{d}Q_l}{\mathrm{d}h}<0$，$\alpha<90°$ 的线段为吸水漏失层；而 $\dfrac{\mathrm{d}Q_l}{\mathrm{d}h}>0$，$\alpha>90°$ 的负向线段则为地层水注入钻孔的情形。

在均质含水层中 $\cot\alpha=\dfrac{\mathrm{d}Q_l}{\mathrm{d}h}$ 为一常数，$Q_l=f(h)$ 为不平行 h 轴的一条直线（图 3-38 中 ab、fg 线段）。在非均质岩层中，$Q_l=f(h)$ 为一条折线（图中 ce 线段）。拐点的深度即为岩层界面的埋深。如果渗透性在垂直方向具有渐变特性，则 $Q_l=f(h)$ 为一连续的曲线（图 3-38 中 gh 线段）。

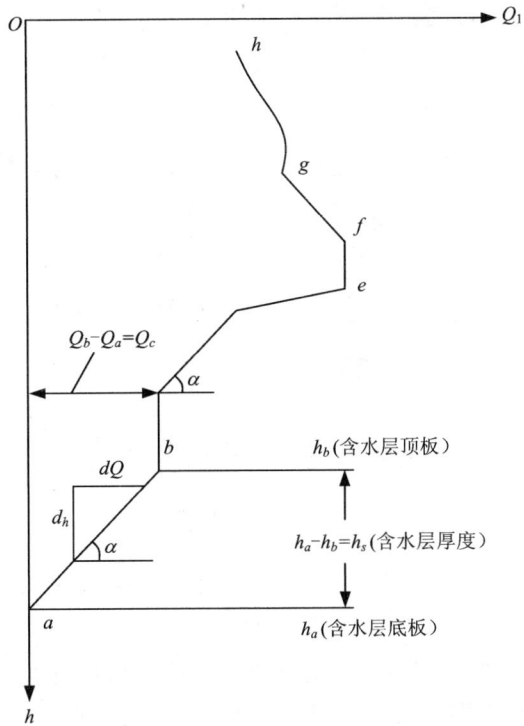

图 3-38　$Q=f(h)$ 曲线

不平行于 h 轴的线段，其上下端点的对应深度分别为含水层顶、底板的埋藏深度。两点深度之差 $(h_a-h_b)$ 即为该含水层的厚度 $h_s$。两点流量之差 $(Q_a-Q_b)$ 即为含水层的流量 $Q_B$。

根据 $Q_l=f(h)$ 曲线可以计算出各含水层的渗透系数 K。假定含水层是由均质的岩性组成，则值可按裘布依公式计算：

$$K=\dfrac{Q_r}{2\pi\Delta p}\ln\dfrac{R_k}{r}\ \mathrm{cm/s} \tag{3-8}$$

式中：$Q_r$ 为单位厚度流量（钻孔内每一厘米长度上的出水量）；$\Delta p$ 为水头变化量；$R_k$ 为影响半径；r 为钻孔的有效半径。

$R_k$ 值可采用经验数据，如在钻孔中抽水时，若水位降深不大，只有几米时，影响半径 $R_k$ 通常在下列范围内变化：细砂 $R_k$ 为 25~200 m；中砂 $R_k$ 为 100~500 m；粗砂 $R_k$ 为 400~1000 m。

由于钻孔中各含水层的水文地质条件不同，所以在进行流速测量时可以采用不同的方法,如图 3 - 39 所示。

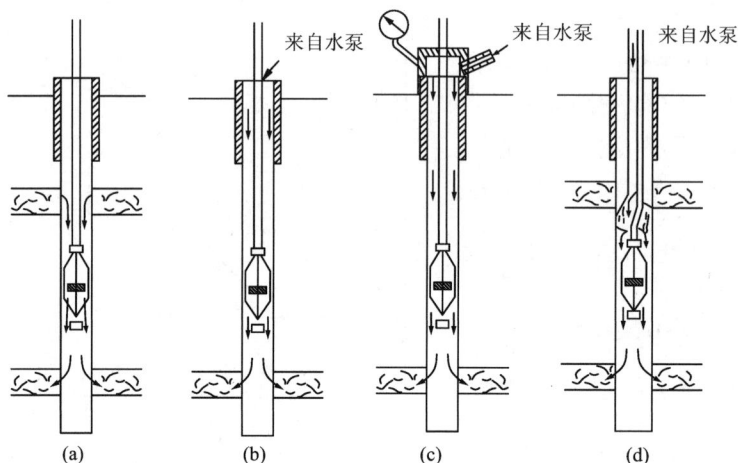

图 3 - 39　漏失测量示意图

图 3 - 39(a)表示孔内有两层压力不同的含水层,层间地下水从上层向下层越流,即上层出水下层漏水,在这种情况下可直接用流速仪测量孔内水文地质参数;图 3 - 39(b)表示含水层压力很低所导致的漏失,需要用水泵从孔口向孔内注水才能测定漏失参数;图 3 - 39(c)说明孔内含水层压力很高,孔口必须安装密封器并用水泵向孔内压水方能测得含水层的水文地质参数(孔口压力由压力表指示);图 3 - 39(d)说明在钻杆下端装有封隔器及流速仪,来自水泵的水经钻杆送入井内使封隔器膨胀隔离层间的水力联系,同时用流速仪测定下层的渗漏参数。

5)水动力法研究漏失层

水动力法在油气钻井中应用较广,主要用于研究含水层的渗透特性。例如生产井的产油率,压水井的吸收系数,以及岩层的压力传导性等一系列综合参数。

水动力法与其他方法相结合,例如与流量测量相结合,能够获得较完整的信息。

(1)采用短时间恒速压水法研究漏失带

这种方法比较简便可行。在压水初期,孔内按岩层发生压力再分配过程,该过程的延续时间与很多因素有关,如岩石的渗透性、地层压力、岩层几何尺寸等。压力再分配过程伴随着孔内动水位升高而增加,经过一定时间,孔底压力的增加量就很小了。在这种情况下,因为动水位稳定,所以液体往岩层中的渗滤过程可以认为是稳定的,也就是说当以稳定流状态作恒速渗透时,钻孔内钻井液一定的消耗量必定有其相对应的一定的动水位。

　　这种方法的实质是经孔口向孔内压入不同量的水，当建立恒速渗透时，测量每一消耗量所对应的水位高度。通过注水量的变化，测定三对不同的钻井液消耗量所对应的水位高度。液体消耗量可用流量计或容积法测得。

　　假如静水位高度和岩层渗透性不允许得到三个动水力位值。那么就应将孔口用密封器密封以后再进行压水，采用的孔口密封器如图 3 – 40 所示，其上装有压力表，供向孔内压水时测定压力用。压入孔内的水量通过管路系统中的流量计来测量。

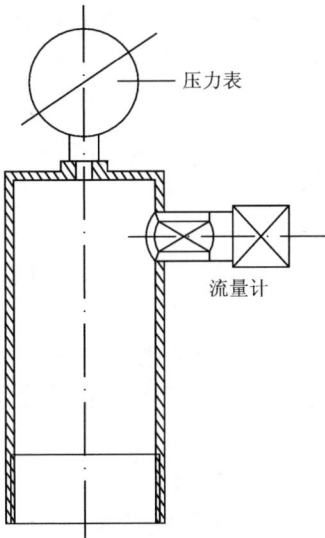

图 3 – 40　孔口密封器

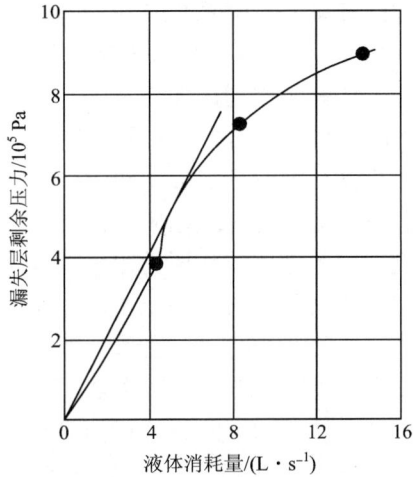

图 3 – 41　漏失层指示曲线

　　对于每一个具体情况，研究者都应考虑在各个研究阶段动水位和钻井液消耗量间应该差多少，尽可能不要采用孔口密封的办法，并且不要破坏测量的正确性和可靠性。

　　根据观察结果，在直角坐标系上画出 $\Delta p - Q_w$ 曲线，这个曲线称之为漏失层指示性曲线，它可用于寻找某些岩层特性。如图 3 – 41 所示，根据这条曲线可以确定渗透规律。很明显，它存在着非线性渗透规律。影响指示性曲线形状的因素很多，目前不可能全部考虑进去。按这条曲线，可以确定岩层吸收系数 $K_a$，它等于压入岩层的液体量与地层压力增值之比。因为在其他条件相同时，作用于岩层的压力变化将引起裂缝的弹性变形，改变裂缝张开量，就改变了吸收系数。利用指示曲线可评价裂隙压缩系数 $\beta_T$：

$$\beta_T = \frac{\sqrt[3]{K_a''} - \sqrt[3]{K_a'}}{\sqrt[3]{K_a''}(\Delta p'' - \Delta p')} \tag{3-9}$$

式中：$K_a'$ 和 $K_a''$ 分别为当压力增值为 $\Delta p'$ 和 $\Delta p''$ 时的岩层吸收系数，按指示曲线确定。

根据指示曲线的斜率可间接评价漏失带的通道尺寸。这条曲线与横轴的夹角越小，漏失就越大，即漏失通道尺寸也越大。再考虑漏失层的厚度，就可以得出比较有根据的结论。如果在一个图表上有了几个漏失带的指示曲线，再掌握了隔离工作的资料，考虑了漏失带的厚度，就能预计本矿区应采用的堵漏方法和堵漏材料的体积量。

稳定灌注，即恒速压水的研究方法，其消耗的时间较长，而且还会损失大量的钻井液。只有在漏失层厚度已知的情况下，这种方法的应用范围才有可能扩大。但是，这种方法在研究勘探钻孔漏失时有一定的发展前途。因为它能绘制指示曲线和确定压缩系数 $\beta_{\mathrm{T}}$。

（2）非稳定渗透时漏失带的研究

此法有时称为压力恢复法，也就是在孔内暂时充满液体后观察液面的下降情况。这是水动力学中主要的研究方法之一。

当钻孔内遇到漏失层时，在静止状态下，孔内水柱高度与地层压力要建立平衡关系。也就是说，孔内静水位稳定时就表示钻孔系统内建立了平衡，孔内水柱高度就表示该地层的压力水头。

当往钻孔漏失带中压水时，发生压力再分配过程，这个过程经过一段时间就会终止，孔内出现动水位和动平衡状态。当关闭水泵后，稳定状态重新变为不稳定状态，地层内压力重新恢复。

观察液面的下降就有可能获得压力恢复曲线，该曲线可以从量上对岩层的储水性质作出评价。因此，非稳定流渗透法的操作就是测量静水位后，往孔内注水破坏钻孔与地层系统的静平衡，然后测量水位随时间的变化关系。

还可以采用测量"超前水位"的方法，为此，在压水过程中测量动水位，然后将水位计浸放到预先选好的深度，关闭水泵，记录时间；传感器再往下放一定深度，再测量水位下降的速度，直到测至静水位时为止。根据传感器每次测量后下降的深度和时间间隔就能确定在该段内液面的平均下降速度。按这些观察资料就能绘制如图 3 – 42 所示的压力恢复曲线。

图 3 – 43 为一漏失钻孔图，从图上能看到为了确定 $\Delta p = f(t)$ 关系所获得的原始资料。

已知在 $t_n$ 时间内，压力从 $\Delta p_n$ 降至 $\Delta p_{n-1}$，钻孔直径为 $D_h$，于是可以得到 $Q_w = f(\Delta p)$。

对于每一个压差变化区段的钻井液消耗量可按下式确定：

$$Q_n = \frac{0.785 D_h^2 H_n}{t_n} \qquad (3-10)$$

式中：$D_h$ 为测量孔段的直径，m；$t_n$ 为压力变化时间，s；$H_n$ 为 $t_n$ 时间内水位变化深度，m。

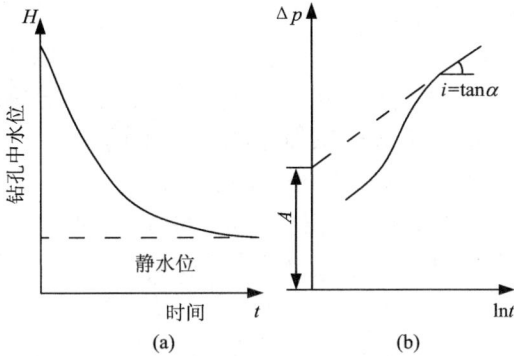

图 3 - 42　孔内水位恢复曲线

（a）曲线的一般形状；

（b）在 $\Delta p$ – ln 坐标系中的压力恢复曲线

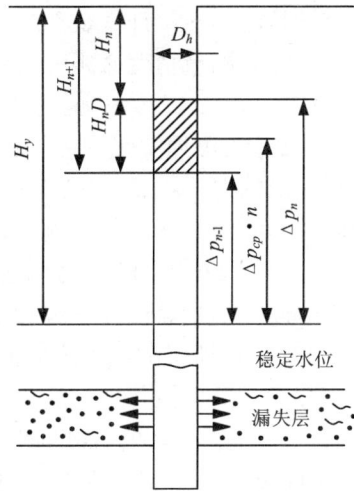

图 3 - 43　钻孔漏失示意图

每一个压差变化区段的钻井液消耗量 $Q_n$ 相对应的压力降按下式计算：

$$\Delta p_{cp,\,n} = \frac{\Delta p_n - \Delta p_{n-1}}{2} \qquad (3-11)$$

为了保证指示曲线的可靠性，测量次数不能少于 6~8 次。孔内压水高度和测量频率应该保证这个观察点数。但是当遇到高渗透层或静水位较低时，如低于 10 ~ 15 m，上述要求就不可能达到。指示曲线可用于评价岩石的渗透性（率）和选择堵漏方法。采用其他方法处理这些实测资料时，能从量上确定渗透地层的某些参数。

应当指出，由于有关岩层的原始资料不足，包括渗透性地层的厚度不确定，故使用时常用综合参数。在勘探钻孔的研究中，因为广泛使用流量计测量，故能取得漏失层的具体特性参数，如渗透率、多孔性和裂隙平均张开度等。

在未掌握渗透地层厚度的情况下，要对漏失层性能的一系列参数进行评价，可以画出 $Q_w = f(\Delta p)$ 指示曲线，从坐标原点向曲线画一切线，切点便是指示曲线的拐点。

这条切线与真正的指示曲线比较接近，因为在切点两条线的 $Q_w$ 和 $\Delta p$ 均相等，$n_\varphi$ 也相等，则在 $n_\varphi = 1$ 的点处，$K_L = Q_0/\Delta p_0$，式中 $Q_0$ 和 $\Delta p_0$ 为切点（拐点）坐标。那么按 B·и·米舍维奇的意见，漏失层将有下列表征值：

①压力降 $\Delta p_0$，表示指示曲线弯曲性质的变化，说明渗透通道的尺寸；

②液体消耗量 $Q_0$，表示在相同钻孔中与压力降相对应的液体消耗量，可用于确定漏失通道的密度；

③漏失强度系数 $K_L = Q_0/\Delta p_0$；

④渗透率幂指数 $n_\varphi$，对于实际消耗量，$n_\varphi$ 将不等于 1。

观测的正确性和可靠性取决于测量水位的仪器，通常采用测绳和测钟，比较可靠的是电测水位计,如电接触式、浮子接触式和光电式等。

为提高测量精度必须考虑各方面的误差:

$$总误差 \Delta h = \Delta h_1 + \Delta h_2 + \cdots + \Delta h_6 \qquad (3-12)$$

式中:$\Delta h_1$ 为测绳丈量误差;$\Delta h_2$ 为传感器固定在绳上的误差;$\Delta h_3$ 为温度导致测绳热变形的误差;$\Delta h_4$ 为为获得必要的信号下放传感器至水面以下的误差;$\Delta h_5$ 为测钟和测绳重量引起的测绳拉伸变形误差;$\Delta h_6$ 为观测者的误差。

总误差 $\Delta h$ 中某项有时可达很大值,如测绳丈量误差可达 360 mm,温度误差为 30 mm 等,这就需要在操作时特别加以注意。

(3)采用地层测试器研究漏失层

苏联在勘探钻井中广泛使用地层测试器来作水文地质研究,或在煤田钻孔中采取气体试样。这种方法的特点是能借助钻孔封隔器将试验层和其他含水层隔离开,而且能对试验地层加压,造成瞬时外载而获得压力数据。这种装置还能顺便采取水样和气样。

对于勘探钻孔,苏联使用 ипг - y 型简便式岩层测试器。

苏联在深井钻井中采用 ипБО - 1 型仪表对钻进过程进行监测,不需要停钻即可确定:①漏失强度及其在钻进过程中的变化;②漏失层的孔段及其厚度;③由于操作工艺导致钻井液漏失的原因;④地层的压力传导系数;⑤需用水泥灌注的孔段及隔离工作的效果等。

我国从 1982 年开始采用探矿工艺研究所研制的小口径 LZZ - 1 型和岩芯钻、大口径 LZZ - 150 型金属转子流量计等其他类型钻井泵流量计,可以连续监测进入孔内的钻井液流量,以便准确地执行钻进规程,及时判断孔内异常情况,并且能够为钻孔漏失确定漏失层参数的计算提供数据。其技术性能参考表 3 - 4。

表 3 - 4　钻探用金属转子流量计技术性能表

| 技术性能名称及单位 | LZZ - 1 型 | LZZ - 150 型 |
|---|---|---|
| 量程/(L · min$^{-1}$) | 60 和 90 两挡 | 150 |
| 起始流量/L | 10 | 20 |
| 精度 | ±5 | 2.6 |
| 耐压/(kg · cm$^{-2}$) | 不小于 4 | 5 |
| 正常维护周期,纯工作时间/h | | |
| 在清水,无固相和低固相钻井液中 | 800 | |
| 在含砂量为 2% ~3% 的普通钻井液中 | | 500 |
| 外型尺寸/mm × mm × mm | 250 × 105 × 620 | 250 × 105 × 650 |
| 重量/kg | 8 | 8 |

此外随着技术的进步,越来越多的新型钻孔流量计被研制应用,可参考上节仪器部分内容。

## 3.2.2　成像测井系列

成像测井是 20 世纪 90 年代迅速发展起来的新型测井技术,它主要由电成像测井、声成像测井、核成像测井,以及数字遥感系统的多任务数据采集与成像系统组成。其中电成像测井有地层微电阻率扫描成像和阵列感应成像测井等方法;声成像测井有偶极横波声波成像、超声波电视和阵列地震成像测井等方法;核成像测井有阵列中子孔隙度岩性成像、碳氧比能谱成像和地球化学成像测井等方法。这些成像测井技术为复杂、非均质储层的地质分析和油气勘探开发提供了有效的测试手段。

1)地层微电阻率扫描成像测井

地层微电阻率扫描成像测井是一种重要的井壁成像方法,它利用多极板上的多排钮扣状的小电极向井壁地层发射电流,由于电极接触的岩石成分、结构及所含流体不同,因此引起电流的变化,电流的变化反映井壁各处岩石电阻率的变化情况,据此可显示电阻率的井壁成像。自 20 世纪 80 年代斯伦贝谢公司的地层微电阻率扫描测井仪(FMS)投入工业应用以来,得到了迅速的发展,如今已是井壁成像的重要测井方法。

我们知道,微电阻率测井为贴井壁测量,探测深度浅,而垂向分辨率高,因而对井壁附近地层的电性不均匀极为敏感。因此,人们利用微电阻率侧向测井研究冲洗带和裂缝,利用四条微电阻率测井曲线确定地层倾角,识别裂缝、研究沉积相等。但是,这种微电阻率测井无法确定裂缝的产状和区分裂缝、小溶洞和溶孔,而这些问题都可由微电阻率扫描测井解决。

(1)电极排列及测量原理

地层微电阻率扫描成像测井采用了侧向测井的屏蔽原理,在原地层倾角测井仪的极板上装有钮扣状的小电极,测量每个钮扣电极发射的电流强度,从而反映井壁地层电阻率的变化。通常把电流电平转换成灰度显示,不同级别的灰度表示不同的电流电平,这样就可用灰度图来显示井壁底电阻率的变化。

第一代 FMS 是在地层倾角测井仪两个相邻极板上装上钮扣状电极,每个极板上装有 4 排 27 个电极,共有 54 个电极,每排电极相互错开,以提高井壁覆盖率。对 216 mm 的井眼,井壁覆盖率为 20%。

为提高井壁覆盖率,第二代仪器在 4 个极板上都装有两排钮扣电极,每排 8 组共 16 个电极,4 个极板共 64 个电极,对 216 mm 井眼,井壁覆盖率达 40%,这种仪器在电极上作了很大的改进,把原来的 4 排电极改为 2 排电极,能更准确地作深度偏移。

(2)全井眼地层微电阻率扫描成像测井仪(FMI)

斯伦贝谢公司在前述仪器基础上,又研制了 FMI。该仪器除 4 个极板外,在每个极板的左下侧又装有翼板，翼板可围绕极板轴转动，以便更好地与井壁接触。每个极板和翼板上装有两排电极，每排 12 个电极，8 个极板上共有 192 个电极，对 216 mm井眼，井壁覆盖率可达 80%，能更全面精确地显示井壁地层的变化。

该仪器可根据用户要求进行三种模式的测井：

①全井眼模式测井。用 192 个钮扣电极进行测量，进行井壁成像。

②四极板模式测井。此时用四个极板上的96 个电势进行测量，翼板上的电极不工作，对于地质情况较熟悉的区域，采用这种方式测井可提高测速，降低采集数据量和测井成本，但对井壁覆盖率降低了一半。

③地层倾角测井。当用户不需要井壁成像，而需要地层倾角时，可用这种模式测井。这是只用 4 个极板上的 8 个电极测量，得出与高分辨率地层倾角仪相同的结果，测速可进一步提高。

在应用 FMI 资料时，通常在一个地区，选有代表性的参数井进行取芯，并作 FMI 测井，通过与岩芯柱的详细对比，研究有关地质特征在井壁图像中的显示，就能充分利用这些特征解决地质问题。

2）偶极横波测井

普通的声波测井得到广泛的应用，但这种方法只能在硬地层中测量纵波和横波，效果良好。在软地层中无法测量横波，为此斯伦贝谢公司研制了偶极横波成像（DSI）测井。

（1）DSI 测井原理

普通声波测井使用单极声波发射器，在硬地层（$V_s > V_1$）条件下，可以得到纵波和横波时差，如长源距声波全波列测井。但在疏松地层（$V_s < V_1$）中，由于地层横波首波与井中泥浆波一起传播，因此单极声波测井无法获得横波首波。

DSI 采用偶极声波源（即声波源由两个单极声波源组成），它很像一个活塞，能使井壁的一侧压力增大，而另一侧压力减小，故使井壁产生扰动，在地层中直接激发纵波和横波，这种扰曲波的振动方向与井轴垂直，但传播方向与井轴平行。通常这种声波发射器的工作频率一般低于 4 kHz，另外，它还有低频发射功能，其频率可低于 1 kHz，在大井眼和速度很慢的地层中可得出很好的结果，同时增大了探测深度。

这种由井眼扰曲运动形成的剪切扰曲波具有频散特性（传播速度随频率的变化而变化），不同频率的扰曲波其传播速度不同，在高频时其速度低于地层横波速度，低频时与横波速度相同。由此可见，用 DSI 可以由扰曲波提取地层的横波时差。

DSI 仪器由发射器、接收器和数据采集电子线路组成。发射器由三个发射器单元组成，即下偶极发射器、上偶极发射器（两者方向相互垂直），以及一个单极全方位陶瓷发射器。可用低频脉冲激励单极换能器产生斯通利波，用高频脉冲激励该换能器产生纵波和横波。用低频脉冲激励偶极换能器产生纵波和横波。

（2）该仪器的工作方式

DSI 有多种工作方式，可以进行任意组合：

① 下偶极方式：采集和处理下偶极发射器，相应接收器接收偶极波形数据及扰曲波慢度，获取有关横波数据。

② 上偶极方式：采集和处理上偶极发射器，相应接收器接收偶极波形数据及扰曲波慢度，获取有关横波数据。

③ 斯通利波方式：用低频脉冲激励单极发射器，采集和处理相应接收器接收到的单极波形数据，从而得到斯通利波时差。

④ 纵波和横波方式：当用高频脉冲激励单极发射器，采集和处理相应接收器接收到的单极波形数据，从而得到纵波和横波时差。

⑤ 首波检测方式：当用高频脉冲激励单极发射器发射时，采集和处理相应接收器接收到的单极波与阈值的交叉数据，测得纵波时差。

（3）DSI 的应用

DSI 除一般纵波的应用外，主要还有以下几方面的应用：

① 鉴别岩性和划分地层。利用 $V_p/V_s$（纵、横波速度比）与 $\Delta t_c$（纵波时差）的关系图可以鉴别岩性和划分地层。

② 划分裂缝带。当斯通利波遇张开裂缝时，由于裂缝处声阻抗大，故使斯通利波的能量被反射回来，通过对斯通利波波形的处理，可提取反射系数，从而判别裂缝带。

③ 进行岩石机械特性分析。根据测得的纵、横波时差及地层密度，可以计算地层岩石的机械特性，如泊松比 $\sigma$，杨氏模量 $E$ 及拉梅系数（$\lambda$，$\mu$）等。

DSI 是一个新的测井技术，在其解释方法和应用方面尚需进一步研究开发。

3）核磁共振测井（NM1）

核磁共振测井是一种适用于裸眼井的测井新技术，是目前唯一可以直接测量任意岩性储集层自由流体（油、气、水）渗流体积特性的测井方法，比其他方法有明显的优越性。

（1）基本原理

核磁共振技术利用的是原子核的顺磁性以及与其相互作用的外加磁场。原子核是一个具有自旋功能而且带电的系统，它们的旋转产生磁场，其强度和方向可用一组核磁矩（$M$）的矢量参数来表示。在没有任何外场的情况下，核磁矩（$M$）是无规律地自由排列的。在固定的均匀强磁场 $B_0$ 影响下，这个自旋系统被极化，即 M 沿着磁场方向重新排列取向，同时，原子核还存在轨道动量矩，像陀螺一样环绕这个场的方向以频率 $\omega_0$ 转动。$\omega_0$ 与磁场强度 $B_0$ 成正比，并称 $\omega_0$ 为拉莫尔频率。

$$\omega_0 = \gamma B_0 \qquad (3-13)$$

其中，$\gamma = \mu/p$ 为原子核的旋磁比；$\mu$ 为原子核的磁矩；$p$ 为原子核的动量矩。

在极化后的磁场中，如果在垂直于 $B_0$ 的方向再加一个交变磁场，其频率也为 $\omega_0$，将会发生共振吸收现象，即处于低能态的核磁矩，通过吸收交变磁场提供的能量，跃迁至高能态，此现象称为核磁共振。

造岩元素中各种原子核的核磁共振效应的数值是不同的，它主要取决于原子核的旋磁比、岩石中元素的天然含量以及包含该元素的物质赋存状态。

核磁测井以氢核与外加磁场的相互作用为基础，可直接测量孔隙流体的特征，不受岩石骨架矿物的影响，能提供丰富的地层信息，如地层的有效孔隙度、自由流体孔隙度、束缚水孔隙度、孔径分布及渗透率等参数。

氢核在地磁场中具有最大的旋磁比和最高的共振频率，根据含氢物质的旋磁比、天然含量和赋存状态可知，氢是在钻井条件下最容易研究的元素。因此，包含于某种流体(水、油或天然气)中的氢原子核是核磁测井的研究对象。

对于静磁场，热平衡时，处于地磁场的氢核自旋系统的磁化矢量与静磁场方向相同，加极化磁场后，磁化矢量偏离静磁场方向，经核磁共振达到高能级的非平衡状态，断掉交变极化磁场后，磁化矢量又将通过自由运动朝着静磁场方向恢复，使自旋系统从高能级的非平衡状态恢复到低能级的平衡状态，这个恢复过程称为弛豫时间。

实际测井时，将地磁场当成静磁场，首先通过下井仪把一个很强的极化磁场加到地层中，等氢核完全极化后，再撤去极化场，则氢核磁化矢量便绕地磁场自由运动，在接收线圈中就可测到一个感应电动势。由于束缚水和可动流体的弛豫时间不同，所以束缚水、可动流体在接收线圈中产生的感应电动势的强弱和持续时间也不一样。测井前事先刻度出束缚水和可动流体的弛豫时间，这样束缚水、可动流体的信息就可直接在测井曲线上反映出来，即可直接计算出自由水和束缚水饱和度。

(2)核磁共振测井的用途

① 划分储集层。

② 确定储层的有效孔隙度。

③ 确定渗透率、颗粒大小。

④ 确定残余油饱和度。

⑤ 在沥青化的储集层中划分含可动油的夹层。

⑥ 估计含油地层的自由水含量，确定储集层的产能。

⑦ 评价低电阻率油层。

4)用成像测井资料评价钻井液漏失的性质

确定了漏失层段后，为了能采取正确的堵漏措施，还需要知道钻井液漏失的性质，因为不同情况的钻井液漏失决定最终采取的堵漏措施。钻井液漏失总体上讲是由于钻井液液柱压力大于地层压力，驱动钻井液向地层深部移动所致，而钻井液向地层侵入的前提是地层存在缝隙，如孔隙、溶洞、裂缝等。针对孔隙、溶洞、裂缝等不同原因造成的钻井液漏失，其采取的堵漏措施是不一样的。

成像测井是通过测量井壁附近电阻率而获得一个直观的井壁展开图像，成像测井所特有的高分辨率、全井眼覆盖、高采样率、高灵敏度（能区分几十微米内的薄层）等特点为地层评价提供了大量的井下地质信息，通过对其处理后可方便地进行各种特征的拾取和地质现象的解释，可以对宏观地质特征进行直观地识别，使得我们能辨别储层的孔隙空间类型和结构，因而成像测井对孔隙、溶洞、裂缝（包括裂缝的类型及有效性等）能有较理想的区分。

5）用成像测井资料识别裂缝的方法

钻井过程中由于钻井液压力差异，在裂缝发育层段造成钻井液侵入地层，使图像上显示为低阻的暗色条纹，而同样为暗色条纹的地质现象还有层界面、层理面、缝合线、断层面、泥质条带和泥机质条带等。由于其形成的机理不同，在成像图上的特征也有一定的区别，层界面或层理面在图像上常常是一组连续、完整、相互平行或接近平行但绝不可能相交的电导率异常，且异常的宽度窄而均匀。缝合线基本平行或垂直于层理面，且两侧有近垂直于缝合面的细微的高电导异常。断层面处总存在地层的错动，而泥质条带和泥机质条带一般平行于层面且比较规则，边界清晰。

成像图上拾取的裂缝有天然裂缝和诱导缝之分，诱导缝与地层应力有密切关系，钻井诱导缝排列整齐，规律性强，且延伸较浅，诱导缝的缝面形状较规则且缝宽变化较小，天然裂缝常为多期构造运动形成，又遭受地下水的溶蚀与沉淀作用的改造，因而分布极不规则。

6）用成像测井资料识别溶洞的方法

溶洞在成像图上表现为点状或块状的高电导异常，其边缘呈浸染状且较圆滑，与周围地层电导率是渐变的，与溶洞特征类似的主要有黄铁矿斑块、井壁崩落、角砾间隙和颗粒间隙，区别的方法为：黄铁矿斑块边缘异常清晰，与周围地层呈突变接触，由于其多为分散状分布，当其体积较大时呈方形；在椭圆井眼的长轴方向造成成像测井仪与井壁差贴合性差，在图像上易形成类似溶孔的假象，所以井壁崩落是有方向性的，在一定层段上下有一致性，且呈对称分布；角砾一般为高阻，角砾间隙为低电阻率，类似溶洞特征，其区别在于形状、分布和电导率差异的不同，角砾间隙的低电导异常围绕角砾分布，形态不规则；颗粒间隙在图上也有类似于溶孔的特征，它是由于颗粒与颗粒间隙的色差造成的，其特点是间隙一般较小，均匀性强，受层界面控制。

## 3.2.3　钻孔弯曲探测方法

钻孔弯曲测量方法分为顶角测量原理法和方位角测量原理法两种。

1）顶角测量原理

（1）液面水平原理（氢氟酸测斜）

把 20% ~30% 浓度的氢氟酸注入长度为 100 ~150 mm 内径为 15 ~25 mm 的玻璃试管中。注入量为试管长度的 1/3 左右。然后，将盛有氢氟酸的玻璃试管装在特制的接头内，用橡胶塞加以密封。用钻杆将其下到孔内待测位置，静止停留 15 ~25 min 后，提钻取出试管。由于氢氟酸对玻璃的腐蚀作用，在试管上留有液面痕迹。根据液面的高低，就可算出顶角。

顶角值可用下列公式求得：

$$\tan\theta = \frac{h_1 - h_2}{d} \qquad (3-14)$$

式中：$\theta$ 为钻孔顶角；$d$ 为玻璃管内径，mm；$h_1$ 为玻璃管痕迹最高点至玻璃管标准线的距离，mm；$h_2$ 为玻璃管痕迹最低点至玻璃管标准线的距离，mm。

由于玻璃试管内液体有毛细作用，而使液面不平，故对顶角必须加以校正，而得出实际顶角 $\theta = \theta' + E$（$\theta$ 为钻孔的实际顶角，$\theta'$ 为玻璃试管上实测顶角，$E$ 为校正角，与容器直径、容器材料、液体浓度及倾斜角度大小有关，可查已有资料或地面试验量出），如图 3-44 和图 3-45 所示。

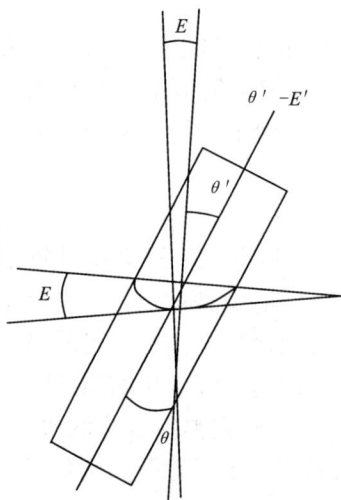

图 3-44　顶角误差校正

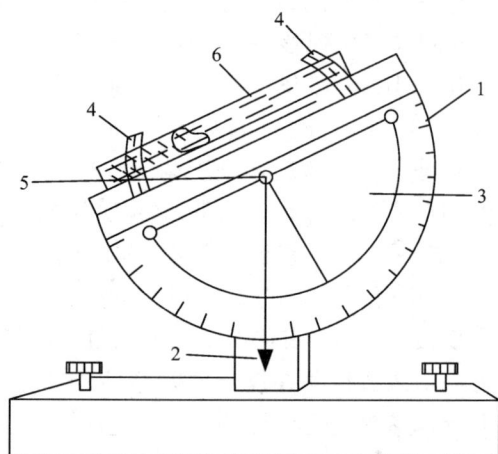

图 3-45　测斜仪

（2）重锤原理

悬锤测量钻孔顶角的原理是利用地球重力场，如图 3-46 所示。框架可绕 $a$ 轴灵活转动，$b$ 轴与 $a$ 轴垂直相交，在 $b$ 轴中点 $O$ 悬挂一能灵活转动的弧形刻度盘，刻度盘转动面与钻孔弯曲平面一致，刻度盘因重力作用永远下垂。当仪器在垂直孔内时，刻度盘上的 0O 正对准弧形竖板了上的标线，即顶角为 0O；当仪器在倾斜孔内时，弧形竖板倾斜一个角度，此角度就是钻孔顶角 $\theta$。

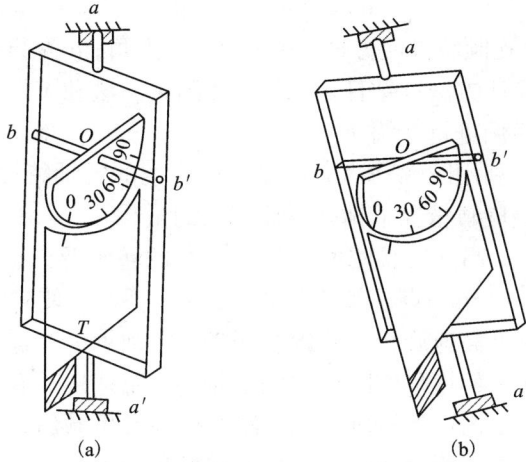

图 3 - 46　悬锤原理测量钻孔顶角示意图

2）方位角测量原理

根据定义，钻孔方位角测量必须满足两个条件：该角度是钻孔轴线某点切线方向与地北的夹角；该角度是水平面上的角度。在无磁性干扰或磁性干扰很小的孔段中，可利用地磁场定向原理；在有磁屏蔽（如在套管内）或磁干扰较大（如存在磁性矿体）的孔段中，因为磁针失去定向能力，所以采用地面定向原理或陀螺原理。

（1）地磁定向原理

地磁场定向原理是利用罗盘磁针的指北特性或磁敏感元件（磁通门）确定倾斜钻孔的方位角。因此，测量时罗盘必须处于水平状态，并且罗盘上 0°线必须指向钻孔弯曲方向。为了满足这些要求，罗盘的转动轴应垂直于钻孔弯曲平面，并且在其下部装有重块，使罗盘保持水平。此外，罗盘

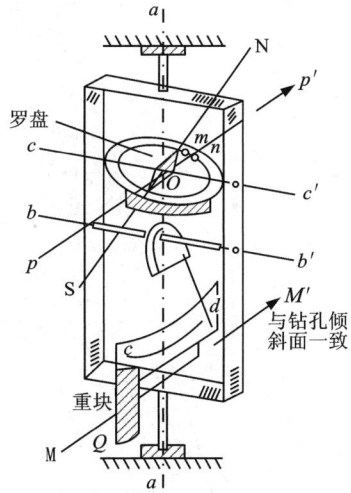

图 3 - 47　地磁场定向原理及钻孔方位角示意图

上 0°与 180°连线及框架上的偏重块都在框架的垂直平面内（即钻孔弯曲平面内），偏重块与 180°线同侧。这样一来，在倾斜钻孔中 180°线必定指向钻孔弯曲方向。此时，0°线与磁针指北方向的夹角就是钻孔的磁方位角（如图 3 - 47 所示）。

（2）地面定向原理

在地面将定位方向传到孔内各个测点。如图 3 - 48 所示，取地面定位方向为

$OA$，其方位角为 $\alpha_0$，钻孔弯曲方向为 $OB$，其方位角为 $\alpha_1$，$\angle AOB = \alpha_1 - \alpha_0$。若令 $\angle A'O'B' = \varphi$，则在钻孔横截面上的 $\varphi$ 角，即为终点角。

$$\tan\alpha = \tan\varphi \cdot \cos\theta$$

式中：$\alpha$ 为定位与钻孔倾斜方向方位角差；$\varphi$ 为终点角；$\theta$ 为测点处钻孔顶角。

该原理应用的具体方法有钻杆定向法、环测定向法和陀螺惯性定向法，下面以陀螺惯性定向法为例进行介绍。

陀螺定向原理是利用陀螺马达高速旋转所产生的定轴特性来测量方位角的。可用于磁性矿体和磁屏蔽情况下钻孔弯曲度的测量。

如图 3－49 所示，高速旋转陀螺支撑于自身的转轴及内、外环的转轴上，三轴在空间相互垂直正交于一点，该点与陀螺的重心重合，使陀螺电机具有三个方向的自由度。三自由度高速旋转的陀螺转子轴，在轴承无磨擦的情况下，在空间的方向保持不变，这个特性称作陀螺仪的定轴性。陀螺还具有运动性，即外框架转轴上有干扰力矩时，内框架转轴运动，使陀螺轴发生倾斜，因此要进行水平修正；而内框架转轴上有干扰力矩时，外框架转轴转动，使陀螺轴产生漂移，因此要进行漂移量修正。

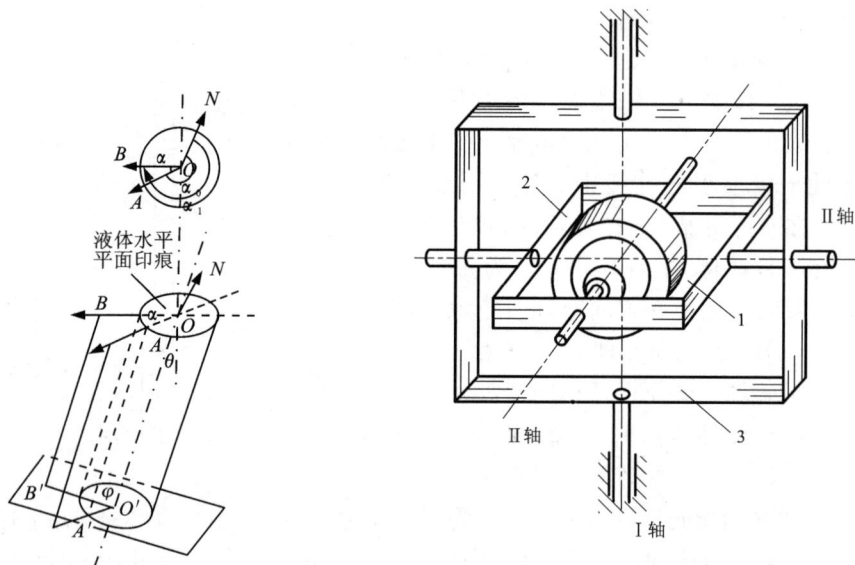

图 3－48　地面场定向原理与钻孔方位角示意图

图 3－49　陀螺仪原理示意图

1—高速转子；2—内环；3—外环

3）仪器介绍

（1）JJX－3 型测斜仪

JJX－3 型测斜仪用于在无磁性干扰、直径 65 mm 以上的测控中，来测量井身倾斜的方位角和顶角。方位角用磁针定向，顶角测量用垂锤原理；方位角和顶角的变化，均转化成电阻的变化，利用电桥原理，在地面上直接读出井身倾斜的方

位角、顶角,这种仪器的主要技术指标如下:

① 方位角每分格为 5°。在顶角 2°时,即能测量方位角,其测量误差不大于 ±4°。在顶角大于 5°时,方位角测量误差不大于 ±3°。

② 顶角测程 0°~50°,每分格 30°,其测量误差不大于 ±3°。

③ 井下部分允许承受 500 kg/cm² 的液压。

④ 井下部分允许最高工作温度为 100℃。

⑤ 电源电压为 90 V 直流,用电池供给。

(2)JDL-1 型陀螺测斜仪

JDL-1 型陀螺测斜仪用于磁性矿区及有套管的孔段,测量钻孔的顶角和方位角。这种仪器较为精密,效率和精度较高,仪器包括:操纵台、稳压器、交流器和三脚架等部分。其主要技术指标如下:

① 测量范围:顶角 2°~30°,方位角 360°。

② 测量精度:顶角误差 ±30°,方位角误差 ±5°。

③ 方位漂移:平均每小时不大于 ±6°。

④ 井下耐压:200 kg/cm²。

⑤ 工作电源:交流 50 Hz、(220 ±10% )V,整机功率 150 W。

# 第4章 复杂地层护壁堵漏技术

## 4.1 复杂地层概述

复杂地层是指钻进时产生不同程度的钻孔坍塌、掉块、漏失、涌水或井喷、孔壁膨胀或缩径等孔内复杂情况的地层。钻进复杂地层时，如果处理措施不当，往往会造成孔内事故多、钻进效率低、钻孔质量差、钻进成本高等情况，甚至出现不能继续钻进和造成钻孔报废的严重后果。为此，必须认真研究与分析产生复杂情况的原因和复杂地层的特点，根据不同情况采取相应而有效的措施，解决钻进过程中的护壁和垮塌、漏水、涌水等问题，以便顺利地完成钻探任务[8]。

复杂地层是由一系列地质作用形成的，地质作用大致有以下几种：构造运动形成节理、裂隙和断层破碎带；风化作用使基岩破碎；风和流水搬运及沉积形成松散第四系地层；地下水的溶蚀形成溶隙、溶孔和溶洞；成岩作用较弱形成胶结性差、松软、松散的岩矿层等[9]。

钻进中各种地层呈现的复杂程度和特点是有很大差别的。影响地层复杂程度的主要地质因素是：岩石的性质、岩层的孔隙性和地层的含水情况。

### 4.1.1 岩石的性质

坚硬而完整的岩层，如大部分岩浆岩及部分变质岩，在钻进中不会发生孔壁失稳和钻孔冲洗液漏失（或井涌）等复杂情况，而一些沉积岩，如黏土层、页岩层、岩盐层、光卤石层、自然碱等，这些岩石的性质，在钻进中或者表现为岩层遇水膨胀、分散、崩解、剥落，或者产生溶蚀和溶解等复杂情况，通常称它们为"水敏性地层"；而风化、冲积形成的地层，在钻进中表现为松散、孔壁坍塌，通常称它们为"力学不稳定地层"。这些都是由岩石性质所决定的，在钻进中呈现出不同的复杂特点。

### 4.1.2 岩层的孔隙性

岩层的孔隙性是指岩层在形成过程中或形成后，在内外动力地质作用下所产生的孔隙。不同种类的孔隙，在钻进过程中呈现出的复杂特点也是不相同的。

1）松散性孔隙。主要见于松散堆积岩层，其特点是颗粒间没有胶结牢固，颗粒或颗粒集合体之间存在着孔隙。孔隙的特点是相互连通，分布比较均匀，如风积砂层、坡积层、洪积层、冲积层等第四纪沉积层。这些地层在钻进中呈现出孔壁坍塌、井涌和漏失等问题。

2）裂隙性孔隙。主要见于中硬及坚硬岩层。裂隙性孔隙的特点是分布极不均匀。按裂隙的成因，可分为：构造裂隙、成岩裂隙和风化裂隙。在钻进中呈现出的复杂情况主要是钻孔冲洗液漏失和孔壁掉块，在交叉裂隙发育的地段也会造成孔壁坍塌。

3）溶蚀性孔隙。这是由于水对可溶性岩石长期溶解作用形成的。孔隙小的称为溶隙或溶孔，大的称为溶洞。钻进中主要的复杂问题是钻孔冲洗液漏失。

### 4.1.3 地层的含水情况

地层中存在空隙是含水的先决条件。依地层的含水情况，可分为三种：透水而不含水、含潜水和含承压水。前两种情况，经常产生钻孔冲洗液漏失，其漏失量大小与岩层的渗透性密切相关。钻进承压水层时，依含水层压力及所用冲洗液的相对密度情况，可能产生涌水，也可能出现漏水。

在钻进过程中出现的复杂情况，归纳起来，主要为三种情况：孔壁不稳定或孔壁失稳的地层，称为不稳定地层；孔内冲洗液漏失（或涌水）的地层，称为漏失（或涌水）地层；另外还有既不稳定又漏失的综合地层。

## 4.2 复杂地层钻孔护壁堵漏

在复杂地层钻进时，钻孔护壁堵漏是一项十分重要的工作。为了做好护壁堵漏工作，必须要研究分析钻孔产生复杂情况的原因及其规律性，从而找出稳定孔壁和有效堵漏的科学依据，以指导护壁堵漏的实践。为此，我们分别讨论孔壁失稳和稳定孔壁的基本原理，钻孔出现漏失的原因和治理的基本方法[10]。

### 4.2.1 孔壁失稳分析

造成孔壁失稳的因素，概括起来，主要有以下几方面。

1）造成孔壁失稳的岩层性质及赋存条件，即复杂地层的成因类型及性质；

2）钻进过程中造成孔壁岩层应力状态的变化；

3）钻进过程中孔壁岩层受冲洗液的破坏作用；

4）钻进过程中采用的工艺技术及升降钻具产生压力激动等对孔壁的破坏作用。

钻进时发生孔壁坍塌、掉块等是上述诸因素在孔内相互作用的综合表现。钻井中孔壁的稳定与否，除受岩层压力和孔内液柱压力控制外，下面的一些因素对孔壁失稳也有重要影响[11]。

1）冲洗液对岩层的水化作用

冲洗液对岩层的水化作用通常是指那些在钻进中易发生坍塌、剥落、膨胀等复杂情况的泥页岩。国内外学者对泥页岩与水作用而引起不稳定的机理进行了大量的实验研究[12]。目前一般认为存在两种水化机理，即表面水化和渗透水化。

（1）表面水化。页岩黏土矿物表面水化时，可以吸附多达 4 个水分子层的水，层间距离可增大至 20 Å，这就会引起明显的膨胀和软化。范·奥尔芬（Van Olphen）的研究得出，要移出最内层的水约需 200～400 MPa 的压力。页岩在沉积成岩时，在受上覆岩层的压力而压实过程中，原来吸附的水被挤出。挤出最后一层水分子，约需 200 MPa 以上的压力。挤干的页岩表面再与水接触时，便以很大的吸附能量来吸附水，此能量称为水化能。页岩释放能量吸水，造成水化膨胀。因此，页岩表面水化力的大小与上覆岩层的压力有关。地质年代愈久，页岩埋藏愈深，上覆岩层压力愈大，页岩中被挤出的水分愈多，则再次与水接触时，吸附外来水分的能量也愈大，即表面水化力就愈大。此外，页岩表面水化力也取决于页岩中黏土晶层表面的带电状况和吸附阳离子的类型、吸附状态等。

（2）渗透水化。渗透水化是由渗透压力的存在而产生的。渗透压力是在半渗透膜存在条件下由于体系中的不同部分存在着离子浓度差而产生的。渗透水化是水分子通过半渗透膜，从离子浓度较低的溶液一侧迁移到离子浓度较高的溶液一侧去。页岩与冲洗液接触时，页岩表面好像一个半渗透膜，当岩层水和冲洗液之间存在含盐浓度差时，就会产生渗透水化。渗透的方向是低离子浓度溶液的水分子向高离子浓度溶液中迁移的方向。当用淡水泥浆作冲洗液时，页岩中水的离子浓度高，泥浆中的水转移到页岩中去，就会造成页岩的水化膨胀。反之，用高矿化泥浆作冲洗液时，页岩中的水被吸出，会造成页岩的去水化。页岩因去水化又会导致页岩开裂而造成孔壁失稳。因此，必须保持页岩中液体的离子浓度与冲洗液的离子浓度平衡，才会有利于孔壁的稳定。

2）冲洗液对孔壁岩层的直接冲刷作用

冲洗液对岩层的直接冲刷，使孔壁岩层破坏并导致孔壁失稳的程度，取决于冲洗液循环时在环空中的流速和流态。环空中上返速度大，易形成紊流，对孔壁的冲刷作用便大，不利于孔壁稳定。而流速较小的层流或改型的平板型层流，对孔壁的冲刷作用小，有利于孔壁稳定。环空中的上返流速与泵的排量以及环空尺寸有关。降低排量，从而降低环空流速，对孔壁稳定是有利的。而小口径钻进，由于钻具与孔壁间的间隙小，冲洗液在环空中的上返速度大，易处于紊流状态，对孔壁稳定不利。

3）压力激动对孔壁的破坏作用

压力激动是指在有液体的孔内升降钻具时，因钻具运动引起的孔内某一点的液体压力的骤增或骤减，这一现象称为压力激动，产生的动压称为激动压力。压力激动可以带来几方面的危害。

（1）造成孔壁失稳而垮塌，引起卡钻、埋钻事故；

（2）造成地层流体释放，因孔内液柱降低而引起井涌和井喷事故；

（3）造成地层被压裂而带来冲洗液的漏失。

压力激动对孔壁的破坏作用是由于下钻时冲洗液在高速下落的钻具的挤压下产生高的冲击动能，使孔壁周围岩层承受很高的挤压力，孔壁因此被压裂。起钻时，岩芯充满整个取芯钻具，粗径钻具如同一活塞，在钻具高速上行时，环空间隙小，下行的液体来不及补给，使钻头下部的空腔产生负压，对孔壁岩层产生抽吸压力，孔壁周围的岩层因失去原来的孔内压力平衡而造成垮塌。孔愈深，下钻或起钻的速度愈大，产生的挤压压力或抽吸压力愈大，对孔壁周围岩石的破坏也愈大。

## 4.2.2　孔壁稳定的基本原理

欲稳定孔壁，按不稳定地层的特点，可从以下三个方面进行研究并采取相应的技术措施[13]。

1）根据孔壁岩层的性质，建立孔内各种压力间的压力平衡，以实现压力平衡钻进。

2）根据不同岩层产生失稳的特征，选用合理的防塌泥浆，调整其组成及性能，并采用相应防塌措施，这对于遇水失稳地层是最主要的。

3）对于力学不稳定地层，除采用与之相适应的冲洗介质和合理的钻进技术外，应采用凝固性材料固结孔壁岩层，以提高孔壁岩层的稳固强度，达到稳定孔壁的目的。

下面对建立压力平衡的原理和防塌泥浆防塌机理作简要论述。

1）压力平衡护壁的原理

维持钻孔－地层间的压力平衡是稳定孔壁的有效方法。欲建立钻孔－地层间的压力平衡，首先必须了解在钻井时，孔壁岩层受哪些力的作用，然后建立它们之间的平衡方程。钻井时，须针对不同地层采取各种技术措施和工艺方法，以维持此平衡方程。

（1）孔壁岩层的受力情况

钻井中孔壁岩层所受的力，除了上述的静液柱压力（$P_w$）、上覆岩层压力（$P_0$）和孔隙压力（$P_p$）三种力之外，还有下列各种作用力。

①冲洗液循环的环空压力。这是冲洗液在循环时，途经钻柱和孔壁之间的环空时所需克服的环空阻力。克服此阻力而产生的压力降同样作用在孔壁岩层上，此环空压力以 $P_c$ 表示。

②激动压力。钻具在孔内升降时，由于钻具的高速运动引起孔内压力的突然升降所造成的瞬时压力值称为激动压力，以 $P_s$ 表示。激动压力的大小与钻具运动速度、环空尺寸、冲洗液的性能(黏度和切力)等有关。

③泥页岩的表面水化力。泥页岩形成时，其中的水分在高压下被挤走，当泥页岩被钻开时，它与冲洗液相接触，泥页岩要水化吸水，吸水的力等于挤出水分时的压力，此压力即是页岩的表面水化力，以 $P_H$ 表示。泥页岩的表面水化力在数值上等于岩石的胶结力(即岩石的抗压强度)。

④渗透水化力。钻孔—地层系统中，孔壁上形成泥饼(或其他吸附膜)时，此吸附膜如同半透膜，在地层水与冲洗液间存在有含盐量的差别时，便会因渗透压力而产生渗透。此渗透压力即为渗透水化力，以 $P_{OP}$ 表示。

此外，还有冲洗液对孔壁岩层的冲刷力和钻具不稳定回转造成的对孔壁的机械破坏力。但这两种力难以准确计算。

上述各种力，在钻井中并非同时作用。为建立平衡方程，应区分钻孔静止时、钻进时、升降钻具时的三种情况。同时，力学不稳定地层和遇水不稳定地层，在孔壁岩层上作用的力也不相同，亦应区分此两种情况。

(2)稳定孔壁的平衡条件

为维护力学不稳定和水敏性地层的孔壁稳定，必须维持钻孔—地层系统的压力平衡。

①静态情况。

非水敏性地层：主要是物理力的平衡

$$P_w \geqslant P_p (\text{或 } P_w = P_p + P_t)$$
$$\text{应}: P_W < P_F$$

式中：$P_t$ 为为安全而增加的附加压力，$P_t = 0.5 \sim 3$ MPa；$P_F$ 为地层的破裂压力，$P_F = P_p + \sigma_H$；$\sigma_H$ 为岩层的水平应力。

水敏性地层：

$$P_w + P_H \leqslant P_p + P_{opm}$$
$$\text{或}: P_w + P_H + P_{ops} \leqslant P_p$$

式中：$P_{opm}$ 为冲洗液矿化度高于地层时的渗透水化力，指向钻孔；$P_{ops}$ 为泥页岩水的矿化度高于冲洗液时的渗透水化力，指向地层；$P_H$ 为页岩表面水化力。

②动态情况。

钻进时：

a.非水敏性地层：

$$P_w + P_c \geqslant P_p$$
但应 $P_w + P_c < P_F$

b.水敏性地层：

$$P_w + P_c + P_H \leqslant P_p + P_{opm}$$

或　$$P_w + P_c + P_H + P_{ops} \leqslant P_p$$

升降钻具时：

a. 非水敏性地层：

$$P_w + P_s \geqslant P_p$$

但应　$$P_w + P_s < P_F$$

b. 水敏性地层：

$$P_w + P_s + P_H \leqslant P_p + P_{opm}$$

或　$$P_w + P_s + P_H + P_{ops} \leqslant P_p$$

为建立和维持上述平衡关系，应改变或调节主观能控制的一些力，如静液柱压力、环空循环压力、激动压力、冲洗液的渗透水化力等。为此可以采取以下措施：

①调节冲洗液的密度和含盐量；

②选择抑制性的泥浆体系，调节其组成和配方(如钙泥浆体系、钾泥浆体系、有机阳离子泥浆体系、MMH 泥浆体系、聚合醇体系等)；

③调节冲洗液的黏度、切力、滤失量性能。

由以上三条可看出，运用好泥浆工艺是稳定孔壁的重要环节，或者说，稳定孔壁是泥浆设计和性能调节的基本依据。

2)防塌泥浆的机理与类型

解决孔壁稳定问题，首先应了解和弄清孔壁不稳定的性质和特点，看它属于力学不稳定还是遇水不稳定，然后才能采取对策，正确选用防塌方法和防塌泥浆的类型。在采用防塌泥浆稳定孔壁方面，国内外的研究者开展了大量的研究和实践，特别是 20 世纪 70 年代以来随着有机高分子聚合物的应用，防塌的理论和新型防塌泥浆的应用，有了很大的发展，下面简述之[14]。

(1)防塌机理

抑制孔壁岩层的机理，归纳起来有以下几种。

①离子作用原理。离子作用的原理是利用无机盐类或无机碱类的离子，与黏土质的页岩表面进行离子交换，改变黏土的活性，从而控制黏土的水化膨胀性能。常用的无机盐和无机碱有：$NaCl$、$KCl$、$CaCl_2$、$MgCl_2$、$NH_4Cl$、$KOH$、$Ca(OH)_2$、$AlCl_3$ 等。尤其是 $KCl$ 稳定孔壁的效果最好，这是由于：钾离子水化能小，易紧密地吸附在负电荷中心附近，或易中和黏土表面的负电荷；钾离子直径为 2.66Å，易嵌入黏土晶片的六角环中起封闭结构的作用，从而阻止泥页岩的水化；钾离子一旦被黏土吸附后不易被其他离子交换下来。

关于碱金属氢氧化物，如氢氧化钾稳定黏土的机理，一些研究者认为是钾离子与黏土层中的 $OH^-$ 发生作用，其一可能生成钾铝硅酸盐矿物沉积在岩层表面，阻止淡水与黏土的接触，从而抑制黏土的膨胀；其二是 KOH 与黏土发生不可逆作用，部分地溶解地层中的黏土，引起黏土的硅氧键断裂，形成新的排列，从而使黏土稳定。碱土金属氢氧化物和 $Ca(OH)_2$ 稳定黏土的机理是 $Ca(OH)_2$ 与黏土发生不可逆的化学反应，产生一种与水泥水化物相类似的硅酸盐物质，形成渗透性低的阻隔层，从而减少黏土的分散膨胀。同时 $K^+$ 和 $Ca^{2+}$ 同黏土表面的阳离子（如 $Na^+$）交换，降低黏土的水化程度，也可促使黏土稳定。

②包被作用。聚合物泥浆中的水溶性聚合物吸附在孔壁岩层或黏土矿物表面上，形成高分子吸附膜，阻止黏土与水的接触，从而抑制泥页岩的水化膨胀，对节理发育的岩层防止其进一步裂解。这种包被作用的实质是聚合物的长链在泥页岩表面产生多点吸附，一方面长链分子的多点吸附，横向封闭了页岩的微裂缝，保持和增强了岩层的胶结强度；另一方面长链的多点吸附，在岩层表面形成渗透性小的吸附膜，阻止了水分子的进入，从而抑制了泥页岩的水化膨胀。

③封堵作用。加入泥浆中的特种添加剂，如沥青、油渣等材料，可用来封堵力学不稳定岩层的微裂缝或松散破碎带，防止钻井液中的水分沿岩层裂缝渗入地层和遇水剥落崩解的岩层，从而起到防止孔壁坍塌的目的。近年来应用较广的磺化沥青，是一种亲水性阴离子物，其防塌机理是：a.磺化沥青带有负电荷，岩层裂隙断裂边缘上常带正电荷，异性相吸，带有负电荷的磺化沥青粒子被磺酸基团吸附到岩层裂隙边缘上，而憎水端朝向裂隙张开处，形成憎水膜，阻止水分子进入岩层；b.泥浆失水后，磺化沥青微粒沉积粘附在孔壁上，形成薄而韧的可压缩性泥皮，阻止水的渗滤；c.在孔内温度较高时，磺化沥青中未磺化的沥青微粒软化，软化的沥青粘贴在孔壁上，形成一层水不浸润的薄膜，起稳定孔壁的作用。

④活度平衡原理。活度平衡的实质是使泥浆的活度与地层水的活度相平衡，利用渗透平衡有效控制黏土、泥页岩的水化膨胀，保持孔壁的稳定。所谓活度平衡，就是调节泥浆中水相的含盐量，直到泥浆中水的化学位与页岩中水的化学位相等为止。活度平衡原理主要是用于油基泥浆抑制页岩地层，使油基泥浆中水相的活度与页岩水的活度相等，防止油基泥浆中的水转移到地层中去，从而抑制泥页岩的水化膨胀。

⑤正电势垒稳定原理。混合金属层状氢氧化物（MMH）与黏土矿物形成复合体后，在负电黏土颗粒的周围，形成一层正电荷的势垒，能有效地阻止黏土的离子交换，从而起到稳定活度的作用，有效地抑制黏土矿物的渗透水化膨胀。关于MMH 将在后面介绍。

实际应用的防塌泥浆，因其成分不同，往往一种防塌泥浆具有上述五种机理中的几项防塌机理。例如 KCl 聚合物泥浆，既有无机盐离子作用的防塌机理，又有高分子聚合物包被作用的防塌机理。即一种防塌泥浆的配制，往往是采用了几种防塌机理的综合。

（2）防塌泥浆类型

20 世纪 70 年代以来，出现了多种体系的防塌泥浆，归纳起来，有以下几种类型[15]。

①钙盐体系防塌泥浆。它包括钙处理泥浆的全部，即石灰泥浆、石膏泥浆、氯化钙泥浆。

②钾盐体系防塌泥浆。包括氯化钾、氢氧化钾和聚合物及其他抑制剂配制的泥浆，以及铝钾泥浆。

③沥青类泥浆。如乳化沥青泥浆。

④有机阳离子聚合物泥浆。

⑤油基泥浆，其中主要使用油包水反相乳化泥浆。

⑥MMH 泥浆。

3）胶结法护孔及套管护孔

对于严重的力学不稳定地层，如破碎带和坍塌地段，以及不胶结的松散和流砂砾石层等，仅采用上述在钻进过程中维护孔壁稳定的措施，往往难以见效，一般需采用胶结护孔或套管护孔。胶结护孔，即将水泥浆液或化学浆液灌注到破碎坍塌地段，将不稳定地层胶结起来以提高其稳固性。这两种方法都必须暂停钻进，专门进行护孔作业。

## 4.2.3　钻孔漏失的分析

钻孔漏失是复杂地层钻进中最常见的难题之一。由于钻孔漏失，易造成冲洗液的大量消耗，有时甚至会因钻孔漏失引起孔内垮塌、卡埋钻具，造成钻进困难等。钻孔漏失处理不当可引起孔内其他事故，甚至造成钻孔报废。这些不仅影响钻进速度和钻井质量，而且会带来时间和经济上的巨大损失。因此，分析研究钻孔漏失的原因和规律，对采取有效的防治对策有重大意义[16]。

1）钻孔漏失的原因

钻孔漏失：漏失是指钻孔内冲洗液从孔内向周围岩石产生明显的泄漏。冲洗液漏失的根本原因是孔内液柱相对于岩层产生压差，以及岩石中存在漏失通道，即钻孔—地层系统存在压力不平衡和岩层中有漏失通道这两个方面。

钻井中钻孔与地层间的压差为：

静止时：

$$\Delta P = P_w - P_p - P_t$$

钻进时：

$$\Delta P = P_w + P_c - P_p - P_t$$

升降作业时：

$$\Delta P = P_{w} + P_{s} - P_{p} - P_{t}$$

式中：$P_{w}$ 为静液柱压力；$P_{c}$ 为液体在环空中流动时克服流动阻力的压力；$P_{s}$ 为激动压力；$P_{p}$ 为地层压力（孔隙压力）；$P_{t}$ 为冲洗液在漏失通道中流动时克服阻力所需的压力。

由上式可看出：

当 $P_{w} < P_{p} + P_{t}$（静止时）或 $P_{w} + P_{c} < P_{p} + P_{t}$（钻进时）或 $P_{w} + P_{s} < P_{p} + P_{t}$（升降时）时，则孔内发生涌水；

当 $P_{w} = P_{p} + P_{t}$（静止时）或 $P_{w} + P_{c} = P_{p} + P_{t}$（钻进时）或 $P_{w} + P_{s} = P_{p} + P_{t}$（升降时）时，孔内处于压力平衡条件下，钻孔不涌水，也不漏失；

当 $P_{w} > P_{p} + P_{t}$（静止时）或 $P_{w} + P_{c} > P_{p} + P_{t}$（钻进时）或 $P_{w} + P_{s} > P_{p} + P_{t}$（升降时）时，则发生钻孔漏失。

由上面的关系式看出产生漏失（或涌水）的原因如下。

（1）地质和水文地质条件。岩层中存在的孔隙、裂缝、洞穴的大小、张开程度、贯通性、上覆岩层的含水情况等，是造成漏失（或涌水）的天然客观条件，即漏失通道的存在及其状况是产生漏失的重要原因。在上面的关系式则表现为 $P_{p}$、$P_{t}$ 的大小。

（2）工艺技术原因。钻孔结构选择的正确性，冲洗方法、冲洗介质的种类及其参数选择的合理与否，冲洗液沿环空的流动速度及钻具转速的选择，升降作业的操作等。在上述关系式中表现为对 $P_{w}$、$P_{c}$、$P_{s}$ 大小的影响。这些是主观能控制和调节的，是防止漏失的可控因素。

2）漏失通道的分析

漏失地层的结构特点是具有空隙性，即具有漏失通道、空隙或者说漏失通道可分为孔隙、裂隙和洞穴三种[17]。

岩石中的孔隙性常用孔隙率表示，它是岩石中孔隙的体积和岩石总体积之比，常用百分率表示。岩石孔隙率的大小取决于组成岩石的颗粒尺寸、形状及其相互堆积的状态。自然界松散岩石的孔隙率大体接近理论平均值（37%）。对于多孔的渗透性大的灰岩和砂岩来说，其实际有效孔隙率为 20% ~25%。

岩石中的裂隙一般按矿体几何特征、形态和成因进行分类。根据矿体几何特性，裂隙分为系统的、杂乱的和多边形的；或者分为垂直（倾角 72°~90°）、陡倾斜（倾角 45°~72°）、缓倾斜（倾角 6°~45°）和水平（倾角小于 6°）的。对评估漏失意义最大的裂隙参数是：裂隙的开口、密度（裂隙间沿法线的距离）和频数（孔内裂隙间沿水平线的距离）。裂隙开口的大小变化很大，从细如毛发到 1 m 或更大的裂隙。岩石中存在 0.1~1 mm 大小的裂隙在一定的条件下就可能造成冲洗液的漏失。根据裂隙开口尺寸分为：细微裂隙（小于 0.1 mm）、小裂隙（0.1~1.5 mm）、中裂隙（5~20 mm）、大裂隙（20~100 mm）和极大裂隙（大于 100 mm）。

洞穴见于易溶岩石(碳酸盐岩、硫酸盐岩)分布的地区。在洞穴性地层中钻进,不仅易产生冲洗液漏失,还可能发生钻具沉陷事故。随着深度的增加,岩石的洞穴性逐渐减弱。洞穴的大小差别很大,小的只有几毫米到几厘米,大的可达几米至几十米,甚至上百米。

岩石按裂隙性、洞穴性和透水性的分类见表 4-1。

表 4-1　岩石按裂隙性、洞穴性和透水性的分类

| 岩石 | 渗透系数 /(m·d⁻¹) | 单位漏失量/(m³·h⁻¹) |
|---|---|---|
| 1.实际上完整 | <0.01 | <0.0003 |
| 2.极弱透水、极弱裂隙和极弱洞穴 | 0.01~0.1 | 0.0003~0.003 |
| 3.弱透水、弱裂隙、弱洞穴 | 0.1~10 | 0.003~0.3 |
| 4.透水、裂隙、洞穴 | 10~30 | 0.3~0.9 |
| 5.强透水、强裂隙、强洞穴 | 30~100 | 0.9~3 |
| 6.极强透水、极强裂隙、极强洞穴 | >100 | >3 |

3)冲洗液在岩层中渗漏流动的特性

(1)液体在孔隙岩层中的渗透

液体在孔隙岩层中的渗透是符合达西定律的,即

$$u = \frac{k}{\eta}\frac{\mathrm{d}P}{\mathrm{d}l}$$

式中:$u$ 为渗透速度;$P$ 为压力;$l$ 为渗流长度;$k$ 为渗透率;$\eta$ 为液体的动力黏度。

在单孔内渗透时,

$$Q = \frac{2\pi h_s a K \Delta P}{\eta \ln(\frac{R_k}{R_c})} \text{或} Q = K\Delta P$$

式中:$K$ 为渗透系数;$\Delta P$ 为压差;$h_s$ 为漏失层厚度;$R_k$、$R_c$ 为影响半径和钻孔半径;$\eta$ 为液体的动力黏度。

由上式知,液体的漏失量在孔隙性岩层中与压差呈线性关系,即服从达西线性渗透定律。

(2)裂隙性岩层中液体的渗漏

在实际的裂隙岩层中,既有张开量大的裂隙,亦有小裂隙。因此,有的研究

者认为其渗漏量应该用下式表示。

$$Q = K_1 \sqrt{\Delta P} + K_2 \Delta P$$

即小裂隙中的流动符合达西线性定律，而在张开量大的裂隙中，液体的流动遵循非线性渗透定律。

（3）B·H·米谢维奇的漏失方程

B·H·米谢维奇认为既然漏失层是含裂隙、孔隙和洞穴的，那么当它们被打开时，最极端的条件是液体在这种岩层中按不同定律同时发生漏失。第一是裂隙和洞穴介质，按哲才—克拉斯诺波尔斯基的均方定律；第二是中等孔隙介质，按达西线性定律；第三是细的孔隙介质，按不同规格孔隙中具有原始压力梯度的渗透定律[18]。漏失按下式来描述

$$Q = K_1 \sqrt{\Delta P} + K_2 \Delta P + K_3 (\Delta P)^2$$

式中：$K_1$、$K_2$、$K_3$ 分别为三种不同介质的渗透系数；$\Delta P$ 为压力降。

即 $Q = Q_1 + Q_2 + Q_3$ 为三种介质中流量之和。

实际漏失层可以是三种介质中的三种、两种或其中一种的配合关系。因此，认为可以有七种漏失层。

$$Q_C = Q_1 + Q_2 + Q_3 = K_1 (\Delta P)^{0.5} + K_2 (\Delta P) + K_3 (\Delta P)^2$$
$$Q_C = Q_1 + Q_2 = K_1 (\Delta P)^{0.5} + K_2 (\Delta P)$$
$$Q_C = Q_1 + Q_2 + Q_3 = K_1 (\Delta P)^{0.5} + K_2 (\Delta P) + K_3 (\Delta P)^2$$
$$Q_C = Q_1 + Q_3 = K_1 (\Delta P)^{0.5} + K_3 (\Delta P)^2$$
$$Q_C = Q_2 + Q_3 = K_2 (\Delta P) + K_3 (\Delta P)^2$$
$$Q_C = Q_1 = K_1 (\Delta P)^{0.5}$$
$$Q_C = Q_2 = K_2 (\Delta P)$$
$$Q_C = Q_3 = K_3 (\Delta P)^2$$

因此，不同性质的漏失层，液体在其中渗漏流动的规律是不同的。在实际处理漏失问题时必须考虑这一特点。

4）漏失地层的观测研究

（1）漏失地层研究的主要任务

在钻进中进行漏失地层研究，其主要任务是：

①研究漏失带岩石的岩相特性及其孔隙度、裂隙性和洞穴性；

②确定漏失带的深度和厚度；

③查明漏失层数量；

④评价裂隙开口大小；

⑤测量地层压力值；

⑥确定层间液体运动速度和方向；

⑦确定所研究孔段的实际孔径；

⑧评价漏失带的漏失强度；

⑨确定层间水的矿化度和围岩温度。

全部或部分地查明上述情况，将有助于：①预计钻孔穿过漏失层的可能性；②正确选择预防和处理孔内漏失的方法；③保证防漏和堵漏措施获得成功；④节省材料消耗。

在进行漏失带的研究时，应综合运用钻孔施工过程中得到的各种信息（地质、水文地质、物探、钻探信息等），设计资料和专门进行的孔内测试资料。

（2）孔内观测研究方法

孔内观测研究方法可分为两类：由钻探班组人员完成的日常检测和由物探及水文地质人员进行的专门孔内测试研究。

日常观测的项目有：

①孔内静水位的变化；

②用各种水位计观测冲洗液循环池中液体体积的变化；

③用流量计检测进、出孔的冲洗液量；

④泵排水管线上的压力变化；

⑤岩芯采取率和岩芯上裂隙的分布情况；

⑥钻孔进尺情况、机械钻速的变化等。

专门孔内测试方法可分为：物探测井、水动力法测井和其他孔内测试方法。

## 4.2.4　预防和治理钻孔漏失的基本方法

1）钻孔漏失的预防

应坚持预防为主的方针，尽量避免人为因素引起漏失。

由前面关于漏失原因的分析得出，预防钻孔漏失应从以下几个方面进行[19]。

（1）尽量维持钻孔 – 地层系统的压力平衡，采用平衡钻井法，准确预报地层压力，根据地层压力预报及时调整钻井液密度。

应尽力做到压差为零，即 $P_w = P_p + P_t$ 或 $P_w + P_c = P_p + P_t$（钻进时），或 $P_w + P_s = P_p + P_t$（升降时）。为此应：

①降低孔内液柱压力；

②降低环空循环压力损失；

③降低激动压力；

④增加液体在漏失通道中流动时的阻力。

（2）减小漏失断面或完全堵塞漏失通道（即增大 $P_t$）

防漏的主要措施如下[20]：

①调节冲洗液的相对密度。冲洗液在孔内的液柱压力主要取决于冲洗液的相

对密度。降低冲洗液的相对密度是降低孔内液柱压力的主要方法。为了降低冲洗液的相对密度，应采用优质土造浆，它不仅可使泥浆的相对密度因加土量少而降至1.04~1.06，而且用优质土造浆，泥浆的流变性能较好，泥浆的黏度和切力低，流型较好，这又可降低环空循环中的压力损失和升降钻具时的激动压力。

②强化泥浆的净化工作。岩粉混入泥浆，使泥浆的密度增大，从而使孔内静液柱压力增大，因此，必须尽力把携带出地表的岩粉从泥浆中分离出去，必须做好机械除砂(对地质钻，必须配备好旋流除砂器和除泥器)和化学除砂工作，若净化仍不能达到所要求的低密度，则可往泥浆中加水进行稀释，以降低密度，此时应适当补充化学处理剂。把泥浆的密度从 $\gamma_1$ 减至 $\gamma_2$，往 1 $m^3$ 泥浆中添加的水量，用下式确定

$$g = \frac{\gamma_w(\gamma_1 - \gamma_2)}{\gamma_2 - \gamma_w}$$

式中：$g$ 为泥浆中添加的水量，kg；$\gamma_w$ 为水的密度，$kg/m^3$；$\gamma_1$、$\gamma_2$ 为原来的和预计要达到的密度，$kg/m^3$。

③调节冲洗液的流变特性。在实际钻进中，往往静止时钻孔不漏失，一旦钻进，冲洗液循环，便产生漏失，这便是 $P_c$(动压力造成的孔内漏失)。要降低 $P_c$ 值，除钻孔结构及钻具组合应合理外，重要的是冲洗液的流变特性。泥浆的黏度和切力过高，都会使 $P_c$ 增高，甚至会因($P_w + P_c$)而压裂地层造成漏失。因此应尽力降低泥浆的黏度和切力。此外，较高的黏度和切力，在升降作业时，激动压力亦必然较大，这时最易压裂地层而造成漏失。因此调节冲洗液的流变特性，是预防漏失的重要一环。钻进过程中要使用好钻井液固控设备，维持钻井液性能，特别是流动性能，防止钻井液静切力过高。

④在钻入易漏地层时，应使用带堵漏材料的钻井液。

⑤冲洗液中添加惰性充填材料。钻进中往冲洗液中添加部分惰性充填材料，如植物果壳磨碎物、锯末、云母片和化学堵漏材料，在循环中堵塞漏失通道，达到减小漏失通道断面或完全封堵通道的目的，以此来防止冲洗液的继续漏失。

⑥采用低密度冲洗液。若采用清水为冲洗液仍有漏失时，可往冲洗液中充气(配合泡沫剂)或采用泡沫作为冲洗介质以防止漏失。

⑦完善钻进技术及工艺措施。这里包括钻具配备及组合、工艺规程和钻进操作等各方面的措施均应合理。如井身结构与钻具的配备应尽量能用最小的泵量来保证环空中有必要的冲洗液，漏失孔段尽量限制冲洗液流量，减少升降钻具次数和限制升降钻具的速度，操作平稳等，以降低环空压力损失和激动压力值。

(3)选择合理的孔身结构，确定合理的套管层数以及套管靴的坐放位置。钻孔结构不但要考虑钻孔分级换径次数与部位、穿过矿体的深度与口径、钻孔设计深度等因素，更重要的是，要参照钻孔理想柱形图，推断可能遇到漏失带的地层

和深度,从而决定下入套管的口径、深度和层次,以及套管靴部位的止水方法等,即设计出整个钻孔的套管程序。分别确定出表层套管、技术套管、生产套管(接近于矿层的末层套管),分别隔绝钻孔里的漏失带,这对预防漏失,缩短钻孔施工周期,减少施工费用,至关重要。要做到有备无患,避免产生因漏得无法处理才下套管的被动局面。套管程序设计完了以后,根据钻进地层的实际状态和实际深度,允许对套管下入深度等做适当的修正。在地层完整稳定地区,钻孔结构和套管程序可以尽量简化,裸眼孔段可以适当加长。另需准备必要的堵漏原料,如黏土、水泥、化学处理剂、添加剂、搅拌机和容器等。

(4)严格控制起下钻和下套管的速度及开泵速度,避免因压力激动造成漏失。起下钻和下套管的速度及开泵速度要求平稳,如果钻井液触变性较大,则下钻时要分段循环钻井液。

2)钻孔漏失的治理

(1)治理方法分类

地质勘探钻进时治理钻孔漏失的方法很多,按其特点,大致可分为下述四类。

①增阻法。

增大漏失通道的流动阻力或减小甚至完全堵塞漏失通道的断面,这种方法一般是非固结硬化性的。治理后必须用泥浆恢复钻进。属于这一类的有各种堵漏泥浆及加有惰性充填材料的泥浆。

②注浆固结法。

采用各种堵漏浆液,注入到漏失带,以封堵漏失通道,这种方法一般是固结硬化性的。治理后可得到强度较高的不漏失的固结体,因而其后的钻进可用不同种类的冲洗介质。属于这一类的有各种水泥浆液、化学浆液、沥青乳液等。

③隔离法。

将金属或其他材料的套管下到孔内漏失孔段隔离漏失带,隔离后钻进可恢复正常,但需减小一级口径。

④其他方法。包括改液体冲洗钻进为空气洗井钻进、气液混合液钻进、无泵钻进等。

上述四大类治理方法中,在实际工作中应用最普遍的是前两类方法。概括起来讲,治理漏失主要是灌注浆液(非固结硬化性的和固结硬化性的),无效时才改用下套管隔离法。在条件适合时亦可改用其他钻进方法来处理。

(2)非固结硬化的堵漏浆液

这种浆液堵漏的原理是增大漏失通道中液体流动的阻力或减小漏失通道的断面(甚至完全堵塞漏失通道)。

①非固结硬化堵漏浆液的种类及其应用。这类浆液大都是各种类型的泥浆,

以及加有惰性充填材料的泥浆，主要用于轻微漏失。

a. 稠泥浆。稠泥浆静止时，岩粉和黏土沉淀，堵塞漏失通道，可以减小或消除漏失，一般需静止沉淀一天以上时间才能有效。

b. 高黏高切低相对密度泥浆。用优质膨润土造浆，加增黏及降失水用高聚物，以致密坚韧的泥皮封闭微裂隙。

c. 冻胶泥浆及其他结构泥浆。泥浆中加入水泥、氯化钙、水玻璃等结构形成剂，配成高黏度冻胶状膏浆，静止后能形成强度不高的凝结物，以减小或消除漏失。

d. 聚丙烯酰胺泥浆。利用未水解的聚丙烯酰胺完全絮凝的原理，以絮凝物堵塞漏失通道，从而减小或消除漏失。

e. 石灰乳泥浆。在泥浆中加 10% ~25% 的石灰乳形成高黏度高失水的泥浆，以聚合物堵塞漏失通道，从而消除漏失。

f. 加有惰性充填材料的泥浆。泥浆中加入各种形状的惰性充填材料，以充填材料堵塞漏失通道，从而消除漏失。

②惰性充填材料的应用。在泥浆中使用惰性充填料，既是预防漏失的手段，又是治理漏失的方法。其功用主要是由于滤失而形成的充填颗粒堆积物在漏失通道中填塞、堆积、膨胀，并由于过滤压力的作用而压实，从而堵塞漏失通道，解决钻孔冲洗液的漏失。

目前惰性充填材料已系列化和商品化，其材料来源大多是工业生产中的废料。惰性充填材料大体上可分为：纤维状的、片状的和粒状的三类。它们可以单独使用，也可以复配使用，在泥浆中的浓度依需要而改变。

惰性充填材料堵塞的有效性与堵漏材料的颗粒大小、形状、粒度数量（浓度）和颗粒的级配等有关。正确选择颗粒的粒度和级配，对堵塞漏失有重要意义。根据计算和实验得出，可靠地堵塞漏失通道的惰性充填材料的最大尺寸应等于裂缝张开量的 1/2，而且不同大小的填充材料应按照一定的比例配合，才能得到最佳效果。粗颗粒在裂缝中形成堵塞骨架，而细小颗粒则充填其中，可减少渗透性和提高稳定性[21]。

锯末、云母、棉籽壳、核桃壳、赛璐珞、塑料粒、碎橡皮、纺织纤维的废料等，均可作为堵漏用惰性材料。表 4-2 是广泛应用的惰性充填材料堵塞性能的试验结果，可供现场应用参考。

常用的惰性充填材料的配方如下：

a. 核桃壳：云母：棉籽壳 = 1：1：0.5；

b. 核桃壳：云母：甘蔗渣 = 1.5：1.0：0.5；

c. 核桃壳：云母：石棉粉 = 1：1：0.5；

d. 核桃壳：花生壳：棉籽壳 = 1：1：1；

e 棉籽壳：蛭石：纸屑 = 1∶1∶1；

f. 花生壳：云母：皮革粉 = 1.5∶1∶0.5。

表 4-2　各种堵漏材料堵塞性能的试验结果

| 充填材料 | 形状 | 组成 | 浓度/(kg·m⁻³) | 堵塞裂缝的最大尺寸/mm |
|---|---|---|---|---|
| 核桃壳 | 粒状 | 50% 粒径 4.76~1.94 mm 和 50% 粒径 1.94~0.146 mm 组成 | 57 | 5 |
| 核桃壳 | 粒状 | 50% 粒径 1.94~1.19 mm 和 50% 粒径 1.19~0.59 mm 组成 | 57 | 3 |
| 塑料 | 粒状 | 50% 粒径 4.76~1.94 mm 和 50% 粒径 1.94~0.146 mm 组成 | 57 | 5 |
| 石灰石 | 粒状 | 50% 粒径 4.76~1.94 mm 和 50% 粒径 1.94~0.146 mm 组成 | 114 | 3 |
| 锯末 | 纤维状 | 粒径 6.36 mm | 28.5 | 3 |
| 锯末 | 纤维状 | 粒径 1.59 mm | 59 | 0.5 |
| 赛璐珞 | 片状 | 粒径 19 mm | 23 | 3 |
| 赛璐珞 | 片状 | 粒径 12.7 mm | 23 | 1.5 |
| 树皮 | 纤维状 | 粒径 9.52 mm | 34 | 1.5 |
| 碎木 | 纤维状 | 粒径 6.35 mm | 23 | 1 |
| 膨胀珠光体 | 粒状 | 50% 粒径 4.76~1.94 mm 和 50% 粒径 1.94~0.146 mm 组成 | 170 | 3 |
| 棉籽 | 粒状 | 纤细的 | 28.5 | 1.2 |

（3）固结硬化的堵漏浆液

①对堵漏浆液的要求[22]。

a. 能在岩石孔隙中形成坚固的堵塞物。

b. 硬化时不形成砂眼和裂缝，水和气均不能渗透。

c. 浆液在压差作用下能够渗入微裂隙，但在自重作用下不会沿裂隙流动。

d. 对裂隙壁有良好的黏结性，对被封堵的岩石能产生加固作用。

e. 浆液因物理化学作用而逐渐固结硬化，其结构形成和固结硬化的速度能够任意调节。

f. 浆液具有沉降稳定性，有抵抗地下水冲刷的能力。

g. 在低温和高温条件下不至于改变其堵塞性能。

工艺要求方面，这种堵漏浆液应使用方便安全，因而它应满足：水泵易于泵送，流变性能易调节，对搅拌不敏感，允许与其他冲洗液合用，无毒，贮存时不易变质，材料来源广，价格便宜。

堵漏浆液应测定的主要性能参数有：密度、相对密度、流动性、可泵性、含水性、凝固时间、结构强度、沉降稳定性、耐热性等。

固结硬化应取样测定其下列性能：抗压、抗拉、抗弯强度，样品的渗透性，抗地下水的腐蚀性，硬化后的体积变化等。

②硬化堵漏浆液的种类。目前，常用的固结硬化堵漏浆液有下列几类。

a. 水泥浆液。

它是以水泥为基础成分，用水调成水泥浆，为调节其工艺性能，加有速凝剂、早强剂、减水剂等。因水泥品种不同和加入的外加剂不同，可形成多种类型的水泥浆液，以满足不同孔深，不同温度条件下的堵漏需要。水泥浆液的优点是：材料来源广、价格便宜、浆液性能可调、无毒、结石强度高、操作简便等，因而应用广泛。它是目前应用的主要堵漏浆液。其缺点是：相对密度较大、微裂缝难以渗入、泵送压力大、易被地下水稀释等。

近年来以水泥为主要材料，另外加入适量的其他成分而形成多种组分的混合浆液或速凝混合物，以适应不同的漏失层，取得了较好的效果[23]。如水泥、聚丙烯酰胺配成的混合浆液，具有抗水性强、速凝性能好、有一定弹性等特点，其配方为：水灰比为 0.5 的普通硅酸盐水泥，1% 未水解的分子量 $300 \times 10^4 \sim 600 \times 10^4$ 的聚丙烯酰胺水溶液，3% 氯化钙。又如水泥和泥浆配合形成的冻胶水泥浆液。水泥和脲醛树脂形成的速凝混合物，可封堵大裂隙漏失地层等。

b. 合成树脂浆液。

也称化学浆液，它是以人工合成树脂为主要原料，在固化剂的作用下迅速形成具有一定强度的固结物，从而封堵裂隙、洞穴等漏失地层。合成树脂浆液依树脂种类的不同，有多种类型，如脲醛树脂浆液、氰凝浆液、不饱和树脂浆液等。其中以脲醛树脂应用较多。应当指出，虽然化学浆液有流动性好、固结快等优点，但由于化学浆液本身的化学组分来源不足，并有价格较贵、有毒、易燃等缺点，在使用上受到了限制。

各种堵漏方法及其适用范围见表 4 - 3。

表 4 - 3　各种堵漏方法及其适用范围

| 类别 | 编号 | 名称 | 配方及性能 | 灌送方法 | 是否固化及强度高低 | 适用范围 |
|---|---|---|---|---|---|---|
| 泥浆 | 1 | 稠浆 | 遇井漏时,提钻静置 8 ~ 36 h,利用岩粉及泥浆沉淀物堵塞漏失通道,减小或消除漏失 | 泵送冲洗液 | 不固化 | 处理轻微漏失 |
| | 2 | 高黏度高切力轻相对密度泥浆 | 用膨润土配制相对密度 1.1 ~ 1.15 的泥浆,加处理剂使黏度达 30 ~ 40 s,切力较大而失水较小的泥浆循环 | 泵送冲洗液 | 不固化 | 预防、处理微漏失 |
| | 3 | 冻胶泥浆及其他结构泥浆 | 以泥浆为主,加入水泥、$CaCl_2$、水玻璃等结构形成剂,形成高黏度冻胶状物,配方:1 $m^3$ 泥浆加水泥 150 ~ 200 kg 或水玻璃 15 ~ 20 kg(原浆黏度为 50 s) | 泵送或从孔口注入,静止 24 h | 能凝固但强度很低 | 轻微漏失,孔内水位较低的完全漏失 |
| | 4 | 石灰乳泥浆 | 在泥浆中加入 10% ~ 20% 相对密度 1.3 ~ 1.4 的石灰乳形成高黏度泥浆(不控制失水量) | 泵送或从孔口注入,静止一定时间 | 不固化 | 完全漏失,但失水对孔壁稳定不利 |
| | 5 | 加入惰性材料的泥浆 | 在泥浆中加入各种形状的惰性堵漏材料,其尺寸按照漏失通道大小确定 | 泵送冲洗液 | 不固化,可堵塞通道 | 轻微及中等漏失 |
| | 6 | 聚丙烯酰胺泥浆 | 加入未水解聚丙烯酰胺使泥浆中固相完全絮凝,加量由试验确定 | 泵送或专用工具送入,搅匀静止 | 不固化,絮凝堵塞 | 轻微及中等漏失 |
| | 7 | 泡沫泥浆 | 加入发泡剂及稳泡剂,使泡沫稳定分散在泥浆中,相对密度 0.7 ~ 1.0 | 泵送 | 不固化 | 轻微 - 完全漏失 |

续表 4 - 3

| 类别 | 编号 | 名称 | 配方及性能 | 灌送方法 | 是否固化及强度高低 | 适用范围 |
|---|---|---|---|---|---|---|
| 水泥浆 | 8 | 普通水泥浆 | 普通硅酸盐水泥，小水灰比，可加入各种外加剂调节水泥性能 | 泵送或专用工具送入 | 固化强度高 | 完全或严重漏失 |
| | 9 | 特种水泥浆 | 油井水泥、矾土水泥、硫铝酸岩水泥等，使用时加外加剂调节其性能 | 泵送或专用工具送入 | 固化强度高 | 完全或严重漏失 |
| | 10 | 带充填物的水泥浆液 | 加入黏土配成胶质水泥浆，加入细沙、珍珠岩纤维状物质配成充填物水泥浆以增加堵塞能力 | 泵送或专用工具送入 | 固化，有一定强度 | 完全或严重漏失 |
| | 11 | 泡沫水泥浆液 | 水泥浆中加入发泡剂降低浆液相对密度，如水灰比 0.6 时，100 kg 水泥加铝粉 0.2 kg，石灰 6~10 kg，水玻璃 2 L | 泵送或专用工具送入 | 固化，强度较低 | 地层压力低的严重漏失、溶洞等 |
| | 12 | 水泥速凝混合物 | 水泥浆中加入 $CaCl_2$、水玻璃、烧碱、石膏或石灰等多种速凝剂，有多种配方 | 专用工具或孔口送入 | 固化，强度较高 | 严重漏失、溶洞地层 |
| 化学浆液 | 13 | 脲醛树脂浆液 | 改性脲醛树脂(加苯酚)合成后再加入适量脲素单体混合而成，用酸作固化剂，双液井内混合 | 专用工具送入 | 固化，有一定强度 | 裂隙、破碎、坍塌地层 |
| | 14 | 氰凝浆液 | 氰凝浆液加其他外加剂或加入黏土、水泥、石灰粉及其他化学剂制成浆液或膏状物，遇水发泡固化 | 专用工具送入 | 固化，有一定强度 | 同上，完全或严重漏失 |
| | 15 | 301 不饱和聚酯 | 由乙二醇、顺丁烯二酸酐与邻苯二甲酸酐酯化缩聚而成，用时加引发剂与促进剂 | 专用工具送入 | 固化，强度较高 | 完全或严重漏失 |
| | 16 | 聚丙烯酰胺 | 聚丙烯酰胺加有机或无机交联剂 | 泵送或专用工具送入 | 凝结强度不高 | 中等-完全漏失 |
| | 17 | 其他化学浆液 | 如水玻璃浆液、木胺浆液、铬木素浆液、丙凝浆液、丙弧浆液、环氧树脂浆液、铝酸钠-水玻璃浆液 | 泵送或专用工具送入 | 固化，强度较低 | 坝基渗漏钻孔注浆 |

| 类别 | 编号 | 名称 | 配方及性能 | 灌送方法 | 是否固化及强度高低 | 适用范围 |
|---|---|---|---|---|---|---|
| 其他材料 | 18 | 黏土球 | 用优质黏土制成，加入充填物为麻丝、CMC、水泥等做成球状 | 投入或岩芯管送入 | 不固化，能堵赛裂缝 | 漏失或严重漏失 |
| | 19 | 石膏 | 特制高强度石膏 | 专用工具 | 固化 | |
| | 20 | 沥青 | 将乳化沥青或热熔沥青注入漏失通道中，乳化沥青注入后还要配合破乳措施 | 专用工具 | 固化或不固化，强度低，有塑性 | 完全或严重漏失 |
| | 21 | 充砂法 | 用大小不同的砂砾充填漏失通道，并用泥浆护壁 | 水冲入或投入 | 不固化 | 严重漏失、溶洞漏失 |
| 隔离法 | 22 | 下套管 | 下入全孔套管或局部套管(埋头套管或飞管)以隔离漏失层，用小一级钻头钻进 | | 强度最大，安全可靠 | 严重漏失，其他方法无效时，特别是大溶洞层 |
| 其他方法 | 23 | 空气钻进 | 有条件时采用空气钻进或充气混合液(空气升液器循环法)钻进漏失层 | 空气或气液混合物洗井 | | 各种漏失层，缺水地区 |
| | 24 | 泡沫钻进 | 清水中加入发泡剂形成泡沫 | 专用机具洗井 | | 各种漏失层，缺水地区 |
| | 25 | 孔底局部反循环法 | 无泵循环法，或用专用机具造成孔内局部反循环，减少孔内液柱压力 | 专用机具 | | 各种漏失情况 |
| | 26 | 有进无出快速钻进 | 无坍塌，孔壁条件较好，水源充足时可采用此法通过漏失层后再用其他方法处理 | | | 各种漏失情况 |

　　处理漏失之前，首先要确定漏层的顶、底部位置，然后分析属于何种性质的漏失，再确定完全钻穿漏层及再往下钻的安全措施，最后选择和确定堵漏方案和

技术措施。

在钻进中发现漏失，则应采取果断措施，防止造成井下事故。因为突发性的裂缝型或溶洞型漏失极易造成井塌埋钻的卡钻事故，漏失发生时必须采取以下措施[24]。

①停泵静止观察。发现漏失后，立即停泵，上提钻具至套管靴内或是安全的井段，利用钻井液中的岩屑和胶凝作用自行封堵地层达到堵漏的目的。具体做法是：a 立即停止钻进，以尽可能快的速度将钻具起至套管靴处；b 静止 6~8 h，并往环空灌入钻井液，了解液面高度，测定漏速；c 如钻具未提至套管内而是在裸眼里的安全井段，则要注意活动钻具，防止卡钻；d 小排量开泵试验，然后停泵观察，如液面不降，则可用小排量循环；e 小排量不漏则可逐步加大排量，使之缓慢地达到正常钻进时的排量要求；f 正常后则可试探地缓慢下钻，观察液面的变化；g 控制钻速，使钻屑在裂缝上形成桥堵。

②如仅是返回流量减少，则最好的办法是降低泵排量，减小钻井液循环压力，边钻进边观察。

③提高钻井液的黏度、切力，使其在井壁上形成糊堵作用。

④在可能的情况下逐步降低钻井液的密度。

⑤在钻井液中加入颗粒状的固体堵漏剂，或泵入粘稠的含堵漏剂的钻井液，对于渗透性漏失或裂缝性漏失，这是最有效的堵漏方法之一。

⑥油气产层发生漏失，可加入一定粒度的碳酸钙封堵，投产时可以酸化解堵。

⑦大裂缝、溶洞漏失，则先泵入堵漏剂，后泵入水泥浆或柴油、膨润土等封堵剂堵漏。

⑧对付大裂缝、大溶洞以及严重漏失、涌水、坍塌地层，使用前述方法护孔或堵漏无效时，或在处理时间过长、材料消耗很大的情况下，采用套管护孔是行之有效的办法。下套管还可用于隔离表土覆盖层的严重垮塌和加固孔口基础。长孔段严重坍塌钻孔，采用跟套管钻进，下入的套管也起护孔作用。为顺利下入套管，必须遵循下套管的有关操作规程。

大体而言，处理渗透性漏失可用调整泥浆性能的方法处理。必要时适当降低泥浆密度。可在泥浆中加入 CMC 或栲胶、纯碱，或芒硝、CMC，或芒硝、水玻璃、CMC，具体数量通过实验确定，要逐渐提高黏度，并改用单泵循环。若无效，则可注入很稠的泥浆到漏失井段，稠泥浆注完即起钻，静止 24h，再下钻分段循环，直到漏层以上 20m，若不漏，可转入钻进。要特别注意，注入稠泥浆后，不要在漏失井段搅拌，以免再次搅漏地层。

而处理裂缝性漏失一般要用堵漏物质把裂缝充填堵塞后才能收效。据漏失速度的不同，可注入谷壳、锯末泥浆，注水泥或胶质水泥，注石灰乳或速凝石灰乳，以及先注入足够的谷壳、锯末泥浆,让漏层喝足形成谷壳桥,待泵压稍增高后再注入水泥或胶质水泥,或注入石灰乳充填,最后用快干水泥封口"堵咽喉"的办法。

处理溶洞性漏失时,一般要先填石子,投泥球,把溶洞填充后,再用快干水泥分次堵漏,或采取有进无出的办法强行钻过漏层,然后下套管封隔。采用强行钻穿漏层的办法使岩屑随泥浆进入漏层内,但这时要考虑是否会引起井壁坍塌,同时要避免钻进中途缺水,以防造成卡钻。除上述办法外,对于浅井段的漏头,还可采用投泥球的办法。泥球是用黏土掺入一定量的干水泥做成的直径为 10 ~ 15 cm 的圆球。一次投入量为 2 ~ 3m³,泥球入井后再用钻具将泥球挤入漏层,然后灌满泥浆,观察有无漏失,如仍有漏失,再重复以上操作,直到不漏为止。

近年来,国外广泛采用桥接堵漏技术,这一技术无论在浅井、深井或孔隙性渗漏、裂缝和溶洞漏失的情况下都能起到堵死、减缓或暂时封住漏层的作用,而且效果很好[25]。其原理是在钻井液中加入一定量形状不同、大小不一、数量不等的多边角坚硬的果壳、云母、赛璐珞以及各种植物纤维等惰性物质,配成复合堵漏泥浆,将其泵入漏层,利用这些物质与溶洞、裂缝或孔隙的腔壁产生较大的摩擦、阻挂和滞流作用,形成网状桥架。再利用具有薄而光滑和曲张变形特点的云母等物质充填,然后以密集的植物纤维堆砌达到填缝堵孔,消除漏失而恢复正常钻进之目的。桥接堵漏技术要求堵漏泥浆具有较多的复合材料,对形状及粒度的要求也比较严格,携带堵漏物质的泥浆要满足不漂不沉、混合均匀和持久稳定的条件。此外,施工时还要防止堵漏剂过浓造成只堵塞层口(不能维持继续钻进)而"封门"的假象。

## 4.2.5　孔壁坍塌分析

引起孔壁垮塌的原因有:

1)地层本身松散破碎、胶结薄弱,如严重的风化层、松软的煤层、流砂层等。钻孔穿过这些岩层时未采取有效的护壁措施。

2)泥浆不符合要求,如失水量大、含砂量高、泥皮皮厚而疏松,未起到保护孔壁的作用。

3)钻具受压过大,成弯曲状态,转动后发生剧烈振动,碰击孔壁,造成垮塌。

4)在松散岩层中冲洗液流速过高,将孔壁冲毁后,钻孔超径,上升的冲洗液在此形成涡流对孔严重冲刷,引起岩层的塌陷。

5)随着冲洗液的大量渗漏,冲洗液渗入岩层裂隙与孔壁裂隙,促使岩石膨胀、位移和解体。在孔内无液柱反压力平衡的情况下,很容易造成坍塌。

#### 4.2.6 预防和治理孔壁坍塌的基本方法

1)孔壁坍塌的预防

复杂地层是客观存在的,地质因素是钻进过程中孔内出现复杂情况的内在因素。由于岩层性质、成因类型、构造类型和地层的含水情况不同,产生的孔内事故复杂情况和程度各不一样。因此,预防复杂地层孔内事故的发生,首先必须根据复杂地层在钻进过程中可能出现的复杂情况出发,采取相应的对策。如果采取的技术措施适当,孔内复杂情况是可以减轻或消除的。相反,如果对复杂地层的固有特性缺乏了解,措施不力或操作不当,往往会加剧孔内复杂情况的程度。为此,提出以下几点预防措施。

(1)不同成因的复杂地层造成的孔内复杂情况和影响也各有差别,但常具有一定的规律性。应充分认识复杂地层各自固有的特性,掌握其变化规律,以便采取积极有效的技术措施。

①风化作用使组成岩石的颗粒物质之间的连接被破坏或分解。由大变小、由粗变细,呈松散破碎状态。如风化残积层,是由基岩风化而来。风化作用破坏了坚硬岩石颗粒之间的连结,使岩石变得疏松,孔隙度增大。钻探施工中,容易造成孔壁坍塌或冲洗液漏失。

②流水沉积作用形成的复杂层往往是松散的地层,岩相变化大,分布规律差,级配不均一,胶结性弱,透水性强,钻进中也极易发生钻孔塌陷及漏失。

③地下水溶蚀形成的复杂层,主要分布在一些具有可溶性岩层的地区,钻进时,经常会遇到大小不等的溶洞或裂隙。大的则可发育成串珠状溶洞或大暗河、大溶洞,不仅会造成严重的冲洗液漏失和孔壁掉块垮孔,而且还会引起钻具折断等孔内事故。

④由于岩石本身性质的影响造成的复杂层,钻探施工中也颇为常见,如黏土层,本身强度很低,被钻开后,不能承受岩石压力而发生变形。此外,黏土矿物还具有吸水膨胀的特性,在采用清水或失水量大的泥浆冲洗时,即会产生膨胀,使孔径变小,从而加剧其不稳定性。而岩盐层的特点是溶解于水,用清水钻开后,孔壁上的盐即逐渐溶解,一方面使孔径扩大,另一方面又污染泥浆,使其性能变坏,松散的岩层则被冲洗液冲毁造成渗漏或坍塌埋钻。在钻探生产中,应当认真分析和探索他们的特性以便对症下药,顺利穿过各类复杂地层。在设计阶段,应了解地质提供的地层岩性、地层压力预测,据此优化钻孔结构,提出防塌措施和做好防塌物质准备工作。

(2)影响孔壁稳定的因素很多,岩石的力学性质虽然起决定作用,但工艺技术也不可忽视。如冲洗液的性能不适应岩层的需要,则往往会出现漏失、坍塌、缩径现象。又如升降钻具速度过快时,压力波动会造成坍塌、涌水或漏失。因此,在技术方面应该注意以下两点：

①选择适应地层的防塌钻井液体系。

在流砂层、冲积层、风化破碎带等地层中钻进，若使用失水量很大的劣质泥浆，形成的泥皮松厚且容易脱落，导致坍塌埋钻事故。因此，应注意所选用的泥浆性能，以保持孔壁稳定。

溶胀分散地层、水化剥落地层，如泥岩、页岩及各种含黏土矿物的地层，对水敏感，最好采用有控制性的钙处理泥浆，如盐水泥浆、聚丙烯酰胺泥浆或钾基泥浆等。

含有节理、断层、裂隙的地层，常发生涌水、漏水、掉块、坍塌等复杂情况，在保持泥浆失水量较小的条件下，分别采用低固相泥浆或相对密度较大止涌的泥浆。

在某些钻孔中，有时出现对泥浆性能要求互相矛盾的情况如漏失层要求泥浆相对密度要小，坍塌层和承压层则相反。在这种情况下，应抓住关键，先解决漏失问题，再采用高相对密度，低失水量的泥浆解决坍塌和高压地层。

②及时采取技术措施堵漏或止涌。在轻微漏失(孔内返回水量小于送入水量但仍能维持循环)或涌水钻孔时，首先可采用压力平衡法，利用调整冲洗液相对密度所造成的液柱压力来平衡地层压力，以达到止涌或堵漏，稳定孔壁的目的。无效时，再采用堵塞胶结法，即利用具有堵塞或胶结效能的物质如黏土球、水泥、沥青膏、各种惰性及化学灌浆材料等注入地层，将孔壁中的裂隙、裂缝等漏水或涌水的通道填塞住，或者将松散、破碎的岩石胶结凝固在一起，以提高孔壁岩层的稳定性，在钻孔直径允许的情况下，也可采用套管隔离法。

(3)复杂地层还要特别注意钻进工艺，改进操作技术。孔内压力波动，是破坏孔内压力平衡的主要因素，升降钻具，冲洗钻孔(关泵开泵)，都会不可避免地造成孔内压力波动，在施工中必须尽可能地使之减小。为此，除必须注意及时对泥浆性能进行调整，注意钻具尺寸的配合外，还要求开、关水泵要稳，适当降低升降钻具速度，并及时向孔内回灌泥浆等。

为了顺利钻穿复杂地层，在钻孔施工前，应对地层复杂情况认真调查研究，要立足于"快速穿过，及时隔离"的指导思想。合理确定钻孔结构和技术措施，在施工中要加强观察钻孔情况的变化，通过各种压力表、指示器，以及孔内水位升降的岩矿芯结构等情况，进行全面的综合分析研究，及时判断出孔内各种复杂情况的变化，以便积极采取措施进行处理。

(4)根据钻进过程中的动态信息防止孔壁坍塌。可利用钻井液录井资料，了解地层压力变化情况，使钻井液密度保持在近似平衡状态钻进，以防止孔/井内坍塌。钻进过程中要随时了解返出的岩屑形状、返出量，以便判断是否发生了井塌。钻进过程中还要根据返出的钻屑水化情况，判断抑制剂加量是否适当，如加量过小则会发生坍塌。

另外，经常性的短起下钻，是了解井壁是否稳定的好方法。根据短起下的阻、卡段及其岩性和阻卡负荷变化情况，及时调整钻井液性能和采取有效措施防止坍塌继续发生。

2)孔壁坍塌的处理

孔壁坍塌之前或多或少有一些征兆。孔内坍塌征兆主要包括：

(1)返出岩屑增多，钻屑混杂，有上部地层的岩石，塌块较大时剥开后里面无水化痕迹，与钻屑不同。

(2)振动筛处返出的钻屑棱角分明，水化迹象很小者即塌块，且重复出现。

(3)泵压忽高忽低，严重时突然憋泵。

(4)钻进时憋钻，起钻遇卡，下钻遇阻，划眼困难，接单根悬重不正常，开泵就憋泵，旋转钻柱有时憋停转盘。

(5)划眼越划越浅，划不到原井深。

如果在钻进过程中出现上述现象，可能是已经发生了孔壁坍塌。处理孔内复杂情况的一般方法如下。

(1)采用各种类型的防塌泥浆以维护不稳定孔壁，特别是稳定水敏性地层的孔壁。防塌泥浆一般要求矿化度高，失水量低，相对密度和黏度适当。如聚丙烯酰胺－氯化钾泥浆、腐植酸钾泥浆、钾－石灰泥浆、乳化沥青泥浆、有机阳离子聚合物泥浆等，可有效地抑制水敏性地层的坍塌、崩塌或掉块。

在复杂地层钻进时为防止孔壁坍塌造成埋钻，必须使用优质泥浆，以满足护孔要求，禁止使用清水钻进或一时用泥浆一时用清水钻进，地表泥浆循环系统(泥浆槽和泥浆池)要注意防止地表水和天然雨水侵入，当优质泥浆不能有效解决护壁问题时，应采用其他方法固井。

由于泥浆比重的提高，冲洗液柱静压力增加，不但成功地抑制了塌陷倾向，而且还可以节省由于孔径缩小而造成的长时间的划眼工作和划眼时间，并能大大减小钻具被卡的危险。

失水量的选择应当采用这样的方法，即适合于某一复杂岩层的临界失水量主要是根据钻进的效果来确定的。例如用失水量为 10 mL/30 min 的泥浆，仍有滞钻和黏度剧增现象时，就足以证明失水量还必须继续降低，如果降到(2~3)mL/30 min 还不能有效消除，就必须考虑采用加重泥浆。

提高泥浆比重数值的选择，也应当根据塌陷、滞钻的程度和降低失水量以后的钻进效果来决定。泥浆比重提高，其悬浮能力相应增加，可以提高携带大粒岩桦的效果。钻进过程中不得使泥浆比重和失水量变化不定，忽高忽低，同时起钻时，应随时向孔内注入体积等于钻杆容积的泥浆，以免孔内液面降低。

（2）采用水泥、各种化学浆液、黏土等黏结性材料来胶结孔壁破碎的岩石和堵塞岩石裂缝或洞穴，以达到护壁或堵漏的目的。对于较大的漏失通道，如大的裂缝或孔洞等，可往堵漏浆液中适当加入惰性充填材料，如砂子、锯末、核桃壳、棉子壳等材料，减少漏失通道的断面，以提高其堵漏效果。

例如，在缺乏套管的情况下，可采用水泥胶固孔壁法，代替套管护孔。将水泥按钻孔容积配成合适浓度的水泥浆，通过钻杆将泥浆注入塌陷带，钻杆下端带一钻齿钻头。钻杆要下到塌陷带以下数米。如孔壁已塌陷，可用浓泥浆大泵量强力冲洗，边冲边下，到达孔底后，再注水泥浆。灌注过程中，应边注边提钻杆，直到注完为止，注入孔内的水泥形成一个水泥塞，它的顶部也应超过塌陷带的顶板数米，这样可以避免水泥浆与泥浆交界处舌状结构的影响，使水泥硬化后的强度降低。待水泥塞硬化后，用小一级钻头轻压慢转从水泥塞中心钻穿，留一水泥圈于塌陷带，代替套管保护孔壁。水泥浆可按照下列比例混合，即：水泥:水:氯化钙 $=60\%:33\%:(1\sim1.5)\%$，注入时如能在加压方式下进行，则效果更好[26]。

向钻孔中灌注水泥灰浆的方法包括以下几种：

①直接从孔口注入孔内：漏失带位于钻孔浅部或钻孔不深，钻孔弯曲度不大，漏失严重，以及灰浆稠度过高的情况下，可以直接从孔口注入孔内。用搅拌机或木桶直接配制灰浆时，把搅拌机或木桶最好放置到孔口附近，其下侧应装一放出节门，灰浆配好后，打开节门直接注入孔内，孔口上应放一大直径漏斗，灰浆经过漏斗形成连续不断的灰浆流，可以直接流入孔底，尽可能少地挂在孔壁上，并防止中途堵塞。这种方法在冲洗液全部漏光而且裂缝位于孔底附近时较为有效。此法有其局限性，已很少运用。

②双塞注入法：在孔内有套管（孔口管或导向管），裂缝位于已被套管隔绝的岩层或套管靴以下岩层中，孔内有部分残留泥浆的情况下，可以用这种方法注入灰浆。孔口将第一个木塞（外径小于套管内径 2 cm，上端装两道胶皮垫也可以把木塞做成锥形或杯形，以起导正作用）放入套管，将灰浆注到木塞的上边，待注足所需灰浆数量时，将第二个木塞放在灰浆上边（这一木塞可做成圆柱状，上端装一圆胶皮垫，其直径略大于套管内径，能有效地将灰浆与泥浆隔开，在挤水泥过程中，胶皮垫能刮净套管内壁），然后用泵压送泥浆，灰浆即逐渐被挤入裂缝中，压挤过程中应测量泥浆箱（水源箱）液面下降尺寸，以随时判断出套管内灰浆柱及套管外灰浆高度，最适宜的情况是在套管内留 5~10 m 灰浆柱（水泥柱），以保证封闭质量。全部注完后应将孔口所装闸门关闭，在保持压力状态下待灰浆固结。固结后钻去木塞及水泥塞，如封闭效果不良应重新注入。

③钻杆送入法：处理轻微及局部漏失比较有效。将钻杆下到距离裂隙 10~20 m 处，开始泵送灰浆，一部分灰浆与钻杆柱下端到孔底残存的泥浆被压入裂隙，另一部分灰浆留在钻孔中，形成水泥塞。全部灰浆注入后改注泥浆，泥浆量

必须足够使全部灰浆从钻杆中被压出，并应等于孔内泥浆面至钻杆柱下端一段钻杆内的容积，这样做是为了在钻杆中压出了灰浆以后，孔内钻杆内泥浆面仍然保持不变，以免灰浆流散过多。不得一直将钻杆柱下端放到裂隙处，否则从钻杆下端压出的泥浆会暂时充满钻孔，使孔内残存冲洗液面上升，这样孔内现有液柱的压力(由残存冲洗液及灰浆共同组成)就大大超过了地层压力，于是灰浆将发生大量流散漏失，直到恢复到原冲洗液面为止，结果灰浆白白浪费，孔内也无水泥塞，封闭质量是难以保证的。

④钻杆注入配合挤压法：先将灰浆由钻杆送入孔内，然后提起钻杆，继续压送一定量的泥浆，用泥浆将灰浆压挤到裂隙中，从压力表指针变化可以观察灰浆挤入情况，然后关闭闸门，在压力状态下待灰浆干固后再钻掉水泥塞。

对于塌陷严重的流砂带，碎裂带中钻进，经常出现不等钻具提上来就淤满钻孔的现象。遇到这种情况，可以用比套管小一级的箭头状钻头或鱼尾钻头，随套管下入孔内，加大泵量，使用黏度高的泥浆，在不断的循环下，将流砂和塌陷下来的岩块边钻碎，边冲掉，同时将套管逐渐下沉，如此当第一根套管快要下完时须迅速卸去水龙头接上第二根，只允许中间停泵 2~3 min，否则会造成重复淤塞现象。钻头应直接接在钻杆下端，使下端钻具面积越小越好，防止卡钻。有时可先用钻杆进行冲孔。在上述情况下，套管本身在不规则的钻孔中可以起到导正作用，不致将钻孔钻斜。也可以下暗管(飞管)局部加固孔壁。在塌陷带下入一段套管可以局部加固孔壁。这段套管可以用特制的薄壁岩芯管接头下入孔内，下端装一内刃很小的钻头，当做岩芯管进行钻进，钻过塌陷带到稳定岩层后，停泵使岩粉沉淀，将套管卡死在孔内，然后将钻杆返回。暗管也可以用反正扣公锥放入孔内，反正扣公锥的上端具有右旋丝扣，下端丝锥具有左旋丝扣。暗管的上下口事先做成喇叭口形，以便于起下钻时使钻具顺利通过[27]。

防止钻孔塌陷时，也可以采用反循环无泵钻进法。反循环无泵钻进可用来钻进 400 米以内松、软、脆、碎的一至六级用普通钻进法难以取得岩矿芯的岩矿层。这一钻进法还能钻穿松散的或片理发育、倾角较陡、易坍塌的软岩层(如风化带、氧化带等)，在岩层极松散不利的条件下，也能短时间的保持孔壁稳定，待钻透以后下入套管。一般情况下，每钻进一段向孔内灌注足够量的优质泥浆，就能维持孔壁的稳定。这一方法比开泵用泥浆钻进坍塌层的效果较好，因为它在钻进过程中，可以避免因泥浆冲毁孔壁而造成钻孔超径使坍塌恶化的危险，从而减少了岩粉的淤积量，较顺利而迅速地钻过松软坍塌层。钻进技术措施如下：(1)钻机立轴转数应限制在 100 r/min 左右(钻进极松散岩层)。(2)钻头压力，$\phi$91 mm 钻头应维持在 200~300 kg 之间，以防止岩芯堵塞、糊钻等故障。(3)提动高度以 50~100 mm 为宜。(4)提动次数以每分钟提动 10 次左右为佳，每提动两次的间隔时间约 6 秒。倒换立轴、下钻到底之前以及钻进效率突降时，均应连续提动几次。

（3）采用套管隔离。如果漏失事故用以上方法全不能奏效时，就需要下套管隔绝漏失层，在套管靴周围应用黏土或灰浆封闭。在缺少套管的情况下，可以灌注水泥代替套管，但这种方法浪费水泥数量大，钻孔直径也必须缩小一级，除非不得已，否则最好不用。对于严重坍塌的孔段，可强行通过，然后下入套管隔离；也可采用跟管钻进。严重漏失的孔段，如大溶洞，顶漏强行通过后，用套管隔离，再用小一级口径钻杆继续钻进。

（4）其他方法。对于一些特殊的情况，可采用冻结法、电化学方法加固孔壁。

坚持合理的钻进工艺技术措施，是防止和控制孔内复杂情况的重要一环，为此，应尽力做好以下几点。

①为了避免和减少激动压力和抽吸压力的影响，要控制合理的起下钻速度，操作升降机要平稳，尽量减小惯性力效应。

②钻进时要注意随时调整冲洗液的性能，适时地调整钻进规程，保持孔内清洁，防止钻头或粗径钻具上部造成泥包。当钻孔较深、岩石较软、进尺快岩粉多时，应调整泥浆性能，适当提高黏度和增大相对密度，以提高泥浆排渣能力。钻进中要经常保持水泵有足够的排量，不要随便减少向孔内的供给量，特别在深孔钻进时，更不能采用过小排量钻进。当孔底岩渣积蓄太多时，应采用多节取粉管专门冲孔捞渣。

③钻具组合要正确，不使用弯曲的钻杆，防止弯曲钻杆回转敲打孔壁。

④深孔钻进使用泥浆时，开泵要平稳，防止水泵脉动压力过大、压裂地层造成漏失。

⑤当孔内出现复杂情况或事故预兆时，要及时采取预防性措施，防止复杂情况加剧。

⑥钻进复杂岩层时，应准备充足，在可能条件下，实行快速通过，以缩短不稳定岩层的暴露时间，这是保持孔壁相对稳定、减少孔内复杂情况的积极措施。

处理孔壁坍塌的原则应以预防为主，有针对性的上述预防措施可以有效防止孔壁坍塌的发生。如果发生了孔壁坍塌，主要的事故为埋钻。埋钻事故用强拉硬顶的办法往往不能奏效。排除这类事故往往采取以下措施：

（1）首先进行强力开泵冲孔，以求用冲洗液冲散坍塌物，并排出孔外。在强力开泵的情况下串动钻具，并逐步扩大串动的范围。对于不太严重的埋钻事故，这样处理往往可以奏效。

（2）若填埋很厚，其程度比较严重，经上述方法处理无效时，可将填埋物以上的钻杆返上来，然后下入同径钻具送水钻进。待将填埋物钻掉，再冲洗干净用丝锥捞取事故钻具。

（3）如捞取不动时，可把岩芯管、异径接头以上的钻杆全部返回，再用透孔的方法处理。

（4）经以上方法处理仍不奏效。最后只有采取反、磨、割的方法处理。如条件允许，亦可换小一级的孔径钻进。

# 4.3 复杂地层塌孔和漏失事故处理措施

## 4.3.1 风化砂层塌孔事故处理措施

事故情况：某孔岩层是由长兴灰岩强烈风化形成的破碎带及砂层，使用φ110 mm 肋骨钻头钻进，普通泥浆护孔，送入孔内泥浆的黏度 18~20 Pa·s，但从孔口返回的泥浆却变成了 30 Pa·s，钻进至孔深 380 m 时，因设备出故障，提钻检修，停钻 8h，设备修好下钻，发现孔壁坍塌至孔深 126 m，即下不去钻具[28]。

原因分析：长兴灰岩经强烈风化作用后，原来完整的岩体被破碎和分解，使岩层变得疏松，具有很大的孔隙度和透水性，加之使用普通泥浆失水量大，泥浆中的水分向孔壁渗入，因此泥浆变稠造成钻孔缩径，孔壁极不稳定，在检修设备时，冲洗液终止循环，孔内水位降低，而当班人员又没有及时向孔内注送高相对密度的泥浆，因此孔壁失去液柱压力平衡导致孔壁坍塌，从而造成钻孔中途淤塞，如图 4-1 所示。

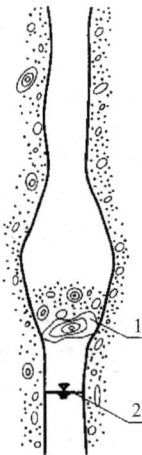

图 4-1 钻孔坍塌架桥堵塞

1—坍塌物；2—水位

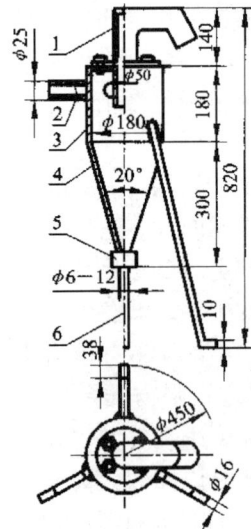

图 4-2 旋流除砂器

1—溢流管；2—进浆管；3—圆筒体；
4—锥形体；5—排砂嘴；6—支承杆

处理方法：

1）配制煤碱剂优质泥浆护壁，其配方是按褐煤：水：火碱为 10：50：1 的比例首先配制成煤碱剂，然后按泥浆重量的 10% ~15% 的用量加入泥浆内，泥浆性能参数为：黏度 24 ~ 25 Pa·s，相对密度 1.15 ~ 1.2，失水量 10 ~ 12 mL/30 min，由于泥浆失水量降低，减少了自由水向孔壁砂层的渗透，稳定了孔壁。

2）用同级钻具通孔捞渣到底后，仍采用肋骨式钻头钻进，使孔壁与粗径钻具之间的间隙增大，冲洗液畅通，每钻进 1 ~ 2 回次，用多节取粉管专程捞渣，保持孔内清洁，并随时注意泥浆性能的调整和净化，使用旋流除砂器清除泥浆中的岩粉，其结构如图 4 - 2 所示。泥浆经水泵进入除砂器圆筒内，由于旋转所造成的离心力，使泥浆中的岩粉从排砂嘴排出，由于泥浆性能得到保证，该孔顺利钻穿了420 m 厚的风化砂层。

## 4.3.2　钻孔遇溶洞群坍塌事故处理

事故情况：某孔岩层为灰岩，使用 φ110 mm 合金钻进，从 15 ~ 315 m，连续遇到 16 个大小规模不等的溶洞，如图 4 - 3 所示。其中大的深度达 3.8 m，全泵量漏失，坍塌，垮孔，起下钻困难，严重影响生产进度[29]。

原因分析：灰岩层是碳酸盐类可溶性岩层，由于岩层受到断裂破坏作用和地下水溶蚀作用，岩溶发育，形成规模不等的溶洞。这些溶洞均有充填物，多为黏土，细砂，碎石等的混杂物，胶结性差，因全泵量漏失，无法使用泥浆正循环洗孔护壁，因此极易坍塌、掉块，严重妨碍施工。

处理方法：采用特制的单管无泵钻进，单管无泵接头结构如图 4 - 4 所示，连接于粗径钻具上，下钻接近孔底时，开泵用优质泥浆冲孔，以清除孔底的岩渣，然后从钻杆内向孔中投入球阀，球阀将内管通水眼堵塞。于是在泵压作用下推动内管下行至死点被弹片卡住，使排水眼开放。这时便和普通无泵钻具一样，借助上下提放钻具，实现孔底冲洗液局部反循环。当钻孔穿过溶洞群至完整灰岩后，下入双层套管依次隔离。

## 4.3.3　绿泥石化层掉块垮孔事故处理措施

事故情况：某孔用 φ110mm 合金钻进，从 307 ~ 418 m 为绿泥石化层，掉块垮孔，严重时常常整泵，升降钻具遇卡受阻，有时由于垮孔，钻具不能到底。

原因分析：该矿区受地质构造运动影响，岩层倾角陡。加之绿泥石吸水性大，吸水后发生体积膨胀，强度降低。其层面光滑，胶结性差，地层被钻开，在孔壁自由面上应力失去约束，产生对孔壁的破坏和不稳定，加上孔壁岩石受钻具碰打，大量岩块滑离出来，掉入孔内，从而增加了施工困难[30]。

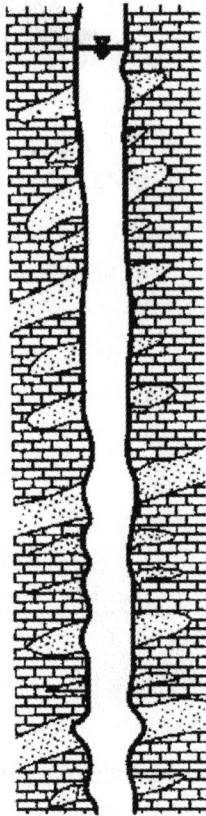

图 4-3  钻孔穿过溶洞群

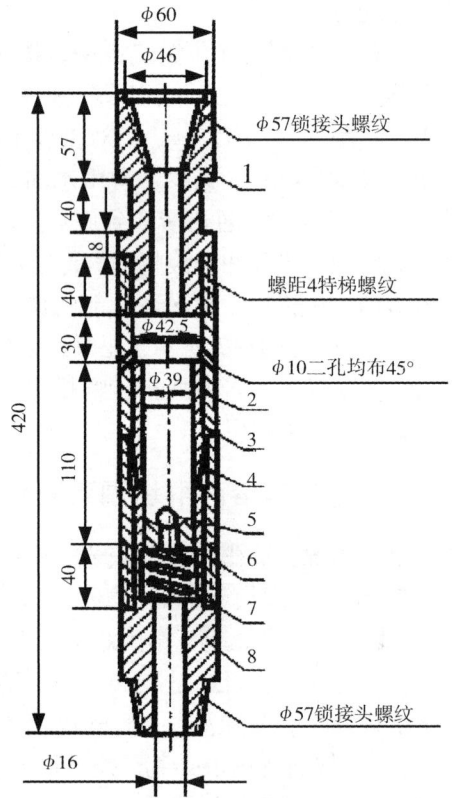

图 4-4  洗孔、无泵钻进两用接头
1—上接头；2—外管；3—内管；4—弹片卡；
5—球阀；6—阀座；7—弹簧；8—下接头

处理方法：

1）改善泥浆性能，密度由 1.1 g/cm³ 提高到 1.25 g/cm³ 以上。失水量经处理控制在 15 mL/30 min 以内，随着密度增大失水降低，掉块现象有明显好转。

2）在异径接头上部连接同径的反丝取粉管和钻头，以便在钻进中或提升钻具遇到发生掉块卡阻钻具，可以将其扫碎，防止发生掉块卡夹事故，如图 4-5 所示。

### 4.3.4  河床卵石层塌孔事故处理措施

事故情况：某钻机在湘江河床进行工程地质钻探，许多钻孔布置在水上作业，水深 3～8 m，流速 0.8～1 m/s，河床卵石厚 8～10 m，粒径 10～80 mm 不等，硬度较大，机场用两只木船拼接组成，抛锚固定。开钻前，将 φ168 mm 长 1.5 m 定向管固定在钻机机架底部，为了隔绝河水对钻进的影响，下 φ146 mm 套管至河底定位，并用吊锤砸入一定深度，作为套管外层保护套，接着下入 $\phi$127 mm 套管以增强套管的强度和稳定性，兼作跟管钻进用，钻进中，孔壁严重坍塌，孔内砂石经反复捞取，仍捞不干净，使得套管跟不下去，而孔内卵石愈涌愈多，导致钻孔打不下去[31]。

　　原因分析：施工区域为湘江中游，河床覆盖层，主要由砾石、卵石组成，厚度较大，透水性强，无胶结，松动性大，随钻随塌，套管不易随钻进跟进，当提升钻具时，大量卵石流砂在水力作用和地层压力下涌向孔内，因此钻孔愈来愈浅，如图 4－6 所示。

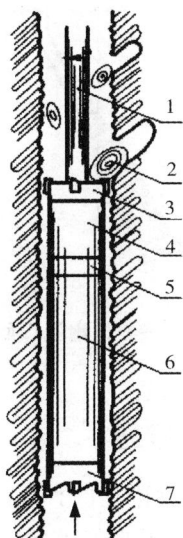

图 4－5　用反丝合金钻头扫掉探头石

1—钻杆；2—探头石；3—反丝钻头；4—取粉管；
5—异径接头；6—岩芯管；7—正丝接头

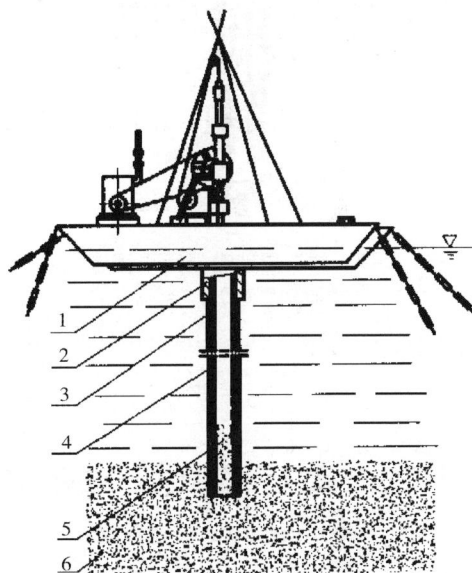

图 4－6　河床砂石涌进套管内图

1—钻船；2—定向管；3—保护管；4—内管；
5—涌进套管内的砂石；6—卵石层

　　处理方法：采用无泵钻具钻进，用大一级的套管作跟管，当钻进一定进尺时不提钻，即强行加接一节跟管，直到穿过卵石流砂覆盖层。跟管钻进的方法是：机上主动钻杆改用两根 2 m 长的短钻杆代替，用丝扣连接起来，每当无泵钻进进尺 2 m 后，主动钻杆连接丝扣正好位于孔口，此时停止钻进，将主动钻杆从孔口卸开，但不立即提钻，并把事先准备好的 2 m 长的套管加接在孔内套管（跟管）上，边用管钳磨转套管，边用吊锤向下打送，使其沿孔内粗径钻具不断下降，如图 4－7 所示。粗径钻具周围贴靠的砂石便被打入的套管挤向孔壁四周，当套管接近孔底时，再行提钻，取出岩芯，然后重新下钻钻进，如此反复进行，待安全到达完整基岩后，改用普通方法钻进。

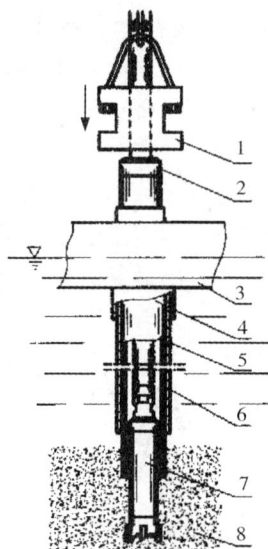

4-7 卵石层钻进强行跟管法

1—吊锤；2—异径接头；3—钻船；
4—定向管；5—$\phi$146 mm 套管；6—$\phi$127 mm 套管；
7—钻具；8—卵石层

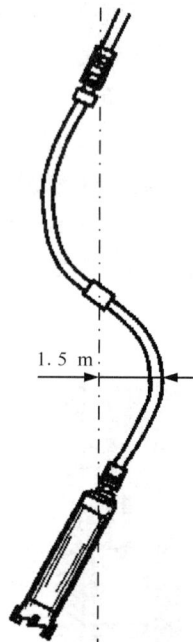

图 4-8 钻具提出孔口回弹弯曲

### 4.3.5 钻具在大溶洞内严重弯曲变形事故处理措施

事故情况：某孔岩层为石灰岩，可钻性 4~6 级，采用 $\phi$110 mm 合金钻头钻进，至孔深253 m，突然泵压下降，全泵量漏失，同时钻具自然下坠，立即停车关泵，随后加入钻杆向下试探，至孔深266.5 m 处，钻具落底，估算溶洞高达 10 余米，随即起钻，上提阻力很大，因提不动，改用复式滑车强力提拔，才将钻具慢慢提上来，发现最末一根钻杆弯曲变形，经测量其弯曲半径达 1.5 m，如图 4-8 所示[32]。

原因分析：石灰岩经地下水溶蚀形成无充填物的天然溶洞，当钻具下降试探时，钻杆柱在溶洞中失去孔壁衬托，在全部钻杆柱重压下，产生强烈弯曲变形，因此，所测溶洞的厚度并不是真厚度，如图 4-12 所示。由于弯曲大，在上提钻具时，不能进入 $\phi$110 mm 孔内，使钻具受阻，由此可见，钻具遇类似大溶洞时，不宜盲目开车下扫，试探也应小心操作，缓慢地下降钻具，否则极易发生钻具折断，甚至无法打捞。

处理方法：溶洞高达 10 余米，套管单根最长 8~9 m，若卜入单层套管，其连接丝扣部位正处于溶洞中，没有孔壁支撑，稳定性差，经钻具回转碰打，强烈晃动，势必造成套管从丝扣连接处折断，因此决定下入双层套管隔离。方法是：首

先用两根 8m 的套管加工成反丝螺纹，丝扣部分涂以皮带蜡连接上紧，再经反、正
接头和钻杆连接，轻稳地送至孔底，然后将钻杆及异径接头退回（异径接头两端
分别为反、正螺纹），再下入 $\phi$91 mm 合金钻具，轻压慢转钻进 1 m 左右，随即下
入 $\phi$89 mm 套管 18 m，使内、外管定位固牢，增强了套管在溶洞中的强度及稳定
性，套管上端经改径接箍连接一根 4 m 长的 $\phi$108 mm 套管，管口稍成喇叭形状，
以便于钻具通过，如图 4 – 9、图 4 – 10 所示。

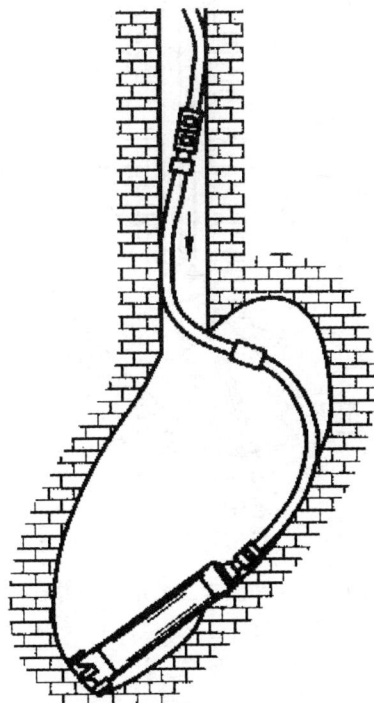

图 4 – 9　钻具试探空洞严重弯曲变形

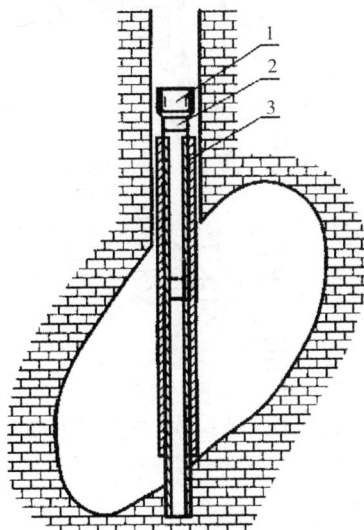

图 4 – 10　用双层暗管隔离空洞
1—喇叭管；2—内管；3—外管

　　采用双层暗管隔离法，不仅减少了大量套管的搬运和下入、起拔工作量，而
且牢固可靠，也便于钻孔顺利通过大空洞尽快恢复钻进。

## 4.3.6　钻具被溶洞阻留事故处理措施

　　事故情况：某孔在灰岩中钻进，至孔深 54 m 时，突然钻具下落，泵压下降，
判断为溶洞，即停泵关车，试探，机上 5 m 余尺全部下完后，感觉钻具仍未到底，
于是加入钻杆继续试探钻进，在上提主动钻杆时，仅提上来 1 m 后，钻具即拉不
动，立即改用油压缸和升降机并提，连顶带拉，将钻具从异径接头处拉脱取出，
余下 4 m 长 $\phi$130 mm 粗径钻具落入孔内。经公锥反复打捞，均未碰到[33]。

原因分析：察看取出的异径接头，发现接头螺纹单边剪切，经分析认为溶洞本身高度不大，而且岩层层面向下倾斜延伸，钻具下降试探时，且粗径钻具上部的钻杆发生弹性弯曲，钻具可沿倾斜的溶洞底板下滑，如图4-11所示。提升钻具时，由于垂直方向拉力作用，且粗径钻具较长，异径接头紧靠孔壁，因而提不上来。后经强力顶拔，钻具从异径接头丝扣连接部位整断，如图4-12所示。

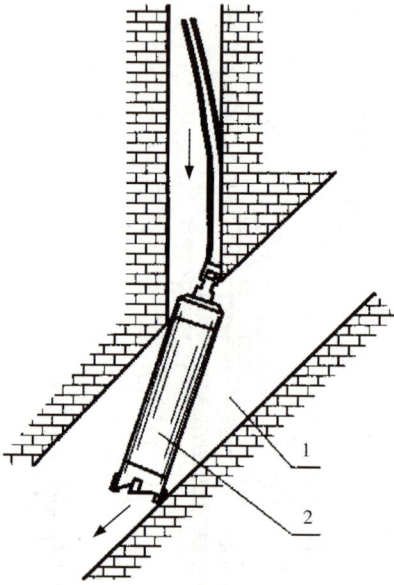

图4-11 钻具沿空洞底板下滑
1—空洞；2—钻具

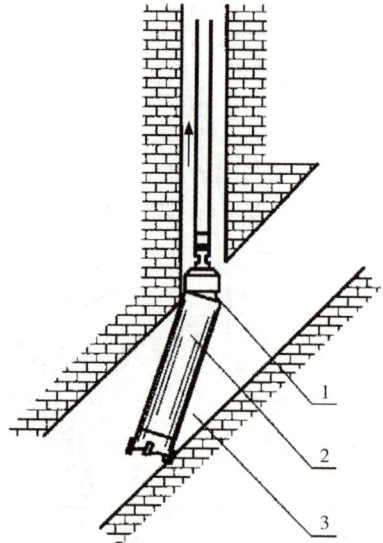

图4-12 钻具被空洞整住强力拉断
1—钻具裂口；2—岩芯管；3—空洞

处理方法：采用φ130 mm合金钻头，将粗径钻具加长为10 m，以增加钻具的导向性，下到孔底后，轻压慢转使钻头慢慢地在倾斜的溶洞底板上扫出孔眼，待进尺1~2 m后，随即下入套管隔离。

### 4.3.7 冲积砂砾层钻进坍塌事故处理措施

事故情况：某孔开孔见第四纪河流冲积物，其成分为粉砂岩，由中、粗砂砾石等组成，厚30余米，钻进阻力大，起下钻困难，钻具提出孔口时，大量砂石涌进孔内，每次下钻后需重新扫孔捞渣，影响工程进度[34]。

原因分析：该层为松散堆积层，成分复杂，岩相变化大，分布规律差，级配不均一，颗粒之间没有牢固的胶结，有孔隙，透水性强，因此，钻进中易发生坍塌和漏失。

处理方法：采用黏泥人工造壁护孔，无泵钻进和强行跟管并用，即下钻前，向孔内投入适量泥球，用小一级钻具下入孔内墩击捣实，如图 4 - 13 所示。使黏泥受挤压充填在孔隙缝隙中，将松散的块石胶结在一起，以形成较稳固的孔壁，然后采用无泵钻进，每钻进 2 ~ 3 m，用吊锤打送套管到孔底，如此反复，终于顺利通过冲积层。

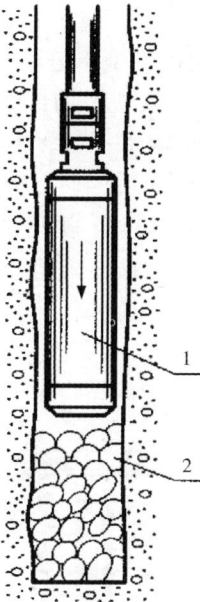

图 4 - 13　用黏泥造壁护孔

1—冲击钻具；2—黏泥球

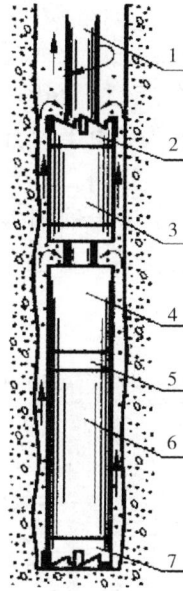

图 4 - 14　多节取粉管钻进捞渣

1—钻杆；2—反丝接头；3、4—取粉管；
5—异径接头；6—岩芯管；7—正丝接头

## 4.3.8　无水位钻孔孔壁坍塌事故处理措施

事故情况：某孔位于海拔 1000 余米的悬崖峭壁上，岩层为灰岩，经强烈风化呈破碎带，可钻性 3 ~ 4 级，开孔即漏水，用 φ110 mm 合金钻进至孔深 150 m 时，尚无水位，因泥浆供应不上，改用清水钻进后，掉块、垮孔严重，妨碍正常钻进[35]。

原因分析：因岩石受构造和断裂影响，节理、裂隙发育，钻孔坐标较高，更加速了钻孔漏失，因此钻孔处于无水位状况。由于钻孔内没有液柱压力平衡，以致造成掉块垮孔。

处理方法：根据该孔地质柱状图和附近完工的钻孔岩层对照，裂隙破碎带在孔深 200 m 左右，因此，为了不再花时间堵漏，采用了多节取粉管钻具钻进，如图 4 - 14 所示，取粉管上端接有左丝扣钻头，以便扫钻时容纳掉块。破碎带穿过后即用套管隔离，换径继续钻进。

### 4.3.9　大滚石层钻孔塌陷事故处理措施

事故情况：某孔上部为第四纪，以粉砂土、粗砂为主，其中夹有少量大滚石，厚度近100 m，钻孔全泵量漏失，掉块垮孔极为严重，经常相差10余米不到孔底，采用黏泥造壁，无泵钻进等措施，有一定成效，但遇大滚石，由于岩石硬度较大，钻进效率极低，跟管受滚石阻挡，无法下至孔底，因而影响施工进度[36]。

原因分析：该层为砂、土、滚石堆积物，胶结性弱，软硬不均，透水性强，因此发生坍塌漏失，由于滚石硬度大，其直径从几厘米至数米不等，小于钻头内径的，则进入岩芯管内，大于钻头的被压在钻头底部随着钻头回转，影响进尺，有时遇到大滚石，因为周围砂石软硬相差悬殊，不易将其破碎，相反因受力不均，迫使钻头沿大滚石弧面的松软岩层偏斜，造成钻孔严重弯曲，阻挡套管下入，如图4－15所示。

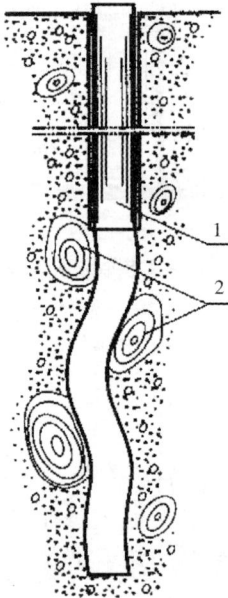

**图4－15　跟管中遇大滚石跟不下去**

1—套管；2—滚石

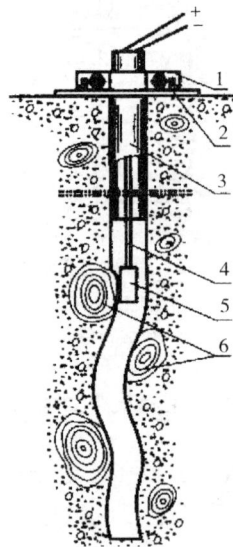

**图4－16　用爆炸法消除孔内障碍物**

1—套管夹板；2—井口板；3—套管；
4—电线；5—炸药包；6—大滚石

处理方法：采用爆破法将滚石炸碎后再进行钻进。爆破前，将孔内套管提到安全位置(提离爆破点以上2～3 m即可)，在孔口用夹板夹住，再将炸药包下放到滚石侧旁，通过电源起爆，如图4－16所示，爆炸后用无泵钻进，再炸再钻，如此反复进行，直至穿过滚石至基岩，跟进套管，恢复正常钻进。

## 4.3.10　强风化水敏地层严重塌孔事故处理措施

事故情况：某孔 0~90 m 岩层为强烈风化的花岗岩，可钻性 2~3 级，水敏性强，经取样试验，岩样放在清水中浸泡，仅 1 min 岩块便完全分崩离析，散成碎渣，如同生石灰块遇水分解一般，在普通泥浆中保持不散的时间也较短。采用 $\phi$110 mm 钻头开孔，钻进 31 m 没有取上岩芯，孔壁严重坍塌[37]。

原因分析：花岗岩经强烈风化后，变得十分疏松，颗粒之间胶结极弱，遇水后，即产生体积膨胀、分散、崩解、剥落现象，使用普通泥浆钻进，一般失水量较大，泥皮较厚，不能完全阻止泥浆中的游离水分浸入孔壁，达到护孔要求。

处理方法：

1）水敏地层对水的侵入十分敏感，因此，决定采用优质低固相泥浆，配方中每立方水中加入膨润土粉 50 kg，纯碱 2.5 kg，制成基浆后，加入胶状体水解聚丙烯酰胺（HPAM），水解度为 30%，加入量 1~1.5 kg 及人造羊毛下脚料水解聚丙烯腈（HPAN），水解度为 60%，加入量 8~10 kg，搅拌在一起，使泥浆失水量控制在 8mL/30 min 以内。

2）采用无泵钻进，每钻进 1~2 回次，即专程下钻冲孔注浆一次，使孔内泥浆性能保持不变。

3）严格控制起下钻速度，特别是提升钻具时，要防止孔内产生强烈的抽吸作用，造成孔壁坍塌，为此，除减慢提升速度外，还需及时向孔内回灌泥浆。即利用水泵排水管接一根管子至孔口管，随提钻向孔内灌浆，保持孔内压力平衡。

## 4.3.11　断层破碎带掉块垮孔事故处理措施

事故情况：某孔穿过覆盖层至白云岩，下入 $\phi$89 mm 和 $\phi$73 mm 双层套管各 143 m，改 $\phi$56 mm 金刚石钻头钻进，孔深 340~373 m 遇到断层破碎带，全泵量漏失，水位下降到 195 m 时掉块垮孔严重，每次提钻后，继续下钻差 5 m 多不到孔底，无法继续施工下去[38]。

处理方法：因受孔壁限制，不能再下套管隔离，决定采用超早强地勘水泥局部封闭，由于孔内水位较低，便采用从孔口钻杆倒入方法灌注，如图 4-17 所示，水灰比为 0.6，水泥用量 150 kg，候凝 20 h，经探孔证实，封闭 30 余米，扫孔取出完整硬水泥石心，达到了加固孔壁的要求，继续钻进至 440 m 顺利终孔。

## 4.3.12　小口径钻孔漏失层塌孔事故处理措施

事故情况：岩层为砂质灰岩，可钻性 4~8 级，使用 $\phi$56 mm 金刚石钻头钻进，从孔深 246~430 m 断断续续出现破碎带，钻进中孔内返水逐渐增多，低固相泥浆被稀释，随后钻孔涌水，如图 4 - 18 所示，掉块垮孔严重，下钻差 3m 多不到孔底，影响正常钻进[39]。

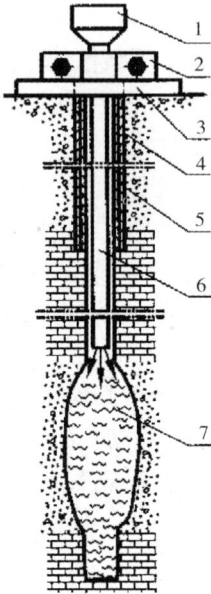

图 4 - 17　用钻杆从孔口倒灌水泥浆

1—漏斗；2—夹板；3—井口板；4—$\phi$89 mm 套管；
5—$\phi$73 mm 套管；6—钻杆；7—水泥浆

图 4 - 18　涌水塌孔事故

原因分析：钻孔穿过含水层，因使用的低固相泥浆中，固相含量较低，相对密度在 1.03 以下，液柱压力不足以平衡承压含水层压力，因而地下水向孔内渗涌，泥浆被稀释，加之提钻时，钻具提升速度过快，产生强烈抽吸作用，将孔壁泥皮破坏，孔壁裂隙通道疏通，使涌水量不断增大，孔内情况更加恶化。

处理方法：该孔涌水是属于长孔段小裂隙渗涌，而且富水层位较深（孔深 300 m以下），因此，采取调整泥浆性能并配合回灌措施，便可解决问题，于是重新配制新泥浆，使性能达到：相对密度 1.10（原为 1.03），黏度 25 Pa·s 以上，然后泵入孔内，将孔内被稀释的泥浆依次全部换出，随着泥浆柱压力增大，有效地止住了渗涌，保护了孔壁。以后提钻时坚持向孔内回灌泥浆，保持压力稳定，同时严格控制提升速度，避免发生剧烈的抽吸作用而引起孔壁坍塌。很快就恢复了正常生产。

### 4.3.13　多点长孔段漏失层塌孔事故处理措施

事故情况：某孔穿过覆盖层至泥灰岩，下入 $\phi$89 mm 和 $\phi$73 mm 双层套管，改用 $\phi$56 mm 金刚石钻头钻进，至深 279 m 处，遇到溶洞裂隙破碎带，其溶洞常有流砂、砾石充填，钻孔漏失，当时采用地勘水泥护壁堵漏，在局部孔段取得成效，后来因溶洞裂隙断断续续出现，厚达 200 余米，多点长孔段漏失，泥浆耗量大，继续采用地勘水泥随钻随堵，不仅耗量大，而且费时多，后来被迫采用清水钻进，即发生钻进回转阻力大，钻杆连续折断，有时一个班发生多次，给生产带来困难[40]。

原因分析：主要因钻孔穿过的岩溶破碎带，岩石松散破碎，溶洞发育，从而产生冲洗液漏失，冲洗液有进无出，水位下降，引起严重的坍塌垮孔，造成钻探施工困难。

处理方法：考虑到该孔是长孔段破碎漏失，采取下入套管的方法，又受孔径限制，单纯采用水泥封堵孔难以奏效，故决定继续用清水顶漏钻进，但在钻进中，须将全部钻杆的表面涂上沥青润滑膏，每钻进 1～2 次，涂抹一次，利用润滑膏具有良好的黏结性，在钻杆与孔壁接触摩擦时，将其粘附在有裂隙的孔壁上，将破碎的岩块胶结起来，从而减轻孔壁塌陷掉块；同时这种膏脂还有较好的润滑作用，可减少钻杆与孔壁间的摩擦阻力。润滑膏配方是：沥青 10%，松香 30%，石蜡 10%，机油 50%，经加温熬制而成。采取这一技术措施后，果然有效地减缓了孔壁坍塌，较顺利地通过了该层破碎带。

### 4.3.14　钻孔既涌又漏还坍塌事故处理措施

事故情况：某孔上部岩层为砂砾层，赋存地下水，$\phi$110 mm 合金钻进至孔深 60 m 时，孔内涌水。下部为灰岩，裂隙岩溶发育，至孔深 117 m 转为冲洗液漏失，孔口不返水，伴有掉块垮孔，因当时套管数量不足，采用投泥球和高黏度泥浆护壁措施，收效甚微，勉强钻至 163 m，坍塌加剧，下钻差 10 多米不到孔底，无法继续钻进下去。

原因分析：钻孔上部砂砾赋存地下水，使钻孔涌水，下部灰岩裂隙发育，透水性强，钻孔钻穿灰岩破碎带以后，发生冲洗液漏失。上部孔段的涌水流向灰岩孔段，孔壁受清水侵入，引起坍塌。投入泥球和灌入高黏度泥浆后，短时间内有一定效果，但因上部涌水未能止住，投入的泥球受涌水侵入而稀释，仍不能达到堵漏防塌的要求。

处理方法：关键是要根治涌水和冲洗液漏失，才能保证优质泥浆的正常循环。为此，首先采用惰性材料堵漏。通过察看岩芯，认为钻孔漏失为长孔段微裂隙渗漏，局

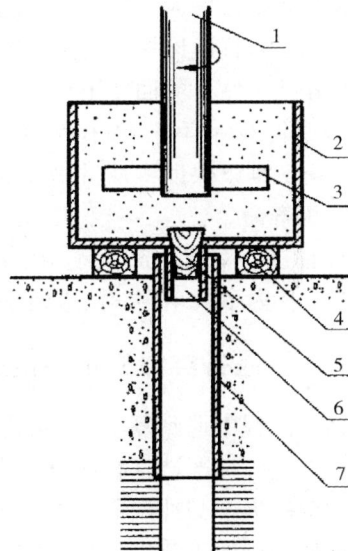

图 4 - 19　堵漏材料井口混合灌注法

1—钻杆；2—搅拌捅；3—搅叶；4—垫木；
5—木塞；6—漏管；7—井口管

部孔段亦有较大裂隙，因此决定采用棉子壳、核桃壳、云母粉、蛭石粉等几种惰性材料，不同粒度搭配使用。先选用粒度粗的，以后逐渐换用粒度较细的。灌注方法是采用直接从孔口倒入，即事先加工一个容积为 250 m³ 的搅拌桶，底部中央焊有 φ50 mm 漏管，将搅拌桶安放在孔口套管口上，主动钻下端连接一根焊有叶片的短管，如图 4-19 所示。灌注时，将搅拌桶漏管堵塞，桶内充入泥浆，并开车搅拌，然后徐徐加入 50% ~70% 惰性材料，待搅拌均匀后，打开堵头，将其灌入孔内，如此反复进行，使惰性材料随同泥浆流入孔内，当孔内水位上升，水位稳定时即停止。堵漏之后，考虑到钻孔上部砂层渗涌，但其压力不大，因此采用加重泥浆提高其黏度的方法止涌，终于达到目的，顺利穿过复杂层。

## 4.4 各类复杂地层的主要问题和处理措施

### 4.4.1 复杂地层的主要问题

在钻探生产中，经常会遇到各种类型的复杂地层，复杂地层钻探存在的主要问题为：

1)孔壁失稳，护壁困难。复杂地层钻进，孔越深，地层越复杂，钻进时间越长，孔壁越容易失稳。也就是说复杂地层深孔钻探，保护孔壁是十分重要的一环，必须解决好护壁问题。

2)回转阻力大，动力和材料消耗大，孔内事故多。随孔深的增加，孔内钻杆增长，摩擦阻力增大。对绳索取芯钻探而言尤为突出，不仅钻杆磨损加快，钻机负荷增大，而且难以提高转速，还容易造成断钻杆等孔内事故。必须采取润滑措施，有效减少钻杆的回转阻力。

3)钻头寿命缩短。深孔钻进，钻压难以准确控制，加上钻杆接头密封不良易产生泄漏，难以保证将冲洗液全部送到孔底，形成假循环，容易造成钻头微烧，影响钻头寿命。

4)钻进效率低，成本高。在复杂地层进行深孔钻进，施工周期长，若护壁措施不当，孔内事故增多，钻进效率降低，成本增高。

### 4.4.2 钻遇各类复杂地层的处理措施

钻探工程中遇到复杂地层问题，首先应分析该类地层的形成原因与特征，然后再根据实际情况选择相应的处理措施，以降低钻探成本、提高钻探效率。上述问题的解决人都与冲洗液有关，冲洗液在复杂地层钻探起着至关重要的作用。目前钻探较先进的工艺方法是金刚石绳索取芯钻进。深孔、复杂地层及金刚石绳索取芯钻进的工艺特点对冲洗液性能提出了更高的要求。复杂地层对冲洗液的要求为：

1）具有良好的护壁性能。冲洗液具有较低的滤失量和较强的造壁性，具有吸附、粘结孔壁作用，形成的泥皮薄而韧性强，能有效保护孔壁稳定。

2）具有良好的润滑性能。粘附系数小，能有效降低摩擦阻力和回转阻力，防止粘附卡钻等，减少动力和材料消耗，延长钻具寿命。

3）能防止钻具结垢。冲洗液应具有超低固相和极细分散性，流变性能好，能有效防止钻具结垢，避免内管打捞失败。

4）具有良好的携带岩粉、清洗孔底和冷却钻头的性能。冲洗液的黏度、切力、动塑比等应适中。

具体的冲洗液知识可参照相关教材和文献，现将不同复杂地层的钻进处理措施介绍如下。

1）水敏性地层

冲洗液中的水对岩土层的表面水化作用和渗透水化作用，使钻孔孔壁失去稳定性。根据遇水产生情况可分为以下几种：

（1）遇水溶解地层：可溶于水的岩土层遇水溶解形成溶液，造成泥浆污染，钻孔超径、坍塌。较典型的如盐岩、钾盐、光卤石、芒硝、天然碱、石膏等地层。

（2）遇水溶胀地层：黏土、泥岩等地层中含有大量蒙脱石、伊利石、高岭土、海泡石等遇水膨胀的矿物。该类地层遇水易溶胀分散、剥离，导致钻孔膨胀缩径、泥浆增稠，钻头泥包，孔壁表面剥落，崩解，垮塌、超径等。

（3）遇水松散地层：泥质砂岩、风化大理岩和风化花岗岩等地层遇水后粘聚力减小，导致钻孔孔壁表面剥落，崩解等问题。

（4）遇水剥落地层：页岩、片岩、千枚岩、滑石化高岭土化板岩、硬煤层等地层遇水后使钻孔孔壁剥落，钻头泥包。

处理该类地层的根本就是抑制或避免水对地层的水化作用。

在遇水溶解地层中较常用的方法是采用相应的饱和盐水泥浆做冲洗液，可有效抑制盐层的溶解；可使用失水量较小的高分子聚合物或植物胶冲洗液，或向冲洗液中添加有机处理剂降低冲洗液的失水量，此方法可有效减少冲洗液的失水量，降低地层溶解程度；

对于其他水敏性地层，过去采用油基泥浆做冲洗液，但该法成本太高，且遇高温时易起火，存在较大安全隐患。目前常用方法是采用钾基泥浆（即在泥浆中加入可溶性钾盐），钾基泥浆中钾离子有抑制黏性土吸水膨胀的性能。也可采用高分子聚合物、植物胶冲洗液或向冲洗液中添加有机处理剂等措施。

此外，在条件允许的情况下，可采用空气或泡沫冲洗介质，该类冲洗液的最大特点就是不使用水，钻进工程中岩土层不接触水，避免了水对岩土层的水化作用。但该方法仅适用于地下水位以上钻进，使用时应结合现场实际条件合理选用。

例如，金川公司二矿区 ZK6－3 孔的 170～185 m 孔段，地层绿泥石化严重，层间的破碎闪长岩又大量以黏土质胶结，钻进该段时，钻孔明显地表现为缩径、坍塌、裹钻现象，而且冲洗液被侵染严重。这种地层最突出的特征表现为怕水，因此在钻进工艺上，首先应该设法不让自由水接触或侵染这些地层，尽量避免这些地层的岩土表面被水化；另外，还须补充和增加冲洗液介质中的离子浓度，比如 $K^+$、$Na^+$、$Ca^{2+}$ 等，使之与岩层中水的离子浓度相平衡，阻止岩层的渗透水化，以利于孔壁的稳定。综合这些水化作用机理，对水敏地层，钻井冲洗液具备两个特点：一是失水量小，二是有相当的离子浓度。

对钻进该特殊孔段制定了相应对策，将冲洗液及有关处理剂参数进行了调整：①选用高效降失水剂，如腐植酸钾和改性淀粉 PGS 双重降水剂；②选用优质的絮凝剂，如分子量在 300 万以上、30% 水解度的聚丙烯酰胺 PAM；③添加最优的无机盐，如防塌的 KCl。选用的具体参数为 1000 mg/L 的 PHP，5% 的 PGS 和 5% 的腐植酸钾，又补充 2%～5% 的 KCl。在该孔段时，基本上起到了"防水、护孔"的目的。

2）松散破碎地层

（1）破碎地层

岩石经风化作用后，组成岩石的颗粒间失去联结，岩石的整体性、坚固性受到破坏，从而形成结构松散、裂隙发育的破碎地层；构造作用对岩石（体）施加应力形成未胶结的破碎带。松散破碎地层胶结差，空隙发育，地层被钻开后，孔壁自由面上的应力失去约束得到释放，极易造成钻孔坍塌、卡钻、漏失等事故。

松散破碎地层钻进时常采用高比重、高浓度、高粘聚力泥浆护壁，提供泥柱压力平衡孔壁压力，必要时可投黏土水泥球。但该种泥浆可泵性差，影响钻进效率，因此处理该地层后用套管隔离，以下地层采用一般冲洗液。

运用高分子聚合物、植物胶、复合胶类冲洗液进行护壁、堵漏也是一种良好的有效措施。这类冲洗液是适应钻井要求，在低固相泥浆的基础上发展而成的。它与清水相比，具有较好的携带钻屑的能力，且能够在岩芯表面、钻孔孔壁上形成薄的吸附膜，有较好的护壁能力，并可以将破碎、无胶结的岩芯胶结包裹，提高其完整性；同时，该类冲洗液又有较好的润滑性和减阻作用。它与泥浆比较，则有较轻的比重，同时黏度调整灵活，流动性好，固相含量少，因而能提高孔底钻头的碎岩效率。

例如，金川公司二矿区 56 行施工的 5 个钻孔就属这种地质特征，0～15 m 杂填土，15～35 m 为卵石层，35～55 m 为砾砂层，55～80 m 片麻闪长岩。可见，55 m 以上便是松散破碎地层。开孔采用传统的泥浆，调整稠度使其达到流塑状态，然后用擅长输送泥浆的螺杆泵给钻孔送浆循环，来保证钻孔施工，此护孔工艺基本上能完成该地层的护孔要求；在采芯要求严格的卵砾层，我们就用 SM 植物胶钻井液，浓度 4%、黏度在 300 Pa·s 以上，钻进时护孔效果较好，而且能取出胶结成柱状的"岩芯"。

（2）砾石层钻进

砾石层具有结构松散，组织不均匀，孔隙度较大，厚度不一的特点，一般为几米至几十米，砾石直径一般为 30～100 mm，大者至 500 mm 以上，在砾石孔隙中一般都为砂或细粒土所充填。由于石块之间无胶结，不稳定，当形成钻孔时，孔壁产生坍塌掉块，提钻后大量砾石堆积孔底，给钻进造成困难。

砾石层钻进常采用以下方法。

①泥浆护壁钻进：使孔壁完整，不坍不漏是钻穿砾石层的重要前提，在一般情况下，使用高比重，高黏度泥浆，护壁能起到预期效果，没有胶结，而漏水严重的砾石层除使用特制泥浆外，还要在钻进中投黏泥球补壁。泥浆护壁应根据具体情况，将泥浆黏度提高到 25～50 s，为了堵漏可提高至 80 s，比重相应的提高到 1.1～1.4。

②水泥胶结钻进：砾石层钻进极其困难时采取潜入水泥浆的办法，待凝固后，再行钻进。灌注水泥的目的，是使水泥浆进入砾石间的孔隙内，迅速干固，将砾石胶结在一起，使大小不同的砾石块，形成一个整体，保证孔壁坚固，完整，得以安全顺利钻穿。水泥浆的浓度，根据砾石之孔隙大小而配制，以保证水泥浆顺利进入砾石缝隙中；为迅速固结，减少停钻时间，保证胶结质量，宜采用快干水泥浆，最好采用 400 号以上标准水泥，并加入速凝剂（食盐、水玻璃等），加入量应经实地试验而确定。砾石层较厚时，应分段钻进，胶结一段，钻进一段反复进行，直至钻穿为止，因此使用之前应慎重考虑。

砾石层护壁堵漏方法和材料很多，具体可参照有关文献。

③套管护壁钻进：厚砾石层，使用泥浆、泥球以及其他护壁堵漏材料钻穿后仍有坍塌，掉块或漏水现象，致使下孔段不能安全钻进时，钻至硬盘后应下入套管保护孔壁。

④水文工程地质钻探时，为了获得水文资料或某些地质资料，砾石层钻进不得使用泥浆和泥球护壁，为顺利钻穿应采取以下钻进方法：

a. 掏心下管钻进法，首先钻进 1～2 m（多则 3～15 m）然后下入套管，此时部分砾石挤入套管，用出刃小的合金钻头钻进，用水冲洗岩粉，将砾石提出，或用冲击钻头（一字，十字钻头）将砾石打碎，用冲击取芯器将套管内的砾石取出，一直钻出管靴口以外 0.3～0.5 m 或更多一些，取出岩芯后，再打入套管，如此反复进行。

b. 小径钻、大径扩无泵跟管法。先用小径钻具钻取砾石 0.5 m，再用大径钻具扩 0.5 m，钻扩时不开水泵，然后将套管扭下，反复钻进，反复扩孔，连续将套管扭下。

⑤大孤石的爆破，钻进中如果遇到巨大的孤石，就会在钻进中会造成很大的困难，有时冲击钻进和用水泥胶结回转钻进可以钻穿，否则可用爆破的方法，炸碎大块孤石，然后继续钻进，在爆破时将套管提起 1 ~ 1.5 米，如果用硝铵炸药时应将炸药装于结实的器皿中，装入的炸药装置，应由孔深，孔径及砾石大小来决定，一般孔内炸药量为 1 ~ 2 kg，炸药是通过电雷管，点火线及起爆器起爆的。可用钻杆，导火线，木棍将炸药包好送入孔内。进行爆炸操作时，应对工具及炸药进行详细的检查，并且应当小心谨慎的进行工作。

(3)流砂层钻进

流砂层具有松散、含水、易流动等特点，钻至流砂层坍孔、埋钻、涌砂，致使钻孔淤塞，钻进工作难以进行，为了正常钻进，要事先采取积极的措施。

开孔前，应对流砂层的性质，厚度，埋藏位置等有详细的了解，在钻至流砂层前 5 ~ 10 m，即应加大泥浆黏度和比重，同时在通过该层时泥浆的性能随孔深而自然发生变化，应及时调整泥浆性能，或向孔内继续投入泥球，以保持相应的黏度和比重，防止流砂流动。使用水泥浆钻进坍塌十分严重而又涌水的流砂层可以获得良好的效果。

钻至流砂层应立即更换粗径钻具和钻头，其目的是扩大孔壁与钻具之间的间隙，避免在提动钻具时产生抽吸而造成坍塌或涌砂。因此，最好换用翼片式钻头和小两级的粗径钻具。应组织力量快速钻穿，防止中途停钻或提钻次数过多，最好一个回次钻穿；同时，钻进中少提动钻具或不提钻具和加压过大，应稍加压力，任其钻具下降。

钻进用大泵量洗孔，将砂粒冲至地面，为便于砂粒沉淀，需采用长槽多坑的循环系统槽长 20 ~ 25 m，每 3 ~ 5 m 设一沉淀池，并组织专人管理泥浆。

提钻或因故停钻时，应经常向孔内注入泥浆，使孔内液体面保持与孔口相平，用来抵消地下水的静水压力。

某些工程、水文地质钻探时，为取得可靠的水文地质资料，钻进砂层时不得使用泥浆护壁，可用清水跟套管护壁。钻进时取样，用球阀式提砂筒具。操作时动作要迅速，以免影响吸入量，上下提动高度应为 0.5 ~ 1 m。

(3)裂隙地层

岩石经风化、构造作用或者是在成岩过程形成裂隙。这种地层的特点是节理发育，裂隙多，硬脆碎，对钻进极为不利。在钻进中易坍塌掉块、漏水。钻进速度低，岩芯不好采取。而且极易产生孔斜和发生事故。裂隙地层钻进时的主要问题就是护壁堵漏问题，在实际工作中主要有两种方案：一是随钻堵漏即边钻边堵，在冲洗液中加堵漏材料，有惰性堵漏材料(即不与冲洗液发生反应的材料如锯末、草屑等)和黏胶材料(即与冲洗液发生反应的材料，用于微小裂隙)；二是停钻堵漏,可采用灌水泥浆,加压将其压入裂隙中永久堵漏,必要时可投黏土水泥球,用钻具挤压至裂隙内。

根据上述特点,在钻进中应注意以下几点:

(1)掌握地层变化规律:在钻进前要摸清破碎地层的规律和特点,这样才能根据地层情况,采取相应的技术措施。

(2)合理地设计钻孔结构:根据地质理想柱状图,结合岩层情况和钻孔深度,合理设计钻孔结构。开孔直径要大些,以便在必要时下入套管或采取其他技术措施。

(3)保护孔壁:在破碎易坍塌地层钻进,由于钻具的回转震动和钻杆对孔壁的敲击,井壁易发生坍塌掉块事故,轻者挤夹钻具,重者发生埋钻,所以在破碎地层中钻进保护孔壁是一个关键问题。一般常采用以下几种方法:

①尽可能采用优质泥浆保护孔壁,这是比较方便的一种方法。可根据地层破碎情况采用不同性能的泥浆。

②泥球补壁:泥球具有比泥浆更大的黏结力,就像补壁缝一样,黏泥挤到岩石裂隙中。因此,使用泥球补壁,对裂隙漏水,严重掉块地层有很好的效果。

③加工泥球:泥球的黏结力越大越好,最理想的原料是膨润土,较好的黏土、黄土也可以。为提高其黏结力可加入火碱或苏打处理。做的黏泥具有可塑性,用手能捏动,以不易挤出指缝为好,泥球直径为钻孔直径的三分之一。

补壁方法:根据孔内破碎情况不同有:

升上补壁:提钻前向孔内投入泥球,其数量视破裂情况确定,在升上钻具时,粗径钻具便将泥球挤入岩石缝里,胶结孔壁破碎岩块和堵塞漏水。

分段补壁:当破碎层钻过后,又发现掉块时可将钻具下到欲补壁的破裂层底板下面,投入泥球,在破裂孔段上下串动钻具,进行补壁。

离心补壁:在钻杆上包泥皮,借钻杆粘糊孔壁。钻杆包泥片长度,以破碎掉块地层钻孔显露的厚度而定。钻杆包泥片须先包好备用钻杆,减少配属时间。

冲压补壁:严重掉块,用以上方法处理效果不好时,采用此法。

采用泥球补壁,必须配合泥浆护壁使用。泥浆具有造壁能力,保护挤入裂隙中的黏泥不受冲刷。钻进中要特别注意防止泥皮坍脱,保证泥球质量、送水量不能过大。如发现坍脱,必须立即处理。所投泥球量要根据孔内情况适量投入,投入过多就有夹埋钻具的危险。

(4)用套管护壁:当孔壁坍塌、掉块现象十分严重,用上述方法处理无效时用套管护壁。如果破碎带上部风化破碎严重,随钻随塌,可采用跟管法边钻边下套管。套管下端应上管靴,套管丝扣的连接处应烧上松香或采取其他措施以防脱扣。套管外壁最好涂上废机油,上口与孔壁间需加以封闭,以防液体流入,岩粉沉淀,造成起拔套管困难。套管下端应下入基岩中数米。

（5）合理掌握钻进规范：在这种地层中钻进最好采用硬质合金或金刚石钻进。具体钻进方法和钻探工艺可参照硬质合金或金刚石钻进规程。

（6）提高岩矿芯采取率：钻进破碎地层时，岩矿芯非常破碎，而且磨损也大，难于采取，根据地层特点，可采用不同的取芯方法和取芯工具。

例如，对于金川公司二矿区 56 行施工的 5 个钻孔深部的断裂破碎带，本着"少振动，快通过"的原则，用性能优良的钻井液快速通过。如采用大分子量的 PHP，浓度调整为 500 ~ 1000 mg/L，在不整泵的情况下，进行成孔钻进。在 ZK5 - 3 的 280 ~ 300 m 孔段便采用这种钻井液，孔壁相对稳定，没有出现掉块、卡钻现象。

4）岩溶地层

石灰岩、白云岩、大理岩等地层的主要成分碳酸钙与水中的碳酸、$CO_2$ 反应形成可溶于水的碳酸氢钙，经地下水的冲刷、溶蚀形成溶洞、裂隙。从而带来漏水、涌水、坍塌等问题。

处理此类复杂地层较常采用：（1）隔离法，即溶洞较大，且离井口较浅，用多级套管成孔隔离。（2）堵塞胶结法。若溶洞较长、且大、离井口较深、采用隔离法会造成金属管起拔困难，耗材亦较大。为此可用地勘水泥（必要时需加添加剂）长孔段灌注法，堵塞大裂隙、大溶洞。

钻进连续溶洞，为简化钻孔结构，连续钻穿后可下入套管。

钻进无充填物大溶洞时，先确定深度，将粗径钻具加长（其长度比溶洞高出 3 ~ 8 m）继续下至底板，钻进 0.5 ~ 1 m 后下入中间套管，再换径正常钻进。中间套管应比溶洞长出 2 ~ 3 m。

钻进有充填物的大溶洞时，如充填物胶结性较强，可用优质泥浆快速钻穿，再下入套管，充填物夹有碎石时，又非常坚硬、不宜钻进，可用水泥胶结后，再行钻进。

开始钻进洞底时，应轻压慢转，以免在凸凹不平或倾斜的洞底造成急剧的孔斜。

5）承压水层或喷气层

在钻进承压水层或喷气层时，因钻孔内冲洗液柱压力不足会造成涌水或喷气（井喷）现象。涌水和喷气不仅影响正常钻进，而且会导致孔壁坍塌、失火等严重事故。钻进这类地层时，必须掌握其规律，并采取相应技术措施。

（1）涌水和喷气的征兆

①在钻进涌水层或喷气层时，由于泥浆长期为水稀释或充满了气泡，致使泥浆黏度和比重下降，冲洗液柱压力降低。

②有严重涌水和喷气危险时，停泵后孔口会有溢流现象，返出泥浆带有大量的气泡，有的还有一定的臭味。

③孔内泥皮被破坏，返出孔口。

(2)涌水和喷气地层中钻进的技术措施

①使用大比重的泥浆洗孔。当钻进含气地层时，泥浆的黏度和静切力不宜过大，以使气体从泥浆中逸出，防止泥浆性能变坏。钻进涌水地层时，泥浆的比重应使泥浆柱的压力大于含水层压力 10~15 个大气压。算得泥浆比重后，再根据计算选择合适的加重剂数量(如重晶石粉)，应提高泥浆的抗盐能力。

②通过涌水、含气地层以后，应下入套管进行隔离。

③提钻时应注意及时向孔内注满泥浆。同时对循环之泥浆加强管理(如除气、调整比重到规定指标等。)

# 第 5 章　复杂地层钻进技术

## 5.1　难取芯地层钻进技术

### 5.1.1　岩矿芯采取的基本要求

地质勘探中进行岩芯钻探的主要目的之一，就是从地下取出岩矿芯，满足地质方面的要求。因为岩矿芯是计算矿产储量、进行地质研究的第一手资料。通过对它的分析研究、观察、鉴定和化验，可以了解矿体的厚度、埋藏深度、产状、分布规律、矿物组成、矿石品位、化学成分、矿石和岩石的物理力学性质和结构构造等。显然，岩矿芯采取数量和品质，直接影响着判断地质构造、评价矿产资源、提交矿产储量和矿山开采设计的准确性和可靠性。因此在钻探工作中，不仅要求提高钻进效率，而且要求重视采芯质量，力求准确地从孔中采出能够全面代表相应孔段岩矿层的岩矿芯，在数量上要有足够的体积，在质量上能够保持原生结构和含矿品位，即保证取上的岩矿芯具有最大的代表性[41]。下面将叙述具体包括的指标。

#### 5.1.1.1　岩(矿)芯采取率

岩(矿)芯采取率即实际自钻孔内取上的岩(矿)芯长度与实际钻进进尺之比值。采取率反映取上岩矿芯的数量，当然越高越好。

在地质勘查方面，其目的是为得到足够重量的矿样，满足分析、鉴定和研究的需要。根据普查、勘探程度不同和对岩矿层要求不同，各自要求一定的采取率。对于岩矿芯采取率的一般要求，岩芯不低于65%，矿芯不低于75%，如果不足应进行补取。

在岩土工程勘探中，岩芯采取率是衡量岩石钻探质量的主要指标，《岩土工程勘察规范》规定：对一般岩石岩芯采取率不应低于80%，对于破碎岩石不应低于65%。对于破碎带、滑动带及软弱夹层，为了保证钻探质量和岩芯采取率，应采用双层岩芯管连续取芯。当需要确定岩石质量指标(RQD)时，应采用75mm口径(N型)双层岩芯管，且宜采用金刚石钻头钻进[41]。

#### 5.1.1.2　完整性

要求取上的岩矿芯尽量避免人为的破碎、颠倒和扰动。要求保持原生结构和原有品位，以便划分矿石类型，观察矿物原生结构和共生关系。

#### 5.1.1.3　纯洁性

要求取上的岩(矿)芯不受外来物质的侵蚀、污染和渗进，以免影响矿石的品位、品级和物理性质，污染来源主要是泥浆和磨料。例如煤芯中混入黏土，灰分增加；滑石混入泥浆，二氧化硅提高等。

#### 5.1.1.4　避免选择性磨损

由于岩性不一和措施不当，造成同一回次的矿芯磨损程度差异很大，称之为选择性磨损，表现为软去硬留、小去大留、轻去重留。后果会使其内在物质成分发生变化，造成矿物人为贫化或富集，歪曲原品位和品级。例如性质较软或较轻的，成鳞片状、纤维状、细脉状、薄层状的钼、石墨、云母、石棉等矿物，被磨损后，则发生人为的贫化；对比重较大，成脉状、结晶状、粒状的金、铜、铁、铅锌、汞等矿物，又可能发生人为的富集。

#### 5.1.1.5　取芯部位准确

要求取上岩(矿)芯的位置准确，是为了得到岩矿层准确的埋藏深度、厚度和产状，以准确地计算矿产储量和确定其地质构造。

### 5.1.2　影响岩矿芯采取率及质量的因素

为了提高岩(矿)芯采取率与质量，获得数量足够且具有良好代表性的岩(矿)芯，了解其影响因素是极其必要的。这样，才能在钻进前，针对性地采取积极措施。影响岩(矿)芯采取率与品质的因素是多方面的，并且也极为复杂的。但是综合归纳起来可以分为有地质条件、工艺技术和组织管理及规章制度等几方面。

#### 5.1.2.1　地质因素

影响岩矿层取芯数量和质量的地质因素，主要是岩(矿)芯的物理力学性质和岩矿层的结构、构造两个方面[42]。

若岩矿层强度大、硬度高、构造完整、结构致密、均质，钻进中不怕冲、不怕振，对取芯极为有利，就易于得到完整的、代表性高的岩矿芯。若岩矿层性质松散、酥脆、胶结性差、构造破碎、风化深、裂隙多、节理片理发育、软硬交替频繁，易溶蚀，钻进中怕冲、怕振、怕磨、怕污染和淋蚀，岩矿芯多成块状、粒状、片状，或被淋蚀和流失，这类岩层对取芯不利，就不易获得有足够代表性的岩矿芯，甚至取不到岩矿芯。

地质因素是客观因素，但是可以通过主观努力，根据其具体情况，采取相应的技术措施、减少或消除其影响，从而获得代表性较好的岩矿芯。

#### 5.1.2.2　钻进中的机械破坏作用

钻进中的机械破坏作用主要表现为：钻具回转震动的破坏作用；冲洗液流的冲刷与溶蚀作用；岩芯堵塞互磨；液柱压力压碎岩芯或造成岩芯脱落；其他原因

造成岩芯脱落(升降操作不稳,升降受阻,跑钻,岩芯未卡牢等);处理事故造成岩芯损耗;磨料对岩芯的破坏作用[43]。

钻进中钻具回转运动,则可能产生离心力和水平振动,当钻头克取阻力不均时,则会产生纵横向振动,以及因这些振动而引起的钻具与孔壁、钻具与孔底的剧烈敲打和撞击,能严重地将岩芯管内的岩矿芯振断、振碎和磨损。

钻进中冲洗液的液流,尤其是通过岩芯与岩芯管壁间小环隙和钻头底部的液流,流速很高,冲刷岩芯的力很大。这样就可能把岩芯碎屑冲至钻头部位,或与岩矿芯互磨成粉而流失,或把岩芯堵塞,使岩矿芯磨耗,严重地影响采取率。

钻进中,在岩芯柱上端液柱的静、动压力,会把酥脆的岩矿芯压碎,增加断口处的压力,加剧断口磨耗。此外,在提升岩矿芯时,管内液柱的惯性力会把岩矿芯从岩芯管内压脱,被迫二次套取,严重磨耗岩矿芯。

### 5.1.2.3 钻进方法

在同一种岩矿层中会因所用的钻进方法不同,取得的岩矿芯质量也不一样。

钢粒钻进时振动大、孔壁间隙大、钻出的岩矿芯细,所以对岩(矿)芯的磨损破坏作用最大;硬质合金钻进,克取岩石比较平稳,孔壁间隙较小,钻具振动较轻,对岩矿芯的磨损也较轻,钻出的岩芯直径较粗,抗破碎能力较强,易保持成柱状或大块状。因此岩矿芯完整易取;金刚石钻进有更多的优越性,它钻进效率高,而且取上的岩矿芯质量也好。

由此可见:钢粒钻进对岩芯的破坏作用最大,硬质合金钻进较轻、金刚石钻进最小。此外,硬质合金钻进和钢粒钻进还有一定的污染问题。例如,采用硬质合金钻进钨、钴矿床时,磨损下来的硬质合金粉末,会增加矿芯中的钨、钴含量;用钢粒钻进滑石矿床时,则会增加矿芯中的氧化铁有害成分;金刚石钻进时,有时也会污染岩芯样品,其污染的常见方式为:一方面是金刚石直接由钻头脱落入冲洗液后掉入松散岩芯中,另一方面是金刚石在孔底烧结生成碳化硅结块。但是综合考虑,在条件允许的情况下应尽量选金刚石钻进。

### 5.1.2.4 钻进规程

不同的钻进规程,对提高岩矿芯采取质量有很大的影响。

压力过大,钻进过快,对松散、黏性大的地层,易糊钻、堵塞和烧钻;对硬岩地层,易使钻头变形,引起岩矿芯破碎,同时加剧孔底钻具的弯曲和振动,使岩矿芯受到强烈的机械破坏;压力不足,进尺慢,延长了岩矿芯受破坏作用的时间。

转速过高,钻具受离心力作用大,其振动摆动也大,对岩矿芯的破坏加剧;转速过低,则钻速低,延长了岩矿芯受破坏作用的时间。

冲洗液量过人,流速增加,冲击力也大,会加剧岩矿芯被冲毁和磨耗的破坏作用。循环方式的不合理,也会导致岩矿芯被冲刷破坏和重复磨损。

冲洗液对盐类矿层,如岩盐、钾盐、镁盐、石膏等有溶蚀作用。

钢粒钻进，投砂量过多，钢粒直径过大，易扩大孔径和磨细岩矿芯，加大钻具振动幅度，加剧岩矿芯的破坏。

回次时间和回次进尺长度对岩矿芯的质量都有影响。时间越长，进尺越多，岩矿芯被破碎、磨损、分选和污染的机会越多。缩短回次进尺，不利于钻进效率的提高却有利于岩矿芯的采取。因此，要提高岩矿芯采取质量，多采取限制回次时间和回次进尺的措施。

总之，不同的钻进规程对岩矿芯采取质量有很大的影响。因此，对钻进规程的选择，既要考虑钻进的要求也要考虑取芯的需要，合理的规程应当是以不烧钻、钻具无过大弯曲、钻头正常磨损为前提，使钻速尽量高（磨损岩芯时间短）。

### 5.1.2.5　钻具结构

钻具结构对提高岩矿芯采取质量也影响很大。

钻头直径愈大，则岩矿芯愈粗，抗破碎能力愈大，愈易于保持完整性，也更便于卡取，故在一定孔径内，岩矿芯截面与孔径截面之比值越大，则采取率越高，反之越低。但是钻头直径过大，孔底可取面积愈大，所需的孔底压力增加，钻进时钻具的振动加剧，对岩矿芯的破坏作用也大。同时，可取面积增大，钻速往往降低，岩矿芯不易采断，对取芯不利。此外，提升时岩芯容易脱落。因此，不能片面地用加大口径办法来提高岩矿芯采取质量。

钻头的结构合理，与所钻岩矿层性质适应，可加快钻进速度，缩短岩矿芯在管内被破坏的时间，更有利于提高采取率。

硬合金钻头加工质量好、结构合理时，钻头与岩芯管同心度愈高，则钻具回转时愈平稳，愈会减轻对岩矿芯的破坏作用；钢粒钻头太长，在复杂的岩矿层钻进时，岩芯残留多，水口太高太宽易于堵芯，这些都不利于采取岩矿芯；金刚石质量高，结构合理，取芯卡簧的规格要合乎要求，才能保证较高的钻速，可靠地卡紧和提断岩矿芯，否则也对提高岩矿芯采取率不利。

取芯工具的选择与岩矿芯采取质量的提高至关重要。如果能根据所钻岩矿层的性质选择合适的取芯工具，能防冲刷、防振击、防污染，就可能取得采取率高和代表性好的岩矿芯。

### 5.1.2.6　操作技术

钻进中操作不当、或操作方法不正确，也会造成岩矿芯破坏，降低取芯质量。

钻进中提动钻具次数过多、过高，会使岩矿芯脱出岩芯管，或磨损、折断、破碎成块；盲目追求进尺，回次时间过长，提钻不及时或处理事故时间过长，岩芯堵塞后仍继续钻进，都会增加岩矿芯在孔底被破坏的时间；采芯方法不当，或卡取不牢，或提钻过猛会造成岩矿芯脱落，再次套取又会使岩矿芯受到重复破坏；干钻掌握不当，使岩矿芯受到严重挤压，或烧灼变质；退芯时方法不当或过分敲打，造成岩矿芯的人为破碎和上下顺序颠倒，影响了岩矿芯的完整性、歪曲了岩矿芯层次。

#### 5.1.2.7　管理组织与规章制度

组织管理不善，缺乏必要的规章制度，对采芯是十分不利的。例如在思想上片面追求进尺而忽视质量问题；没严格执行钻孔设计与审批制度；施工前没有根据钻孔理想柱状剖面图做好取芯工具和材料的准备工作；遇新矿区或新矿种，没有预先打试验钻孔，以熟悉岩矿层特点和取芯技术；缺乏见矿预报、质量检查与验收制度等，都会影响岩矿芯的采取质量。

钻探人员首先要从思想上重视质量问题，树立对地质成果负责的全面意识，提高采芯技术和操作方法，学习先进经验。其次，施工前要根据钻孔理想柱状图和技术指示书，充分讨论和研究优质高产的具体措施，提前做好取芯工具的准备，每次使用前后，都要对取芯工具进行检查。在日常生产中，一定要坚持见矿预报制度和守矿制度，坚守岗位和严格遵守规章制度，才能避免人为因素对取芯质量的影响。

### 5.1.3　取芯钻具

#### 5.1.3.1　单层岩芯管钻具取芯

单层岩芯管钻具简称单管钻具，它是最简单的取芯钻具[42]。

根据岩矿层性质不同，采用不同的取芯方法，单管钻进的取芯方法有卡料卡取法、卡簧卡取法、干钻卡取法和沉淀卡取法四种，其中卡料卡取法和卡簧卡取法只适合用于稳定易取芯地层，因此不过多介绍。

1）干钻卡取法

以硬合金钻头钻进松散、软质和塑性岩矿层时，若用卡料和卡簧都卡不住岩芯，则可用干钻法采取岩矿芯。即在回次终了时，停止送水，干钻进尺一小段（20~30 cm），利用未排除的岩粉来挤塞住岩矿芯，再通过回转将其扭断提出。

为了提高岩矿芯采取率，防止提钻过程中岩矿芯脱落，使用活动分水投球钻具，可以使干钻取芯获得更好的效果。活动分水投球钻具的结构如图5-1所示。其特点是：在普通单管钻具中，增加了适合于在遇水膨胀地层安全钻进的导向管1，起分流与防水压两用的分水投球接头2和防止冲洗液冲刷的岩芯活动分水帽9。

正常钻进时，冲洗液通过分水接头2的中心孔直接进入岩芯管内，但是由于分水帽9起到保护伞的作用，使松软的岩矿芯不致被冲洗液冲蚀破坏。提钻前，由钻杆柱内投入的球阀落于球座活塞6上，将中心水道封闭。在水压作用下，被球阀封闭的球座活塞被压而向下移动；当超过接头侧壁上小卡5的位置时，小卡在弹簧7作用下向内伸出，将球阀座挡住，不能上升，同时打开了通水孔11，冲洗液可由此孔排出，改变了液流方向，使孔底形成干钻条件。通过此小孔还可将钻杆中的积水泄出,以免在卸开钻杆时产生喷水现象。

活动分水帽9呈伞形装于岩芯管内,边缘开弧形水口若干个。钻进时,分水帽9随岩芯一块向上移动,冲洗液经水口由岩芯管与岩芯管之间的环状间隙通过,起到了保护岩矿芯顶部不受冲洗液直接冲刷的作用。

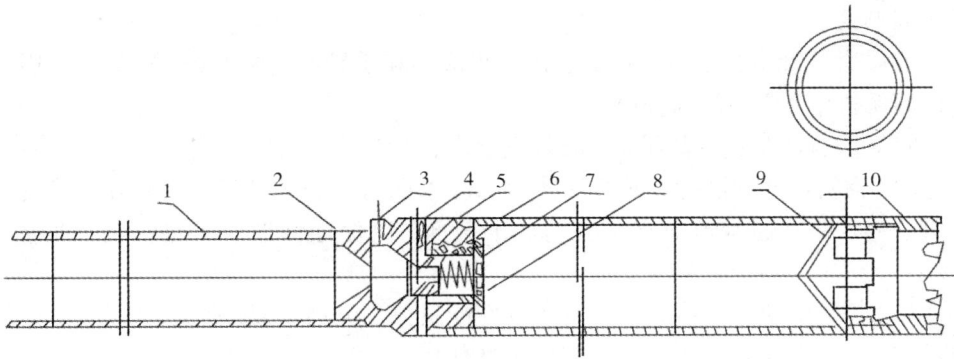

**图5-1 活动分水投球钻具**

1—导向管;2—活动分水投球接头;3—取球孔螺塞;4—小卡螺塞;5—小卡及弹簧;6—带阀座的活塞;
7—弹簧;8—弹簧座;9—活动分水帽;10—硬质合金钻头;11—通水孔

为了适应缩径地层的安全钻进,上部导向管1的直径可比岩芯管的直径小一级。一般岩芯管的长度为1~2m;导向管的长度约6~8m。

使用上述活动分水投球钻具的钻进规程及注意事项是:

(1)下钻距孔底50cm左右时,用大泵量冲孔,到底后将泵量改为50~60 L/min进行钻进;

(2)注意净化泥浆,防止岩粉卡死活动分水接头的活塞和小卡;

(3)当进尺达到回次长度的1/2~2/3(松散岩层选1/2;塑性岩层选2/3)时,投入钢球,继续钻进。提钻前,可酌情停泵干钻一段,待确定岩芯已卡牢,即可提钻;

(4)最好每回次将岩芯打满形成自卡;

(5)钻进规程参数:钻压为400~500 N/颗;

对于完整地层,转数为150~180 r/min;松散地层为100~130 r/min;对完整地层泵量为50~60 L/min;松散地层为40~50 L/min。

2)沉淀卡取法

此法适用于反循坏钻进。在回次终了时,停止冲洗液循环,利用岩芯管内悬浮岩粉的沉淀,挤塞卡牢岩矿芯。

松软、脆、碎的岩矿层中常使用沉淀卡取法。其岩粉的沉淀时间应根据岩粉颗粒的大小、多少、密度及冲洗液的黏度而定，通常取 10~20 min。沉淀法还常与干钻法结合使用。

### 5.1.3.2 双层岩芯管钻具取芯

双层岩芯管钻具由内外两层岩芯管组成。为了适应于钻进各类不同特点的岩矿层，双管钻具的结构分为双动双管钻具和单动双管钻具两大类。各类又分为若干不同型式。

双层岩芯管钻具是目前提高岩矿芯采取率和质量的重要工具。在复杂地层和金刚石钻进中，应用较为普遍。

对双层岩芯管钻具的结构，有如下要求：

(1)为防止冲洗液对岩矿芯的冲刷和静水压力对岩矿芯的破坏作用，钻具内所有的通水眼和通水道应有足够的通水截面，以保证钻进中水路畅通，水流阻力小；

(2)若是单动双管钻具，必须具有性能良好、灵活可靠、保证内管不转动的单动装置，以避免机械力对岩矿芯的破坏作用；

(3)为避免冲洗液流直冲岩矿芯根部，内、外钻头差距应该能够调整，以适应不同性质岩矿层钻进的需要；

(4)为减少岩矿芯进入内管时的磨擦、挤压和堵塞，内、外两层管必须同心，钻头和内管的内径配合适宜；内管内壁光滑平直(最好镀铬)或设置第三层岩芯容纳管；对怕污染的岩矿层，还应在内管或容纳管内设置隔浆和刮浆用的活塞；

(5)为减少岩芯进入内管的阻力，必须有止逆阀以使内管内的液体在岩芯进入时能顺利排出；

(6)必须有可靠的取芯装置，以保证提钻中途不致脱落，以及在地表退芯方便等。

1)双动双管

双动双管钻具是指具有内、外两层岩芯管，并在钻进时同时回转的取芯工具。此种钻具多用于硬质合金钻进，适用在可钻性为Ⅰ~Ⅶ级的松软、易坍塌、怕冲刷的岩矿层。也有极少数双动双管钻具采用钢粒钻进，用于可钻性Ⅶ级以上的破碎、怕冲刷的岩矿层中。

双动双管钻具的特点是：结构简单、加工容易。钻进中可避免冲洗液对岩矿芯的直接冲刷和钻杆内水柱压力的作用，从而对岩矿芯的互相挤压和磨耗有所缓和。因此，一般能保证获得较好的岩矿芯采取质量。但是，由于钻进中内管还同时回转，未能避免机械力对岩矿芯的破坏作用，故对岩矿芯的完整度和原生结构仍不易得到保持。

(1)双动双管钻具的结构及工作原理

钻具的结构如图 5-2 所示。它主要由双管接头 1，内、外岩芯管，内、外钻头，止逆阀和球阀组成。

　　在开有进水眼、回水眼和装有止逆阀、球阀的特制双管接头 1 下部，连接内、外岩芯管 5、6。两岩芯管下端根据岩矿层性质不同连接不同的钻头。当钻进中硬以下岩矿层时，接以普通硬合金钻头。内钻头水口较小或不开，并使两钻头保持相当的差距，以避免冲洗液冲刷岩矿芯根部。差距大小按岩矿层性质而定：松软、胶结性差的大些，反之应小些，甚至为零。一般差距为 30 ~ 50 mm。当钻进黏结性较大的岩矿层时，可接以外肋骨钻头。当采用钢粒双动双管钻具钻进坚硬的岩矿层时，内、外管下端接一个厚壁钢粒钻头，其外径上部开有水槽，如图 5 - 3 所示。此时，岩芯管的长度一般为 1.5 ~ 2 m。

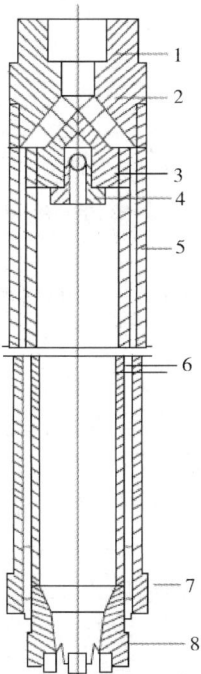

图 5 - 2　合金双动双管钻具
1—双管接头；2—回水眼；3—止逆阀；4—球阀座；
5—外管；6—内管；7—外管钻头；8—内管钻头

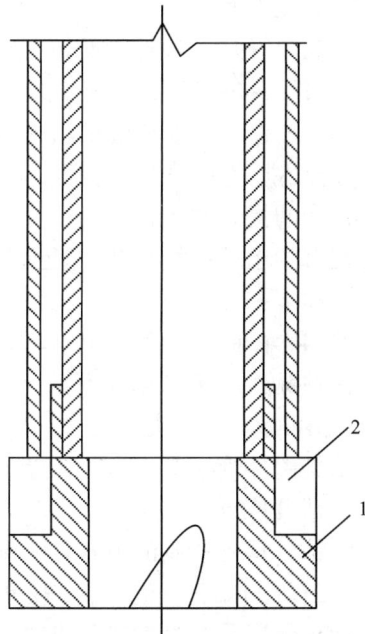

图 5 - 3　钢粒双动双管钻具底部
1—厚镀钢粒钻头；2—水槽

　　钻进中内、外管同时回转并破碎孔底岩石；冲洗液经双管接头的进水孔进入内、外管间的环状间隙，流至孔底冲洗孔底后再沿孔壁外环间隙返至地面，避免了对岩矿芯的直接冲刷，碎块也不易流失；内管中岩芯上部的冲洗液，随着岩矿芯的进入而冲开止逆阀 3，经回水孔排至外环间隙。由于止逆球阀的存在，隔离了上部水柱并防止了静水压力对岩矿芯的作用，缓和了磨损和避免了提钻时压脱岩矿芯。

（2）操作注意事项与钻进规程

使用双动双管钻具时，应十分注意其操作及钻进规程的规定：

①要根据岩矿层性质确定钻进规程参数，一般压力 $P = 6 \sim 8$ kN；转数 $n = 140 \sim 180$ r/min；冲洗液量 $Q = 40 \sim 80$ L/min（要与钻头差距相配合）。

②下钻至距孔底 0.5 m 左右，要用大水量扫孔到底，然后调好水量钻进。

③在多层矿体和孔壁易坍塌的钻孔中钻进时，下钻前应冲孔，清除孔底坍塌物。故在下钻前不装球阀，待冲孔、扫孔到底后，再投入球阀给水钻进。

④钻进过程中，一般不提动钻具；若必须要提动时，不要提起太高，以免冲洗液冲刷岩芯根部，同时要限制回次进尺。

2）单动双管

单动双管是一种外管回转、内管不回转的双层岩芯管钻具。这种钻具除具有双动双管钻具的防止冲洗液直接冲刷岩矿芯的作用外，由于内管不转动，可避免因钻具转动造成对岩矿芯的机械破坏作用。另外有些单动双管还设有防污染、防振、防岩芯脱落和退芯等装置，可使岩矿芯的采取率、完整度、纯洁性和代表性等有很大的提高和改善。

现有的单动双管钻具种类繁多，可适应不同类型地层取芯的需要，几种较典型类型如下：

（1）隔水单动双管钻具

该钻具适用于可钻性为 Ⅲ ～ Ⅶ 级中硬破碎、节理、层理发育，易流失的怕磨、怕振、怕冲刷的岩矿层。

钻具由外管接头、单动装置、内外管、卡芯装置和特制的隔水钻头等组成。

①钻具特点

该钻具具有特制的隔水钻头和隔水罩，还备有三种适用于不同性质岩矿层的岩芯提断器。因此，除具有一般单动双管钻具的优点外，还具有利于提高岩矿芯纯洁性和保证采芯可靠等特点[44]。

特制钻头有硬合金钻头和钢粒钻头两种。其共同特点是钻头外侧面开有水槽，可以将内外管环状间隙内的冲洗液引至孔底。钻头内侧有隔水罩，可以防止钻进时内管的摆动和避免冲洗液进入钻头内冲毁岩矿芯。

根据所采岩矿芯性质的不同，可采用如下三种岩芯提断器：

第一种：如图 5 - 4（a）所示，由岩芯卡簧和卡簧座组成，用于较完整的岩矿层；

第二种：如图 5 - 4（b）所示，由卡簧座、铆钉和弹簧片组成，用于破碎和较破碎的岩矿层；

第三种：如图 5 - 4（c）所示，由卡簧座和带弹簧片的卡簧组成。用于坚硬破碎、易被冲毁和有时夹有完整岩矿芯的岩矿层。

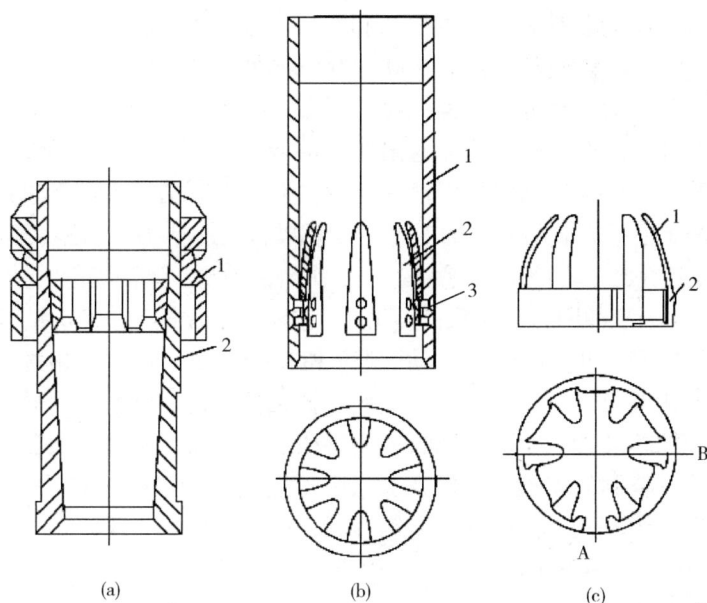

图 5-4　岩芯提断器

（a）1—卡簧；2—卡簧座　（b）1—卡簧座；2—弹簧片；3—铆钉　（c）1—弹簧片；2—卡簧

②钻进规程

硬合金钻进（对于 $\phi$91 mm）：钻压 $P$ 为 4～7 kN；转数 $n$ 为 200 r/min；泵量 $Q$ 为 20～45 L/min。

钢粒钻进：钻压 $P$ 为 200～300 N/cm$^2$；转数（对于 $\phi$110 mm）$n$ 为 140～150 r/min；泵量 $Q$ 回次初为 20 L/min，回次末为 8～15 L/min；采用一次投砂法，每回次投 30～50 g/cm$^2$。

③操作要点

钻具下到距孔底 1～1.5 m 时，即开泵冲孔，然后开车扫孔到底。钻进过程中，绝对禁止上下提动钻具。回次进尺一般为 0.8～1.5 m。提钻前，上下活动钻具几次以提断岩芯。钻具用毕后，应彻底清洗和润滑，轴承部分必须涂上黄油，以防生锈失灵。

（2）阿式单动双管钻具

该钻具主要用于煤层钻进和 I～Ⅲ 级松软的夹层，以及夹矸少的稳定煤系地层钻进；也可用于钻进 I～Ⅱ 级松散、易被冲毁的岩矿层，如磷矿、菱镁矿等。

钻具由异径接头、联动装置、缓冲装置、单动装置、内外管及内外钻头、岩芯容纳管和卡簧护芯装置等组成。

①钻具特点

该钻具有独特的联动装置,由拉杆和连接器组成。拉杆的凸肩与连接器滑槽是滑动组合,可使内管相对外管有700~800 mm的滑动距离。通过联动装置既可传递回转动力和压力,又可纵向伸缩控制爪簧护芯装置。下钻和提钻时,拉杆凸肩处于滑槽上部,内管上升,爪簧露出向中心收拢。到底后,内管在钻具自重作用下撑开爪簧,此时拉杆凸肩处于沿槽下部,带动给进钻具进行钻进。

缓冲弹簧能根据岩矿层软硬的变化自动调整内、外钻头的差距(即内钻头切入的深度),岩层愈硬,弹簧被压缩愈大,内钻头超前愈少。弹簧能将内钻头紧紧切入岩矿层,防止冲洗液冲刷岩矿芯根部。此外,它还有吸收振动、稳定钻具的作用。

止推球的作用,可使内管不转动,避免机械振动对岩矿芯的破坏。

在内管中设置第三层岩芯容纳管,便于提钻后退芯,防止人为破坏岩矿芯。

采用爪簧护芯装置,提钻时能封住内钻头底部,保证岩芯不致脱落。

外钻头是一特制的唇面、中部开有八个直通水口的硬合金钻头。内钻头是一淬火钢制的具有锐利刃口的硬质圆筒。两钻头间有径差,且内钻头超前外钻头3~5 mm,在压力作用下可预先切入岩矿层。钻头的结构和内外钻头的径差,可以防止冲洗液冲刷岩矿芯根部。

②钻进规程

对于$\phi$91mm钻头:钻压$P$为4~5 kN;转数$n$为80~150 r/min;泵量$Q$为60~80 L/min;回次进尺一般为0.6~0.8 m。

③操作要点

下钻不宜快,孔底有残留岩矿芯时不许下入钻具;不能用该钻具扫孔。下钻距孔底1m左右,先开泵冲孔5~10 min后,再将钻具轻放到底;钻进中不得任意提动钻具;回次进尺要限制;回次终了,要停泵静止1~2 min再提钻;顶板岩芯必须取净,否则残留岩芯直径大,堵住内钻头,造成岩芯严重磨损。

这种钻具在遇可钻性Ⅳ~Ⅵ级软硬交替频繁、夹矸多、煤层薄、煤质变化大的不稳定煤系地层或顶底板时,由于内钻头在硬岩矿层中不能预先切入,应改变钻具的下端结构。通常可采用内管缩入、外钻头超前的形式,如图5-5所示。

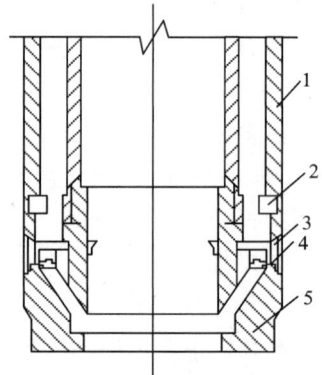

图5-5 外钻头超前结构

1—外管;2—止动锁;3—爪簧;
4—内钻头;5—外钻头

(3)压卡式单动双管钻具

该钻具适用于Ⅳ~Ⅵ级较完整的、节理发育的或呈纤维状的岩矿层(如白云岩、蛇纹石化白云岩、石棉等)。其效果良好，即使是极易发生选择性磨损的石棉矿，亦可取得纯洁度较高和保持原生结构的石棉矿芯。

钻具主要由回转部分、单动装置、卡芯装置、回水阀、外管及钻头等组成。

①钻具特点

采用了轴承单动和万向节单动相结合的双重单动装置。钻具内管不转动，可防止岩矿层发生选择性磨损，而保持其原生结构。钻头为一特制的、内壁具有较大锥面的、壁厚较薄、内径相对较大的硬合金双管钻头。钻出的岩芯直径较粗，且抗破碎能力较强。采用了提断器(卡环)压卡取芯。卡芯装置断芯可靠，卡芯牢固，提升时不易脱落。

钻具设有结构简单、工作可靠的压卡机构。当采芯时，向钻杆内投入钢球，开泵送水；带有锥面凹槽的活阀在水压作用下下移，直至其凹槽最深处与钢球相对时，钢球进入凹槽内，原来被钢球锁住的分水接头及其连接的钻具，则在其重量及水压的共同作用下脱锁下移，迫使提断器沿钻头内锥面下行收缩而卡取岩矿芯。

②钻进规程

使用该型钻具的钻进规程参数可见表5-1。

表5-1　压卡式单动双管钻具钻进规程参数

| 岩石级别 | 压力/kN | 水量/(L·min$^{-1}$) | 转数/(r·min$^{-1}$) |
|---|---|---|---|
| V～VI | 5.9～7.9 | 60～80 | 120～180 |
| II | 2.9～4.9 | 30～80 | 80～100 |

③操作要点

使用前应对钻具进行地表试验。压卡装置应在给水量80～100 L/min时不脱锁。提断器规格应严格符合要求；下钻时，先不投球，经开泵冲孔，扫孔到底后才进行正式钻进；下钻遇阻时不许墩，以防压卡装置脱锁而造成提断器阻塞岩芯、进入岩芯管内；扫孔时要慢，钻进时要压力均匀，轻提、轻放；退芯时切忌敲打岩芯管。

4)活塞式单动双管钻具

该钻具适用于VI级以下的松散、粉状、节理发育、怕污染的岩矿层(如IV～VI级的粉末状、鳞片状的滑石矿以及部分石墨矿等)，是钻进滑石矿的一种专用工具。

钻具主要由分水接头、单动装置、特制半合管、胶质活塞和阶梯钻头等组成。

①钻具特点

该钻具的最大特点是采取了严密地防止冲洗液接触、污染、冲刷岩矿芯的技术措施。为了保持岩矿芯的原生结构,在内管中设有咬合严密的两片半合管;在半合管内设置了胶质活塞,使岩矿芯与泥浆隔绝。胶质活塞在钻进中起隔浆、刮浆和减振作用,并且随着岩矿芯顶着活塞进入半合管,产生抽吸作用,提高了岩矿芯的纯洁度和取芯可靠性;在阶梯钻头体的中部设置了斜开水口,使冲洗液不致直冲孔底;半合管下端伸入钻头内台阶上,在钻头水口下部与半合管间设置密封圈,以隔离冲洗液并防止岩矿芯被污染。

②钻进规程

钻压 $P$ 一般为 $6 \sim 8$ kN;转数 $n$ 为 $90 \sim 150$ r/min;泵量 $Q$ 为 $70 \sim 150$ L/min。

③操作要点

下钻前要检查半合管的同心度与稳固性;活塞是否过紧;半合管与钻头内台阶的间隙是否符合 $0.5 \sim 1$ mm 的要求。扫孔前,先送水将活塞推至底部,再开车扫孔;扫孔完毕才可投球钻进。钻进中要保证送水正常压缩分水装置,改变液流方向,使活塞上部免受动水压力的负荷,也避免孔底缺水烧灼矿芯;要严禁提动钻具,以免泥浆污染岩矿芯;钻进软硬夹层时,要特别注意由硬变软(如见滑石矿体时)的情况,此时进尺不能超过 70 mm,以免打丢矿层;一旦发现进尺下降,应即提钻,以免强行钻进磨损矿芯。

(5)金刚石钻进用单动双管钻具

生产实践表明,在金刚石钻进中使用单动双管钻具比使用单管钻具,能更有效地保证岩矿芯采取率、提高钻进效率、延长钻头寿命、降低金刚石消耗,从而达到降低钻探成本的目的。因此,目前在金刚石钻进中普遍使用单动双管钻具。只有在较完整均质的、坚硬的岩层中,才使用单管钻具钻进。

①钻具特点

从金刚石钻进口径小的特点出发,金刚石钻进用的单动双管钻具与大口径的单动双管钻具相比,应有其不同的结构特点:

a.在总的结构上,由于断面面积不大,故应力求简化,以便于加工、维修和保养。

b.水路设计要合理,除应保证有足够的通水断面之外,在各接头所开的通水孔应尽量采用斜孔,以减小水流阻力。

c.内管的长度(或内管下端与钻头内台阶间隙)应能够调整,以适应不同岩矿层钻进的需要,扩大钻具的适用范围。

d.管子的同心度要好,以利于保护岩矿芯。为此,接头与心轴应尽量加工成一体,或增设定位器。

e.为了保证有较大通水断面和获得较粗的岩矿芯,管子的壁厚一般较薄,应采用性能较好的材料加工管子。

②钻具类型

我国现场使用的单动双管钻具结构，形式较多，各有特点。为了统一标准，地质矿产部(现国土资源部)特规定了三种型式双管单动结构，供生产单位选用。

其单动部分采用三种型式：

球 – 单盘推力球轴承式，代号 Q；

单盘推力球轴承式，代号 D；

双盘推力球轴承式，代号 S。

钻具的具体尺寸见地质矿产部颁发的标准 DZ10 – 82。

近年来，在煤田钻探中，为了提高煤芯的采取率，也大力推广使用单动双管取煤器，其结构与普通金刚石用单动双管钻具相类似。两者的主要区别在于钻头部分，即取煤双管钻具的钻头一般由内、外钻头组成，内钻头超前外钻头，而且为了减少泥浆循环流动时的阻力，钻头的内、外出刃量均较大(有时还可采用肋骨型钻头)。为了防止泥浆污染煤芯，有的取煤双管内还装有第三层半合管和胶质活塞。

③钻进注意事项

a. 下钻前必须检查内、外管的垂直度和同心度，发现弯曲应及时校正。

b. 选择内管短接、卡簧、卡簧座时，一定要注意其相互配合关系，否则将影响钻进效率及岩矿芯的采取率。生产中经常发现岩矿芯在进入到内管短接处时的堵塞现象，便是由于内管短接直径较小所致。

c. 卡簧活动范围很小(仅约 12 mm)，故钻进中不得随意提动钻具，否则会提断岩矿芯。

d. 由于双管壁厚较薄，强度较差，极易弯曲变形。因此，钻进中压力不宜太大。

e. 双管内、外水路过水断面小，压力损失亦大[10]，故所需泵压常比单管钻进高出 2 ~ 3 个大气压，这是正常现象。如果发现泵压剧增，说明水路堵塞；发现泵压下降很大，则说明冲洗液有中途大漏失，均应提钻检查，否则可能引起烧钻。

f. 每次提钻，均应对双管分别进行检查。如钻头内径磨损大于 0.4 mm，底刃已无金刚石，胎体有裂纹或崩坏，金刚石脱落等现象，均不得再使用。

g. 孔内有残留岩芯超过 0.1 m 时，不得下入新钻头；超过 0.3 m 时，必须专门捞取或磨掉。如孔内有金属杂物(尤其是处理事故后)，一定要用专门工具捞取干净。否则，不许下钻钻进。

h. 使用双管如发生返水正常的轻微岩芯堵塞时，切勿强行处理，可适当调整压力和增加转速来处理，无效时应立即提钻。

## 5.1.4　取芯工艺

### 5.1.4.1　无泵反循环钻进取芯工艺

岩芯钻探中的反循环钻进，有全孔反循环钻进和孔底局部反循环钻进(即粗径钻具上部为正循环,下部为反循环)两种。现用的局部反循环钻进又可分为无泵反循环钻进(简称无泵钻进)和喷射式孔底反循环钻进(简称"喷反"钻进)两种。

冲洗液的反循环钻进,比正循环钻进有如下优点:由于冲洗液的反向循环,它与岩芯进入岩芯管的方向一致,避免了冲洗液对岩矿芯的正面冲刷和液柱压力对岩(矿)芯所造成的挤夹和磨损,从而有利于岩(矿)芯进入岩芯管、减少其流失和重复破碎;同时,还能使岩(矿)芯在岩芯管内呈悬浮状态,减轻了选择性磨损。这些对松散脆碎、怕冲刷的复杂地层,在提高取芯质量方面是很有意义的。

所谓无泵反循环钻进,即钻进中不用水泵进行冲洗钻孔,而是利用孔内的静水柱压力和上下提动钻具在孔底形成局部反循环而实现冲洗孔底的钻进[45]。

1)无泵反循环钻进的工作原理

如图 5-6 所示。回转钻进的同时,必须每分钟数十次地频繁地上下提动钻具数十厘米。当上提时,球阀 3 关闭,则粗径钻具在孔中有类似活塞的抽吸作用,将混有岩粉的冲洗液吸入岩芯管 6 中;当迅速下落时,被吸进来的冲洗液在压力作用下,冲开球阀,并从其上的回水口 2 流出,岩粉即沉淀于取粉管中。

反复提动钻具,便可使冲洗液在孔底形成局部反循环,达到清除岩粉、冷却钻头和提高采芯质量的目的。

无泵反循环钻进能使采芯质量提高的原因:一是由于反循环的优越性(如前所述);二是液流速度较小,对岩石的冲蚀作用小;三是纵向提动,堵芯机会减少,即使堵芯,由于岩石松软,易使堵芯岩块破坏而消除堵芯;四是岩粉的涂壁护芯作用。

无泵钻进的卡取岩芯是采用干钻和沉淀相结合的方法,即在回次终了,一面减少提动次数,或不提动钻具,让岩粉沉淀;一面加大压力进行干钻,以造成岩芯自堵而实行取芯。

2)适用范围

根据无泵反循环的特点,无泵钻进最适于如下地层和条件下钻进:

(1)松软、脆碎、复杂的可钻性为 1~6 级的岩矿层,如雄黄、磷矿、铜矿、铅

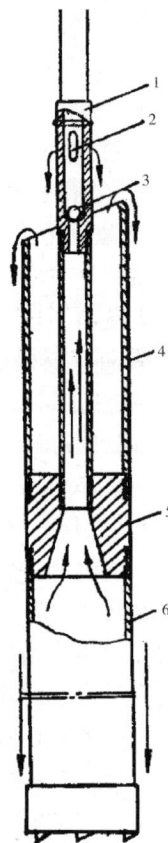

图 5-6　无泵反循环钻进工作原理

1—接骨;2—回水口;3—球阀;
4—外管;5—锥形口;6—岩芯管

锌矿、黄铁矿等；

（2）松散、胶结性差、易坍塌的 3~6 级的岩矿区，如褐煤、褐铁矿、软锰矿、风化矿、铝钒土及黄土层等；

（3）怕冲刷、易溶蚀的岩矿层，如岩盐、钾盐、芒硝等。

但由于这种钻进是靠孔内的静水柱压力和上下提动钻具来实现孔底反循环钻进的，故所需劳动强度较大，一般仅适用于孔深 150~200 m 以内。又因消耗冲洗液量少，最宜在干旱缺水、供水困难的地区和孔内漏失严重的钻孔中钻进。再由于钻进时冲洗液流动速度不大，对岩芯冲蚀作用很小，所以，其岩矿芯采取率一般都在 80% 以上，且能较好地保持岩矿芯的原状结构。

无泵钻进的缺点是：劳动强度大；钻进时有间歇，钻进效率低；岩粉量多，操作不当易发生孔内事故。

3）无泵钻具的结构

无泵钻具的结构比较简单，通常由岩芯管接头、导粉钻杆、无泵接头、球阀、取粉管和岩芯管等组成。

球阀和取粉管是主要部件。球阀应能起到严密封闭的作用，要求其上下活动灵活。因此，球阀不能太大太重。根据无泵钻进的特点和岩矿层性质，都须带有取粉管（黏性大，岩粉不多时除外），必要时还采用上下两根取粉管。

（1）开口式无泵钻具

开口式无泵钻具其特点是结构简单，收集岩粉能力强，取出岩粉容易。但是钻具的钻杆上开了水眼降低了钻具的强度，因此，它仅宜在 150 m 以内的浅孔钻进中应用。

（2）闭口式无泵钻具

闭口式无泵钻具与开口式无泵钻具相比，强度较高，适于破碎、松散、黏性大、比重大的岩矿层和孔深大于 150 m 的钻孔中使用。如遇坍塌、掉块和岩粉较多的岩矿层，它还可在导水接头上增加一开口取粉管，以收取更多的岩粉。

无泵钻具的种类较多，除上述两种基本结构外，还可根据岩矿层性质进行改型设计；钻具口径也可大小不等。

如遇黏性、塑性较强的岩层，钻具可再增加一球阀以隔离钻杆柱内的水柱，变成双球阀式无泵钻具。此时，岩（矿）芯进入岩芯管时，就不会受到钻杆柱内较大的液柱压力的影响；岩芯进入管内的阻力也就减小，亦就不易产生岩芯堵塞，从而使钻进效率提高、回次进尺有所增加。

当钻进松软破碎的岩矿层时，还可采用无泵式双管钻具，——在普通双动双管钻具的上端接一个无泵接头，使无泵钻进时还能通过内外管间隙送水。该钻具的优点是减少了干钻回转时的阻力，而使岩（矿）芯采取率和回次进尺均有所提高。

4）无泵钻进的操作规程及注意事项

（1）提动频率

每分钟提动钻具的次数对钻进影响较大，应以岩矿层的性质、孔壁稳定程度和孔内情况来决定。当岩层性质松散，孔壁不稳定，孔内岩粉较多较重时，提动次数要多些；反之则少些。在一般软岩约为 15 ~ 25 次/min；硬岩为 8 ~ 15 次/min。

（2）提动高度

提动高度关系到孔底液体的反循环强度。因此，提动高度应视岩矿层性质及孔内情况的需要而定。当岩矿层松软，岩粉量多时，需要反循环强度大，则提动高度应高些，一般约在80 ~ 100 mm 之间；钻进硬岩时岩粉量少，需要的反循环强度也小，提动高度可小些，一般在 50 ~ 80 mm。

（3）钻压

无泵钻进中因有间隙性的冲击，故钻压不宜过大，否则会造成岩芯堵塞或糊钻。一般松散地层总钻压可为 1 ~ 2 kN；较硬岩矿层则为 2 ~ 4 kN。

（4）转数

为了保护岩矿芯，转速不宜过快，尤其在松软地层更应慢些。一般采用100 ~ 200 r/min。下钻至离孔底0.5 ~ 1.0 m 处时，开始回转钻具并连续作上下提动，使钻具逐渐下放到孔底。

钻进过程中，一般不许停止提动钻具，以防发生埋钻事故。提动钻具要"提慢放快"，以利于促进反循环的效果。

无泵钻进时，孔内的静止水位必须超过粗径钻具，以保证反循环的产生。在松散无黏结性的岩层中，也可使用黏土泥浆钻进，在岩芯外面形成泥皮，保护岩（矿）芯原状结构。

回次进尺长度由所钻岩矿层性质而定。松散岩层的回次进尺长度约为 1.0 ~ 1.5 m；破碎岩层则可为 0.5 ~ 0.7 m。提钻前，应停止提动钻具，进行干钻取芯。

### 5.1.4.2　喷射式孔底反循环（喷反）钻进工艺

1）喷反钻进的工作原理

喷射式孔底反循环钻具（简称喷反钻具），也能形成孔底反循环冲洗的作用。它不必频繁地上下提动钻具，可利用射流泵的工作原理形成孔底反循环。因此，它与无泵钻具相比好处是：使用操作简便，劳动强度小；孔底液流易于控制；孔内清洁，钻进效率高，埋钻事故少，时间利用率也高；岩矿芯采取率有所提高。

2）喷反钻进的适用范围

喷反钻具钻进适用的范围较广，它既可用于 7 级以上硬、脆、碎岩矿层，进行钢粒钻进和金刚石钻进，也可用于 4 ~ 6 级松软、胶结性差、易磨损的岩矿层，使用硬合金钻头钻进时，还可用于漏水、涌水地层中的直孔和斜孔钻进。

由于它对硬、脆、碎地层钻进效果十分显著。所以，已经成为在复杂地层中提高岩（矿）芯采取质量的主要工具之一。

喷反钻进的不足之处是：由于冲洗液反向循环，对于破碎性的岩（矿）芯，当喷射过强时会有一定的层次混乱和分选现象。同时在钻孔较深时，由于冲洗液的压头损失和泵量漏失较大，局部反循环效果降低而难于控制，易于造成岩屑堵塞或发生事故等。

3）喷反钻具的基本工作原理及结构

（1）喷反钻具的基本工作原理

喷反钻具是在一般钻具上增设一个喷反元件。而喷反元件通常是由喷嘴、混合室、喉管、扩散管、分水接头等组成。

当水泵送来的高压冲洗液沿钻杆进入喷嘴时，由于喷嘴内腔为锥形，且喷嘴口断面较小，因此，冲洗液以高速（达 13 ~ 30m/s）射入扩散管。在此高速射流作用下，喷嘴与扩散管所组成的喷射器周围的液体，被射流带走一部分而形成负压区。在压力差的作用下，下部岩芯管中的液体便被抽吸到扩散腔里，高速液流与吸入的液流在混合室内进行混合，进行能量传递或交换（高速射流的动能变为压力能；被吸液体的压力能变为动能）后流入喉管；然后，由喉管流入扩散室，经分水接头排水孔（或弯管）排出。排出的冲洗液一部分在剩余压力作用下，沿钻杆与孔壁的环状间隙返出地面，一部分在负压作用下流向孔底，进入岩芯管内形成孔底反循环，而冲洗孔底。

改变供给的冲洗液量或调节喷射器元件的参数，就能控制孔底反循环冲洗的强弱。应该指出：不管哪种类型的喷反钻具，其工作原理均是相同的。

（2）喷反钻具的结构

目前使用的喷反钻具总的结构类型分两大类：弯管型和分水接头型。

按口径分，有：大口径的（80 ~ 110 mm）、通用型的（65 ~ 75 mm）、小口径又称微型的（45 ~ 60 mm）。

按喷嘴数量分，有单喷嘴的、双喷嘴的、三喷嘴的。

按喷嘴排列形式分，有并列的和串联的。

按钻进方法分，有单管式、双动双管式和单动双管式。

按结构分，有可拆式的与不可拆式的。

①喷射式反循环单管钻具

由于分水接头型的出水口是以分水接头来取代弯管，故结构紧凑，强度高，便于加工和安装。

②喷射式反循环双动双管钻具

喷反双动双管钻具与喷反单管钻具相比，能更好的保护孔壁。

③喷射式反循环单动双管钻具

喷反单动双管钻具与喷反双动双管钻具相比铰，它具有单动装置，能避免（或减少）因内管回转振动对岩（矿）芯的撞击破坏作用。在片理发育、酥脆、易破碎成粉末状的岩层中使用这种钻具，采取率可达90%以上。

④接头型喷反钻具

微型喷反接头是一种改进型的分水接头式喷反接头，形似锁接头，它可与各种规格、型式（单管或双管）的钻具相连接，使这些钻具成为喷反钻具。单管钻进时，连接于粗径钻具与钻杆柱之间；双管钻进时，喷反接头接于外管内部，内管接头的上方。接头型喷反钻具是一种与各种微型喷反接头相连接的喷反钻具，可用于各种钻进方法（硬质合金，钢粒和金刚石钻进），是目前钻进硬、脆、碎岩矿层广泛使用的取芯工具。

微型喷反接头具有多种型式，但其结构大同小异，工作原理亦相同。具有结构紧凑、结实耐用和连接方便的特点。

4）喷反元件的作用、尺寸的选择及性能试验

喷反元件应有一个合理的几何形状和尺寸，以期得到最好的喷反性能。

（1）喷嘴

①喷嘴的作用

喷嘴是喷射器的主要组成部件。它是将高压液流的压力能转变成动能的元件。其结构直接决定着射流的特性。高能量的液体通过喷嘴后，便产生最大的动能使喷射器周围形成抽吸的负压区，从而造成孔底的反循环作用。因此，对喷嘴的结构要求：一是阻力小；二是流速和流量大。

②喷嘴尺寸的选择

a. 喷嘴直径 $d_0$　喷嘴直径 $d_0$ 可按下式计算：

$$Q = F \cdot v = \frac{\pi d_0^2}{4} \cdot v, \ d_0 = \sqrt{\frac{4Q}{\pi v}} \qquad (5-1)$$

式中：$Q$ 为液流流经喷嘴的流量，L/min；$F$ 为喷嘴断面积，$dm^2$；$v$ 为喷嘴处的液流流速，m/s；$d_0$ 为喷嘴的直径，mm。

从上式可以看出：当高速液流 $Q$ 一定时，$d_0$ 越小，流速越大；流速越大，在一定的范围内负压越高，喷反性能越好。但 $d_0$ 太小，特别是泥浆洗井时，易被岩屑堵塞；而若 $d_0$ 太大，它就会受到孔径和水泵能力的限制。因此，一般喷嘴直径为 5～10 mm。

b. 喷嘴的锥度 $\beta$　根据流体力学中的管嘴出流理论知，圆锥收敛形管嘴最好，其理想的圆锥角为 8°～15°。此时，其阻力最小，流速、流量最大。当高压水头大于 30 atm 时，$\beta$ 取 8°～12°；喷嘴直径小或高压水头小于 30 kg/cm² 时，可取 12～15°。

c. 喷嘴大口直径 D　$\beta$ 确定以后，为使喷嘴中的流速收缩及磨损不致增加过

急而影响流量系数，喷嘴出口 $d_0$ 应与上端进口 $D$ 保持一定的比例关系。一般此两直径的比值不得小于 1/4。

d. 喷嘴长度 $l_0$　由水力学知，当喷嘴收敛角 $\beta = 13° \sim 15°$ 时，最好的喷嘴长度为：$l_0 = 2.2(D - d_0) + d_0$

（2）喉管

①喉管的作用

喉管是混合室与扩散管之间的一段直管，是混合液流必经的通路。其作用是使混合室流出的混合液流流动均匀，形成较稳定的流动状态，以减少能量损失。为此，其几何形状一般采用圆柱形。

②喉管尺寸的选择

a. 喉管直径 $d_2$　喉管直径 $d_2$ 须大于喷嘴直径 $d_0$。$d_2$ 越大，返水性能越好。但它也受到孔径和射流能量的限制，不能太大。一般选取：$d_2 = (1.5 \sim 3.0)d_0$（弯管型元件可取大些，分水接头型元件可取小些）。

b. 喉管长度 $l_2$　根据经验一般选取：$l_2 = (1.2 \sim 1.7)d_2$。

（3）混合室

①混合室的作用

混合室是高压液流 $Q_1$ 和被吸入液流 $Q_2$ 两者混合的地方，在这里进行能量传递或交换后一起通过喉管。所谓能量传递或交换，就是在两股液流存在压力差的情况下，高速液流 $Q_1$ 失去能量，低速液流 $Q_2$ 得到能量，最后两者达到相近的流速并一起进入喉管。

②混合室尺寸的选择

a. 混合室收敛角 $\delta$　为了减少两股流速相差很大的液流在混合时产生的涡流现象和能量损失，混合室的形状应选用收敛形的。一般选取的收敛角为 $\delta = 20° \sim 30°$。

b. 混合室直径 $d_1$　按经验公式取：$d_1 = (1.5 \sim 2.0)d_2$。

c. 混合室长度 $l_1$　按经验公式取：$l_1 = 1.75(d_1 - d_2)$。

（4）扩散管

①扩散管的作用

扩散管用来降低混合液流的速度，使动能转变为压力能。

②扩散管尺寸的选择

a. 扩散管的扩散角 $\gamma$　为使动能转变为压力能的过程不致过猛，尽量减少其压头损失，扩散管的内径应具有一定的锥度。按理论和经验可得出合理的扩散角为：$\gamma = 6° \sim 12°$。

b. 扩散管的直径 $d_3$　按经验一般选取：$d_3 = 25 \sim 40$ mm（弯管型可选大些，分水接头型可选小些）。

c. 扩散管长度 $l_3$　按经验公式取：$l_3 = 7.1(d_1 - d_2)$。

（5）喷嘴与混合室的距离 $S$

喷嘴与混合室之间的空间是工作流 $Q_1$ 与吸入流 $Q_2$ 混合的地方。两者距离的大小对钻具的抽吸性能有很大的影响。元件尺寸不同，其配合的最优距离值亦不同。这个距离 $S$ 是可调的，其大小一般通过试验来决定。常用值在 $-2 \sim +5$ mm 之间，但也有比这更大的。

（6）分水接头排水孔和吸水孔的断面积

排水孔（或弯管）是混合液流经扩散管后必经的通道，它的断面积应大于扩散管出口的断面积，以便液流继续扩散和减小流阻损失。吸水孔是反循环液流必经的通道，它必须有足够的断面积让反循环液流通过，以最小的流阻补足负压的抽吸量。根据试验得知：排水孔的总断面积应大于吸水孔的总断面积，后者又应大于扩散管出口的断面积。这三个断面积的比例是 12:8:6。

喷反元件参数的推荐值列于表 5-2，供参考选用。

表 5-2 喷反元件参数的推荐值表

| 钻具类型 | 参数 | | | | | | | | | | | | 备注 |
|---|---|---|---|---|---|---|---|---|---|---|---|---|---|
| | $d_0$ | $d_1$ | $d_2$ | $d_3$ | $l_0$ | $l_1$ | $l_2$ | $l_3$ | $\beta$ | $\delta$ | $\gamma$ | $S$ | |
| 弯管型 | 10 mm | 38 mm | 20 mm | 31 mm | 100 mm | 50 mm | 30 mm | 80 mm | 11° | 13°24′ | 5°~7° | -2~+5 | 弯管长度为 210 mm |
| 分水接头型 | 10 mm | 28 mm | 18 mm | 24 mm | 80 mm | 50 mm | 22 mm | 78 mm | 10° | 13°24′ | 5°~7° | 10~15 | |

（7）喷反钻具工作性能试验

通过计算设计的喷反元件，装配成喷反钻具后，必须经地表性能测试，测出钻具的最优给水范围和相应负压和返水量。只有确认钻具有良好的反循环效果后，才能下孔应用。

喷反钻具的工作性能主要表现为抽吸性能。衡量抽吸性能的参数有：给水量 $Q_1$（L/min）、负压 $h$（mmHg）、返水量 $Q_2$（L/min）和返水效率 $\eta = Q_2/Q_1 \times 100\%$。

钻具在现场可进行简易的测试：将配好的喷反钻具连接在高压胶管上或泥浆泵的回水管上，然后通水，倾听是否有"呼噜噜"吸气的声音，以判断能否下入孔内使用。

另一种较为正规的地表测试装置如图 5-7 所示。试验时，需测定水泵的送水量 $Q_1$，待喷反钻具稳定返水后，测出出水管的混合流量 $Q_1 + Q_2$，再以混合液量减去给水量，便可得出返水量 $Q_2$ 和返水效率。观测出水银柱的高度 $h$（或负压表），可得负压值。

通过对喷反钻具工作性能的试验，一般可以得到如下结论：

①钻进时的送水量、喷嘴直径、喉管直径是影响喷射器吸水性能的主要因

素，其较小的变动能引起吸水性能的较大变化；

②开始时，负压和返水量的变化几乎与给水量成直线关系；待给水量增至一定值后，负压和返水量增加缓慢；最后趋于稳定，返水效率迅速下降；

③小规格喷射元件的返水效率高，但其给水量的可调范围小，且工作稳定性不如大规格喷射元件；

④喷嘴与混合室之间的距离 $S$ 存在最佳值；

⑤当喷嘴与扩散管中心线不吻合时，会大大降低吸水效率；

⑥喷射器不论其主要结构尺寸（喷嘴直径、喉管直径）大小如何，只要喉管面积与喷嘴面积比值相同，则具有相同的特性。

以上结论在选择钻具的结构及元件参数、确定钻进规程时可作为合理的依据。

5）钻进规程及操作注意事项

（1）根据生产实践经验，喷反钻具的钻进规程：

喷反钻具单管硬合金钻进：

压力：700 ~ 800 N/颗；转速：100 ~ 150 r/min（$\phi$110 mm），120 ~ 200 r/min（$\phi$91 mm）；泵量：60 ~ 80 L/min。如发生岩芯分选，可适当减小。

喷反钻具单管钢粒钻进：

压力：300 ~ 350 N/cm$^2$；转速：120 ~ 150 r/min（$\phi$110mm），180 ~ 200 r/min（$\phi$91mm）；泵量：60 ~ 80 L/min（$\phi$110 mm），40 ~ 60 L/min（$\phi$91 mm）。如发生岩芯分选，可适当减小。回次投砂量：0.5 ~ 2 kg。

喷反双动双管硬合金钻进：

压力：较同径单管硬合金钻进大 20% ~ 30%；转速：180 ~ 200 r/min（$\phi$110mm），200 ~ 250 r/min（$\phi$91 mm）；泵量：80 ~ 100 L/min。

喷反单动双管硬合金钻进：

压力：2 ~ 3 kN；转速：回次初 100 ~ 120 r/min，正常时增至 150 ~ 200 r/min；泵量：大于 100 L/min。

接头型喷反钻具钻进：

压力和转速：基本同上；泵量：80 ~ 100 L/min（$\phi$110mm），60 ~ 80 L/min（$\phi$91 mm），回次末比回次初减小 20 L/min 左右。

（2）喷反钻具钻进操作注意事项

①孔内必须保持清洁，若孔底岩粉过多（超过 0.5 m）时，要专门捞取，否则易造成烧钻或埋钻事故。

②下钻离孔底一定距离时，要先开泵冲孔，待冲洗液循环正常后，再开车缓慢下扫，以防岩粉或残留岩芯的堵塞。

③控制钻进的回次进尺。在硬合金钻进时可为 1.0 ~ 1.5 m；在破碎地层进行钻粒钻进时，一般不超过 0.4 ~ 1.0 m。

④地表水泵工作状态必须良好,钻进过程中途不得停泵,否则会造成岩粉沉淀而自卡或堵塞通道。

⑤使用泥浆时,泥浆黏度不宜过大,应控制在 18～23 s 左右,以免影响喷反钻具的工作性能。

### 5.1.4.3  绳索取芯钻进工艺[46]

绳索取芯钻进是一种新的取芯方法,同时又是岩芯钻进中的一项重大技术改革。它的推广应用,对提高现阶段岩芯钻探的钻进效率,加快地质工作步伐具有重要意义。所谓绳索取芯钻进,是在回次终了,岩芯装满岩芯管时,不像以往那样,提升全套钻杆,而是采用带绳索的打捞器从钻杆中把取芯管提出,待把岩芯取出后又从钻杆中把取芯管放到孔底。绳索取芯钻进可用于金刚石钻进和硬合金钻进。钻头寿命越长越能显示出它的优越性。

这种取芯方法,20 世纪 20 年代多用于石油钻井。到 50 年代在国外已广泛用于岩芯钻进。目前一些西方国家用绳索取芯钻进的工作量已占金刚石钻探总工作量的 90% 以上。在我国 1974 年开始研制,1975 年生产试验成功,现正大力推广。

1)绳索取芯钻进的优点

(1)提高钻进效率

由于不提钻取芯,升降作业的辅助时间,大为缩减,纯钻进时间相对增加,因而提高了台月效率[43]。

(2)提高钻头寿命

由于提钻次数减少,对金刚石钻头损坏的机会也相应减少。加之绳索取芯钻杆与孔壁的间隙很小,钻头工作稳定。因而相对地提高了钻头寿命。

(3)有利于孔内安全和钻穿复杂地层

绳索取芯钻进由于钻杆与孔壁间隙小,岩粉上升速度快,保证了孔底清洁。加上提钻的次数减少,孔壁裸露机会少,有利于孔内安全和穿过复杂地层。但由于钻杆与孔壁间隙很小,冲洗液量稍大,就会使流速大增,容易冲毁孔壁,且提钻时,抽吸力很大,也易破坏孔壁,这些是必须注意控制的。

(4)减轻了工人体力劳动强度。

(5)由于绳索取芯比提钻取芯简便,打捞岩芯及时,有利于提高岩矿芯采取率和质量。

(2)绳索取芯钻具的结构原理

目前我国使用的绳索取芯钻具有勘探所设计的 SB56 型和经改进后的 SC56 型,以及桂林所设计的 YS45、YS55 型几种。经过生产实践和不断改进,现在各种钻具均灵活可靠,效果很好,取芯成功率很高,各项技术经济指标处于先进水平。这里重点介绍 SC56 型钻具。

它主要由专用双管(内、外管)和打捞器两部分组成。其特点如下:

设有上下限位，以保证内管处于外管中的预定位置，下入时不落到钻头内台阶上，以防外管带动内管，使得内管与钻头间保留一定的通水间隙。上限位由内管上的弹卡板和外管上的弹卡室组成，弹卡板可卡入弹卡室的沟槽中以实行限位。下限位由外管的环座和内管的台阶组成。内管台阶可座于外管座环上，以悬挂整个内管。目前绳索取芯多用于较完整的硬岩中钻进，岩芯进入卡簧座后，依靠其互相间的摩擦力，岩芯就能把内管顶起，保证内管与钻头有通水间隙，因此下限位可以暂时取消。而在钻进破碎岩层时应当加上。

设有调节螺母，以调整内管下端与钻头间的距离，以适应不同性质岩矿层钻进的需要。

在弹卡板支座下部装有改善内管工作条件的弹簧，即当强力提断岩芯时，弹簧被压缩，内管相对"伸长"使卡簧座落在钻头内台阶上，由钻头承担提拔岩芯的力量，以保护内管丝扣。

为打捞内管，内管上部设有捞矛和收卡筒，二者连成一体。上提捞矛，收卡筒上升即将弹卡板收拢、脱卡，从而提升内管。

打捞器主要由打捞钩、重锤和安全绳等组成。重锤的作用是加快打捞器的下降速度，以节省打捞时间。安全绳是一截细绳，当内管因某种原因被卡死而提不上来时，可强力拉断安全绳，再提钻处理。

内管是靠自重投放下入的，为了加快下降速度可借水泵压水推送。当内管达到预定位置时（无下限位时到底，有下限位时到座环），弹卡板在其弹簧作用下卡于弹卡室的沟槽内，即可钻进。如孔内漏水，则预先向钻杆内注满冲洗液，并迅速将内管投入钻杆内，仍借助其自重和随同泵送冲洗液落到预定位置。

SC56 型绳索取芯钻具的技术规格见表 5 - 3。

表 5 - 3　SC56 型绳索取芯钻具的技术规格

| 规格<br>钻具名称 | 外径/mm | 内径/mm | 长度/mm | 重量/(kg·m⁻¹) |
|---|---|---|---|---|
| 钻头 | $\phi 56^{+0.5}_{-0.3}$ | $\phi 34.5^{+0.10}_{-0.20}$ | 80 | |
| 扩孔器 | $\phi 56.5^{\pm 0.10}_{-0.10}$ | | 140 | |
| 钻杆 | $\phi 53$ | $\phi 44$ | 3000 | 5.35 |
| 钻杆接头 | $\phi 54$ | $\phi 43$ | 130 | |
| 外管 | $\phi 54(\phi 53)$ | $\phi 44.5(\phi 44)$ | 3000 | 5.77(5.33) |
| 内管 | $\phi 41$ | $\phi 37$ | 2700 | 1.9 |
| 打捞器 | $\phi 32$ | | 1500 | 总重 12 kg |

3）附属设备、工具和钻杆

SC56 型绳索取芯钻具的附属设备、工具包括：绞车、钻杆夹持器、提引器、自由钳和钻杆等。

（1）绞车

绞车用于提升和下降内管。目前有自带动力驱动和由钻机动力传动的两种。常用的为由钻机动力传动的 S56J–1 型绞车。

（2）钻杆夹持器

绳索取芯钻进用的钻杆无切口，只能采用钻杆夹持器。钻杆夹持器有脚踏夹持器和球卡夹持器两种。它是利用两个对称偏心块挤压卡瓦，以钻杆自重自行夹紧。它借助 12 个扁球状卡块在角度为 8°～10°的斜面上滑动，以卡紧钻杆。一排扁球状卡块的夹持能力达 2 吨。

（3）提引器

目前采用的有手搓式螺纹提引器和球卡提引器两种。前者结构简单，工作可靠，但操作费时费力。而球卡提引器操作较快，并能实现自动下钻。

（4）自由钳

目前使用的 $\phi55/\phi52$ 硬合金自由钳，拧卸较为可靠，在钻杆表面有乳化液时不会打滑，使用寿命长。既可拧卸钻杆，又可拧卸钻头。

（5）钻杆

绳索取芯钻进用的钻杆，既要传递扭矩，又要从中通过内管和打捞器，同时还要避免钻头唇面过厚，因此对它的要求，不仅要壁薄和材质好，而且要求采用的扣型合理、丝扣加工精度高和进行调质处理，以使其强度适应钻进的要求，又不容易发生变形和丝扣漏水。

目前我国绳索取芯钻进使用的钻杆其规格为 $\phi53 \times 4.5$ mm，钢材牌号，为 40Mn2Mo、30CrMnSiA 或 45MnMoB。

钻杆两端车公扣，以保证加工精度，两端分别用环氧树脂胶粘剂接以公母接头。接头用钢材 45MnMoB，经调质处理，使硬度达到 HRC30～32。接头内径比钻杆内径小一毫米，外径比钻杆大一毫米。接头最好镀铬以增强耐磨性，镀层厚度 0.05～0.1 mm。

丝扣均应用精车床加工，以提高加工质量和确保互换性能。

当前正在试验用等离子焊接钻杆接头的办法加工绳索取芯钻杆，这可合理选用材质，提高加工精度，改善接头质量。

4）绳索取芯钻具的使用

（1）钻进规程参数

由于绳索取芯钻头底唇较厚，采用的钻头压力应比普通钻头要大些。转数的确定应考虑到回转钻柱所需动力较大这一因素，根据动力机能力来选转速。由于外环间隙很小，所以水量应比普通双管钻进时还要小些。用 SC56 型钻具钻进 7～10 级的角斜片麻岩、花岗斑岩、磁铁石英岩时，所用的钻进规程为：钻头压力

800～1000 kg；孔深 400 m 以内，孕镶钻头的转速为 1020 r/min（周速为 3 m/s），孔深大于 400 m 时用 710 r/min（周速为 2 m/s），对于各种表镶钻头为 360～480 r/min；冲洗液量一般为 18～24 L/min。

（2）钻具的组装

组装钻具时应对内管进行详细检查，如轴承是否灵活；各通水孔是否畅通；弹卡张力簧伸缩性能如何；卡簧座与钻头间的间隙是否符合要求（一般应留 5～10 mm）等。

卡簧座与内管连接丝扣必须拧紧，否则发生岩芯堵塞时会反扣，反扣则使内管伸长，上下顶死，一会损坏零件，二会造成打捞困难。

（3）下钻前检查卡簧和卡簧座与钻头内径配合情况

一般卡簧内径应比钻头内径小 0.2～0.3 mm。如果钻头内径过小，就有可能卡不牢岩芯造成提钻时岩芯脱落。

（4）严格检查钻杆加工精度

例如有的钻杆公扣过长或母扣过短，钻进时公扣钻入母扣台阶内，形成缩径，提升内管时无法通过，造成钢绳拉断，不得不提钻处理；有的钻杆母扣过长，端部易被压皱造成丝扣根部折断；有的钻杆同心度不合格，连接后内部偏心出台，同样会使内管提升受阻。

（5）孔内若有残留岩芯，可能会导致内管下不到底

此时内管下不到预定位置，弹卡不能张开，钻进时岩芯顶着内管上移，形成打单管现象，取不上岩芯。

（6）向孔内投入内管时

应考虑有足够的时间保证内管下到预定的位置。若内管未到预定位置就扫孔钻进，则会造成打"单管"的事故。内管的下落时间与孔深和内管下降速度有关。下降速度则受内管在钻柱内的间隙大小，冲洗介质的比重和内管本身重量的影响。为了加快内管下降速度，在放入后可借泵压送下，一般下降速度每 100 m 约须 3～5 min。

（7）捞取岩芯时

应检查打捞器的灵活程度和钢绳、安全绳联结是否符合要求。合格后从钻杆中放下去，要控制绞车保持匀速。如中途遇阻，可停止放绳并用手提动，轻轻墩下去，如仍下不去则须提钻检查。打捞器到底后要用手提拉或用绞车轻拉，以感觉是否抓住矛头。感到抓住后即可提升。提升速度以 1 m/s 为宜。如中途遇阻则应作上下提动，待通过后再继续提升。

（8）升降钻具时

夹持器要卡牢，以防跑钻。要经常注意检查夹持器和提引器的情况，以免工作中发生事故。

绳索取芯钻进在我国正处在试验推广阶段，目前还存在一定的问题，尚待解

决。如：①钻具结构尚须完善；②钻杆材质和丝扣加工精度还不高，钻进中常因丝扣连接部分变形出台，影响内管下降速度，甚至无法下入；③由于钻具没有报讯装置，内管下不到预定位置，出现打"单管"现象。

5）国外绳索取芯钻具简介

美国长年公司 Q 系列绳索取芯钻具

美国长年公司 Q 系列绳索取芯钻具是 1965 年设计的，目前许多西方国家都使用它。它的结构与 SC56 型差不多，不同之处是：

（1）悬挂内管的装置是在弹卡室下部，设有可更换的挡环。由于挡环的存在，堵塞了冲洗液通路，故在弹卡支座上处于挡环平面的部位开有四个斜水眼，以解决冲洗液通路问题。

（2）在单动装置的上部设有起预报作用的橡胶质断流阀，以预报内管已经装满岩芯或是岩芯已经发生堵塞。发生上述情况时，岩芯向上对内管产生压力，内管又对断流阀施加压力，使橡皮阀膨胀，缩小冲洗液通路造成泵压升高，从而加以预警。

（3）为稳定内外管，以保持岩芯的完整度和提高钻头寿命，除在岩芯管接头上镶有硬合金块作为稳定器定中心外，还在扩孔器上部内外管之间设有开槽定心环，使内外管同心。另外，中部断流阀也能起到类似的作用。

（4）为提高岩芯卡取装置的工作可靠性，增大了岩芯提断器的长度。

Q 系列绳索取芯钻具的技术规格见表 5 - 4。

表 5 - 4　Q 系列绳索取芯钻具的技术规格

| 指　标 | 钻具规格/mm | | | |
|---|---|---|---|---|
| | AQ | BQ | NQ | HQ |
| 钻头外径 | 47.4 | 59.2 | 74.8 | 97.5 |
| 钻头内径 | 27.0 | 36.5 | 47.6 | 63.5 |
| 外管外径 | 46.0 | 57.2 | 73.0 | 92.1 |
| 外管内径 | 36.5 | 46.0 | 60.3 | 77.8 |
| 内管外径 | 32.5 | 42.9 | 55.6 | 73.0 |
| 内管内径 | 28.6 | 38.6 | 50.0 | 66.7 |
| 岩芯直径 | 27.0 | 36.5 | 47.6 | 63.5 |
| 内外管间隙 | 2.0 | 1.55 | 2.35 | 2.4 |
| 内管与岩芯间隙 | 0.8 | 1.05 | 1.2 | 1.6 |

宝长年 Q 系列绳索取芯钻具改进的几个动向[47][48]

　　宝长年公司为使 Q 系列钻具适应某些地层或某种情况下的钻进。在 Q 型基础上作了一些改进,增加了新的型号。

　　Q-3 型:该型钻具适于钻进松软、破碎岩层和煤层。改进的地方有三:(1)添加了第三层岩芯管(即半合管),材料为薄壁钢管,内外表面镀铬以减少摩擦,也有用特种橡胶管制成的;(2)在半合管的顶部装有一个活塞,以便于借水力把半合管连同岩芯一起从内管中推出;(3)为防止冲洗液冲刷岩芯和便于岩芯进入内管时泄压,在内管的顶部设置了回流逆止阀装置。

　　Q-U 型:它适用于在坑道中钻进水平孔或仰孔。改进之处有:①改变了打捞器的下放方式。用冲洗液按压打捞器,取消了原来的重锤,换成了一个胶质胀环。同时,当打捞器抓住内管矛头时,胀环受压膨胀,泵压升高,能作出抓住矛头提升的预示。②为了能在任何角度的孔中送入内管,在矛头下部增加了一个橡皮密垫,并配有弹键式伸缩套。它能起"活塞"的作用,借泵压把内管顺利送下,在取芯时,冲洗液还能从密垫中通过。③为了保证在任何角度的钻孔中都能使支承部件工作可靠,在弹卡板上部增添了弹卡板锁簧。④为了更可靠地防止弹卡板在钻进中松动,在弹卡板之间增添了一正方形锁销。⑤为了防止内管遇到反向水压时,弹卡板失灵和整个内管松动,在通水接头处增添了一个逆止球阀。

　　此外,在钻头方面也作了一些改变:如为了节省金刚石,设计了一种强化周边镶嵌的钻头。其中央部分镶有少量金刚石并可以替换,这样它与同类尺寸的薄壁钻头相比较可减少金刚石的耗量达 50%。为提高钻头的总进尺又制成了一种综合式钻头,其底部镶有一克拉 200 粒的金刚石。这种钻头的转速与标准钻头相比略有降低,而钻头总进尺却增大。另外在钻头体内,置有用内管从上面挤压的岩芯卡取环,这就保证了岩芯能从根部卡断。

　　在钻杆方面采用了无接头的直接连接,并把扣形改为具有锥度的梯形丝扣,拧紧时丝扣锥体上下部分与端头接触形成双丝扣连结,这就保证了管柱的刚性和密封性。由于丝扣有锥度,拧紧时能自定中心,并且易于拧卸。加上无接头连接,减少了一半丝扣连接数量。为了进一步提高钻杆的连结强度、刚性和耐磨性,现又研制把丝扣部分改为焊接,并在母扣外表面镀铬。这样就有可能使丝扣部分采用物理机械性能更高的钢材制造,从而大大地提高了钻杆的抗扭、抗拉强度和耐磨性,延长了钻杆寿命,还可以在不降低连接强度的情况下,减少壁厚和增大岩芯直径。

### 5.1.4.4　连续取芯钻进

1)概述

　　在现阶段岩芯钻探的正常工作中,各生产工序所占时间的百分比大致为:纯钻进 40%~50%;采取岩芯及起下钻辅助工序 30%~40%;搬迁 6%~9%;停钻(包括事故)10%~11%。

由上可知，要想提高岩芯钻探的台月效率，必须从提高机械钻速和减少非生产时间两方面着手。在非生产时间中尤以减少提取岩芯所消耗的时间为最关键。计算表明：机械钻速即使成二倍、三倍地增加，如果其他工序不变，台月效率的增长也不会超过30%～40%。因此若要提高台月效率，还需设法减少提取岩芯所消耗的时间。连续取芯钻进法就是基于这种想法而产生的。

这种钻进方法的实质是：在正常钻进的情况下，利用冲洗液反循环液流在钻杆柱内的上升力，将岩芯连续不断地从孔底输送到地表，经过缓慢弯曲的导管进入到岩芯箱中。

显然，这样一种方法能够大大地提高钻进效率。目前在国外正在大力进行试验。美国、荷兰、奥地利等国家已制成了专门设备，俄罗斯、日本等国也正在研究使用。我国也在研究。

连续取芯钻进方法也是一种比较完善的取芯方法。它不仅可以取得100%的岩芯，而且是边钻进边取芯。岩芯形成后很快就被冲洗液带到地表，岩芯在孔内停留的时间短，因此受到破坏的程度低，从而岩芯的完整度、纯洁性和代表性都比较高，能够准确地反映岩层的原生结构、埋藏深度和分层界线。还可以随时了解孔底岩性的变化，及时指导钻进工作。连续取芯钻进不仅适用于各种岩层钻进，而且由于其钻杆柱与孔壁的间隙小，又是双层管反循环冲洗，所以还可在那些复杂的易坍塌的、涌漏水地层钻进。

2）连续取芯钻进方法

图5-7所示为美国沃克尼尔公司（Walker Neer）采用的一种连续取芯钻进方法。它适于钻进硬的、破碎的、松软的、易坍塌、有溶洞和严重漏失的地层。

钻具由双管钻杆、双管钻铤、钻头和扩孔器等组成。

双管钻杆的外管是内平的、外径 $\phi114.3$ mm，用丝扣连接，用以传递扭矩和压力。内管也是内平的，内径是 $\phi57.1$ mm，用伸缩套筒对接，用橡胶圈密封，其中运送 51.1 mm × 127 mm 的岩芯。双管钻杆长 9.12 m，重 23.4 kg/m，用外径 $\phi117.5$ mm 的双管接头连接。

双管钻铤的外径与双管接头外径相同，钻铤用于浅孔钻进时增加管柱重量。

可用各种钻头，如牙轮钻头、硬合金钻头或金刚石钻头等钻进。钻头直径 $\phi123.8$ mm，岩芯直径 51.1 mm，孔壁与钻杆的环状间隙仅有 4.75 mm。

地面上有泥浆泵（或空压机）、阀门和软管等，钻进中可根据需要把冲洗液任意引入一个或两个管中。

钻进时，冲洗液由内、外管间的环状间隙泵入，经过钻头，从内管返出。同时，将岩芯和岩屑带至地面。

通常压入的冲洗液量为 0.37 m³/min，回流速度约 3 m/s；用空气洗井时上升速度约为 25 m/s 或更大。这样高的回流速度，足以保证能及时把岩芯和岩屑冲上

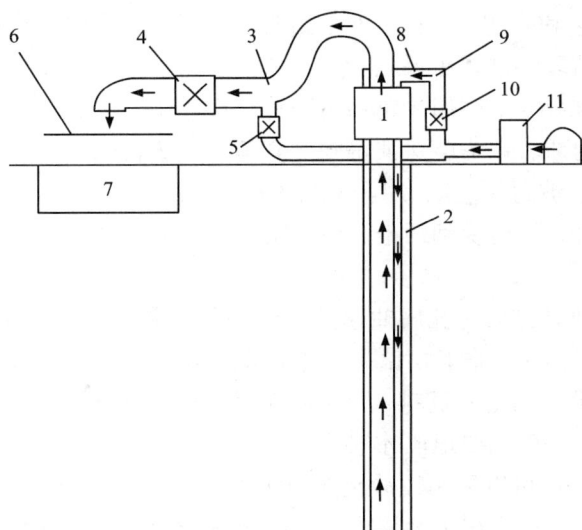

**图 5 – 7　连续取芯方法示意图**

1—双管水龙头；2—双管钻杆柱；3—岩芯和岩屑回流软管；4—软管阀门；5—退井软管阀门；
6—筛管；7—水池；8—洗井液；9—接立管的软管；10—立管阀门；11—泥浆泵或空压机

来，实际上只要 0.6 m/s 就可以把岩芯冲至地面。

　　开孔钻进时，先向内、外两管中同时泵入冲洗液，进行正循环钻进。待钻至 2 ~3 米后，再反转内管液流的方向，使冲洗液从内、外管之间进入，从内管中返出，进行反循环连续取芯钻进。

　　这样，最初可能有 50% 的冲洗液从孔壁漏失。然而在钻进一段距离，如 12 ~15 m 后，冲洗液的漏失将逐渐减少到 2% ~5%。此时有少量的液流在孔壁与钻杆的环状间隙中以缓慢的速度上升，则属于正常的钻进。

　　钻进中孔壁的稳定和回转钻具的润滑，是依靠存在于孔壁间隙中缓慢上升的少量液流来实现。同时，这些少量上升的液流使孔壁间隙得到封塞，促进冲洗液从内管中上返，保证了连续取芯钻进顺利进行。在不稳定的地层中，最好是一次下钻(一个回次)把它钻完。

　　上述少量上升液流的产生，是由于在钻头上采取了分流措施，将液流在钻头处分开，即小部分液流从管外上升，而大部分液流从内管返出。

　　这种连续取芯钻进法有两种情况：一为取芯钻进；二为取岩屑钻进。

　　取芯钻进，即用硬合金钻头或金刚石钻头钻进取芯，岩芯从内管冲至地面。同时也收集岩屑。岩芯切断器采用轴承装置，钻杆转动时它不回转，不会对岩芯产生任何切削作用。如果需要还可在切断器上配备卡簧，防止钻头提离孔底时岩芯掉出。连续取芯钻进取得的岩芯质量很高，无论在完整地层或在破碎岩层，均能获得完好的岩芯和岩屑。当岩芯处于钻头上部时，连续取芯钻进井底的液流阻力，比传统的正循环钻进要小得多。

反循环取岩屑钻进，即用牙轮钻头进行全面钻进。可取得未被污染的特大岩屑作为岩样。采用牙轮钻头能保证得到比其他钻进方法大许多倍的岩屑。并且岩屑一切下来就迅速被高速返流(冲洗液为 3 m/s，空气为 25 m/s)冲至地面，在孔底停留的时间很短，不会受到污染，并且完全是按岩层顺序来收集的，因此它完全符合地质方面的要求。

反循环取岩屑钻进因为孔底冲速高、岩屑没有重复破碎、钻头稳定性好，因此钻进效率较高、钻头寿命长、钻探成本也低。因为存在这些优点，加上能从岩屑获得完全而又准确的地质资料，所以在勘探工作中有时以反循环取岩屑钻进取代取芯钻进，只在一些重要地段才取芯。

这种钻进方法还可以采用往冲洗液中注入空气，减轻内管中所产生的静水压头的办法，成功地在严重漏失地层中维持冲洗液循环，完成漏失层的钻进，并取得确切的岩样。钻进时，在内、外管间泵入充以高压空气的重冲洗液，而当它流经钻头上返后，在内管中因高速流动和水柱渐减，则成为带低压空气的轻冲洗液，因而促进了液流上返，维持了冲洗液循环。

气水混合比，通常采用使风量为 60.8 m³/min，风压为 4.45~6.24 kg/mm² 的压缩空气和尽可能多的水相混合。一般混合水量在 113.5~264.9 L/min 之间。混合比随孔深不同而变化。

如果在内管上每隔 91.2~152 m 开一个通气孔，而使每个孔能向内管流入约 2.4~3.6 m³/min 的压气，以降低该点的静水压头，则可以用较低压力的空气维持循环。

采用从内、外管间泵入压缩空气而从内管中喷射起地层水和全部岩屑的喷射钻进法(类似一般压缩空气洗井)，可以很有成效地解决空洞地层、破碎层或含水的"蜂窝结构"地层的钻进，并可准确地了解空洞深度和获得沉积于空洞底板上的全部矿物。

喷射钻进法可钻到空洞以下一百多米，仍可喷射出足够的水来维持系统的循环和钻头的清洁。在许多情况下出水量达 370L/min，而实际上只需 75 L/min 就可维持钻进。因此，即使地层出水量很小，也只须在系统中加少量的水即可钻进。

因为喷出的水是来自已知深度的地区，所以它的一个明显优点是可以得到每个不同含水层的水样。

这种钻进方法所用的设备是沃克尼尔公司的 CC - 2000 型半拖挂式的钻机，钻进深度 610 m，孔径 123.8 mm。全套设备除上面提到的钻具外还包括：一个起重能力为 27.1 t 的桅杆，一个用来回转钻具和拧卸接头的液动双管动力水龙头，最大转数为 235 r/min，一个升降钻具的、用液压操作的悬臂，钻机包括卡瓦都是气动控制。同时在机组中还配备有 114.3 mm × 165.1 mm 泥浆泵和两台 4 − 716M 柴油机。

　　荷兰生产的连续取芯钻进设备有五种类型,可用于钻进深度为 120 m、210 m、300 m、450 m、650 m、1100 m 的垂直孔。钻出的岩芯直径为 21 mm、41 mm、76 mm。

　　考虑冲洗液冲上岩芯的能力,钻进深度不同的钻孔采用不同内径的钻杆,见表 5 −5。

表 5 −5　不同深度不同内径的钻杆

| 钻进深度/m | 120 ~ 210 | 300 ~ 650 | 1100 |
|---|---|---|---|
| 钻杆内径/mm | 25.4 | 50.8 | 82.5, 50.8 |
| 岩芯直径/mm | 21 | 41 | 76, 41 |

　　试验与计算证明:岩芯直径愈大,其上升速度愈接近液流上升速度。岩芯直径愈大,冲起它所需的最低液流速度也愈小。因此,钻进深孔所用的钻杆内径较浅孔的要大。岩芯上升速度与液流上升速度相近,二者只差 0.2 ~ 0.6 m/s。岩芯上升速度在很大程度上取决于岩芯的重量和岩芯与钻杆内径间隙中的压力比值。当液流上升速度为 1.39 m/s 时,直径 20 mm 和 12 mm 的黏土岩芯,其上升速度相应为 1.07 m/s 及 0.75 m/s;当液流上升速度为 5 m/s 时,则为 4.8 m/s 及 4.5 m/s。岩芯上升速度还随孔深的增加而减小,这是因为随着孔深增加,钻杆中的压力将增大之故。

　　这种钻进方法用的设备有需用动力小的特点,见表 5 −6。

表 5 −6　不同深度所需动力

| 钻进深度/m | 200 | 300 | 650 | 1100 |
|---|---|---|---|---|
| 所需功率/hp | 5 | 7 | 50 | 85 |
| 备　注 | 采用 75/10 泵需功率 5 马力 | 采用 100/10 泵需功率 7 马力 | | |

注:1 hp = 745.7 W(法定计量单位)

　　这种方法在第四纪地层中钻进速度达 150 m/d,岩芯采取率 100%,钻头总进尺为 300 ~ 450 m。

　　连续取芯钻进方法,目前虽未普遍使用,但从它显示出来的优点看:如岩芯上升迅速、采取率高、代表性好、钻进效率高、且能解决部分复杂地层的钻进等,无疑将是一种很有发展前途的钻进方法。

但是也存在一些不足，如斜孔、水平孔还未能应用；石棉、水银等一些酥脆矿层钻进也未解决，设备和附属工具还过于笨重等。这些问题均有待进一步研究与解决。

## 5.1.5 取芯方法技术

### 5.1.5.1 定向取芯法

为了确定岩层产状和地质构造形态，通常需要不在一直线的三个钻孔的资料数据。若能采取到定向岩芯，则可按单孔数据确定。

定向取芯就是利用专门钻具从孔底取出能恢复原有岩体的产状和空间位置的岩芯。这种方法在我国已初步用于工程地质钻探和岩芯钻探中。

使用这种方法的前提有三个：已知取芯段钻孔的顶角和方位角；岩芯上能观察到结构面(层理面、片理、裂隙、节理等)；在岩芯端面和侧面上人为地造成的刻痕标记。

根据刻痕方向与钻孔弯曲方向、刻痕方向与结构面方向间的关系，确定出结构面方向与钻孔弯曲方向间的关系，从而得出结构面的走向和倾角。

定向取芯首次出现于 1854 年，于 1887 年用于金刚石钻探中。最早采用的方法有几种：一种是先用不带卡簧的钻头钻进，使岩芯残留在孔底，再用一个带内钢齿的管子和氢氟酸测斜接头，下入孔底，套上岩芯并在岩芯侧面刻痕，待氢氟酸起作用后，提断岩芯(不能扭转卡芯)升上钻具；另一种是在孔底钻小孔，小孔中放进一个小罗盘，然后再套钻并提断带罗盘的岩芯。

目前我国采用的刻痕方法，一是钻头上镶有一颗内出刃较大的合金；一是用打印器印出岩芯端面形状的天然标志；一是在岩芯端面上用工业色笔打上标记等。国外还有专用钻具，即用弹簧发动机带动两个小钻花(一个位于中心，一个偏心)，使在岩芯端面上刻痕(如苏制 K-5 型定向取芯器)。

具体使用时，可在带有卡簧的钻具上安置装有氢氟酸管的接头，玻璃管上顺母线方向的标志线与岩芯管母线标志线应对齐，钻进 150~200 mm 进尺，停止一定时间使玻璃管获得蚀痕，提断岩芯，起上钻具，使岩芯露出稍许后，沿标志线方向在岩芯侧面刻痕。这种方法要求孔底段钻孔方位角已知(氢氟酸不能测方位)。其优点是提钻次数少，不必采用专门刻痕工具。

如上所述，定向取芯方法是在未断根的岩芯端面上沿径向刻二点痕，或在岩芯侧面沿母线刻线痕。钻孔顶角($\theta$)和方位角($\alpha$)已知，在垂直于钻孔轴线的面(简称轴线垂直面 $P$)中，刻痕母线相对于钻孔弯曲方向(钻孔侧向方向)的夹角，以及刻痕母线相对于构造面(层面、裂隙、节理等)长轴倾斜方向的夹角可以量测得到，二者的代数和就是构造面长轴倾斜方向与钻孔弯曲方向间的夹角，按其定义也就是终点角。该夹角是由钻孔倾斜方向顺时针起算的。此外，还应实测出构造面长轴与钻孔轴线间夹角 $\gamma$（遇层角或轴夹角），$\gamma$ 角也是构造面假倾向（构造面长轴）与钻孔轴线的夹角。根据上述已知的 $\theta$、$\alpha$、和 $\gamma$ 就可通过计算法或赤平投影法，求得地层的产状要素（地层倾角 $\beta$，倾向方位 $\alpha = \Delta\alpha + 180°$）。

必须注意，过钻孔轴线及构造面长轴或构造面法线（与钻孔轴线夹角为 $90° - \gamma$）构成的平面必然垂直于构造面，这就是作图法图算的基本依据。

此外，可以利用专门仪器（如俄罗斯的 KP－2 岩芯测量仪），按已知条件（$\theta$，$\alpha$，$\phi_1$）将岩芯恢复至原来的空间位置后，再测量出岩芯结构面的产状（倾向、走向和倾角）。

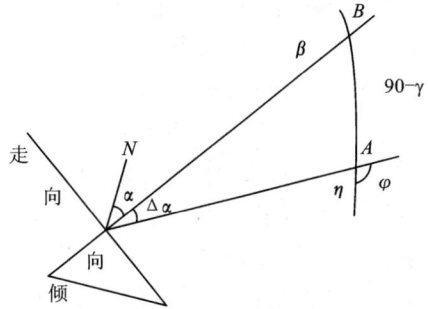

图 5－8　定向取芯图算法示意图

计算公式类似定向导斜公式：

$$\tan\Delta\alpha = \frac{\sin\varphi_1}{\sin\theta_1 \cot(90° - \gamma) - \cos\theta_1\cos\varphi_1}$$

$$\sin\beta = \frac{\sin(90° - \gamma)\sin\varphi_1}{\sin\Delta\alpha}$$

式中：$\Delta\alpha$ 为构造面（地层）法线方向与钻孔弯曲方向的方位夹角；$\beta$ 为构造面（地层）倾角的余角。

对于产状稳定的层状或似层状岩矿层，则可不取定向岩芯，而利用单个倾斜孔取出的普通岩芯，已知两个相邻测程的 $\theta$、$\alpha$ 和 $\gamma$ 可求出岩层的产状要素。

### 5.1.5.2　射流取芯技术

1）抗涡动钻头

抗涡动钻头采用 PDC 复合片、不对称的布齿方案、光滑保径规表面，钻头在钻进过程中由于 PDC 复合片不对称分布而产生了一个指向孔壁的分力，迫使钻头光滑表面紧贴孔壁，产生一种平稳的转动，有效地防止钻头的涡动，即减轻了钻头的横向抖动，有利于岩（土）芯柱的形成，即有利于取芯。

2）特殊隔水装置

特殊隔水装置由 PDC 复合片钻头和内管卡簧座组成。PDC 复合片钻头具有底喷水眼，卡簧座和钻头内表面之间设置了隔水面。当冲洗液从内、外管之间流到钻头部位时，由于隔水面的存在，大部分（90%）冲洗液从底喷水眼流走，少部分（10%）冲洗液从隔水面通过，从而防止冲洗液冲蚀岩（土）芯根部，这为形成岩（土）芯柱（即竖芯）提供了首要保证。

3）射流式装置

岩（土）芯柱一旦形成，很快进入双层岩芯管的内管。一般由于岩芯的自重力

向下，岩芯之间互相磨损，严重影响
了岩芯的采取率。笔者研制的射流
式装置可有效地克服以上弊端。射
流式取芯器的基本结构如图5－9所
示。当冲洗液流经水道(图5－9中
2)，从喷嘴中射入承喷室(图5－9
中5)中，内管中的冲洗液从回水眼
(图7)被吸出，其作用是使内管形
成负压并给岩芯一个上浮力，使岩
芯悬浮在液体中，岩芯之间不发生
摩擦，有效地提高了岩芯采取率。射
流元件在接头中，射流直接射向内、
外管之间，而不搅混内管中岩芯位
置，可保持其原来的岩层结构和岩
层顺序，即保护了岩芯。

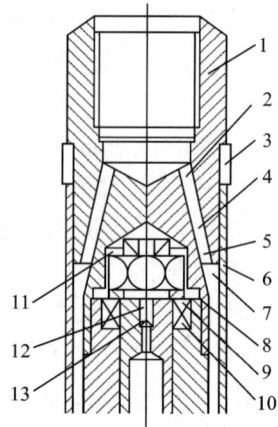

图5－9　射流式取芯钻具机械结构简图

1—接头；2—水道；3—保径块；4—喷嘴；5—承喷室；
6—外管；7—回水眼；8—锁母；9—弹簧垫片；
10—轴承；11—垫片；12—回水阀；13—钢球

4)带有簧片及耐磨材料的卡簧

采用带有簧片及耐磨材料的卡簧，提取岩芯时球阀密封回水通道，减少岩芯
上部液柱的压力；同时，在扭断岩芯时由于卡簧内有耐磨材料，能牢靠地卡住岩
芯，使之不会脱落，从而达到可靠采芯的目的。

### 5.1.5.3　液压快速压入取样技术[49]

液压快速压入取样技术的基本工作原理是：利用泥浆泵的液压，在钻具内形
成一定的压力，当压力达到某一数值时剪断销钉，内管被压入土层进行取样。该
取样技术在土层中取芯时，可有效地克服回转取芯方法所引起的土层层面扭曲错
位、局部层位被上下颠倒的严重缺点。其工作过程如下：冲击器内管在不回转的
条件下，利用液压作用，以高速度将内岩芯管压入土层，同时内岩芯管的活塞排
出岩芯管内的水到顶部，以防止土芯被冲洗液污染，在提取土芯过程中活塞可以
把作用在土芯上的液体背压减到最小。冲击式取样器一次取土芯长度可达3 m，
取样直径可达62 mm。通过采芯试验发现采取的土芯样品不扰动、完整度好、采
取率高，从根本上满足了环境科学钻探提取土样的要求。

### 5.1.5.4　环保型钻井液护壁护芯技术

环境钻探地层的特点是松散、遇水流失、胶结性差，因此在钻进中护壁护芯
至关重要，研究满足环境钻探取芯要求的高效钻井液是解决环境钻探取样难题的
关键技术之一。通过生物毒性试验，选用符合环境保护要求的处理剂进行钻井液
体系的配方试验研究，研制成一种能满足环境钻探要求的环境钻井液。与普通钻
井液相比，该钻井液具有更优良的钻井液综合性能—低滤失性、强抑制性和优良

的润滑性，能有效地保护孔壁的稳定性和保护松散岩芯的完整性；能在岩芯柱表面形成一层薄而韧的泥皮，防止岩芯坍塌，对岩芯起支护作用，可有效地提高岩芯采取率。另外，该钻井液还具有良好的润滑作用，可以降低钻杆、孔壁、岩芯三者之间的摩擦阻力，除了降低钻进扭矩外，还可以有效地防止岩芯与内管之间摩擦所引起的耗损，退出岩芯也十分方便和快捷。

环保型钻井液由新型广谱护壁剂（GSP－1）、高温聚合物稀释剂（HPT－1）、防塌型随钻暂堵剂（PSC－1）及高效极压润滑剂（GLUB）组成[50]。各部分的成分和功能如下：

GSP－1 由高分子聚合物、中小分子聚合物和抑制性副料按一定比例复合而成，起降失水、包被抑制稳壁的作用；HPT－1 为阴阳离子型高温聚合物稀释剂，起调整流变性作用；PSC－1 为防塌型随钻暂堵剂，由降解的植物纤维改性而成，能迅速有效地封闭裂隙性漏失，同时加固孔壁；GLUB 是高效极压润滑剂，主要由植物油改性而成。

## 5.1.6　提高岩矿芯采取率及质量的措施

### 5.1.6.1　提高岩矿芯采取质量的措施

1）根据矿区地质条件、岩矿层的物理机械性质和技术因素，正确地选择取芯方法和工具。

2）各类专用取芯工具必须妥善保管，使用前要认真检查，每次用后要清洗检查、注润滑油。

3）取芯困难的岩层中，应尽可能选用金刚石或硬质合金钻进。

4）在取芯困难的矿层中钻进时，应限制钻速、压力和泵量，适当控制回次进尺长度和时间。

5）钻进时回次进尺不得超过岩芯管长度。

6）在矿层顶底板和重要标志层中，岩、矿芯没有采取上来时，须专程捞取不应继续钻进，必须钻进时不得超过 0.5 cm，捞取岩、矿芯时，应尽量采用喷反、无泵或钢丝钻头等有效方法。

7）退取岩芯时要细心，尽可能避免人为破碎，并严防岩矿芯上下颠倒。

### 5.1.6.2　正确选择取芯方法和工具

岩矿层性质多变，取芯工具种类很多，生产使用单位可根据矿区地层情况选择，但是不宜过分追求简单而影响岩芯采取质量。如表 5-7 所示。

表 5 – 7 按取芯难易程度对岩矿层分类

| 岩矿层类别 | | | 可钻性等级 | 岩矿层主要物理力学性质 | 适用的取芯方法和取芯工具 |
|---|---|---|---|---|---|
| 一类 | 完整、致密、少裂隙、不怕冲刷的岩矿层 | 如板岩、灰质页岩、致密石灰岩、砂岩、花岗岩、致密铁矿、铜矿等 | IV – VII | 不易断裂破碎,耐磨性高,不怕冲刷,取芯容易,采取率高 | 普通单管合金钻进和钢粒钻进,卡料取芯;金刚石双管钻进,卡簧取芯 |
| 二类 | 节理、片理、裂隙发育的破碎岩矿层 | 中硬、碎、脆岩矿层,如矽卡岩、辉绿岩、千枚岩、轻硅化灰岩、汞矿、黄铁矿、磷矿、石墨、滑石等 | IV – VII | 黏性低或无黏性,抗磨性低,回转振动易破碎,或酥脆,怕冲刷,易磨损、流失和污染 | 无泵钻进,双动双层岩芯管,隔水单动,活塞式单动、爪簧式单动双层岩芯管,或喷射式孔底反循环钻具 |
| | | 硬、碎、脆岩矿层,如石英二长斑岩、粗面岩、变质安山岩、花岗斑岩、强硅化灰岩、钼矿、铅锌矿等 | VII – XI (部分) | 无黏性,易受钻具振动和冲洗液冲刷而破碎成块状、易磨损、流失,不易取出完整岩矿芯 | 钢粒钻进喷射式反循环钻具,金刚石双管钻具无泵双动双管钻具 |
| 三类 | 软硬不均、变化频繁极不稳定岩矿层 | 如不稳定的煤层、氧化矿床、破碎带砾石层等 | 可钻性相差悬殊 | 围岩与矿体和岩层间可钻性悬殊、易破碎和磨损、黏性差,怕冲刷,煤层怕烧灼变质,不易钻进和取芯 | 爪簧式单动双管,隔水单动双管等 |
| 四类 | 软、松散破碎的岩矿层 | 如表土、黏土层、煤层、铁帽、铝矾土、褐铁矿、断层带、氧化破碎带 | I – V | 胶结性差,松散易破碎,易烧灼变质,易坍塌 | 无泵反循环钻具,双层双动岩芯管,阿氏双管,喷射式孔底反循环钻具等 |
| 五类 | 易被冲洗液溶蚀,溶解的岩矿层 | 如岩盐、钾岩、石膏、芒硝、冻土层等 | II – V | 易溶蚀、溶解,怕冲刷 | 采用不同介质的饱和冲洗液,选用无泵钻具,喷反钻具,或单动双管的硬质合金钻进 |

1）不同地层常用的取芯工具[51-53]

（1）软土层钻进

一般采用合金单管，干拧取芯。为防止冲洗液柱压脱岩芯，可采用投球接头，在采芯完成后投入隔水弹子然后提钻。由投球钻具改进而成的活动分水投球钻具，岩芯管内的活动分水帽由轻质材料制成，可阻挡水流直接冲刷岩芯顶部并将水流分引至管壁，可将单管适用范围扩大到松软、不宜直接接受水流冲刷的地层。接头上通水孔的作用是提钻中泄水，防止钻杆卸开时喷浆。

（2）易冲蚀、溶蚀地层

易冲蚀、溶蚀地层取芯的关键在于隔水，因此使用双动双管效果最好。松散但不溶解、溶蚀的地层也可采用无泵孔底反循环钻具，它虽不能隔绝冲洗液，但因不泵送（压力小）且反向流动，对松散岩芯有很好的保护作用。这两种取芯工具的岩芯容纳管均转动，对岩芯产生机械破坏作用，但因岩石软、采用高钻压、低转速、限制进尺，回次时间很短，即对岩芯产生机械破坏作用的时间很短，所以仍能保证很高的采取率。可以预测，扩大其应用范围，在可钻级别较高的岩层中钻进，机械破坏作用时间增长，采取率必然下降。

（3）中硬、脆、碎地层

①喷射式反循环钢粒钻进，堵塞卡芯。

②单动双管钻具，卡簧卡芯。

③怕污染的特殊地层

采用活塞式单动双管，岩芯顶着活塞上行，活塞可刮净管壁冲洗液。

④软、硬交替地层

软地层，即使松散，取芯并不难（无泵钻具，双动双管，取煤单动双管），岩石硬，即使破碎，取芯也不很难（单动双管、喷射式反循环钻具），真正取芯困难的是软硬频繁变化的地层，取芯工具应能够适应岩石性质的大幅度变化，通常采用的是隔水，护芯效果较好的单动双管钻具，如爪簧式单动双管、隔水单动双管、压卡式单动双管等。

## 5.2　钻孔易弯曲地层钻进技术

钻孔弯曲度（孔斜）是衡量钻孔质量的重要指标之一，要保证它符合设计要求。除施工中采取有效防治钻孔弯曲的措施外，还要求密切配合钻孔弯曲测量（测斜）工作[54]。

### 5.2.1　概述

#### 5.2.1.1　钻孔设计简介

钻孔轴芯线在地下空间的坐标位置，是依据各项工程的不同性质与要求进行设计的,如矿床勘探的钻孔须依据岩矿层的产状、矿体的形状大小和埋藏部位、勘探网的密度、施工的地形等进行设计。归纳起来,当前设计的钻孔类型,一般有以下三种:

1)垂直孔:如图5-10(a)所示,钻孔的轴芯线 OA 向下成一直线或近似一直线,它与水平面垂直或接近垂直。

2)斜孔:如图5-10(b)所示,钻孔的轴芯线 OA 朝着一定的方向成一直线或近似一直线,它在一垂直平面上与铅垂线 OP 成一定角度。

3)定向孔:如图5-10(c)、图5-10(d)所示,钻孔的轴芯线 OA 成一预定的曲线,其切线在垂直平面上与铅垂线 OP 所成的角度,在各个钻孔是不同的。图5-10(c)为单孔底定向孔,图5-10(d)为多孔底定向孔(也称为分枝定向孔)。

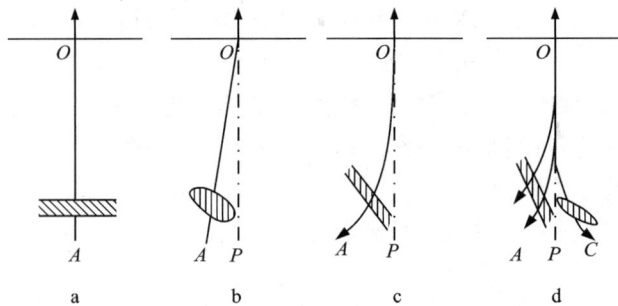

图5-10 钻孔的类型

在施工过程中,对各种类型的钻孔轴芯线允许偏离的范围,是根据各项工程的性质与要求确定的。如地质岩芯钻探操作规程规定:钻孔顶角的最大允许弯曲度,在每100 m 间距内直孔不得超过2°,斜孔不得超过3°,随着钻孔的加深可以递增计算。钻孔方位角的最大允许弯曲度,应根据钻孔的深浅和矿床的类型等情况具体确定[55]。

### 5.1.2.2 钻孔轴线及有关参数

钻探工程各类钻孔的特征通常是在空间用一条直线来描述,这条线代表钻孔轴线,是钻孔轴线的轨迹线,轨迹线的空间形态代表钻孔的空间形态。

1)关于钻孔轴线的三种不同含意

(1)设计钻孔轴线  钻孔施工前,根据施工目的,要进行钻孔轴线的设计和绘制钻孔轴线的设计轨迹。所设计的钻孔轴线在钻孔施工时起指导作用。

钻孔轴线,在理论上可根据数学的原理设计成连续的各种轨迹线。由于技术、经济及其他原因,根据数学原理设计的钻孔轨迹形式,只有少数用于钻孔轴线设计,绝大多数在钻孔轴线设计时并不采用,只具有数学意义。

（2）实际钻孔轴线　　实际钻孔轴线是指按钻孔设计轴线控制施工时，钻头沿孔底破碎面中心移动时形成的点的实际几何轨迹。实际钻孔轨迹是十分复杂的，绝不可能与设计钻孔轴线轨迹完全吻合。但在施工中应尽可能使实际钻孔轴线轨迹与设计钻孔轴线轨迹接近。由于实际钻孔轨迹是由无穷多个点连续组成，轨迹点空间位置的连续测定极为困难，也没有必要（即使测量没有误差，按测量结果绘制的钻孔轴线也不是真实的实际钻孔轴线），因而实际钻孔轴线是无法绘制的，它仅具有抽象意义。

（3）与实际近似的钻孔轴线　　实际绘制施工后的钻孔轴线，是以施工过程中对钻孔轴线某些点进行测量计算得到的数据为依据。因为不可能对钻孔轴线每个点进行测量计算，所以绘制的钻孔轴线基本形式为折线，它并不是真实的实际钻孔轴线（即使按曲线绘制钻孔轴线，也不是钻孔的实际曲线形状），仅与实际钻孔轴线近似，但却具有实用意义。

2）钻孔空间位置的几何参数

无论是绘制设计还是绘制实际施工后的钻孔轴线，都必须知道钻孔轴线的空间位置。为了确定钻孔轴线的空间位置，一般是把钻孔轴线置于空间三维直角坐标系中，当钻孔孔口和轴线上其他点的三维坐标值确定后，钻孔轴线的空间位置即确定。在绘制设计的钻孔轴线时，孔口位置的三维坐标值，可通过地形测量或矿山测量确定。此值确定后，轴线上其他点的绝对坐标值和相对坐标值的确定就比较容易了。然而，在钻探过程中，为了按钻孔设计轴线控制钻孔轨迹以及绘制与实践近似的钻孔轴线，直接在孔内测量孔口以下钻孔轴线上其他点的坐标值是极其困难的。因此，研制了能测量钻孔轴线顶角和方位角的仪器。根据测点顶角、方位角、孔深（可通过测绳或测杆的长度确定）三个主要几何参数，即可用数学计算式算出各测点的三维坐标值。鉴于此，在设计钻孔轴线时，也仍以顶角、方位角、孔深作为确定设计钻孔轴线空间位置的三个主要几何参数。

图 5-11 为直线孔顶角与方位角示意图。图中 $OO'$ 为斜孔轴线，孔口 $O$ 作为空间三维直角坐标系的原点，$X$ 轴表示南北方向，$Y$ 轴表示东西方向，$Z$ 轴表示铅垂方向，$A$ 为斜孔轴线 $OO'$ 上任一点。钻孔轴线与铅垂线所夹之角 $\theta$ 称为钻孔顶角，顶角在包括钻孔轴线的垂直平面内。自磁北方向开始，沿顺时针方向与钻孔轴线在水平面上的投影之间的夹角 $\alpha$ 称为钻孔的方位角，方位角在水平面上。这里不应把钻孔顶角与通常所说的钻孔倾角混淆。钻孔倾角 $\eta$ 是钻孔轴线与其在水平面上的投影所夹之角。顶角与倾角互为余角。

图 5-12 为曲线孔的顶角与方位角示意图。图中 $OO'$ 为一空间曲线轴，$A$ 为曲线孔上任一点，$A'$ 是 $A$ 点在水平面上的投影，它必然在钻孔轴线的水平投影线上。钻孔在 $A$ 点的顶角是过 $A$ 点的切线与铅垂线之间的夹角 $\theta$。$\theta$ 仍在铅垂线与过 $A$ 点切线所决定的垂直平面内。钻孔在 $A$ 点的方位角是自磁北方向开始沿顺时针

方向与过钻孔轴线上 $A$ 点的切线水平投影之间的夹角 $\alpha$。钻孔空间位置的几何参数，除了钻孔轴线点相对于孔口的三维坐标值和孔深、顶角、方位角外，还有钻孔轴线点至孔口的水平距(如图 5 – 11 中的 $AZ_A$)。

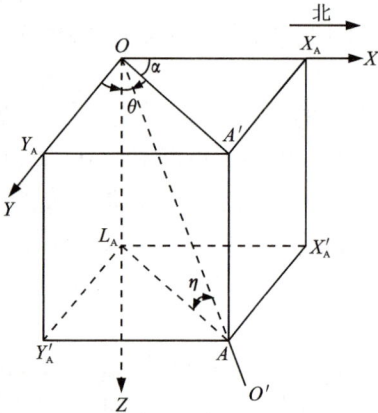

图 5 – 11　直线孔顶角、方位角示意图　　图 5 – 12　曲线孔的顶角与方位角示意图

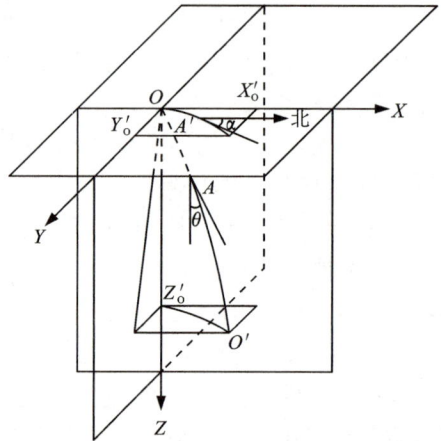

在设计斜直线孔时，钻孔轴线任意点三维坐标值和水平距与钻孔孔深、顶角、方位角有以下关系式(见图 5 – 10)。

$$X_A = X_O + L_A \sin\theta\cos\alpha \qquad (5-2)$$

$$Y_A = Y_O + L_A \sin\theta\sin\alpha \qquad (5-3)$$

$$Z_A = Z_O - L_A \cos\theta \qquad (5-4)$$

$$S_A = L_A \sin\theta \qquad (5-5)$$

式中：$X_O$、$Y_O$、$Z_O$ 为孔口坐标；$X_A$、$Y_A$、$Z_A$ 为钻孔轴线上任意点 $A$ 的坐标；$S_A$ 为钻孔轴线上任意点 $A$ 的水平距；$L_A$ 为钻孔轴线上任意点 $A$ 的孔深。

式(1–1)、式(1–2)、式(1–3)中，当孔口坐标值 $X_O$、$Y_O$、$Z_O$ 取 $O$ 时，计算的 $X_A$、$Y_A$、$Z_A$ 为 $A$ 点的相对坐标值。其中，$Z_A$ 的相对坐标值也称为钻孔轴任意点 $A$ 的垂深 $H_A$，即

$$H_A = L_A \cos\theta \qquad (5-6)$$

实际的钻孔轴线轨迹不可能是一根直线，因此上述轴线位置坐标计算公式仅在某些情况下应用。实际的钻孔轴线坐标的计算，除与轴线上所选测点用测斜仪测量的孔深以及测出的顶角、方位角有关外，还与所采用的作图方法有关。作图时，通过钻孔轴线的剖面图(在垂直平面上的法线投影)可了解钻孔顶角的变化情况；通过钻孔轴线的平面图(在水平面上的投影)可了解钻孔方位角的变化情况。作图方法不同，轴线测点三维坐标值与钻孔孔深、顶角、方位角的关系式亦不同[56]。

3)钻孔孔身在地下空间的状态

钻孔孔身在地下空间的状态，根据钻孔各孔段深度的顶角($\theta$)和方位角($\alpha$)的互变关系，可归纳成以下四种形态。如图 5 – 13 所示。

(1)$\theta$、$\alpha$ 均不变时，则如图 5 – 13 中 $O_1$ 孔所示，钻孔轴芯线 $O_1Q_1$ 在 $O_1PNQ_4$ 垂直平面内成一直线或近似一直线，这种形态在某些孔段中常见，但在全孔中少见。

(2)$\theta$ 变、$\alpha$ 不变时，则如图 5 – 13 中 $O_2$ 孔所示，钻孔轴芯线 $O_2Q_2$ 仍在 $O_1PNO_4$ 同一垂直平面内弯曲，这种状态在某些孔段中常见，在全孔中也有时可能见到。

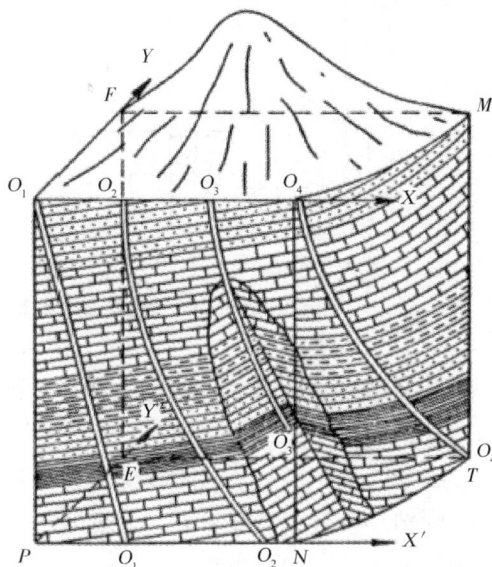

图 5 – 13　钻孔状态示意图

(3)$\theta$、$\alpha$ 均变时，则如图 5 – 13 中 $O_3$ 孔所示，钻孔轴芯线 $O_3Q_3$ 离开 $O_1PNO_4$ 垂直平面向前或向后方弯曲，这种形态在全孔和某些孔段中常见。

(4)$\theta$ 不变、$\alpha$ 变时，则如图 5 – 13 中 $O_4$ 孔所示，钻孔轴芯线 $O_4Q_4$ 沿着 $O_1NTM$ 半圆柱面弯曲，这种形态在某些孔段中可见，而在全孔中少见。

4)钻孔弯曲的影响

钻孔弯曲度若超过了地质设计的要求，给地质与施工都会带来严重的危害与损失，表现为：

(1)在地质方面

钻孔轴芯线偏离原设计过大，如测斜不准、不全或根本不测量，会造成人们对地质情况的错误分析，如图 5 – 14a ~ 图 5 – 14d 所示。

①地质构造的形态与位置被歪曲，因钻孔弯曲未发现断层(见图 5 – 14a)；

②矿层的厚度不真实，因钻孔弯曲使矿层变厚(见图 5 – 14b)；

③预计要见到的矿层被漏掉，因钻孔弯曲未见到矿(见图 5 – 14c)；

④小矿体被歪曲成大矿体，两个钻孔相向弯曲误认为一大矿体(见图 5 – 14d)。

很明显，这就使人们无法正确判断地下岩矿层的真实位置和厚度，无法精确计算矿产储量。对矿区的评价不能提供可靠的依据，则会给矿山开采和设计带来极大的盲目性和不应有的损失。

(2)在钻探工作方面

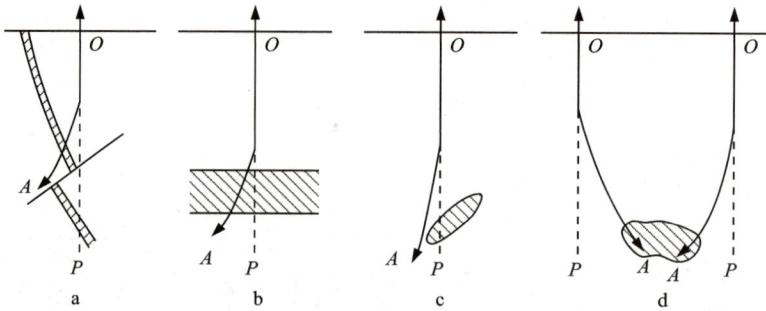

图 5-14  钻孔弯曲对地质成果的影响情况

①增加了回转钻具与孔壁摩擦和碰击的阻力，造成钻具在孔内升、降和回转都不顺利。

②因钻具产生磨损、弯曲和变形，而引起钻具的折断。

③因钻具一部分紧贴孔壁，钻进时压力不易掌握，压力损失大，且增大了动力消耗。

④弯曲严重的孔段，如岩矿层破碎不完整，受钻具的强烈敲击，极易引起孔壁坍塌掉块，从而造成卡、埋钻具事故。

⑤在弯曲的钻孔中发生孔内事故不易处理，往往使孔内事故更加复杂化。

⑥因钻孔弯曲，虽达到了预计孔深但未达到预计的空间位置，常常必须增加孔深或进行人工定向纠斜来满足地质设计要求，从而增加了工作量。

据不完全统计，近见年来完全满足质量要求的钻孔一直在70%以内，而报废工作量一直不少于2%，在报废工作量中，因钻孔弯曲问题所占的比例是不少的。

## 5.2.2  钻孔弯曲的原因

### 5.2.2.1  钻孔弯曲的条件

钻进过程中，钻孔不产生弯曲的条件是：钻孔延伸时保持钻头轴线与原钻孔轴线方向一致。反之，若钻孔延伸时不能保持钻头轴线与原钻孔轴线方向一致，钻孔必然弯曲。

导致钻孔弯曲，必须有使钻头轴线偏离钻孔轴线的力学条件、空间条件和位置条件。其中，力学条件和空间条件是钻头轴线偏离钻孔轴线的必要条件，位置条件是钻头轴线偏离钻孔轴线的充分条件[57]。

1）力学条件

力学条件是指钻头在孔内的受力情况。钻头处在以下几种受力情况下有可能使钻头轴线偏离原钻孔轴线。

（1）钻头与孔底接触时，钻头唇面的轴向受力不平衡，孔底平面轴向破碎速度有快有慢,即孔底平面产生不均匀、不对称破碎,钻速差,使钻头轴线有可能偏离原钻头轴线。

钻头平面可能有以下两种不平衡受力情况:

①钻头轴线垂直于孔底平面,钻压均匀分配在钻头唇面上,但孔底平面岩石的破碎难易程度不同。图 5-15a 中钻头唇面 A 端的岩石破碎比较困难,B 端的岩石破碎比较容易,A 端的破碎阻力 $P_A'$ 大于 B 端的破碎阻力 $P_B'$,造成 A 端的破碎速度小,B 端的破碎速度大,导致钻孔轴线向 A 端一侧偏斜。

②钻头轴线垂直于孔底平面,钻压在钻头唇面上分配不均匀,但孔底平面的岩石均匀,破碎阻力相同。图 5-15b 中,A 端的轴向压力 $P_A$ 小于 B 端的轴向压力 $P_B$,造成 B 端的破碎速度 $v_B$ 大,A 端的破碎速度 $v_A$ 小,导致钻孔轴线向 A 端一侧偏斜(此种不平衡受力情况在实践中不多见)。

2)下部粗径钻具歪斜,钻头轴线偏离原钻孔轴线一个角度,钻压不再沿钻孔轴线方向施加给钻头,而是偏离一个角度施加给钻头,使钻头破碎方向不垂直原孔底平面,同时破碎孔底(轴向分力作用)和孔壁(径向分力作用)的一部分,孔底破碎不对称,从而有可能导致孔斜(见图 5-16a)。

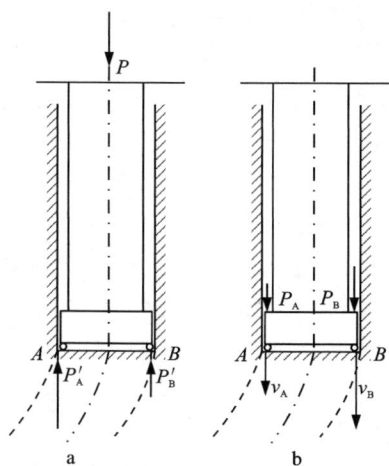

**图 5-15 钻头唇面受力不平衡造成钻速差使钻孔轴线偏离**

a—孔底岩石破碎阻力不同造成钻速差,$P_A' > P_B'$

b—钻头唇面轴向压力不同形成钻速差,$P_B > P_A$

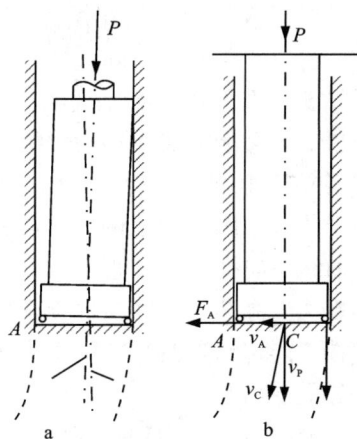

**图 5-16 粗经钻具歪斜、孔底破碎不对称导致孔斜**

a—钻头作用力方向偏离钻孔轴线导致孔斜

b—钻头轴向和径向同时受力导致孔斜

1—钻头轴线;2—原钻孔轴线

(3)钻头轴向和径向同时受力,轴向压力沿钻头轴向垂直作用到孔底,侧向力 FA 沿钻头径向作用到孔壁(见图 5-16b)。钻头在进行轴向破碎孔底的同时,又侧向切削孔壁,钻头轴线的实际切削方向为轴向破碎速度 $v_p$ 与侧向切削速度

$v_A$ 的矢量合成方向 $v_c$。因此钻头曲线的实际破碎方向偏离原钻孔轴线。显然，钻头轴线的偏离随侧向切削速度的提高而加大。

2）空间条件

空间条件是指下部粗径钻具与孔壁之间存在的间隙。力学条件仅是钻头轴线有可能偏离钻孔轴线的必要条件之一，空间条件是钻头轴线有可能偏离钻孔轴线的另一必要条件。两者之间的关系是：孔壁间隙是上述力学条件下使钻头轴线偏离钻孔轴线的前提条件。因为对于上述力学条件的第二种情况，只有下部粗径钻具与孔壁之间存在间隙时，下部粗径钻具才有歪倒的空间，轴压的作用方向才不在原钻孔轴线上；若没有间隙，粗径钻具的轴线就与钻孔轴线一致，轴压的作用方向也就与钻孔轴线一致。对于上述力学条件的第一种和第三种情况，当导致钻头轴线偏离钻孔轴线时，实际上就是使钻头在钻进孔段相对于原钻孔轴线连续歪倒。此时如果下部粗径钻具与孔壁之间无间隙，钻头没有歪倒的空间，也就不可能导致钻头轴线偏离钻孔轴线。显然，孔壁间隙加大，上述力学条件下钻头轴线偏离原钻孔轴线也增大。

3）位置条件

位置条件是指钻头作用力的方向固定、相对大小固定以及钻头歪倒方向固定。上述力学条件和空间条件仅是钻头轴线有可能偏离钻孔轴线的必要条件，并不是钻头轴线偏离钻孔轴线的全部条件。只有同时具备力学条件、空间条件、位置条件，才会最终发生钻头轴线偏离钻孔轴线。因为钻头作用力的方向和相对大小以及钻头歪倒方向均固定后，才能造成钻头轴线向固定的作用力方向、固定的钻速差方向、固定的歪倒方向偏斜。例如，当粗径钻具可以向孔底各个方向歪倒时，则钻头向孔底各个歪倒方向均匀破碎岩石，即使具备了使钻头轴线偏离钻孔轴线的力学条件、空间条件，也只能使孔底孔径扩大，钻孔仍然沿轴线延伸，并不弯曲。回转钻进时，当孔底钻具既自转（围绕钻具轴线旋转）又公转（孔底钻具围绕钻孔轴线旋转）时，就会产生上述情况。又如，当钻头侧向力的方向不固定时，则侧向力可作用到孔壁四周，也只能使孔壁扩大，钻孔并不弯曲。只有侧向力在固定的方向上切削孔壁，钻孔才能向侧向力固定方向的一侧偏斜。

回转钻进时，粗径钻具歪倒方向固定或者变化极小的情况，一般仅在孔底钻具自转时才可能发生。因此，钻进时仅自转的钻具易发生孔斜。此外，既自转又公转的钻具，当公转的角速度不均匀，且大部分时间处于径向某一位置时，钻孔也可能弯曲。

#### 5.2.2.2 钻孔弯曲的原因

钻孔弯曲是钻探生产中一种普遍且大量存在的现象。钻孔弯曲的发生表明钻进中具备了导致钻孔弯曲的力学条件、空间条件和位置条件。由于钻进中钻孔弯曲条件的形成是主、客观因素共同作用的结果，因此钻进时的主、客观因素就是造成钻孔弯曲的原因。地质因素是钻进时的客观因素，工艺技术因素也是钻进时的主观因素。在不同条件下，两类因素也主导因素，有时工艺技术因素是主导因素。

1）造成钻孔弯曲的地质因素

影响钻孔弯曲的地质因素主要是钻进岩层的硬度及结构构造。岩层的层理、片理、裂隙、断层、硬软互层、溶洞、卵砾石等结构构造使岩层具有不均质性，钻头在钻底受力不平衡，引起钻孔弯曲。其中片理与层理和软硬互层对钻孔弯曲影响最大。用相同直径的钻头钻进不同硬度的岩层时，成孔直径大小不同，一般钻硬度大的岩层比钻硬度小的岩层成孔直径要小，即钻进软岩层时孔壁间隙大，钻进硬岩层时孔壁间隙小，软岩层更具备对钻孔弯曲不利的空间条件。

对岩石的大量测定和钻进实践表明，具有层理和片理的岩层，其物理力学性质在各个方向上不同，此种特性称为岩石的各向异性。垂直于层理方向的岩层硬度最小，破碎阻力最小，破碎速度最快；平行于层理方向岩层的硬度最大，破碎阻力最大，破碎速度最慢；与层理斜交方向岩层的硬度、破碎阻力、破碎速度介于两者之间。最大硬度与最小硬度的比值称为岩石的各向异性指数。图 5-17a 为钻头与底层面在不同方向时的井眼破碎情况。图 5-17b 中，钻头与地层面斜交，钻头受一个来自地层下倾方向的力——地层造斜力的作用，使钻头轴线力图向垂直于地层层面方向偏斜，钻孔呈椭圆形；图 5-17c 中，由于垂直于层面的硬度小，孔壁岩石易破碎，形成的井眼直径较大，孔壁间隙大，使钻头稳定性差，钻孔也容易弯曲。

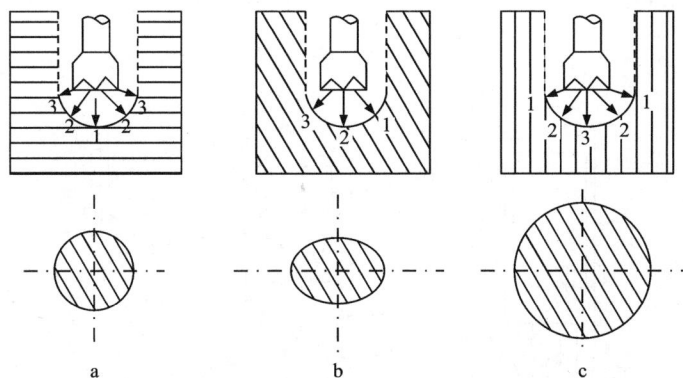

**图 5-17　钻头与地层面在不同方向时的井眼破碎情况**
a—钻头与层面垂直；b—钻头与层面斜交；c—钻头与层面平行；
1—垂直于层面的破碎速度；2—与层面斜交的破碎速度；3—平行于层面的破碎速度

图 5-18 所示为钻头在片理和层理的岩层钻进时顺层克取和逆层克取的受力

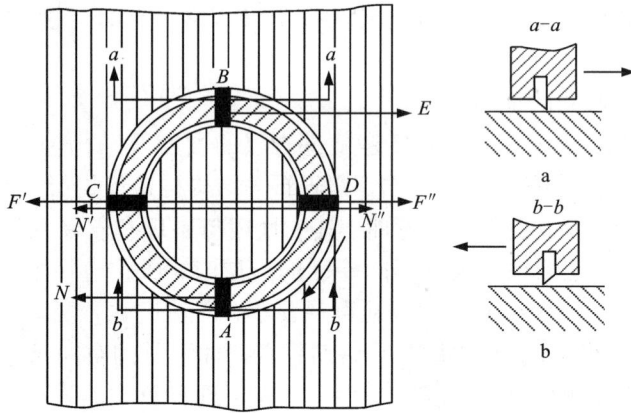

**图 5 – 18  钻头在片理和层理岩层的顺层克取和逆层克取**

a—逆层克取；b—顺层克取

情况。因钻头与层面斜交，钻头切削在孔底 $A$、$B$ 两点所遇回转阻力不同。$A$ 为顺层克取，切削阻力 $N$ 小；$B$ 点为逆层克取，切削阻力 $F$ 大。因此 $A$、$B$ 两点形成切削阻力差 $(F-N)$。在孔底 $C$、$D$ 两点均系平行于层理克取，所遇回转阻力相等，但方向相反，无切削阻力差。图 5 – 19 中，如在钻头中心引入两平衡力系，即 $F'$ $=F''=F$，$N'=N''=N$，则根据理论力学可知，$F$ 和 $F'$ 组成一力偶，$N$ 和 $N'$ 组成另一力偶，此两力偶由钻杆传递的扭矩所克服。而 $F''$ 和 $N''$ 是一对不平衡的力，其差值（即地层造斜力）将使钻头沿 $CD$ 方向倾斜延伸，钻孔将趋向于垂直层理面和片理面。

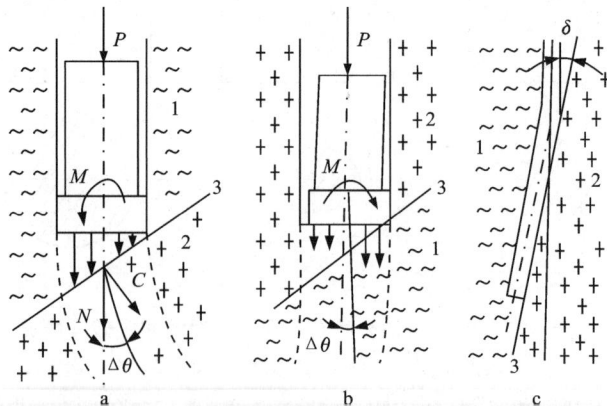

**图 5 – 19  钻头通过软硬互层时的钻孔弯曲情况**

a—钻头由软岩层钻至硬岩层；b—钻头由硬岩层钻至软岩层；c—遇层角较小时钻具的下滑情况

1—软岩；2—硬岩；3—软硬互层的接触面

图 5 – 19 为钻头通过软硬互层时的钻孔弯曲情况。钻头通过软硬互层时对钻孔弯曲的影响取决于钻孔轴线的遇层角 $\delta$（遇层角 $\delta$ 是指钻孔轴线与岩层层面法线夹角的余角）和软硬岩层的硬度差。由于钻头作用在层面上的压力可分解为垂直于层面的分力 $C$ 和平行于层面的分力 $N$（见图 5 – 19a）。$N$ 是钻头在岩层面上的下滑力，当下滑力大于钻头与岩层层面的摩擦阻力时，钻具便沿层面下滑，钻孔将顺岩层层面方向弯曲（俗称"顺层跑"，如图 5 – 19c 所示）。很明显，遇层角 $\delta$ 越小，下滑力（$N = P\cos\delta$）越大。钻具沿层面下滑的临界遇层角主要与岩石与钻具的摩擦系数有关，这又取决于岩石性质。一般临界遇层角 $\delta \leq 20°$。图 5 – 19a 为遇层角大于临界值时钻头由软岩层进入硬岩层的情况。由于钻头进入层面时，唇面受力不平衡，靠层面上硬岩一端的孔底反力的合力大，靠软岩一端的孔底反力的合力小，不仅钻头两端存在钻速和孔底不对称的不均匀破碎，而且将产生一倾倒力矩 $M$，扭转钻头，使其沿地面上倾方向——即垂直于层面方向弯曲（俗称"顶层进"）。图 5 – 19b 为遇层角大于临界值时钻头由硬岩层进入软岩层的情况。根据钻头在孔底受力不平衡情况，钻头靠层面上软岩一侧的钻速快，靠硬岩一侧的钻速慢，加之产生的倾倒力矩，使钻孔有向地层下倾方向弯曲的趋势。

综上所述，在软硬岩层交替的情况下钻进时，由硬岩层进入软岩层钻孔弯曲的方向与由软岩层进入硬岩层钻孔弯曲的方向正好相反。实践证明，在软硬交替层钻进，钻孔仍然趋向于垂直层面的方向。这是因为钻头由硬岩进入软岩时，硬岩的孔壁完整、孔壁间隙小，能对钻具起导向作用，孔斜不明显，而钻头由软岩进入硬岩时，在软岩中形成的孔壁间隙较大，而且在软岩上的小块硬岩很容易破碎，钻孔弯曲强度大[58]。

钻头由软岩层进入硬岩层时因唇面受力不平衡而产生的倾倒力矩可由以下公式计算：

作用于全面钻头唇面上的倾倒力矩 $M_a$（见图 5 – 20）

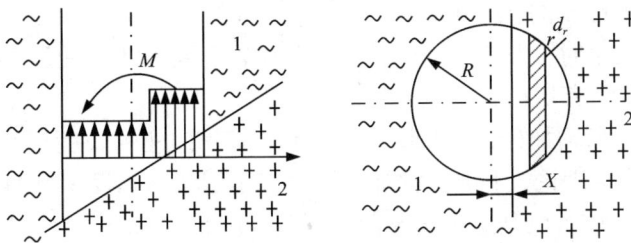

**图 5 – 20　全面钻头通过软硬岩层接触面时的倾倒力矩**

1—软岩层；2—硬岩层

$$M_a = \frac{2}{3}(\sigma_n - \sigma_m)(R^2 - X^2)^{\frac{3}{2}} \tag{5-7}$$

式中：$\sigma_n$ 为硬岩的压入硬度；$\sigma_m$ 为软岩的压入硬度；$R$ 为钻头半径；$X$ 为钻头轴线至软硬岩层接触面的距离。

作用于取芯钻头唇面上的倾倒力矩 $M_c$，见公式（5-8）。

$$M_c = \frac{2}{3}(\sigma_n - \sigma_m)[(R_1^2 - X^2)^{\frac{3}{2}} - \lambda (R_2^2 - X^2)^{\frac{3}{2}}] \tag{5-8}$$

式中：$R_1$ 为钻头外半径；$R_2$ 为钻头内半径；$\lambda$ 为系数，当 $X < R_2$ 时，$\lambda = 1$；当 $X > R_2$ 时，$\lambda = 0$。

从式（5-7）和式（5-8）看出，倾倒力矩与软硬岩层的硬度差（$\sigma_n - \sigma_m$）成正比；当钻头唇面由软岩层刚接触硬岩层时（$X$ 最大），倒转力矩最小；随着钻头唇面与硬岩层接触面积的增加（$X$ 减小），倒转力矩增大；当钻头唇面与硬岩层面接触面积相等（$X = 0$）时，倒转力矩达到最大值。

除了层理、片理和软硬互层等地层条件对钻孔弯曲有较大影响外，在松软、极破碎和溶洞地层钻进时，由于钻具与孔壁之间有较大的间隙，钻具在重力作用下，钻孔（斜孔）有下垂趋势；在卵、砾石层钻进时，钻具将沿容易通过的方向延伸，钻孔弯曲方向无一定规律。

2）影响钻孔弯曲的工艺技术因素

（1）下部钻杆柱弯曲对孔斜的影响

在造成钻孔弯曲的工艺技术因素中，最具影响的是钻进时下部钻杆柱发生弯曲。下部钻杆柱弯曲时，钻头及其相邻连接部分钻柱的中心线偏离钻孔轴线，钻压不再沿钻孔轴线反向施加给钻头，而是偏离了一个角度，因而使钻孔发生偏斜。

①下部钻杆柱的弯曲形态

钻孔较深时，施加给钻头上的轴芯压力（钻压）是由下部一定长度的钻杆柱和粗径钻具的自重形成的。此时：

a. 当钻压较小时，中和点以下钻柱处于弹性稳定状态，受压部分的钻具仍保持伸直，与孔壁没有切点。

b. 当钻压逐渐增加（即中和点上移，受压部分钻柱的长度增长）至某一值 $P_1$ 时，根据压杆稳定理论，下部钻柱即丧失直线稳定状态而发生弯曲，称一次弯曲，$P_1$ 称为一次弯曲临界钻压。一次弯曲的形状如图 5-21a 和图 5-21b 中的线 I 所示，$T_1$ 点为钻柱一次弯曲时和孔壁的接触点（切点），$N_1$ 点为一次弯曲时的中和点。

c. 当钻压 $P_1$ 再继续增加时，钻具受压部分继续增长，中和点上移，切点下移，钻柱弯曲的形状逐渐由曲线 I 改变为曲线 II，切点为 $T_2$，中和点为 $N_2$（见 5-

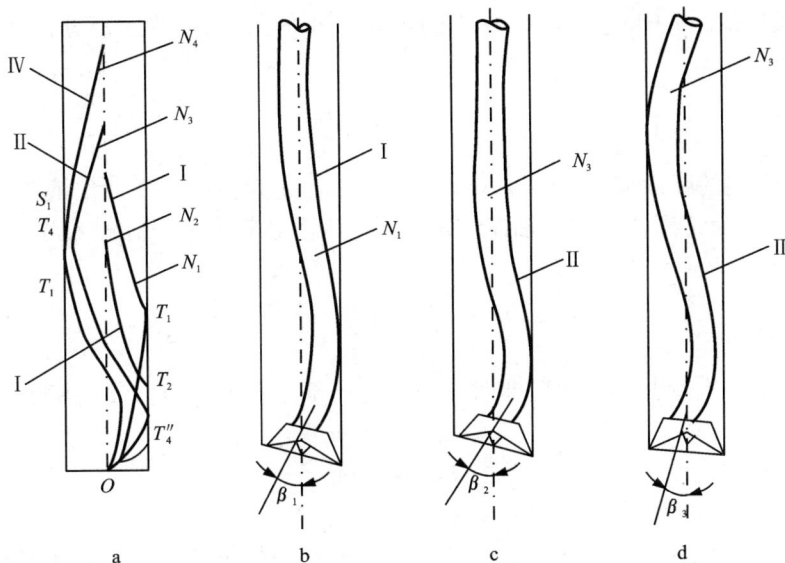

**图 5-21　钻柱弯曲示意图**

a—钻柱弯曲的曲线形状；b—钻柱的一次弯曲，钻压 $=P_1$；c—钻柱二次弯曲前的情况，
$P_1 <$ 钻压 $< P_2$；d—钻柱的第二次弯曲，钻压 $=P_2$

21a 和图 5-21c)。曲线 Ⅱ 是钻柱发生二次弯曲前瞬间的弯曲形状。

d. 当钻压增至二次弯曲的临界钻压 $P_2$ 时，钻柱产生二次弯曲，如图 5-21a、图 5-21d 中的曲线 Ⅲ 所示，$N_3$ 为中和点，$T_3$ 为切点。

e. 继续增大钻压(钻压 $> P_2$)，则钻柱呈曲线 Ⅳ 的形状(见图 5-21a)，和井壁有两个接触点(切点) $T_4'$ 和 $T_4''$。

f. 再增大钻压，钻柱还可以发生三次弯曲和多次弯曲，但其形状和规律还不十分清楚。

回转钻进时，钻柱处于不断旋转的状态。作用在下部钻柱上的力，除压力外还有离心力。离心力将加剧下部钻柱的弯曲，使弯曲波长缩短。此外，钻柱还要传递扭矩，在扭矩作用下，钻柱不可能保持平面的弯曲状态。钻进软硬岩层时，作用在钻头上的倾倒力矩也加剧了钻柱的弯曲，即钻柱的实际弯曲形状比图 5-21 中的要复杂。

②下部钻柱受压弯曲部分长度计算

通过理论计算可以求出钻柱受压弯曲部分的长度。当钻柱产生一次弯曲时，中和点 $N_1$ 距 $O$ 点为 $L_1$(近似等于受压部分长度 $ON_1$，见图 5-22a)，

$$L_1 = 2.04 \sqrt[3]{\frac{EJ}{q}} \qquad (5-9)$$

二次弯曲时,中和点 $N_3$ 距 $O$ 点的距离为 $L_2$(近似等于受压部分长度 $ON_3$,见图 5-22a),

$$L_2 = 4.05 \sqrt[3]{\frac{EJ}{q}} \qquad (5-10)$$

式中: $E$ 为钢的弹性模量, $E = 2.058 \times 10^{11}$, Pa; $q$ 为钻杆柱在冲洗液中单位长度量,N/m; $J$ 为钻杆柱断面的轴惯性矩,m$^4$。为了计算方便,引入无因次单位长度 $m$,

$$m = \sqrt[3]{\frac{EJ}{q}} \qquad (5-11)$$

这样,一次弯曲和二次弯曲时钻杆柱受压部分长度即可方便地用下式表示:

$$L_1 = 2.04m \qquad (5-12)$$
$$L_2 = 4.05m \qquad (5-13)$$

③下部钻柱弯曲的临界钻压计算

根据力学的压杆稳定理论,受轴向外压力作用的细长杆,在不计本身重量的情况下,其弯曲临界外压力取决于杆的刚度和长度。但钻柱受的轴向压力是其本身的重量产生的,因此,钻柱各次弯曲的临界钻压与钻柱的刚度和单位长度重量有关,用公式表示如下。

$$P_1 = L_1 q \qquad (5-14)$$
$$P_2 = L_2 q \qquad (5-15)$$

或:

$$P_1 = 2.04mq \qquad (5-16)$$
$$P_2 = 4.05mq \qquad (5-17)$$

式中: $P_1$ 为一次弯曲临界钻压,N; $P_2$ 为二次弯曲临界钻压,N。

从式中可以看出,钻柱的刚度($EJ$)和单位长度的重量越大,则临界钻压值也越大,即能承受更大的钻压而不弯曲。

④下部钻柱的倾斜角

表征下部钻柱弯曲的指标是钻柱的倾斜角 $\beta$。倾斜角的大小与下部弯曲钻柱的最低切点或波峰位置有关。图 5-22a 中,角 $\beta$ 是指下切点(或波峰)以下钻柱轴线在孔底与钻孔轴线的交角。$\beta$ 越大,对钻孔弯曲的影响也越大。

一次弯曲时,钻柱的倾斜角 $\beta_1$ 为

$$\tan\beta_1 = 1.02 \frac{b}{m} \qquad (5-18)$$

式中: $b$—钻柱与孔壁之间的环状间隙。

二次弯曲前瞬间之倾斜角 $\beta_2$ 为

$$\tan\beta_2 = 1.05 \frac{b}{m} \qquad (5-19)$$

因为二次弯曲前瞬间，切点的位置 $T_2$ 比 $T_1$ 低，所以 $\beta_2 > \beta_1$（见图 5 - 22）。

钻柱发生二次弯曲时，上部形成切点 $T_3$，下部尚未形成切点（有波峰），倾角为 $\beta_3$，其大小较其他弯曲曲线形状之倾斜角小。

$$\tan\beta_3 = 0.44\frac{b}{m} \qquad (5-20)$$

因此，当钻压小于一次弯曲的临界钻压 $P_1$ 时，钻孔产生弯曲的可能性很小；钻压处于一、二次弯曲的临界钻压之间时，钻孔最容易发生弯曲；钻压大大超过二次弯曲的临界钻压时，会使倾斜角更大，钻孔弯曲加剧。

⑤下部钻柱的作用力

下部钻柱弯曲后，钻柱轴线偏离钻孔轴线，使钻头破碎方向不垂直于原孔底平面。但从钻头受力分析，钻柱弯曲后钻头上存在的侧向力对孔斜才有实质性影响。如图 5 - 22b 所示，在斜孔中钻压 $P$ 可分解为与钻孔轴线平行的轴向力 $F_0$ 和与钻孔轴线相垂直的侧向力 $F_z$。$\beta$ 为下部钻柱的倾斜角。则

$$F_0 = P\cos\beta \qquad (5-21)$$

$F_0$ 对孔斜没有什么影响，它使钻孔沿着原钻孔轴线方向继续向下钻进。

$$F_z = P\sin\beta \qquad (5-22)$$

$F_z$ 将使钻头偏离原钻孔轴线，为一增斜力。

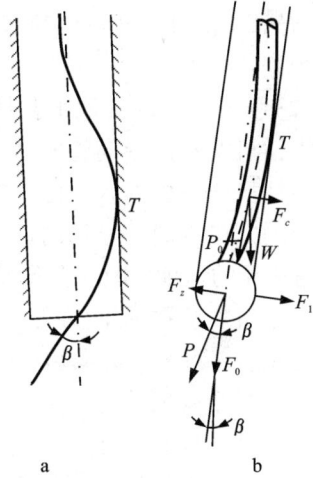

图 5 - 22　a—下部钻柱的倾斜角；
b—下部钻柱弯曲时的作用力

此外，下部钻柱弯曲后和孔壁形成的切点 $T$ 以下的钻柱重量 $W$ 也可分解为平行于钻孔轴线的力 $P_0$ 和垂直于钻孔轴线的侧向力 $F_c$，其大小可以根据下式计算；

$$F_c = W\sin\theta \qquad (5-23)$$

式中：$\theta$ 为钻孔顶角。

$F_c$ 是促使孔斜减小的力，称为减斜力。由于 $F_c$ 的作用点是 $T$ 以下钻柱的中点，因此作用于钻头上的减斜力 $F_i$ 要比 $F_c$ 要小，近似等于 $F_c$ 的一半。故

$$F_i = \frac{W}{2}\sin\theta \qquad (5-24)$$

下部弯曲的钻柱，在钻柱上除了增斜力 $F_z$ 和减斜力 $F_i$ 影响钻孔弯曲外，根据前述，在钻进片理和层理地层时，钻孔易斜，地层有自然造斜作用。其原因也是因钻头上作用有不平衡的侧向力，即钻头上存在地层造斜力 $F_f$。$F_f$ 的

大小取决于地层倾斜和各向异性等因素，在多数情况下 $F_f$ 起增斜作用，也可能起减斜作用。

因此，综合考虑上述诸侧向力的作用大小和方向，它们对钻孔弯曲趋势的可能影响应取决于总偏斜力 $F_总$，

$$F_总 = F_z - F_i \pm F_f \qquad (5-25)$$

当然，$F_总$ 对钻孔弯曲趋势的最终影响必须看是否具备使钻头轴线偏离钻孔轴线的位置条件。

（2）影响孔斜的其他工艺技术因素

①钻机及孔口导向管安装

当钻机或钻机立轴、孔口导向管安装不正确时，钻孔轴线一开始就会偏离原来设计的开口方向。开孔时的偏斜对钻孔不断延伸后进一步产生的偏斜影响极大。随孔深的增加，因开孔偏斜而产生的总水平偏距会逐渐加大。

如钻机安装在易下沉的地基或易摇动的基台上时，钻机即钻机立轴就会歪斜，立轴偏离原设计方向后，钻孔轴线也偏离原设计方向。

②钻具结构尺寸

a. 粗径钻具的刚度

粗径钻具直径较小而长度过长，则刚度可能不足，因而会失稳而弯曲。粗径钻具的临界长度按下式计算：

$$L_c = K\pi \sqrt{\frac{EJ}{P}} \qquad (5-26)$$

式中：$P$ 为轴向压力，N；$E$ 为钢的弹性模量，$N/m^2$；$J$ 为粗径钻具截面的周惯性矩，$m^4$；$K$ 为动载系数，$K \approx 0.6 \sim 0.8$。

钻具刚度还与有无螺纹接头有关。在钻具结构中接头越多，强度越小，则粗径钻具越容易失去直线形态。若粗径钻具弯曲，即使孔壁间隙不大也可能使钻孔产生较大的弯曲。

b. 钻头唇面形状

当钻进各向异性岩石而且遇层角为锐角时，钻头唇面形状会影响钻孔弯曲方向及弯曲程度。

当钻头唇面为平面形状或椭圆形状时，孔底向碎岩阻力最小方向偏移［见图 5-23（a）］。同时该过程随着椭圆度的增大而加剧［见图 5-23（b）］，因为钻孔向碎岩阻力最小的侧向破碎加快了。

若钻头唇面为外锥形式，则在孔底径向对应部位上各向异性岩石的阻力是不同的。因为钻头唇面右边部分［见图 5-23（c）］碎岩阻力小，而在左边部分碎岩阻力大。因此，有一翻转力矩 $M_0$ 作用在钻头上，使钻孔有向左偏斜的趋势。

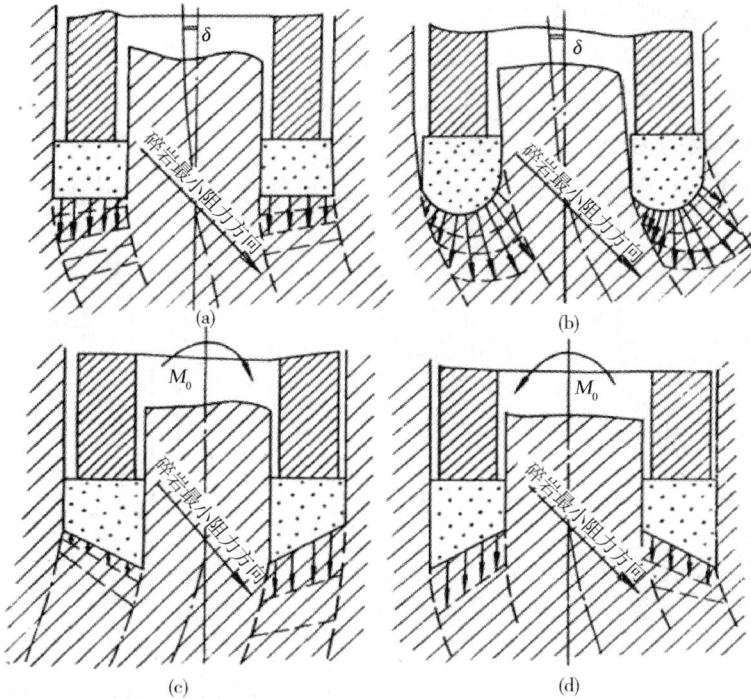

**图 5 - 23　在各向异性岩石中钻进时钻孔弯曲与钻头唇面形状的关系示意图**

如果钻具唇面为外锥形式[见图 5 - 23(d)]，则在孔底左边破碎较为强烈，钻孔向右偏斜。

显然，在各向异性岩石中使用内锥形或半球形唇面的钻头钻进时弯曲最大。使用平面形唇面钻头钻进时，钻孔弯曲小。

c. 粗径钻具的长度和孔壁间隙

孔壁间隙通常指的是粗径钻具外径与孔壁内径的间隙。若粗径钻具在钻孔中偏倒，则粗径钻具在孔内的偏倒角 δ(见图 5 - 24)为

$$\delta = \sin^{-1} \frac{2D_c - D_1 - D}{2L} \tag{5-27}$$

式中：$D_c$ 为孔径；$D_1$、$D$ 为岩芯管直径及钻头直径；$L$ 为粗径钻具长度。

显然，孔壁间隙增大或粗径钻具减短，都会引起偏倒角增加，从而使钻孔弯曲强度增大。如采用肋骨钻头、外出刃大的钻头、过分磨钝的钻头及不同心的钻具，都会增大孔壁间隙。

d. 钻具的组成

钻具组成是指钻杆柱、异径接头、岩芯管及钻头等。

在岩芯钻探中，由于粗径钻具的外径比钻杆外径大，钻杆柱在孔内工作时，往往是弯曲的[59]。这样粗径钻具上部将起支点作用，有这个支点存在，就一定会产生使钻具围绕该支点转动的力矩，这就导致产生把钻具下端压向孔壁的压斜力 $N$。

在垂直钻孔中偏斜力取决于作用在力臂 $OA$ 上的力(见图5-24)

$$P = G_1 + Q_1 + P_a \qquad (5-28)$$

式中：$G_1$ 为轴载的分力；$Q_1$ 为钻具质量的分力；$P_a$ 为离心力。

计算出这些数值后，可以求得力 $P$：

$$P = G_0 \sin\delta + Q\sin\delta + 5.1 \times 10^{-4} q l_0 n^2 (D_c - d) \qquad (5-29)$$

式中：$G_0$ 为轴载；$Q$ 为钻具质量的分力；$\delta$ 为钻具偏倒角；$q$ 为钻杆柱单位长度的质量；$l_0$ 为弯曲钻杆的半波长度；$n$ 为钻具转速。

钻具下端在 $B$ 点压向孔壁的力为：

图5-24 使钻具在垂直钻孔
内偏斜的力的作用图

$$N = \frac{l_1}{l}\left\{ \left[ (G_0 + Q)\sin\delta + 5.1 \times 10^{-4} q l_0 n^2 (D_c - d) \right] - \frac{\pi^2 EJ}{(\mu l_0)^2} \right\} \qquad (5-30)$$

由式(5-30)可知：粗径钻具 $l$ 越短，钻杆柱单位长度质量 $q$、钻具质量 $Q$(若减压钻进只记受压部分质量)、钻孔和钻的直径差($D_c - d$)、轴载、转速 $n$ 越大，以及钻具刚度越小，则偏斜力 $N$ 的数值就越大。可见，在垂直钻孔中，若钻具为公转，钻具偏斜力 $N$ 的作用在任何方向都是一样的，不会导致钻孔弯曲；若自转则会导致钻孔弯曲。

在斜孔中，偏斜力还与顶角、钻具在孔内回转时的位置有关。若粗径钻具的质量不大，在上部方向的 $N$ 力最大，下部方向次之，侧向不大。这常常会导致钻孔上漂。若此时钻具为自转，向上漂的弯曲强度更大。如果粗径钻具质量很大，则偏斜力作用增大，于是钻具开始较快地破碎钻孔底部。钻孔上漂减缓或开始向顶角减小方向弯曲。因此，钻具的组成，特别是支点以下部分的组成，会影响钻孔的轨迹。

③钻进方法

在相同岩石分别用钻粒钻进、硬合金钻进、金刚石钻进时，钻粒钻进时的孔

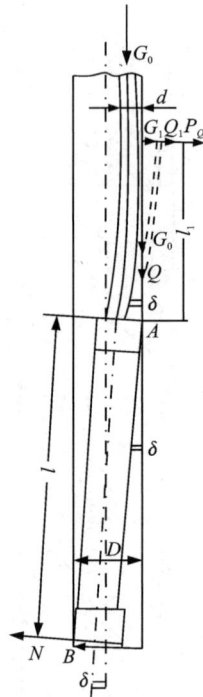

壁间隙最大，金刚石钻进时的孔壁间隙最小，硬合金钻进时的孔壁间隙居中。从孔壁间隙对钻孔弯曲的影响看，钻粒钻进时最易产生孔斜，金刚石钻进时最不易产生孔斜。然而金刚石小孔径钻进时，孔壁间隙很小，但钻孔弯曲却普遍存在，其原因是金刚石小口径钻具的刚性小，在不大的钻压下钻具就产生弯曲。

绳索取芯钻具钻进时，由于钻杆柱与孔壁的间隙小，有利于减小钻孔弯曲。冲击钻进时，由于钻具的导直作用，通常孔斜很小。孔底动力机钻进时，极易保持钻孔规定方向钻进。采用不需要加轴压的方法钻进时，例如高压液体射流破碎岩石时，由于作用力方向稳定并且容易控制，钻孔轴线不易离开原定方向。

④钻进规程参数[60]

钻进规程参数影响钻进速度和孔壁间隙以及下部钻具的形态。钻进规程参数的最优配合可提高机械钻速，从而减少各种影响钻孔孔斜因素的作用时间，使钻孔弯曲程度最小。

a. 钻压的影响　根据前述，下部钻杆柱的弯曲形状和钻头的造斜力均与钻压有关。钻压过大，孔底钻具的倾斜角大，造斜力大，而且钻杆的半波峰压向孔壁，还扩大了钻孔。此外，大的钻压还为底部粗径钻具在固定的歪倒方向上只有自转不公转创造条件。这些均是加剧孔斜的因素。

为了获得较高的机械钻速，必须有足够的钻压。一般使钻压略高于下部钻柱的二次弯曲临界值对预防钻孔弯曲是有利的。

b. 转速及钻具回转方向的影响　钻具的离心力随钻速的增加而变大。提高钻速，下部钻柱弯曲的半波缩短，同时增大了钻具的横向振动力，加剧了孔壁作用。根据研究，当回转频率较低或较高时，钻具在孔底既自转又公转。但随着钻压和钻孔顶角的增加，自转的稳定性增加，钻孔上漂的趋势增加。虽然增加回转频率看上去会加剧孔斜，但钻进实践中，常常发生回转频率增加后机械钻速也增加，从而减少了引起钻孔弯曲的作用时间，以及高转速下钻具易实现既自转又公转的情况。

钻具回转方向对钻孔弯曲的影响表现在：钻具向右转（顺时针回转）时，钻孔通常向右偏，但有时也向左偏（发生在钻孔顶角不大，尤其是钻粒钻进或地质因素促斜作用强烈的情况下）；钻具向左转时，钻孔通常向左偏。

c. 冲洗液的影响　钻进松软地层时，冲洗量过大，会冲垮孔壁，造成大的孔壁间隙，使孔斜加剧；冲洗量过小，上返液流速度不够时，孔底岩粉堆积，也会使孔壁更强烈的扩大（这种情况在硬岩层中也会出现）。

⑤粗径钻具的长度和直径　地质勘探钻进时，孔底工作的标准粗径钻具包括钻头、岩芯管、异径接头。采用绳索取芯钻具、冲击回转钻具、定向钻进专用工具钻进时，粗径钻具应包括其各自的特有部分。

实际钻进时，粗径钻具在孔内可能歪斜，其歪倒角 $\delta$ 与粗径钻具长度 $I$ 和孔

壁间隙 $b$ 有关，如图 5 – 25 所示。

$$\sin\delta = \frac{b}{I} \qquad (5-31)$$

$$或\ \sin\delta = \frac{D-d}{2I}$$

式中：$D$ 为钻孔直径；$d$ 为岩芯管直径。

因此，粗径钻具越短，岩芯管直径越小，歪倒角越大，孔斜越加剧。歪倒的粗径钻具对钻孔弯曲的影响可由下式估算。

$$i = 114.6\frac{b}{L^2} \qquad (5-32)$$

式中：$i$ 为钻孔弯曲强度，（°）/m。

从钻进工艺技术的角度看，影响钻孔弯曲的因素较多，在这里并未一一列出，如钻孔布置与设计、粗径钻具的刚直度和加工质量、钻头和孔底组合钻具的结构型式，它们对孔斜均有一定的影响。在具体分析时，应充分注意与上述所列举的各种因素之间的联系。

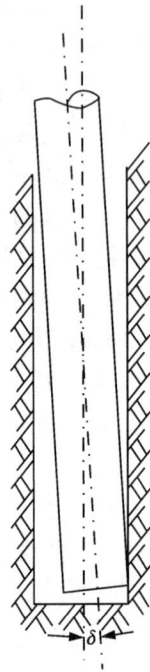

图 5 – 25　粗径钻具在孔内歪倒示意图

3）钻孔弯曲的规律

钻孔弯曲的规律性如下：

（1）在均质岩石中钻进时，钻孔弯曲强度小于在不均质岩石中的弯曲强度，岩石的各向异性程度越高，则钻孔弯曲强度越大。

（2）在层理、片理发育的岩石中钻进时，钻孔朝着垂直于层面的方向弯曲[61]；钻孔遇层角大于临界值，钻孔方位垂直于层面走向，顶角上漂而方位角稳定；钻孔方位与层面走向斜交，既有顶角上漂又有方位角弯曲，方位变化趋向于与层面走向垂直；钻孔遇层角小于临界值，则钻孔沿层面下滑，方位角变化不定。钻孔弯曲强度的大小与遇层角大小有关。当遇层角为 45°左右时，钻孔弯曲强度最大。

（3）在软硬互层的岩石中钻进时，由于钻孔从软岩层进入硬岩层时，弯曲强度较大，虽然从硬岩层进入软岩层时，弯曲强度较小，但钻孔弯曲的最终趋势仍是与层面垂直。

（4）钻孔穿过松散非胶结岩石、大溶洞、老窿时，钻孔趋于下垂。钻孔碰到硬包裹体时，可能朝任意方向弯曲，包裹体越硬，弯曲越强烈。

（5）钻孔顶角大时，方位角变化小；钻孔顶角小时，方位角变化大。按一般规律，方位角弯曲往往与钻具回转的方向一致。只是在顶角接近于零的钻孔中，方位角变化才表现不定。

（6）在水平或近似水平的层状岩石中钻进垂直孔，即使岩石各向异性很强，软硬不均程度很大，钻孔也不会产生较大的弯曲。

（7）孔壁间隙大，钻具刚度差，则钻孔弯曲强度大。立轴与导向管安装不正，钻孔朝安装不正的方向偏斜。

（8）钢粒钻进斜孔时，由于钢粒多集中于孔底的左下方，所以孔身向右上方弯曲，顶角和方位角都发生变化。此种弯曲趋势可能由于地质因素的影响而加剧或减弱。

## 5.2.3　钻孔弯曲的测量

### 5.2.3.1　钻孔弯曲测量的目的

地质勘探的目的是为了对矿区做出正确的评价，提交地质勘探报告，给矿山开采设计提供可靠的资料。报告中矿产储量计算的重要依据之一是钻孔轴芯线在地下空间的坐标位置，它的坐标位置是否真实可靠，取决于钻孔各测点处的深度、顶角、方位角数据。前述实例表明：由于在钻探施工中，对钻孔的顶角、方位角测量不准、不全、未能反映钻孔轴芯在地下空间的真实坐标位置，给地质上造成了假象，导致矿产储量与位置不准确，给矿山开采带来了极大的浪费和损失。因此认真做好钻孔弯曲测量工作，如实地反映钻孔轴芯线在地下空间的坐标位置，对地质、矿山生产具有重要的意义。同时对钻探施工生产也具有很重要的意义。因为钻孔严重弯曲会给施工带来重重困难，在材料、时间、人力等方面造成极大的浪费和损失。

导致钻孔严重弯曲的原因，除地层复杂和防治措施不力外，常与盲目追求进尺和对钻孔弯曲测量不及时和不准、不全有关。因此，及时、准确、全面地测量，经常地正确反映钻孔轴芯线在地下空间的延伸趋势与坐标位置，就能及时指导生产。如发现有问题，可立即采取防治措施处理，如无问题则可消除思想顾虑，继续大胆钻进。

为了做好钻孔弯曲测量工作，根据经验应认真做好以下几点：

1）测量数据要"准确"

测点的深度（$L$）、顶角（$\theta$）、方位角（$\alpha$）三者是确定钻孔轴芯线在地下空间坐标位置的重要参数。如这三者的数据不准确可靠，很难体现钻孔孔深在空间的真实形态与坐标位置。前面已有实例说明，因测斜数据不准，从而歪曲了钻孔轴芯线在地下空间的真实位置，给人们造成了假象，使生产遭受了重大的损失。为此，必须严格要求测斜数据的准确可靠，其具体做法是：

（1）根据施工钻孔的具体情况具体分析，认真选择测斜方法与测斜仪器。如测点孔段离磁性体较远，磁干扰力甚弱或磁干扰力方向与大地磁场方向一致，有足够依据证实不影响仪器正常工作，都可用地磁场方向的测量仪器测量方位角。否则，不能使用它测量方位角；

（2）必须了解仪器的结构原理和操作使用方法，如在顶角小于2°的钻孔中测量，一般的测斜仪只能测量顶角，而测量方位角则无多大意义，因目前一般的测斜仪器精度有限，难以测准；

（3）经常检查测斜仪器的精度是否超过本仪器规定的误差范围，发现超差时要及时修理好；

（4）在测量中，测点的深度（$L$）要计算准确，其误差不得超过0.2%；

（5）每一测点的顶角和方位角，一般要进行复测，要求二次测得的数据基本一致，不得超过使用仪器所规定的误差范围，否则应暂停测斜，检查出原因后再测，直到合乎上述要求为止。

2）测斜工作要"及时"

测斜的目的是为了经常掌握钻孔轴芯线在地下空间坐标位置的变化情况，以便及时指导生产。因而测斜工作必须按规范要求"及时"进行。特别在某些地层构造复杂，勘探网度密，易于孔斜的地区，更要做到"及时"测斜，绝不能盲目地为了追求进尺，拖延测斜时间以致造成钻孔弯曲度过大难以防治的后果。一般规定，每钻进到规定测点后2~3 m时，必须进行测斜。

3）测斜间距要"适当"

测斜间距的大小与钻孔轴芯线在空间的坐标位置和孔深形态的逼真程度有密切的关系，测点间距愈密，反映在空间的孔深形态与位置愈逼真，测点间距究竟应取多大为宜，须根据施工钻孔的要求和不同测斜方法来定，也不能无限制的加密，如在地质岩芯钻探中，一般要求直孔每50 m测一点，斜孔每25 m测一点。但在易于孔斜的复杂地层中钻进，或钻进定向孔和特殊工程孔时，则应依据设计的要求，适当加密其测点。此外，为了"及时"指导钻探施工生产，除按规定测点间距测斜外，还要在下套管前后，换径钻进一段距离和穿过空洞等之后等处测斜并校验孔深。

4）作图方法要"精确"

钻孔弯曲度测量，所取得的测量深度、顶角、方位角是确定钻孔轴芯线在空间坐标位置的三参数，最终的目的是利用各孔段测点的这三个参数，运用几何作图方法反映在水平和垂直两个平面上，从图上清楚地看出某孔轴芯线在空间的坐标位置，并及时比算出实际的钻孔轴芯线上各点偏离原设计的钻孔轴心线多少距离。

但作图的方法很多，同是一个钻孔的测斜数据，由于作图的方法不同，做出的结果也不同，其偏距有的较大，有的较小。如在浅孔中还不太明显，若在深孔中则很明显。所以,在野外地质勘探队中,往往因施工一个钻孔发生弯曲度过大,地质与钻探部门各持一种作图方法,求得的偏距不一,以致争论该孔是否报废。

这就说明当前还没有一种统一的标准作图方法。据了解在很多作图方法中,经实践与理论验证,以"均角全距法"较为切合实际。采用此法作图计算比较精确可靠。

5)测斜制度要"健全"

要实现上述各项要求,必须根据本地区的特点,因地制宜地制订与健全有关测斜工作的技术责任制。如钻孔质量验收制;测斜人员技术责任制;确定做到层层把关,人人负责,共同来做好这一工作。

### 5.2.3.2　钻孔弯曲测量的方法原理

钻孔孔身在地下空间的位置,是由沿钻孔轴芯线的测点深度 $L$、顶角 $\theta$(或倾角 $\beta$)、方位角 $\alpha$ 三个参数确定的,它可以通过集合图形展示出来,如图 5-26 所示。

钻孔轴芯先在垂直平面 $XOZ$ 上展示了钻孔的顶角 $\theta$(或倾角 $\beta$)的大小变化;在水平平面 $XOY$ 的投影,展示了钻孔的方位角 $\alpha$ 的大小变化。顶角 $\theta$ 是钻孔轴芯线与铅垂线的夹角;倾角 $\beta$ 是钻孔轴芯线与水平面的夹角。随钻孔测点深度的不同,水平面、磁北方向线及铅垂线的方向是不变的,而钻孔轴芯线的方向是可变的。钻孔弯曲测量的要求,就是在钻孔内测出钻孔轴芯线在空间变化时,各测点的顶角(或倾角)和方位角。所有的钻孔弯曲测量仪器,不论其结构繁简,操作使用不一,都是根据这一基本要求设计的。为了进一步说明这一问题,现将顶角和方位角的测量方法及原理结合实际分别阐述如下:

1)顶角的测量

钻孔倾斜时,钻孔的轴芯线与铅垂线相交形成了钻孔的夹角,即顶角(如图 5-26 所示)。由这两条直线所形成的垂直平面,就是钻孔的倾斜平面。钻孔可向任一方向倾斜,钻孔的倾斜面实际是一个垂直的曲面。很明显,钻孔顶角的测量就是测量钻孔测点处轴芯线与铅垂线在钻孔倾斜垂直面上的夹角。根据这一目的,可应用几种原理设计制造不同测量钻孔顶角的仪器。

(1)液面水平原理

液体表面始终是趋于水平状态的。依据此原理,在一圆筒内装进能刻留痕迹的液体,并将此圆筒放到钻孔内(如图 5-27 所示)。使圆筒的轴芯线与钻孔轴芯线平行。此时,圆筒轴芯线与铅垂线的夹角,即钻孔的顶角。圆筒轴芯线与液

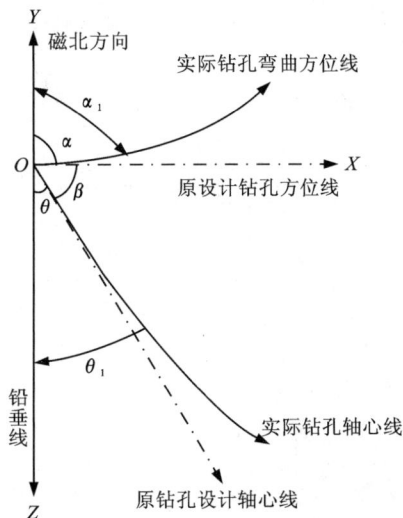

图 5-26　钻孔顶角、方位角投影示意图

体水平面的夹角，即钻孔的倾角。液面形状是随钻孔的倾斜角度而改变的。当钻孔倾斜时，液面成椭圆形。椭圆形的长轴 $ab$ 越长，$a$、$b$ 二点在圆筒轴向的高度差越大，则钻孔的顶角越大。根据液面印痕可用以下几种方法测算出顶角：

①用测量钻孔顶角的测角器，可直接测出顶角的大小。

②量出 $a$、$b$ 二点的高度差 $h_2 - h_1$（见图 5 – 27）与圆筒的内径，利用三角函数算出顶角的大小（即：$\arctan \dfrac{h_2 - h_1}{D}$）。

圆筒的内径愈大，刻留的印痕愈清晰，测量与计算出来的角度愈明显。因此，我们在使用此方法时，要对器材进行选择。目前有些地质勘探队，采用氢氟酸侵蚀玻璃管的方法及用照相纸显影和化学浆液固结法等都是采用水平原理进行测斜。

（2）悬垂原理

悬吊的重锤因重力作用，始终处于铅垂方向，利用这种现象设计制造的测斜仪器大多采用框架结构，如图 5 – 28 所示。

它是一个矩形框架。在框架纵向有 $aa'$ 轴，横向有 $bb'$ 轴。$aa'$ 轴通过框架上、下两边的中心，并与仪器轴芯线重合。框架可绕 $aa'$ 轴灵活转动。$bb'$ 轴穿过框架的两长边，并与 $aa'$ 轴垂直相交，$aa'$ 轴与 $bb'$ 轴构成的平面就是框架平面。在框架上通过 $aa'$ 轴线并与框架平面垂直的 $MN$ 方向安装一块垂直竖板 $T$。在 $MN$ 方向线上偏离 $aa'$ 轴线一定距离的地方装一个适当重量的偏重块 $Q$。在 $bb'$ 轴中点 $O$ 悬挂一个能灵活转动的重锤，并在重锤上固定一指针。

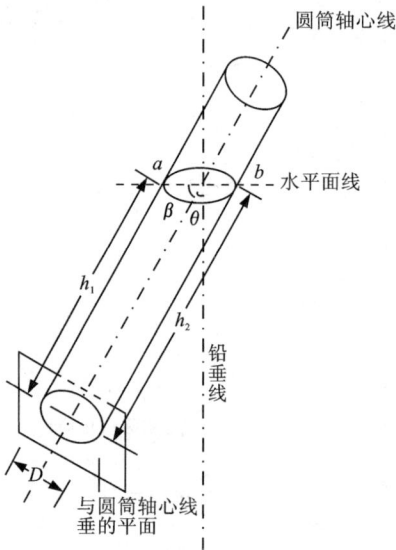
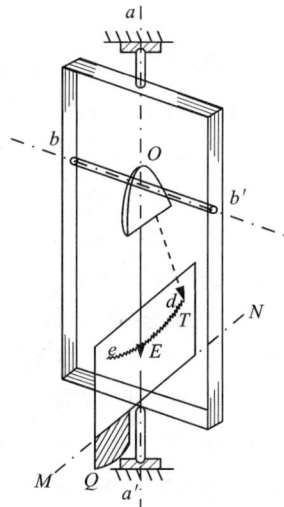

**图 5 – 27　液面水平原理图**　　　　**图 5 – 28　偏心活动框架垂直图**

当钻孔垂直时，仪器的轴芯线（即 $aa'$）与钻孔轴芯线平行。重锤指针朝下与 $aa'$ 轴芯线相重合，指针指零。即钻孔的顶角为 0°。当钻孔倾斜时（如图 5 - 29 所示），仪器框架上的偏重块 $Q$，因重力作用旋转到钻孔的下部，使垂直竖板 $T$ 与钻孔倾斜平面一致。悬挂在 $bb'$ 轴上的重锤指针，仍然垂直向下，而竖板 $T$ 的中心线则随钻孔轴芯线相对地倾斜了一个角度，此角度即为钻孔倾斜的顶角 $\theta$。

如果指针是按铅垂方向固定在重锤上，则制造出来的仪器测量的角度范围小（如图 5 - 29）。如果将指针固定在如图 5 - 28 中虚线位置并将指针的这个位置作为 0°，那么测量的角度范围就增大了。目前制造出来的仪器都是按后一种指针固定的方法设计的。

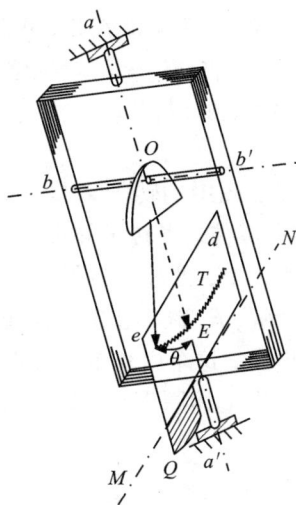

图 5 - 29　偏心活动框架倾斜图

在竖板 $T$ 上安装一段弧形电阻 $de$，弧形电阻的圆心是 $aa'$ 与 $bb'$ 二轴芯线的交点 $O$。当仪器垂直时指针下端同弧形电阻一端的 $d$ 接触此电阻值，即标定为顶角 0°。当仪器倾斜时，由于重锤作用，指针仍保持原来的状态，而竖板 $T$ 相对指针倾斜了一个角度即钻孔顶角。弧形电阻上的触点 $E$ 至 $d$ 端之间的电阻与顶角是成正比的。即顶角越大，电阻值也越大，于是顶角的变化也就转变成电阻的变化。指针与电阻的接触是依靠机械方式压紧接触的，即所谓的"锁紧"。当指针压紧后，即可采用电桥的方式或电位计的方式进行测量。在实际测量中，用三芯电缆连接仪器下入孔内，在地面操作测量面板可进行多点测量。

如果在框架的 $bb'$ 轴上，悬挂一个弧形刻度盘，也能灵活自由转动，刻度盘的转动面与钻孔倾斜平面一致，刻度盘因重力的作用永远下垂。当仪器在垂直钻孔内时，刻度盘的 0°正对准弧形竖板上的标线，即顶角为 0°。当仪器在倾斜钻孔内时，弧形竖板倾斜一个角度，此角度即为钻孔的顶角 $\theta$，它由竖板上的标线对准刻度盘而指示出来。仪器可用钻杆或钢丝绳连接下入孔内。当仪器在孔内静止好后，依靠机械钟定时锁紧，提至地面即可直接观察读数，每下一次孔只能测一点。

当前利用悬垂原理设计制造的仪器，除采用上述的结构形式与测量方法外，还有采用感应式角度传感器的结构形式与测量方法。其基本原理如下：

如图 5 - 30 所示，用矽钢片层叠而成的定子 $D$ 和转子 $Z$，在定子 $D$ 的四个极靴上绕有 $n_1 \sim n_4$ 四个初级线圈（如粗线示），同时绕有 $B_1 \sim B_4$ 四个次级线圈（如细线示），它们的联接与线绕方向均如图中所示。

当交变电压 $\mu_\lambda$ 加在初期线圈上时，各个磁极产生交变磁通 $\varphi_1$、$\varphi_2$、$\varphi_3$、$\varphi_4$，

且每对磁极（Ⅰ、Ⅲ或Ⅱ、Ⅳ）的磁通方向一致（图中以箭头表示磁通瞬时方向）。这时次级线圈 $B_1 \sim B_4$ 产生感应电动势 $E_1 \sim E_4$，其中 $E_1$、$E_3$ 相位相同。而 $E_2$、$E_4$ 相位相反，所以，

$$u_{出} = E_1 - E_2 + E_3 - E_4$$

现在图中的转子 $Z$ 均等的遮盖着两个异名磁极，这时由于呈平衡状态，$u_{出} = 0$，叫做零位。当转子偏离零位时，例如顺时针方向转动，磁极Ⅱ、Ⅳ被覆盖的面积增大，Ⅰ、Ⅲ被覆盖的面积减小，使得 $\varphi_2$、$\varphi_4$ 增加，$\varphi_1$、$\varphi_3$ 减少，因而 $E_2$、$E_4$ 增加，$E_1$、$E_3$ 减小，在次级线圈输出端出现与线圈中感应电动势 $E_2$、$E_4$ 同相位的输出电压，这个电压的大小与转子偏离零位的角度成正比。

根据上述原理，在转子 $Z$ 的轴上安装一摆锤，如图 5-31 所示。

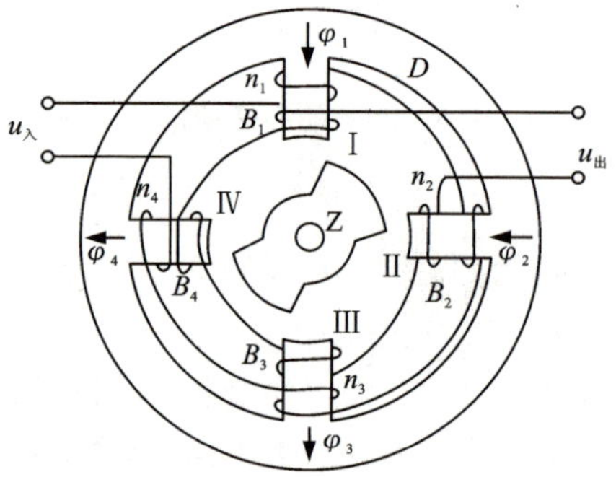

图 5-30　角度传感器示意图

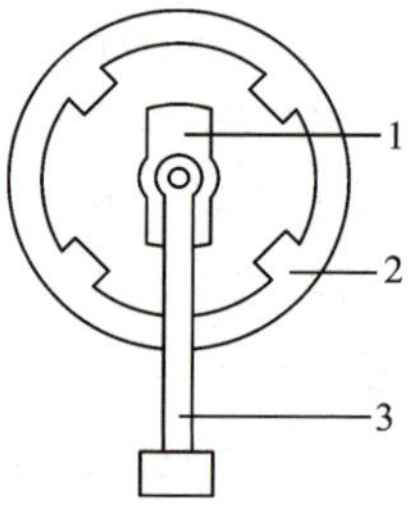

图 5-31　角度传感器安装摆锤示意图
1—转子；2—定子；3—摆锤

由于摆锤的重力作用，转子连同摆锤永远保持铅垂。定子相对转子转动的角度就是仪器在这个转动面上的倾斜角。

如果将它们安装在前述那种活动偏心框架结构上，就可以灵活自由转动，使转子 $Z$ 的摆动平面保持在钻孔的倾斜面上。当仪器在垂直钻孔中时，转子正对准零位，$u_{出} = 0$；当仪器在倾斜钻孔中时，转子偏离零位就有电位差输出，根据电位差的大小，可测出钻孔的顶角。如果不用活动偏心框架结构，只用一个角度传感器就不能确定出钻孔的顶角，必须采用两个角度传感器。而两个角度传感器要安装在同一个支架上，并使它们的转子摆动平面互相垂直，利用两个角度传感器测得的数据，根据矢量合成原理，便可求出钻孔的顶角。

钻孔顶角的大小，可用钻孔轴芯线在与铅垂线垂直的 $XOY$ 水平面上的投影矢量 $A$ 表示，如图 5-32 所示。钻孔轴心线 $ZB$ 的投影是 $OB$（可用矢量 $A$ 表示），而矢量 $A$ 又可分为投影到 $X$、$Y$ 轴上的两个分矢量 $A_x$ 和 $A_y$。$A_x$ 对应的顶角 $\theta_x$ 在 $ZOX$ 平面上，$A_y$ 对应的顶角 $\theta_y$ 在 $ZOY$ 平面上，$\theta_x$ 和 $\theta_y$ 可用两个互相垂直安装的角度传

感器分别测出。

根据矢量合成原理：

$$A = A_x + A_y$$

$$|A| = \sqrt{|A_x|^2 + |A_y|^2}$$

但：$\tan\theta = \dfrac{|A|}{OZ}$；$\tan\theta_x = \dfrac{|A_x|}{OZ}$；$\tan\theta_y = \dfrac{|A_y|}{OZ}$

$\therefore$　$\tan\theta = \sqrt{\tan^2\theta_x + \tan^2\theta_y}$

一般可用此公式求出钻孔的顶角 $\theta$。

2）方位角的测量

在人类的定向发展史上，我国的定向工作具有悠久的历史。早在战国时期就开始用天然磁铁琢磨成的指南针来识别方向。到 12 世纪初将它用于航海事业。同时还发现真北（地理北、地理子午线）方向与磁北（磁子午线）方向不一致，有因地而异的地磁偏角存在。这为后来在地面、地下、海面、海底和宇宙空间发展制造定向仪器奠定了基础。

真北 $N$ 与磁北 $N'$ 方向是测量和计算方位的标准。如图 5 - 33 所示，$\alpha_1$ 是 $OC$ 的真北方位，$\alpha_2$ 是 $OC$ 的磁北方位。它们都是按顺时针方向计算的，$\beta$ 是地磁偏角，它因地而异，$\alpha_1$ 和 $\alpha_2$ 可以根据各地区不同的 $\beta$ 或增或减换算而得。

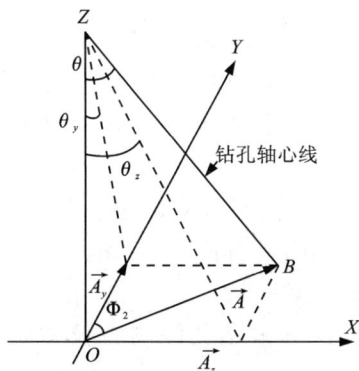

图 5 - 32　矢量合成原理图

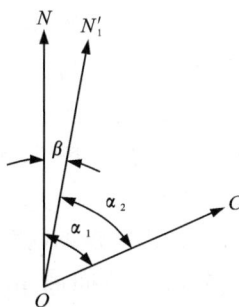

图 5 - 33　方位示意图

在地面测量一方向线的方位，可根据地磁场原理，依靠罗盘的磁针定向直接测得。

如果在有磁性干扰的地区，则会因罗盘的磁针受到干扰找不准方位，必须用经纬仪借助远处的已知方位坐标点导向测算求得。

钻孔弯曲方位角的测量，同样如此。在无磁性干扰或磁性干扰很小（在仪器允许误差范围内)的钻孔某孔段中可直接用磁针定位测得方位角;在有磁性干扰且干扰较大的钻孔某孔段中,因磁针受到干扰找不准方位,就必须从地面定一方向引入孔内,用间接的方法测得方位角。

根据上述情况,设计制造测量钻孔弯曲方位角的仪器常采用以下几种原理。

(1)地磁场定向原理

罗盘(指南针)是我们熟悉的仪器。如图 5 − 34 所示,磁针位于 0° ~360°刻度圆盘中心点 $O$ 的一个支撑轴承上,它可以灵活自由转动。不论罗盘向顺时针方向或反时针方向移动,在罗盘呈水平面静止后,磁针受到地球磁场的影响,都将指向接近于地理的南北方向,即磁南北方向。为便于直接读数,圆盘刻度的顺序是从 0°起按反时针方向增加,90°(东)与 270°(西)恰好是倒置的。

假如在无磁性干扰的条件下,我们要测量 $AB$ 的方位,如图 5 − 34

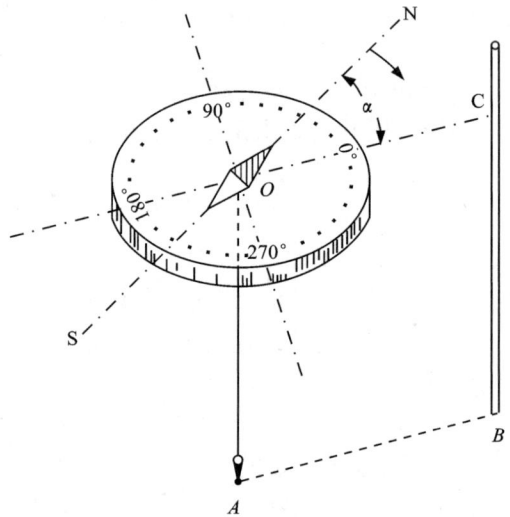

图 5 −34    罗盘定向原理

所示,即在罗盘的中心 $O$ 下面吊一铅垂线对准 $A$ 点,转动罗盘使其刻度圆盘上的 0°对准直立于 $B$ 点上的 $BC$ 测杆,要求 180°、0°、$C$ 三点在同一直线上。此时,磁针指北 $N$ 的 $ON$ 方向线与 $OC$ 线的夹角,即为 $AB$ 的方位角 $\alpha$。从刻度盘上就可直接读出此方位角的度数。

这里 $ON$ 就是定位方向,也是起点方向。$OC$ 就是终点方向,也是我们要测量的目标方向。$ON$ 与 $OC$ 所夹的方位角是由 $ON$ 按顺时针方向到 $OC$ 的夹角,也就是由定位(起点)方向按顺时针方向到终点方向的夹角。

上面是罗盘在地面测量方位角的情况。罗盘测量钻孔倾斜方位角的方法如下:

倾斜的钻孔轴芯线不是一条水平直线,而是一条与铅垂线相交成一定角度(即顶角 $\theta$)的直线。因此,就要将钻孔的轴芯线投影到呈水平面的罗盘上来。很明显,这就要求罗盘在钻孔中始终保持水平状态,并要求通过罗盘 0°与 180°的直线与钻孔倾斜方向线在水平面上的投影一致。其 0°在倾斜钻孔中的上部,180°在下部。

根据上述要求,我们可制作如图 5 − 35 所示的结构,其中矩形框架与前述用悬垂原理测量顶角的框架结构基本上一样,只是在矩形框架内,靠上部安装一个

能绕水平轴 $cc'$ 灵活转动的罗盘。$cc'$ 轴通过罗盘中心与 $aa'$ 轴芯线垂直相交于 $O$ 点。当仪器在钻孔中倾斜时，因重力作用，偏重块 $Q$ 始终靠钻孔的下部。$cc'$ 轴的方向与钻孔倾斜平面垂直。这样罗盘仍然可以灵活绕 $cc'$ 轴转动，并永远保持水平状态。

同时，磁针依然指北，如钻孔倾斜方向在水平面上的投影方向（终点方向）也是向北，即与磁针指北方向一致，钻孔的倾斜方位角 $\alpha$ 就是 0°（或 360°）。

如终点方向是东，即与磁针指北方向刚好成 90° 的夹角，钻孔的倾斜方位角 $\alpha$ 就是 90°，它是从磁北方向按顺时针方向指到终点方向计算的。

如果在磁针的下面安装一环形电阻，电阻的起点 $m$ 与终点 $n$ 之间的微小缺口，正好对准与 $cc'$ 轴垂直的 $op'$ 方向（即钻孔倾斜的方向），则磁针到缺口之间的电阻与方位角 $\alpha$ 成正比。实际上，磁针相当于一个可变电阻器的滑动片。这样方位角的变化就转变成电阻的变化。测量的方式方法都与前述钻孔顶角的电阻测量一样。

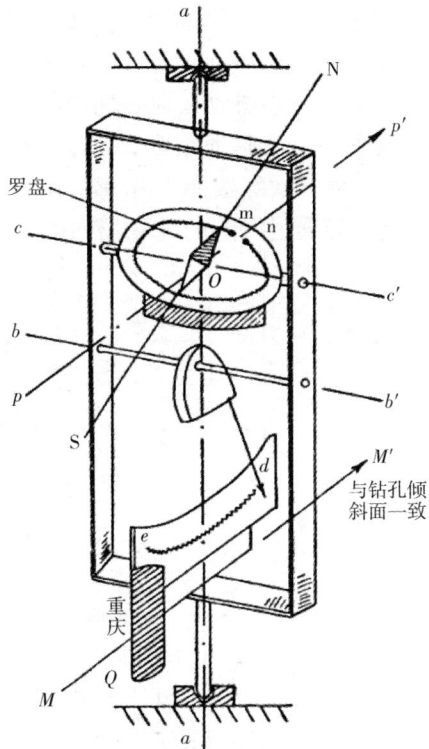

**图 5-35 偏心活动框架示意图**

如果在罗盘的磁针下面安放一块 0°~360° 的圆盘（即罗盘的刻度盘），0°（或 360°）在垂直 $cc'$ 轴的 $op'$ 方向（即终点方向），180°在 $op$ 方向，90°在 $oc$ 方向，270°在 $oc'$ 方向。当钻孔倾斜时，磁针指北方向（$ON$）与 $op'$ 方向所夹之角（顺时针方向），即为钻孔的方位角 $\alpha$。

以上是利用地磁场采取磁针指北定向的原理来设计制造测量钻孔方位角的仪器。它们的结构仍与前述顶角测量一样都是依靠活动框架偏心重块寻找钻孔倾斜面。除感光式测斜仪外，测角系统都是依靠机械接触方式进行测量。

下面简要介绍一下利用地磁场采取磁敏元件作感应式传感器设计制造测量钻孔方位角的原理。磁敏元件中坡莫合金是一种较好的材料，它在弱磁场中具有导磁率高，矫顽力小的特点，一般都采用它制作传感器。

如图 5-36 所示，在两条坡莫合金片上分别绕以初级线圈 $L_1$ 和 $L_2$，然后把它们合在一起，再绕以次级线圈 $L_3$，即成了方位传感器。当正弦交流信号（见图 5-37a）加在传感器初级线圈 $L_1$、$L_2$ 上时，在线圈 $L_1$、$L_2$ 内产生相应变化的交变磁通 $\Phi_1$、$\Phi_2$，该磁通在次级线圈 $L_3$ 内将感应出电动势 $E_1$、$E_2$，由于初级线圈 $L_1$、$L_2$ 圈数相等,方向相反,所以电动势 $E_1$、$E_2$ 也大小相等,相位相反而相互抵消,使输出电压等于零。

如果把传感器放在地磁场内时,恒定的地磁场磁通 $\Phi_0$ 迭加在 $\Phi_1$、$\Phi_2$ 上,结果使其中的一个磁通增强,另一个磁通减弱。图 5-36 所示就是 $\Phi_1$ 增强,$\Phi_2$ 减弱。这样便在次级线圈 $L_3$ 中感应出一个脉冲电动势,其频率为初期信号频率的 2 倍,幅度与通过线圈的地磁场强度成正比。

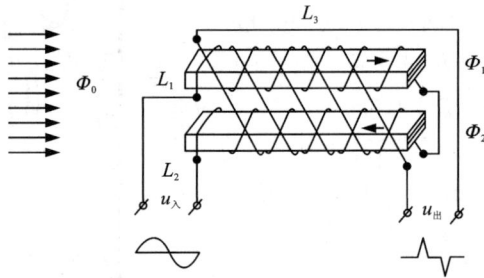

图 5-36　方位传感器原理

当传感器位于 N—S(北—南)方向时,通过传感器线圈的地磁场磁通最大,在次级线圈 $L_3$ 中感应出的正向脉冲电动势最大(见图 5-37b)。若把传感器在水平面上由北向东旋转时,通过传感器线圈的地磁场磁通渐渐减小,次级线圈中感应出的正向脉冲电动势也渐渐减小。

当传感器位于 E—W(东—西)方向时,线圈与地磁场垂直,通过传感器线圈的地磁场磁通最小,此时在次级线圈内仅感应出幅度很小且大小相等的正负脉冲(见图 5-37c)。传感器又继续旋转时,则在次级线圈内感应出负向脉冲电动势,此脉冲幅度且渐渐增大。

当传感器位于 S—N(南—北)方向时,在次级线圈中感应出负向脉冲电动势最大(见图 5-37d),此负脉冲幅度和北南方向时正脉冲幅度大小相等,而方向相反。传感器再继续旋转时,负向脉冲又渐渐减小。

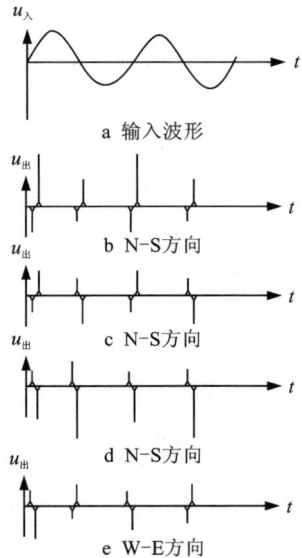

图 5-37　方位传感器波形图

当传感器位于 W—E(西—东)方向时,次级线圈又出现很小的且大小相等的正负脉冲(见图 5-37e)。此正负脉冲幅度和东西方向时正负脉冲幅度大小相等,而方向相反。传感器再继续旋转时,次级线圈又出现正脉冲,此脉冲也渐渐增大。

如果把上述过程用一条曲线形象地描述出来，可见方位传感器输出电压随方位的变化而变化，如图 5 – 38 中一条正弦变化曲线 $Y$ 所示。但在这条曲线上方位 45°和 315°两点，它们的电压幅度相等，方向也相同，无法确定方向角是 45°还是 315°。为此，与方位 $Y$ 的传感器垂直再装一个方位 $X$ 传感器，测出另一条 $X$ 方位的输出变化曲线。这就很容易判断方位关系了。从图 5 – 38 中可以看出方位 315°两曲线一正一负；而在 45°两曲线都为正。这正和直角坐标系的情况一样。根据上述原理，可以设计制造测量钻孔方位角的仪器。

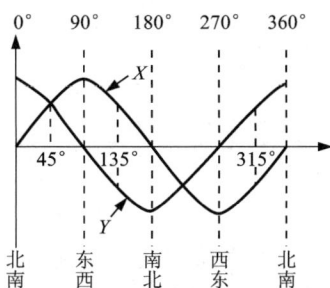

图 5 – 38　方位输出曲线

（2）地面定向原理

在无磁性干扰的地方，可直接用罗盘磁针指北的方向作为定位方向来测量钻孔的方位角。但在有磁性干扰的地方，磁针受到干扰找不准方位时，就必须在地面用经纬仪从远处的已知坐标点导向，求测一方向线作为定位方向。（如图 5 – 39、图 5 – 40 中所示的 $OA$ 直线）。此方向为正北方向，也就是地理北。再将此定位方向采用一些方法传送到钻孔的各个测点。假定采用某法将定位方向 $OA$ 传送到钻孔的某测点 $O$。在倾斜的钻孔中，如图 5 – 39 所示，它是利用液面印痕最低点确定钻孔倾斜方向，那么定位方向 $OA$ 仍然保持成水平方向，它的方位已在地面测得为 $\alpha_0$，钻孔倾斜方向线投影到液平面的 $OB$ 线，也就是由圆筒中心 $O$ 至印痕最低点 $B$ 的连线，与定位方向线 $OA$ 形成一夹角 $\alpha_1$，则该测点的方位角 $\alpha = \alpha_0 + \alpha_1$。

如果不是采用液面印痕最低点确定钻孔倾斜方向，而是采用如 JDP – 1 型定盘仪那样利用偏心重块确定钻孔倾斜方向，则定位方向 $OA$ 传送到孔内测点时，就不是液平面内的水平线，而是在垂直于钻孔轴芯线 $O'$ 圆平面内的方向线。如果将这一倾斜的 $O'$ 圆平面投影到水平圆平面上，则 $O'$ 圆就是一个椭圆了。如图 5 – 40 所示。这样从仪器刻度圆盘（0°～360°）上的读数，假定是 46°，而实际在水平圆平面上不是 46°，而是比 46°小了。很明显，它的变化与 $O'$ 圆的倾斜角度大小有关，也就是与钻孔的顶角大小有关。顶角愈大，$O'$ 圆愈倾斜，则椭圆的短轴愈短。同理，仪器确定的钻孔倾斜方向线 $O'B'$ 也不是液平面内的水平线，而是在垂直于钻孔轴芯线 $O'$ 圆平面内的一个 $O'B'$ 方向线，$O'B'$ 投影到水平圆平面上与投影到同一水平圆平面上所形成的夹角才是真正的方位角 $\alpha$。所以，我们从仪器的刻度圆盘上读出的角度，不是方位角 $\alpha$ 值，而是终点角 $\varphi$ 值。要取得方位角 $\alpha$ 值，必须要进行换算。目前换算的方法有以下两种公式：

$$\tan\alpha = \tan\varphi \cdot \cos\theta \tag{5 – 33}$$

$$\sin\Delta\alpha = \frac{\sin\Delta\varphi_n}{\cos\dfrac{\theta_n + \theta_{n-1}}{2}} \qquad (5-34)$$

这两个公式都说明：方位角 $\alpha$ 之值取决于顶角 $\theta$ 和终点角 $\varphi$。三者存在着函数关系。

即：
$$\alpha = f(\varphi \, 、 \theta)$$

从上面所叙述的情况看，利用地面定向原理测量钻孔方位角，是采取间接的测量方法，经过地面定向传送到孔内测点后，再通过换算才能测得。因而在利用地面定向原理测量钻孔方位角时，必须弄清这些线、面、角之间的几何关系。为此，现以图 5-39 来阐明它们之间的关系。

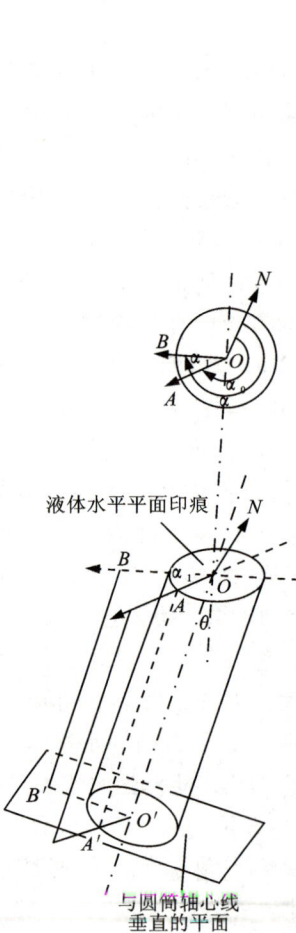

图 5-39　液面印痕定向示意图

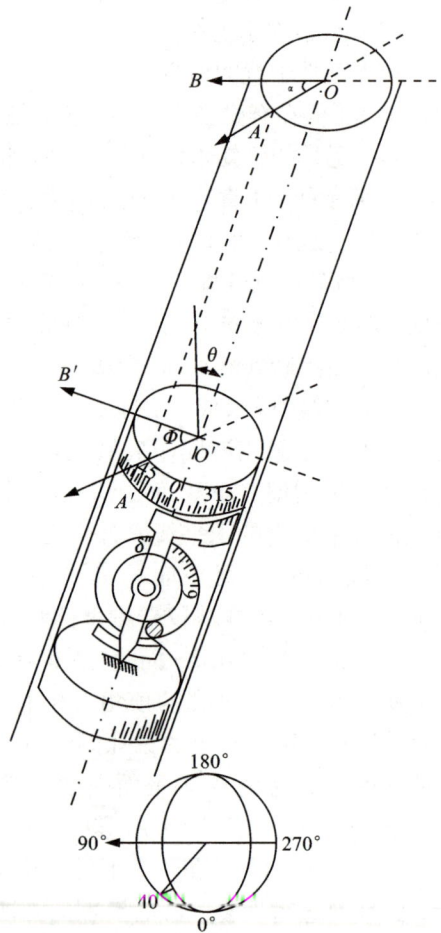

图 5-40　定盘仪定向示意图

①起点母线：在圆筒（仪器）表面纵向刻划一条与圆筒（仪器）轴芯线 $OO'$ 平行的线 $AA'$。连接 $OAA'O'$ 所形成的平面，即为计算终点角的起始面。所以 $AA'$ 线又叫零母线。

②起点方向：即由圆筒（仪器）中心 $O$ 至起点母线的方向线 $O'A'$，它位于与圆筒（仪器）中心线 $OO'$ 垂直的平面上。而不在液体水平面上。

③起点平面：即通过起点方向，起点母线和圆筒中心线的平面 $OAA'O'$。

④定位方向：在液体水平面内，通过圆筒中心线任意选择的一定方向线，在实际工作中为了计算方便，一般选择此方向线经圆筒中心线通过起点母线，即为 $OA$。它与起点方向在水平面上的投影线重合在起点平面 $OAA'O'$ 内。

⑤终点方向：即由圆筒中心至液面印痕界面最低点的方向线 $OB$。它位于液体水平面内，实际上就是钻孔倾斜方向线在液体水平面上的投影方向线。当仪器圆筒在垂直钻孔中时，没有终点方向，也没有钻孔倾斜方向。

⑥终点平面：即通过终点方向（椭圆长轴）和圆筒中心线的垂直平面，它与钻孔的倾斜平面重合。在此终点平面上有顶角 $\theta$。

⑦终点角 $\varphi$：它是起点平面与终点平面之间的夹角，该角位于垂直圆筒中心线的平面上。由起点方向顺时针进行计算。

⑧方位角 $\alpha$：即在液体水平面上，终点方向与定位方向的夹角。当定位方向与起点平面重合时，则方位角 $\alpha$ 为起点方向与终点方向之间夹角在液体水平面上的投影。由定位方向顺时针进行计算。

利用地面定向测量钻孔弯曲方位，能否取得准确可靠的测量结果，关键在于如何将地面定的方向传送到孔内测点后，其方向仍然不变，或有变化也要知道变化的确切度数，通过换算得出真实方向。因而测量方法和仪器的设计都必须围绕这一目的进行。当前有关这类的测量方法和仪器，归纳起来有以下两种：

①钻杆定向法

这是一种较老的方法。此法操作繁琐，工作效率低，但使用的仪器设备简便，并能测量直斜孔（上部垂直下部弯曲孔）。所以，在缺乏更好仪器的情况下，还有一定的使用价值。

此法使用的仪器，一般采用 JDP－1 型定盘仪，或液面印痕的氢氟酸侵蚀玻璃管和相纸显影等法的测斜筒。他们的起点方向都以通过仪器外壳标记的母线表露出来。这些仪器或测筒直接测得的是终点角，而不是方位角。当仪器垂直时，顶角为零，无终点方向，也就无终点角，当仪器倾斜时，顶角为 $\theta$，有终点方向，也有终点角。

将钻杆连接仪器定向下入孔内某测点，如图 5－41 所示。使仪器的起点方向 $O_2A_2$ 与露出孔口钻杆上所标的 $O_1A_1$ 的方向一致。$O_1A_1$ 的正北方向可在地面测出，只要仪器在孔内测点定出终点方向后提至地面，就可求算出该点的方位角。如果 $O_1A_1$ 与 $O_2A_2$ 方向不一致，有一角度差，若此差值是已知的，就可再加（或减去）此角度差，同样可算出该测点的方位角。如此角度差是属未知的，则成为测量误差值。

从上面所谈的基本测量方法看出，方向线 $O_1A_1$ 与 $O_2A_2$ 能否保持一致，取决于 $A_1A_2$ 这条母线是否错动。如未错动，$A_1A_2$ 与钻杆轴芯线 $O_1O_2$ 应是两条平行的曲线，则 $O_1A_1$ 与 $O_2A_2$ 的方向一致。否则就会不一致。要保持 $A_1A_2$ 与 $O_1O_2$ 始终为两条平行的曲线，一是要求每一根钻杆的母线要准确地在钻杆平分剖面上，二是要求在定向下入或定向提升钻杆时，钻杆与钻杆连接的母线要连成一条线，不得错开。这也就是要求全部钻杆柱在孔内只能弯曲不能扭转。如有扭转现象，势必使 $A_1A_2$ 母线错动，从而改变了 $O_2A_2$ 的方向，造成测量误差。为实现上述要求，一般采用以下几种方法来进行钻杆定向。

a.在一平地上先将钻杆或小口径套管连接成数十米至百米一段，摆成一条直线。用经纬仪平分钻杆柱，按照经纬仪的平分线，在钻杆连接处画线刻印，作为钻杆柱的母线。再将它们按顺序编号后，卸成单根运至机台。使用时按原编号连接钻杆，将测斜仪下入孔内。下孔时，要求仪器外壳、各根钻杆的母线不能错开。如因丝扣松紧不一，拧不到原位，使母线上、下错开，要量记其错开的正(负)角度。在下钻时不要使钻杆柱在孔内有较大的转动，应按一个方向下入。仪器下到孔内测点后，测出孔口钻杆轴芯至母线的起点方向。待仪器定出终点方向后，提升钻杆时，再一一检查每根钻杆的连接处的母线是否错开。如有错开，同样量记其错开正、负角度，计算得出仪器的起点方向。

b.连接钻杆，将测斜仪下放到孔内测点。待仪器定出终点方向后，用经纬仪瞄准孔口钻杆接头的轴芯，将第一个定向夹板套在接头上，转动定向夹板，使定向夹板的观测线与经纬仪的垂直线重合，然后固定夹板。提升第一个立根，用半圆垫卡垫在第二个立根接头下面，转动经纬仪垂直动盘，观测第一个定向夹板，通过转动钻杆，使第一个定向夹板的观测线与经纬仪的垂直线重合。而后用第二个定向夹板套在第二个立根的接头上，通过转动定向夹板，使其观测线与经纬仪垂直线重合后，固定夹板。此时，上下两个定向夹板的观测线都在孔口定向平面上。卸去第一个定向夹板和第一个立根钻杆。如此循环进行，直至提出测斜仪。经纬仪瞄准的方向即为起点方向。

此外还有用特制定向接头连接钻杆的定向法，用观察筒瞄准钻杆柱的方法。其原理基本与上述两方法相似，在此就不再赘述。利用钻杆定向法，只要能使测斜仪器外壳的母线对准上、下钻杆柱的母线，则可根据每一孔段的测点间距安装很多个测斜仪，进行多点测量。即所谓"钻杆一次多点定向测斜法"。

②陀螺仪定向方法

利用陀螺仪作为定向原件，早已在航空、航海等工程中得到广泛应用。随着仪器制造工艺水平的提高，陀螺仪的体积逐渐缩小，目前已有适用于地质勘探工程中测量钻孔的方位角和顶角的仪器。

采用陀螺测斜仪对有磁性干扰的钻孔进行测斜，无论在工作效率和测量精度上，都比前述两种定向方法高。因此，在我国地质勘探等工程中大力推广使用。

为了了解陀螺仪是怎样定向测量钻孔方位角的问题，首先介绍一下它的结构原理。如图 5 – 41 所示，高速旋转的转子 1（即高速陀螺马达），放在方向支架上，这就是我们所称的三自由度陀螺仪。陀螺仪的转子通过轴承支承在内环 2 上，内环 2 又通过轴承支承在外环 3 上。外环 3 又用轴垂支承在基座（外管）上。Ⅱ轴承直于Ⅲ轴和Ⅰ轴，三个轴彼此互相垂直，并相交于 O 点。O 点也恰好是陀螺仪的重心。

高速旋转的三自由度陀螺的转子轴，在轴承无摩擦的情况下，它在空间的方向保持不变。这个特性就称作陀螺仪的定轴性。不论外环在钻孔内怎么转动，转子轴在空间的方向始终保持不变。在钻孔中测量方位时就是利用这个定轴性来定向。

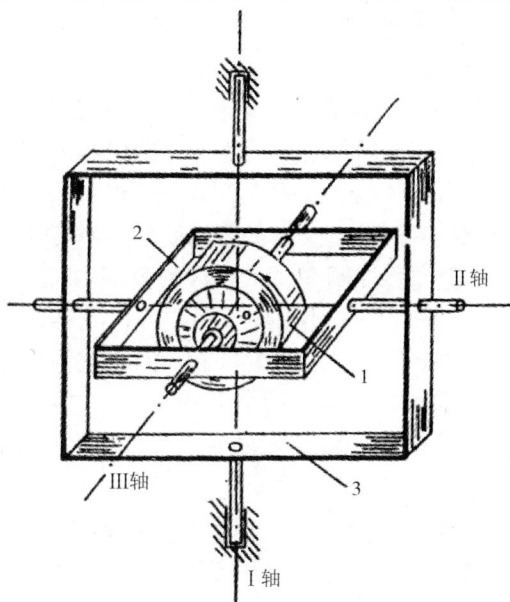

图 5 – 41　陀螺仪原理
1—转子；2—内环；3—外环

三自由度陀螺仪的另一个特性，是它在力矩作用下的运动规律。首先考虑，当转子不转动的情况下把一个重物（一块铅块等）挂放到图 5 – 41 的内环 2 的任何一头，对内环就要产生一个力矩。在这个力矩的作用下，内环将向挂放重物的一头倾倒。这个现象像天平失掉平衡一样是大家所常见的现象。

但是，在图 5 – 41 这样的装置中，陀螺转子 1 高速旋转起来时，所出现的现象就完全不同了。加在内环边上的重物，不是使内环倾倒，而是整个陀螺仪绕外环轴（即Ⅰ轴）转动。这种在陀螺仪的内环轴（Ⅱ轴）上加力矩之后，陀螺将环绕外轴（Ⅰ轴）转动，或者在外环轴（Ⅰ）加力矩后，陀螺仪将绕内环轴（Ⅱ）转动的特性，就叫做陀螺仪的进动。

由于陀螺仪的内环轴（Ⅱ轴）和外环轴（Ⅰ轴）上存在干扰力矩（如摩擦力矩，不平衡力矩等），将使陀螺转子绕外环轴（Ⅰ轴）和内环轴（Ⅱ轴）进动，以致使转子轴不能保持它的空间方向不变，这个现象我们就叫它为陀螺仪的漂移。如果漂移发生在外环轴（Ⅰ轴），那么就会造成方位定向误差。如果漂移发生在内环轴（Ⅱ轴），那么就会使陀螺仪发生抬头或低头。少量的抬头或低头并不影响定向方位。如果抬头很高时，即陀螺与外环 3 相碰时，就将会完全失去陀螺的定轴性，而使外环 3 转动，从而破坏了原定方向。为此，设置一套水平修正装置，它的作用主要是能抵消干扰力矩对外环 3 的影响。用反方向的机械力矩保持内环成水平，即Ⅲ轴成水平状态。

利用这样的装置，接通电源开动陀螺马达，并运转到正常后，在地面确定好方向，下入孔内任意一测点，无论仪器外管如何转动，陀螺转子的Ⅲ轴都将保持其原定方向不变。实际上，不变是相对的，因为无论如何内环轴（即Ⅱ轴）总是存在摩擦的。因此，少量的变动，即漂移总是存在的。不过，对仪器进行精密加工后，可把漂移控制在一个允许的范围内。

陀螺测斜仪中用的是一个"方位陀螺仪"，它能自动消除因地球自转所引起的方位误差，但不具有导北能力，因此它不同于一个磁针罗盘。

3）非磁性矿体中的全测法

全测仪指的是能同时测量钻孔顶角和方位角的仪器。在非磁性矿体中，人们习惯用磁针来测量方位角，而用重锤来测量顶角。各种测斜仪的测值、读数方法不尽相同。每个孔一次只能测一个点的顶角和方位角的仪器称为单点全测仪，而一次能测许多点的顶角和方位角的仪器称为多点全测仪。

（1）单点全测仪

用罗盘测方位，用悬锤测顶角。在孔内测点处用定时时钟锁卡装置固定罗盘指针和顶角刻度器，当仪器从孔内提出时即可读出顶角和方位角。该仪器结构简单，操作方便，适用于非磁性矿区直径大于 80 mm 的钻孔。

（2）多点全测仪

多点全测仪通常采用非电量电测法。孔内用罗盘测量的方位角和用悬锤原理测量的顶角都是非电量参数值，通过电阻元件（弧形电阻件和环形电阻件）把它们转换成电量。一般都采用直流平衡电桥测量电路，即将方位电阻和顶角电阻分别作为两个直流平衡电桥的被测电阻和一臂，电桥的另三个臂连接标准的已知电阻，并利用接在电桥电路有检流计的对角线一端可变电阻调节电桥的平衡。可变电阻（平衡电阻）阻值的变化及所代表的方位角或顶角值，可由地面仪器面板的刻度盘读出。多点全测仪一次下孔，可进行多点测量，效率高。

4）磁性矿体中的全测法

由于存在磁性干扰或磁屏障，在磁性矿体中或套管内无法利用地磁场定向和使用磁针式测斜仪。因此，必须采用地面定向原理来测量钻孔方位角，即根据利用重力原理测得的终点角来计算钻孔方位角，钻孔顶角测量仍采用重锤原理。这类测斜仪同样适用在非磁性矿体中的测斜。

按传递地面定位方向的方法，可分为钻杆定向、环测定向和惯性定向。下面简单介绍一下环测定向法的使用方法：

环测法是由孔口定向，利用专用设备（定向钻杆及仪器）下入孔内，测出测点的顶角和终点角，通过换算求出测点的方位角。

测量时，测量（见图 5 - 42）端为钢丝绳提引接头，以下依次为上测筒、定向钻杆（包括定向接头）、下测筒及导向管。测具的长度随两测点间的距离而定。通过定向连接，整套测具的定向母线连成为一条直线。

首环测量时，用钢丝绳将测具悬吊在孔口，使上测筒露出地表 2/3，下测筒下到孔深 25 m（或 50 m）处，称为第一测点的深度。然后对上测筒进行孔口定向。若开孔为垂直孔时，用定向板夹持上测筒，并使上测筒位于孔口中心，定向板的零刻度线必须对准测筒母线。用经纬仪测定的定位方向线应通过定向板零线、上测筒母线和孔口中心线，一般取北方向为垂直孔的孔口定位方向。若开孔为斜孔时，将上测筒靠在孔口下侧壁，用经纬仪按设计方向测定的定位方向线必须通过定向板零线、上测筒母线和孔口中心，即定位方向线应在起点平面内。如开孔实际方位与设计方位完全吻合，则上仪器终点角读数应为零。

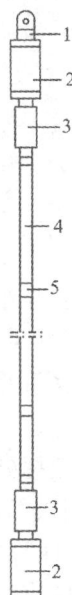

**图 5 - 42　定向测具组装图**
1—提引接头；2—导向管；3—测筒；4—测杆；5—定向接头

经孔口定向后，确定起点方位角为 $\alpha_0$。待定时钟到时后，起钻取出仪器，分别由上、下测斜仪读得 $\varphi_{上}$、$\theta_{上}$ 和 $\varphi_{下}$、$\theta_{下}$，以此可求得终点角差。经换算而求得 0 点（地表）和 1 点间的方位角增量为（$\pm\Delta\alpha_1$），因而

$$\alpha_2 = \alpha_0 \pm \Delta\alpha_1 \tag{5-35}$$

第二环测量时，把装有仪器的上、下测筒经定向钻杆连接，分别置于孔深 25 m（或 50 m）和 50 m（或 100 m）处。不用定向，同理可得读得 $\varphi_1$、$\theta_1$ 和 $\varphi_2$、$\theta_2$，求得 1 和 2 点间的方位角增量（$\pm\Delta\alpha_2$），如此循环（一般每一循环需测两次以上）。

$$\alpha_i = \alpha_0 + \sum_{i=1}^{n}(\pm\Delta\alpha_i) \tag{5-36}$$

环测所涉及的基本公式是

$$\pm\Delta\varphi_i = \varphi_i - \varphi_{i-1} \pm A \tag{5-37}$$

式中：$A$—测具的装合差。

$$\Delta\alpha = \arcsin \frac{\sin\Delta\varphi}{\cos \dfrac{\theta_1 + \theta_2}{2}} \tag{5-38}$$

$$\Delta\alpha = 2\arctan \left[ \cot \frac{\Delta\varphi}{2} \cdot \frac{\cos \dfrac{\theta_1 + \theta_2}{\theta_2}}{\cos \dfrac{\theta_2 - \theta_1}{2}} \right] \tag{5-39}$$

求测具装合差的方法是选择一块平坦的地面，将测具顺次成直线定向连接，将上、下仪器定时 10 min，分别装入上、下测筒。10 min 后测出上、下仪器的终点角与仪器终点角的差值便是测具的装合差 A。为保证准确，应转动测具多次求测，取平均值。

5）测斜数据处理

（1）测斜误差的产生与消除

测斜的目的是求得具体测量点处钻孔顶角与方位角的真值。但是，由于仪器和操作者自身的原因，受孔内环境因素的影响，真值是永远测量不到的。只能得到某种精度的真值。在实际工作中，存在一定的测量误差是允许的［一般顶角 ±（0.5°~1°），方位角 ±（4°~5°）］。

根据测量误差理论可把测斜误差分成系统误差、随机误差、缓慢误差和疏忽误差 4 类。其中，系统误差是指服从一定规律的误差。它是由于仪器本身或测斜中使用仪器的方法不正确造成的。例如，仪器的读数出现零点漂移和温度漂移，下孔仪器的轴线与钻孔轴线不一致，磁针式测方位角的仪器用于某些磁性矿区时等都可能引起系统误差。随机误差是许多因素综合影响的结果，很难分析，然而多次重复测量的随机误差服从正态分布。缓慢误差是指数值上随时间缓慢变化的误差，一般是由于电子元件老化和机械零件内应力变化引起的。疏忽误差是一种显然与事实不符的误差，没有任何规律可循。主要由操作者粗枝大叶或偶然的外界干扰引起的。

系统误差可用校正的办法加以消除，随机误差不能用校正的办法消除，但可以用重复测量取平均值的办法来减小随机误差的影响。在测斜之前在室内检验台认真对仪器进行校验；详细了解孔身结构、换径深度和孔径异常的情况，在某孔段采取相应的措施减小测具与孔壁的间隙，增加导向器具的长度，保证仪器与测具外壳的同心度，这些措施都可能消除或减小系统误差和随机误差。缓慢误差可通过引进一个修正值加以消除，但必须经常修正。疏忽误差是不允许的，其测斜结果是无效的，必须剔除。

（2）在测斜数据的基础上绘制钻孔轨迹

钻孔测斜并非连续测量，而是每隔 50 m 左右测一个点（在弯曲异常或人工造斜的孔段须加密),即测出的钻孔轨迹是由许多定长的直线线段组成的折线。为了绘出钻孔轨迹的空间曲线,首先要据剔除异常值以后的测斜资料计算出各测点的空间坐标。通常用均角全距法进行计算,即把每一段测斜间距的两组测斜数据的平均值作为该孔段的顶角和方位角。在计算机已普及的今天,可以按式(5-40)的算法用微机快速求出各测点的三维坐标,并借助有关软件自动绘出钻孔轨迹在沿勘探线走向的垂直平面和水平面上的投影图。

$$X_{n+1} = X_n + \Delta L \cdot \sin(\frac{\theta_n + \theta_{n+1}}{2}) \cdot \cos\left[\left(\frac{\alpha_n + \alpha_{n+1}}{2}\right) + \alpha_A\right]$$

$$Y_{n+1} = Y_n + \Delta L \cdot \sin(\frac{\theta_n + \theta_{n+1}}{2}) \cdot \sin\left[\left(\frac{\alpha_n + \alpha_{n+1}}{2}\right) + \alpha_A\right] \quad (n = 0, 1, 2, \cdots, N)$$

$$(5-40)$$

$$Z_{n+1} = Z_n + \Delta L \cdot \cos(\frac{\theta_n + \theta_{n+1}}{2})$$

式中:$X_{n+1}$、$Y_{n+1}$、$Z_{n+1}$ 为第 $n+1$ 个测斜点的三维坐标,m;$X_n$、$Y_n$、$Z_n$ 为第 $n$ 个测斜点的三维坐标,m;$\Delta L$ 为第 $n$ 个到第 $n+1$ 个测斜点之间的孔深间距,m;$\theta_n$、$\alpha_n$ 和 $\theta_{n+1}$、$\alpha_{n+1}$ 为分别为第 $n$ 个和第 $n+1$ 个测斜点的顶角和方位角,(°);$\alpha_A$ 为勘探线方位角,(°)。

(3)建立矿区(施工区)孔斜规律数学模型

在孔斜规律明显的矿区(施工区)设计自然定向孔是解决孔斜问题的有效途径;已知矿区孔斜规律便可预测下一个或下一批钻孔的弯曲趋势,为优化施工设计和优选规程参数提供依据。但如何找到矿区的孔斜规律呢?以前仅靠经验分析是难以奏效的,现在我们可以在由式(5-40)得出的大量数据基础上,借助回归分析的软件建立反映该区钻孔弯曲规律的数学模型:

$$\hat{\theta} = f_1(x, y, L) \qquad \hat{\alpha} = f_2(x, y, L)$$

式中:$\hat{\theta}$,$\hat{\alpha}$ 为预测点的顶角,方位角趋势值,°;$x$,$y$ 为开孔点在矿区平面图上的位置坐标,m;$L$ 为预测点的孔深,m。

只要已知新钻孔的孔口坐标便可预测在孔深 $L$ 处的顶角和方位角趋势值。当然,这种预测是有误差的,随着该矿区测斜资料的积累,不断向软件中增加数据,以建立更可靠的模型,将使预测的可信度越来越高。

### 5.2.3.3　测斜仪分类与选用原则

根据测量原理,钻孔测斜仪主要分为磁性测斜仪和陀螺测斜仪两大类,磁性测斜仪适用于非磁性矿区和不受磁性干扰的钻孔,而陀螺测斜仪则主要用于磁性矿区和受磁性干扰的钻孔测量。

选用钻孔测斜仪的一般原则是:

（1）首先要确认需要测量的钻孔是否位于磁性矿区，是否受到磁性干扰，以便选用测斜仪类型。

（2）根据工程技术要求选用合适的测斜仪测量范围和精度指标。不能盲目追求高精度，仪器精度高，其成本也高。

（3）单点测斜仪和多点测斜仪的选择依据是钻孔深度，一般孔深在 100~200 m 时才选用单点测斜仪，大于 200 m 的钻孔应选用多点测斜仪，以提高测斜效率。

（4）煤矿矿井用的测斜仪，应选用具有防爆安全装置的钻孔测斜仪。

钻孔测斜仪器类型、品种繁多，一类是磁性测斜仪，其中包括罗盘类测斜仪（磁针罗盘式测斜仪、磁针电测式测斜仪、罗盘照相测斜仪）和电磁类测斜仪（电子测斜仪、随钻测斜仪）；另一类是陀螺测斜仪，其中包括照相陀螺测斜仪（单点照相陀螺测斜仪、多点照相陀螺测斜仪）和电子陀螺测斜仪（机械陀螺测斜仪、微机械陀螺测斜仪、压电陀螺测斜仪、动调陀螺测斜仪、光纤陀螺测斜仪）。

1）磁性测斜仪

常用的磁性测斜仪包括磁针罗盘式测斜仪、磁针电测式测斜仪、罗盘照相测斜仪、磁性电子测斜仪和随钻测斜仪。其中，前三种仪器的测量原理相同，主要区别在于测量数据的记录方式不同。

磁针罗盘式测斜仪为全机械结构，仪器下孔后，通过定时控制机械锁卡装置将罗盘指针和顶角刻度盘固定，仪器提至地面读出钻孔顶角和方位角，一般为单点测量，由于测量精度低，目前使用较少。

磁针电测式测斜仪是磁针罗盘式测斜仪的改进型，它将罗盘指针和顶角刻度盘的变化通过传感器转换成电量，通过电缆传输到地面读数，实现多点测量，精度较前者有所提高。

罗盘照相测斜仪采用磁罗盘组件，通过光学成像方式拍摄测角指示器在孔内静态时的图像，在胶片或数字感光器上直接记录测点的顶角、方位角及工具面角。它简化了机械式和电测指示型磁针测斜仪中的机械锁卡装置，消除了锁卡时的位移误差，提高了测量精度，照相底片与数据存储器可长期存查。

罗盘照相测斜仪分单点和多点两种，前者下孔一次只拍一张底片，后者一次可连续拍百余张至数百张底片。目前，使用电子照相测斜仪可直接从地面测量面板读取和打印出测量数据，或者在仪器孔下存储测量数据，在地面再回放数据。

磁性电子测斜仪是目前应用最广泛的测斜仪，其功能完全能代替磁性照相测斜仪。磁性电子测斜仪一般是在探管内，沿三个正交的 $X$、$Y$、$Z$ 轴布置三个（或两个）加速度计和三个磁通门（或磁阻）传感器，其中 $Z$ 轴指向仪器轴线下方，$X$、$Y$ 轴位于垂直于仪器轴线的平面内。通过加速度计敏感重力加速度 $g$ 的分量和磁通门敏感地磁场的分量，可以计算得到顶角和方位角的数值。磁性电子测斜仪主要特点：

(1)磁性电子测斜仪只能用于非磁性矿区测斜,其信息采集、存储、处理和计算均实现电子化。

(2)传感器与电子元器件合成为一个固态测量芯片,体积小,芯片内没有机械传动装置,因此具有良好的抗震性能。各传感器的数据采集由嵌入式微处理器根据设计好的程序采集信号,不受人为干扰,测量精确可靠。

(3)测量数据可以存储于探头存储器中,也可通过电缆实时传送到地面,实现多点测量。

(4)使用 RS-232 通信接口或者 USB 接口,配有专用测量软件,通过地面设备读取数据,进行计算、显示、分析和打印。

(5)可用于定向钻进和随钻测量(MWD)中。

磁性电子测斜仪的数据采集方式可分为存储式(将测量数据存储在芯片内,仪器提至地表后读取)和直读式(通过吊放仪器的电缆直接读取)两种。仪器的工作方式可分为投测、吊测和自浮式三种。其中,投测是当需要测量孔斜时把仪器从钻杆柱内腔(其下部带有无磁钻杆和仪器座)投入,仪器自动完成测斜,起钻后再读取数据;吊测是利用钢丝绳(存储式)或电缆下放到需要测斜的位置,仪器自动完成测斜,起钻后再读取数据或通过电缆把数据实时传至地表;自浮式仪器的探管设有浮筒,测斜时用泥浆从钻杆柱内腔泵送到孔底,测斜结束后停泵,探管自浮到孔口,可用 U 盘或遥控器获取数据,不影响继续钻进,操作更为方便。

根据仪器一次孔的测点个数可把仪器分为单点式和多点式两种。他们既可以用存储式,又可以用直读式采集数据。其中,单点式测量控制又分为定时和定点两种方式,定点方式(仪器到孔底即测)可节约大量测量时间,更为方便可靠。

2)陀螺测斜仪

陀螺测斜仪与磁性测斜仪的主要区别在于方位角的测量原理不同,它利用陀螺的定轴性,通过地面定向或惯性定向原理来测量钻孔的方位角。陀螺测斜仪可抗磁性干扰,可以在钻杆、磁性套管及磁性矿区进行钻孔测量。用作钻孔测斜的陀螺仪主要有五种:机械陀螺、微机械陀螺、压电陀螺、动力调谐陀螺和光纤陀螺。

(1)机械陀螺测斜仪

机械陀螺仪采用转动惯量很大的陀螺转子(钨合金制造)微型电机,悬挂在三度平衡框架中高速旋转(30000 r/min 以上)。由于陀螺具有定轴性,在孔下测量时,钻孔方向偏转或仪器转动与振动都不会改变陀螺的指向,测量钻孔轴向与陀螺指向的夹角即可测出钻孔的方位。我国从 20 世纪 60 年代开始研发应用机械陀螺测斜仪,逐步取代了此前测量精度低、操作繁琐的钻杆柱定向和连环测量仪(如定盘测斜仪)等,对磁性矿区钻孔弯曲测量是一个很大的技术进步。但是,机械陀螺测斜仪存在陀螺漂移大[(3°~10°)/h]、测量精度不高、调试维护困难、需地面定向以及体积不易做得更小等缺点。

（2）压电陀螺测斜仪

压电陀螺测斜仪采用特制的压电角速率陀螺测量方位角，采用石英加速度计测量顶角，结合地面定向和电子跟踪测量等新的定向方法与工艺来进行钻孔测斜。压电陀螺测斜仪具有陀螺寿命长、价格低、探管抗震性好、结构简单、工作可靠、功耗低、操作方便等优点；仪器采用存储卡记录方式，探管用钻杆（或钢丝绳）下放和提升，也可以采用电缆直接在地面进行读数。但压电陀螺测斜仪也存在不能自动寻北或寻找参考方位、测斜前需要在地面进行人工定向、方位测量会随时间产生漂移的缺点。

压电陀螺测斜仪的方位角测量基本原理是：利用压电陀螺测量出探管的旋转变化角速率，通过对角速率的数学积分处理，可以得到探管旋转变化的角度，该角度是探管自身的旋转变化角度与方位角的变化角度之和，探管自身的旋转变化角度实际上就是工具面角的变化角度，该值可以通过加速度计传感器测出，由此即可得到方位角的变化角度，通过与在地面定向的初始方位角度相加，即可得到孔内各测点的方位角度值。

（3）动调陀螺测斜仪

动力调谐陀螺仪（Dvnami. callyTunedGyro，缩写 DTG，简称动调陀螺），是一种利用挠性支承悬挂陀螺转子，并将陀螺转子与驱动电机隔开，其挠性支承的弹性刚度由支承本身产生的动力效应来补偿的新型的二自由度陀螺仪，它有两个输入轴，互相正交且处在与陀螺自转轴垂直的平面内。

动调陀螺测斜仪是利用动调陀螺作为方位角测量元件，石英加速度计作为顶角测量元件，利用惯性导航技术来进行钻孔测斜，通过动调陀螺测出地球自转角速度水平分量，石英加速度计测出地球重力加速度分量，所测信号通过相关计算得到该点的顶角和方位角值。

动调陀螺测斜仪可以自动寻北，测量前后无需校北；自主性强、可靠性好，测量时无须地面定向；各测点数据不相关联，测点间没有误差传递，不存在累计误差，测量精度高。由于其内部有高速旋转电机，因此，存在仪器抗震性能不足的问题。

动调陀螺测斜仪方位角测量原理为：地球以恒定的自转角速度 $\omega_0$（15.041°/h）绕地轴旋转，在地球表面上纬度为 $\varphi$ 的任意一点处的自转角速度可以被分解为垂直分量 $\omega_0 \cdot \sin\varphi$ 和水平分量 $\omega_0 \cdot \cos\varphi$，其中垂直分量沿地球垂线垂直向上，水平分量沿地球经线指向真北，当动调陀螺的 $x$、$y$ 轴处于水平时，其 $x$ 轴和 $y$ 轴敏感到的地速水平分量和北向夹角（方位角）$\alpha$ 之间的关系可由计算得出。

由此，在给定纬度的情况下，即可由动调陀螺的输出值计算得到方位角值。

当动调陀螺的 $x$、$y$ 轴处于倾斜状态时，可以通过加速度计的输出值对陀螺输出值进行坐标旋转变化,将其变换回到水平状态下的输出值,从而计算出方位角值。

(4)光纤陀螺测斜仪

光纤陀螺仪是基于狭义相对论及萨格奈克(Sagnac)效应的新型光学陀螺仪,萨格奈克效应是一种与媒质无关的纯空间延时,从同一光源发出的光束分成两束相同特征的光在光导纤维线圈制成的环形闭合光路中以相反的方向传播,最后汇聚到原来的分束点,但如果环形闭合光路所在平面相对于惯性空间存在转动动作,则正反两束光所传播的光程将不同,于是产生光程差,这就是萨格奈克效应。

可见,当波导几何参数和工作波长确定后,相位差的大小便只与系统旋转的速度有关,这就是用光纤陀螺测斜仪检测转动角速度的工作原理。

光纤陀螺测斜仪与动调陀螺测斜仪的结构基本一致,只是惯性测量单元采用光纤陀螺和石英加速度计作为测量敏感元件,其测量方位角的原理与动调陀螺测斜仪一样,也是通过光纤陀螺测量出地球自转角速率分量,通过加速度计测量出地球重力加速度分量,再通过相关计算得出钻孔顶角、方位角数值。

光纤陀螺测斜仪的主要特点是:寿命长、抗冲击和振动能力强;自动寻北,不需要地面定向;零点漂移小,无累计误差,测量精度高;受探管尺寸限制,陀螺灵敏部件不能做大,灵敏度还不很高;价格较贵,耐高温性能不足;寻北时间长(大约 2 min)。

## 5.2.4　钻孔弯曲的预防与纠正

### 5.2.4.1　钻孔弯曲的预防

1)在设计钻孔时应考虑预防钻孔弯曲

(1)按照地层条件设计钻孔

布置钻孔时,尽量使钻孔垂直于岩层层面及岩层走向;

对于松软、疏松、破碎地层、厚覆盖层、裂隙及溶洞发育地层应尽可能设计垂直孔,因为在这些地层中,常因钻具自重而使斜孔产生铅垂方向的弯曲。

(2)按钻孔弯曲规律设计钻孔

对孔斜规律明显的地层或岩层和倾角较大、钻孔轴线无法与之垂直相交的地层,应允许利用造斜地层的自然弯曲规律,辅以人工控制弯曲措施,设计"初级定向孔"。

若已知钻孔弯曲规律是方位角基本稳定而顶角偏离设计值较大时,应改变顶角的设计,使之能达到预定见矿点的位置。通常采用如下几种方法:

①沿勘探线平移法

如图 5 - 43 所示,原设计钻孔拟按 $o'a$ 方向钻至矿点 $a$,但按该地区钻孔弯曲规律,若由 $o'$ 点开孔,则钻孔轴线将因顶角弯曲而使见矿点偏离至 $b$。为了达到在 $a$ 点见矿的要求,可在勘探线上向后移动孔位。具体方法是过 $a$ 点引 $bo'$ 的平行线,与地面交于 $o$ 点,$o$ 点即为后移的孔位。

②增大开孔倾角法

当移动孔位受到地形等条件的限制而按原设计又无法钻至预定见矿点时,可根据倾角弯曲规律,用增大开孔倾角的方法钻进,$\gamma_1$ 是调整后的开孔倾角(见图5-44)。

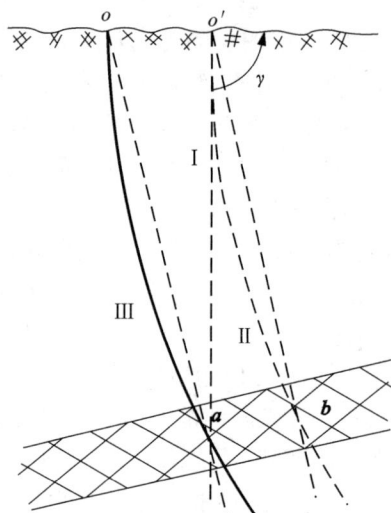

图5-43　沿线移动孔位法

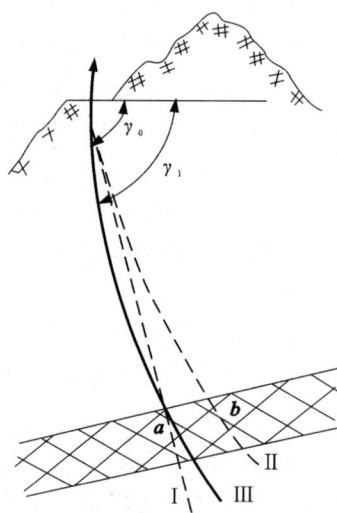

图5-44　增大开孔倾角法

(3)若已知钻孔弯曲规律是倾角基本稳定而方位角变化较大时,则应按方位角变化规律调整钻孔设计。

①离线平移法(见图5-45)

根据周围钻孔的弯曲规律,钻孔实际钻穿矿体的位置 b 与设计见矿点 a 的水平偏距为 ba,然后在地表,沿勘探线方向并按方位偏移的相反方向移动与 ba 相等的距离 oo',按 oa 方位钻进,便可以在预定见矿点钻穿矿体。

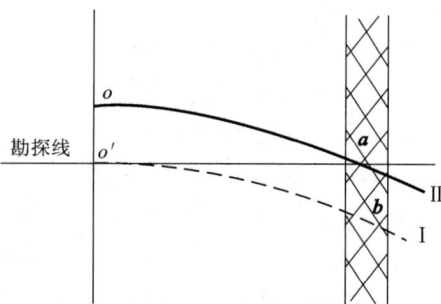

图5-45　离线平移法

②立轴扭转安装法

立轴扭转安装法实质上是使开孔方位按周围钻孔的方位弯曲规律,向相反方向偏移。偏移的方法是扭转钻机立轴,右偏左移,左偏右移,使钻孔达到预定见矿点。

2)保证安装质量,把好换径关

(1)安装设备前,地基要平整、坚实、填方部分不得超过1/3,基台木要水平、稳固。

（2）钻机立轴倾角的方向要符合设计要求，上对塔上天车，下对设计孔位。同时，在钻进过程中还要经常检查和校正立轴方向。

（3）要保证按设计方向开孔，粗径钻具要直，长度要逐渐加长至 10 m 左右。孔口管要固定牢，其方位和倾角要符合设计要求。

（4）换径时，应采用带导向的综合式异径钻具。

3）采用合理的钻具结构

采用合理的钻具结构，是为了保证较高的同心度，提高钻具的刚性，减小钻具与孔壁的间隙，实现孔底加压，增强钻具的稳定性和导正作用，以改善下部钻具的弯曲形态，提高钻进时的防斜能力。

钟摆钻具、偏重钻具和满眼钻具等形式的组合钻具对防止和纠正钻孔弯曲有明显的效果。

### 5.2.4.2 钻孔弯曲的防斜措施

在下部钻杆柱弯曲对孔斜的影响分析中，谈到了下部钻柱的作用力。其中 $F_c$ 是切点以下的钻柱重量所产生的减斜力，也叫纠斜力（见图 5 - 46）。由于该力在倾斜孔段中有促使钻头向铅直方向钻进的趋势，很像钟摆的运动，故一般又称"钟摆力"，利用这种原理组成的钻具均称为钟摆钻具。根据减斜力的计算公式（式 5 - 23 和式 5 - 24），当钻孔顶角一定时，增大减斜力的主要办法是增大切点以下钻铤的重量 $W$，其办法有二：

1）使用大尺寸钻铤或加重钻铤（见图 5 - 46b）。在相同钻压条件下，它比小尺寸钻铤的切点位置高，因而切点以下钻铤长度 $L$ 大（$L_2 > L_1$），重量大，增大了减斜力 $F_j$。

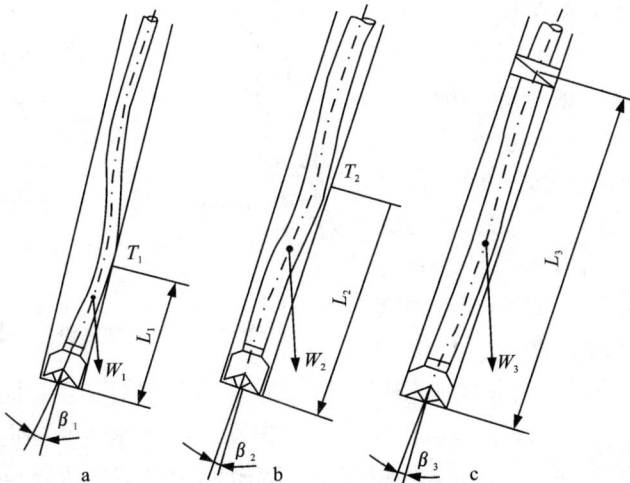

**图 5 - 46 钟摆钻具结构示意图**

*a*—小尺寸钻铤；*b*—大尺寸钻铤；*c*—钻铤带扶正器

2）在切点略高一些的位置上。安装一个扶正器（见图5－46c），以提高切点位置，增大其下部钻铤的重量，使减斜力增大。

此外，扶正器对下部钻铤还起到扶正作用，因而可减小弯曲钻柱的倾斜角（$\beta_3 < \beta_2 < \beta_1$）。

将上述钟摆钻具用于钻头上作用有增斜力（其方向指向斜孔上帮）的情况下，可减小或抵消增斜力，从而起到防斜效果。对安有扶正器的钟摆钻具，扶正器的安装位置十分重要。其理想位置应该是在保证扶正器以下钻铤不与孔壁接触的条件下尽量提高一些。扶正器的位置主要取决于钻铤尺寸、钻压大小和钻孔顶角。钻铤尺寸大，切点位置较高，扶正器也应随之安放高一些。钻压增大，切点下移，扶正器也应随之下移。钻孔顶角大时，在自重作用下，钻具易与孔壁接触，切点位置相对低些，扶正器位置也应随之降低。考虑到孔壁扩大扶正器磨损等原因，扶正器的实际位置应比理想位置低5%～10%，以保证扶正器能正常工作。

钟摆钻具只在钻孔顶角稍大的孔段才有明显的减斜作用，在垂直孔中无防斜作用。在严重易斜地层钻进，其减斜力远小于地层增斜力，防斜效果不能满足要求，必须使用其他类型防斜钻具。

### 5.2.4.3　偏重钻具（钻铤）

偏重钻具与钟摆钻具相似，它主要也是以增大减斜力为原则而设计的。偏重钻具常采用钻铤加工而成，即把钻铤加工成偏重钻铤。最简单的方法是在普通钻铤的一侧钻一排孔眼，造成一边重一边轻（见图5－47）。当钻具回转时，因偏重而产生一个朝向重边的离心力，且转速越高离心力越大。钻进时，当偏重一边朝向孔壁下帮时，离心力与钟摆力方向一致，可对孔壁产生较大的

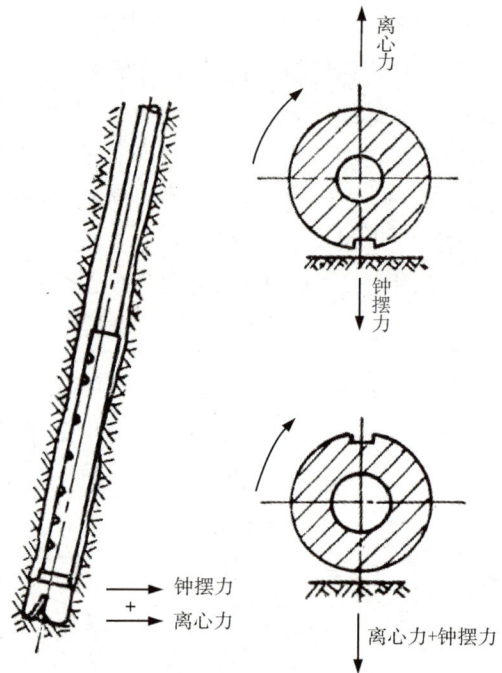

**图5－47　偏重钻铤的减斜作用**

冲击纠斜力。当偏重一边朝向上帮时，离心力与钟摆方向相反。同时，由于这种周期的旋转不平衡性，使下部钻柱发生强迫振动，这种弹性的横向振动，会增大钻头切削孔壁下帮的能力。在这种情况下，减斜作用显然大大增强。将这种钻具用于增斜地层，有可能抵消全部或部分增斜力，从而起到防斜效果，使钻孔顶角弯曲控制在允许范围内。

此外，由于离心力作用，使偏重钻铤的重边在旋转时永远贴向孔壁，这样就使下部钻柱具有公转的运动特性，消除了自转时对孔斜的影响，从而在直孔中也形成很强的防斜作用。

为了发挥偏重钻铤的防斜作用，宜采用高转速。同时，在组合钻具中，应把重量差集中在钻具下部分，尽量接近钻头，并使偏重钻铤减重部分的重量位于距轴线尽可能远的部位。另外，钻铤重边和轻边的重量差不宜过大或过小，有资料推荐为钻铤总重的 0.5% ~ 5%，不能低于 0.1%，也不能大于 10%。实践表明，油井钻进中，偏重钻铤的长度一般在 9 m 左右就能起到良好的减斜作用。

偏重钻铤比钟摆钻具防斜效果好，不仅可用于防斜，还可用于纠(降)斜。它的结构简单，使用方便，一般在偏重钻铤之上接上普通钻铤即可，不需安放扶正器，起下钻阻力小，偏重钻铤还可由普通钻铤外壁开槽而成，这种偏重钻铤的加工并不困难。另有一种偏心偏重钻铤，它是由普通钻铤两端车制偏心接头而成，钻铤的强度和刚度没有降低，但加工较困难。

在地质勘探孔钻进时，防斜用的偏重钻铤可直接用空心圆钢钻一排孔加工而成。防斜用的偏心钻具可采用岩芯管内安装扇形厚壁半管，也可用实心圆钢从轴向偏心钻穿内孔。

### 5.2.4.4　满眼钻具和简易刚性钻具

1)满眼钻具

满眼钻具又叫刚性配合法。顾名思义，满眼钻具是指钻头上部的一段钻柱的全部或部分，具有与钻孔直径接近相等的外径。这种钻具的最显著特点是刚度大，孔壁间隙小，在较大钻压下不发生多次弯曲，或者弯曲之后仍能保持钻柱在钻孔内基本居中，使钻头中心与钻孔轴线之间的夹角很小，从而大大降低了增斜力 $F_z$。此外，由于孔壁间隙小，即使钻头受到地层造斜力 $F_f$ 的作用，其侧向运动也会受到很大限制。因此满眼钻具能用于防斜和在斜直孔段中稳斜，防斜效果比钟摆钻具好。

满眼钻具是 20 世纪 60 年代初从石油钻井的实践中总结并发展起来的。现通常采用的有以下两种结构。

(1)方钻铤满眼钻具

方钻铤的横截面是正方形，与圆截面的钻铤相比，具有大的惯性矩和每米重量，一次弯曲和二次弯曲的临界压力均比圆钻铤大，即方钻铤具有较大的刚度和较强的抗弯能力。另外方钻铤以四棱与孔壁连续接触填满孔眼，间隙小，导向作用好。因此，方钻铤对防斜极有利，防斜效果较好。

方钻铤满眼钻具，一般由 1~3 根方钻铤组成，下部装扩孔器，上部接一扶正器(稳定器)。其目的是为了减少方钻铤棱角的磨损。另外，使用时应保证方钻铤对角线尺寸与钻头直径之差小于或等于 1.6 mm。当此差值大于 4 mm 时，防斜效果显著降低，甚至失效。

方钻铤不仅可用于严重易斜地层防斜，而且由于允许使用较高钻压，可提高钻速。缺点是因孔壁间隙小，泵压比较高，易发生卡钻。因此，对泥浆性能的要求比较严格。

（2）扶正器组成的满眼钻具

它由 3 ~ 5 个外径与钻头直径相近的扶正器（稳定器）和外径较大的钻铤所组成。它比纯钻铤的刚度大，能填满孔眼，扶正钻具保持钻具在孔内居中。在地层造斜力的作用下，扶正器能支承在孔壁上，限制钻头的横向移动。这种满眼钻具之所以至少要有三个扶正器，是因为钻具至少与孔壁要有三个稳定接触点才能通过三点直线性来保持钻孔的直线性和限制钻头的横向移动。如果只有两个扶正器，钻具与孔壁只有两个稳定接触点，则钻具可以沿一条曲线通过，防斜性能差。

扶正器的安装位置对其防斜效果有极大的影响。三个扶正器中，下扶正器一般安在钻头以上 1 m 左右，上、中扶正器必须通过一定的计算来确定。一般中扶正器与下扶正器之间的距离比下扶正器与钻头之间的距离大数倍，上扶正器与中扶正器之间的距离又比中扶正器与下扶正器之间的距离大。影响该满眼钻具防斜效果的因素还有扶正器与孔壁之间的间隙值、满眼部分的长度、刚度和孔壁支持情况。"满"是满眼钻具防斜打直的关键，因此间隙应越小越好，必须保证扶正器外径尺寸足够（与钻头直径接近）。满眼部分的长度与间隙有关，间隙增大时，长度也应增加，满眼部分有足够的长度才能保证钻具在孔内居中（建议满眼部分的长度为 18 ~ 27 m）。应尽量提高该钻具的刚度，为此宜采用大尺寸钻铤。应保证扶正器与孔壁有足够的支撑面，因为支撑面不够时，扶正器可能吃入地层，影响孔眼填满，使钻具在孔内不居中。特别在软地层，宜使用加大支撑面的扶正器。

对近钻头安装一个长扶正器的满眼钻具和安装两个扶正器的满眼钻具，由于其抗衡了钻头上承受的侧向力和限制了钻头的横向位移，也具有一定防斜效果，适当地层条件下也可选用。

目前，油气井钻井使用的扶正器结构型式多种多样，有三棱、四棱、多棱形，直刮刀式、螺旋刮刀式，旋转式和不旋转式等。对扶正器结构的具体要求是：有小的间隙，较多的支撑面，较高的耐磨性，足够的刚度，以及良好的泥浆循环通路。选用时应适应所钻进的地层。

2）简易刚性钻具

根据满眼钻具的防斜原理，地质勘探孔钻进时广泛采用了各种结构简单的刚性钻具预防孔斜。

（1）加长加厚粗径钻具

孔底粗径钻具部分与孔壁间隙小，加长后可提高其导正居中性能，降低歪倒角。粗径钻具部分加厚（如采用厚壁岩芯管），可提高其刚度，使钻具不易被压弯，从而可采用较高钻压钻进。

　　在加长加厚的粗径钻具上连接钻铤，防斜效果更好。

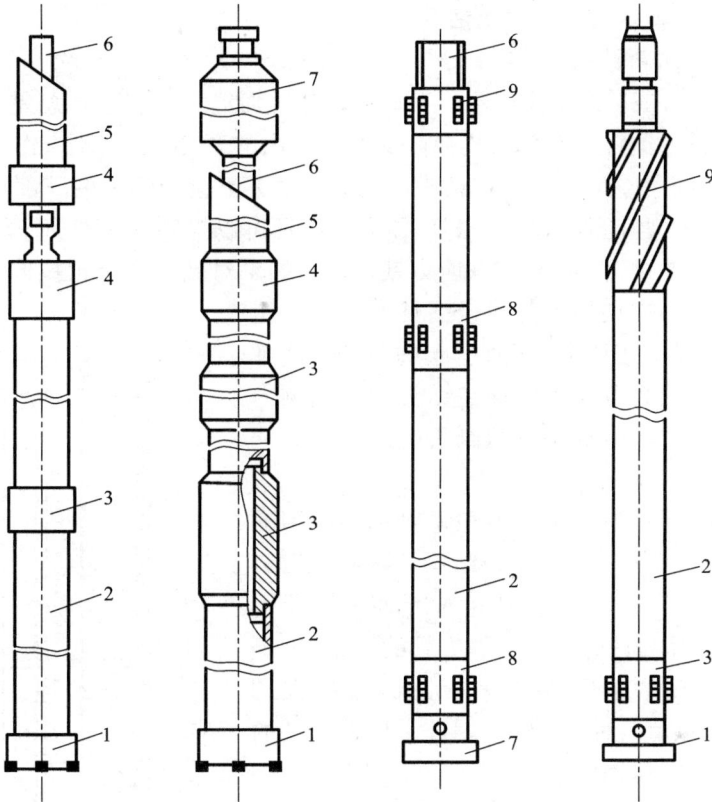

图 5-48　安扶正器的刚性岩芯钻具

1—钻头；2—岩芯管；3—厚壁接头；4—异径接头；5—岩粉管；6—钻杆；
7—扶正接头；8—扩孔保径器；9—镶合金的接头

（2）安扶正器的刚性钻具

　　将扶正器（定中器或扩孔器）安在孔底粗径钻具上（见图 5-48）。也可在粗径钻具以上的钻杆再安一扶正器。扶正器一般安三个，也可安两个，还可安四个，这可根据钻孔自然弯曲强度的防斜要求而定。安有扶正器的粗径钻具一般都需要加长（可采用长岩芯管或把两个短的岩芯管用扶正器连接起来）。中扶正器应尽可能安在岩芯管半波的波峰处。直径 73 mm 以下标准岩芯管的半波长约 2～2.5 m。图中厚壁接头、异径接头、扩孔保径器、镶合金的接头均起扶正器（对中器）的作用。

　　绳索取芯金刚石钻进时，虽然绳索钻杆的外径与孔壁间隙不大，但其刚性也不大，因而在易斜地层钻进时同样产生孔斜。简易的防斜措施是在其外岩芯管上安装 2～3 个对中器，对中器的外径与钻头外径接近。根据试验，采用定中器绳索取芯钻具比普通绳索取芯钻具孔斜平均降低 30% 左右。

#### 5.2.4.5　特殊结构的防斜钻具

1）预应力防斜钻具

小口径钻进时，采用扶正器、钻铤等来对付强造斜地层并不总是有效的，因为它们不能排除钻柱的下部钻具弹性变形限度内的弯曲。钻进时，作用于钻柱的轴芯压力、离心力，以及施加在钻头上的倾倒力矩，会使钻柱的下部钻具发生弯曲，其中主要的力是轴芯压力。利用预应力原理可以提高钻具对由于轴向压缩力而引起的弯曲的抗力。在组装预应力钻具时，如果对钻具进行预拉伸，使预拉力大于钻进时施加在钻柱下部粗径钻具上的轴芯压力，则将消除钻具因轴芯压力引起的弯曲。这种情况下钻孔弯曲只取决于施加在钻头上的倾倒力矩和孔壁间隙所产生的钻具歪倒角（倾斜角），弯曲强度降低。

图 5－49 所示为取芯钻进和无岩芯钻进用的小直径预应力防斜钻具的典型结构。钻进前组装岩芯钻具时，用压缩内管产生的能量使外管获得拉伸预应力。压缩内管可用带加力管的管钳（加不大的力）和专门的千斤顶或液压油缸（加很大的力）来实现。在后一种情况下，用拧紧异径接头的办法使内管保持压缩状态。

内管承受很大轴向压缩载荷，但因装在外管内没有间隙（取芯钻进钻具）或装在外管内用扶正器扶正、支承（无岩芯钻进钻具），所以它不会弯曲，也不会丧失自身的稳定性。它的临界压缩力只取决于管材的抗破坏力。

给钻具施加预应力的范围是该力不得使承受预应力部件横断面上的应力超过材料的比例极限。根据室内测试，对上述无岩芯钻进用的预应力钻具（见图5－49b）施加 51 kN 的压缩力以后，外管产生

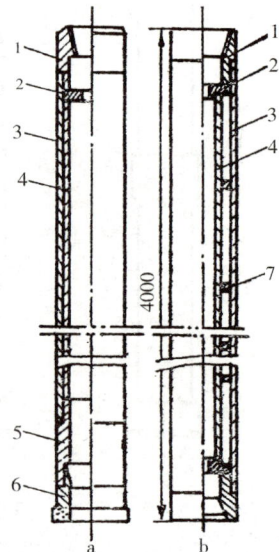

图 5－49　预应力钻具

a—取芯钻进用；b—无岩芯钻进用；
1—异径接头；2—垫圈；
3—$\phi$57 mm 的外管；4—内管；
5—钻头接头；6—金刚石钻头；
7—扶正器

的拉伸力可达 22～25 kN。与同直径的普通岩芯钻具（加钻铤）比较，甚至把惯性矩加到最大，也不可能制造比 $\phi$57 mm、预拉力为 30 kN 的预应力钻具刚性更大的钻铤和比直径 44 mm、预拉力为 20 kN 的预应力钻具刚性更大的钻铤。因此，预应力钻具是一种比钻铤防斜更为有效的稳定性高的钻具。根据试验，它可降低钻孔弯曲强度 40%。

2）HCY 防斜钻具

HCY 防斜钻具又称钻头上部稳定器。适用于油井钻井防斜和稳斜。图 5-50 所示为钻具的结构，它主要由外壳（管）4、芯管 5、异径接头 6、钻头 8、扶正器（1、3、7）以及加重钻铤 2 组成。

加压芯管与外壳内壁之间有一定间隙，但芯管两端外径比中间大，且芯管上端与外壳为滑动配合面，芯管上端的外壳处有中扶正器扶正。根据 HCY 钻具的结构可以看出其有以下三个特点：

（1）外壳不承受轴芯压力，只起扶正作用，不存在丧失稳定的问题，故不易弯曲。

（2）钻压是通过芯管传到钻头，加压芯管两端可以看成是弹性嵌固边界，芯管的临界压力比两端铰支要大。临界压力的大小，不仅取决于芯管自身的刚度，而且也与外壳弹性反力的大小有关。

（3）根据以上两点，可提高该钻具的相对刚度，即与相同条件下的圆钻铤或方钻铤比较，HCY 装置下部的中点绕度同单一钻铤钻具的中点绕度相等时，前者比后者需要更高的钻压。因此在斜孔中，当用较高钻压钻进时，上部钻铤的切点将在孔壁的下侧（见图 5-51），钻铤下部的侧向增斜力则推动 HCY 钻具的中扶正器，紧贴于上孔壁，从而以中扶正器为支点使钻头产生一减斜力 F。这就是该钻具的防斜原理。

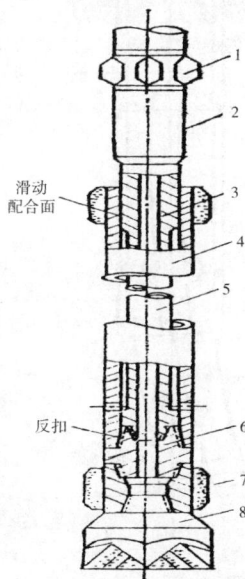

图 5-50　HCY 防斜钻具结构

1—上扶正器；2—钻铤；3—中扶正器；4—外壳；

5—芯管；6—异径接头；7—下扶正器；8—钻头

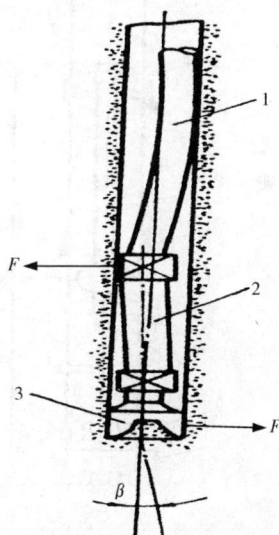

图 5-51　HCY 在斜孔内的工作原理

1—钻铤；2—外壳；3—钻头

HCY 钻具结构简单，维修方便，易于制造。根据试验，其钻压可提高 0.5~1 倍，钻孔弯曲强度可降低 50%。由于可采用高钻压钻进，故机械钻速比较高。

以下为 HCY-127 防斜钻具的主要尺寸：主体长度 $l=8$ m，外壳直径 127 mm，外壳内径 97 mm，芯管中间部分的外径 89 mm，上扶正器外径 137.3~150.2 mm，钻孔直径 138.1~151 mm。

（3）FB 防斜保直器

采用能减小钻具与孔壁的间隙和提高刚度的刚性钻具防斜，不仅其效果有限，而且受工艺、操作因素影响，效果不稳定，不易控制。FB 型防斜保直器的设计思想与刚性满眼钻具不同，它是使钻具自身在钻头上产生一抵消或削弱孔斜的抗斜力——侧向反偏力。而且该反偏力只有钻进中出现孔斜和有孔斜趋势时才存在，钻孔不斜或者没有斜的趋势时，就没有反偏力。图 5-52 所示为 FB 型防斜保直器的结构（a）和工作原理（b）。

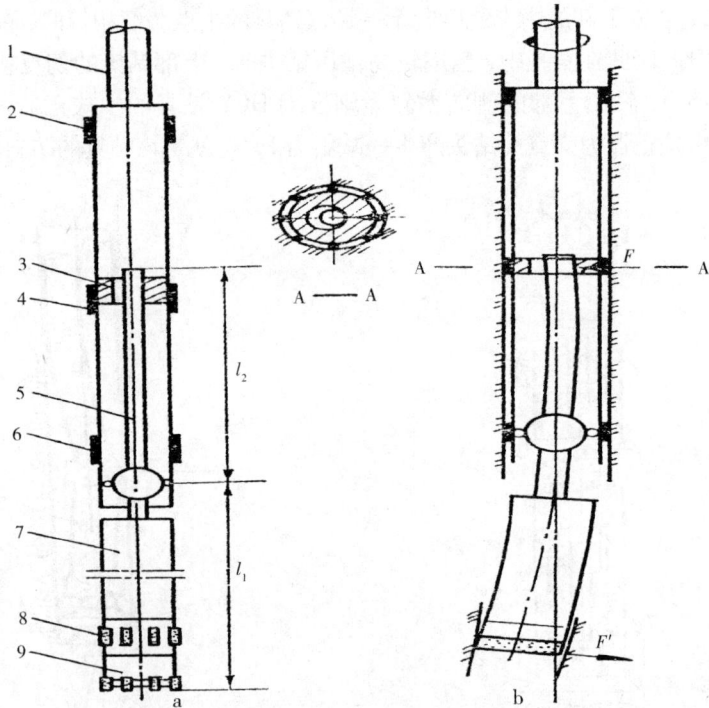

**图 5-52　FB 型防斜保直器**

a—结构示意图；b—工作原理图；

1—上扶正器，2—外壳；3—偏心导正套；4—中扶正器；

5—双臂球头轴；6—下扶正器；7—岩芯管；8—扩孔器；9—钻头

该保直器有两大部分：导正部分与活动部分。导正部分主要由上、中、下扶正器 1 、4 、6 和外壳 2 、偏心导正套 3 组成。活动部分主要由双臂球头轴 5 、岩芯管 7 、扩孔器 8 、钻头 9 组成。其中偏心导正套和双臂球头轴是钻具钻进时能产生反偏力的关键部件。

该保直器的工作原理是钻具在直线孔钻进时，导正部分与活动部分的轴芯线同心，在同一中心线上，如同常规钻具钻进一样，钻头上无反偏力存在。当钻孔偏斜时，则双臂球头轴以下钻具的轴线与导正部分的轴线不同心。此时，当保直器回转钻进时，由于导正部分处于直线孔段，要绕原钻孔轴线旋转，而下部钻具套从内孔偏心距大的位置转到偏心距最小的位置时，偏心导正套就会在与钻孔偏斜的相同方向上，给球头轴上臂的上端施加一导正力 F。此力通过球头传至球头轴的下臂和钻头，使钻头侧刃以反偏力 F' 向钻孔偏斜的反方向克取岩石，即力图恢复活动部分与导正部分的同轴性，从而防止了钻孔弯曲（包括顶角与方位弯曲），使钻头在延伸钻进时，基本保持在原钻孔方向上，起到良好稳斜作用。

双臂球头轴以下的钻具（$l_1$）越短，作用在钻头上的反偏力 F' 越大，$l_1 > 3\ m$ 时，反偏力明显下降。由于 FB 防斜保直器的反偏力 F' 受钻具限制，不可能很大，因而在强造斜地层，如果地层造斜力很大，促斜作用强，反偏力不能完全抵消地层造斜力的影响时，钻孔就会产生一定程度的弯曲。

导正部分的扶正器与孔壁之间的间隙对 FB 防斜保直器的使用效果影响很大，它直接影响反偏力的形成。间隙大了，就不能保持钻具导正部分的导正状态。因此该钻具适用于比较完整的地层。另外，该钻具采用无岩芯钻头又比取芯钻头的使用效果好。

### 5.2.4.6　钻孔弯曲的纠正

1）使顶角下垂的方法

一般在松散、溶洞地层中钻进时，钻具具有自然下垂的趋势。而在其他地层，可采用组合式钻具（如钟摆钻具、偏重钻铤等），带双弧形水口的钢粒钻头钻进，或采用带人工支点的悬垂钻具等方法慢慢使钻孔轨迹下垂。

2）使顶角上漂的方法

钻具通常在钻进中具有自然上漂的倾向。因此，使钻具上漂是比较容易实现的。具体措施是采用短岩芯管（其长度约为普通岩芯管的 2/3），适当加大钻压与水量。采用钢粒钻进时，可选用大直径钢粒、增大投砂量的方法，或采用大一级直径的钻头配小一级直径的岩芯管组成塔式钻具，以扩大孔壁间隙，促使钻具上漂。

3）方位角偏斜纠正

对方位角偏斜的纠正，目前仍无有效措施，通常是在钻孔方位顺钻头回转方向偏斜时（右旋），采用左旋钻具的方法纠正。这种方法对钢粒钻进具有一定效果。

4)对顶角和方位角均有较大偏斜时的纠正

采用一般纠斜方式不能奏效时，可在弯曲异常的孔段灌注水泥，然后用导向钻具重新开孔的方法纠斜，此法适用于中硬以上的岩层。此外，还可以采用在孔内下偏心楔或用连续造斜器的方法纠斜。

## 5.3 高地应力地层钻进技术

### 5.3.1 高地应力的成因及分布特征

#### 5.3.1.1 高地应力的概念及其成因

1)高地应力的概念

地应力是指存在于地层中未受工程扰动的天然应力，也称为岩体初始应力或原岩应力。高地应力是一个相对的概念，目前国际国内无统一的对其判别的标准。

不同岩石具有不同的弹性模量和储能性能。一般来说，地区地应力大小与该地区岩体的变形特征有关。岩质坚硬，则储存弹性性能多，地应力大。高地应力是相对于围岩强度而言的，一般来说，当围岩内部的围岩强度与最大地应力的比值(围岩强度比)达到某一水平时，才能称为高地应力或极高地应力。按《工程岩体分级标准》(GB50218 - 94)中相关规定：围岩强度比 <4 称为极高地应力，围岩强度比为 4 ~ 7 称为高地应力，围岩强度比 >7 称为一般地应力[61]。

地应力对钻探生产的影响主要表现在影响岩体破碎机理、钻孔变形与孔壁稳定、冲洗液漏失、岩芯采取率与完整性、孔斜以及套管磨损等方面。

2)地应力的成因

产生地应力的原因是十分复杂的，至今学界尚不十分清楚。多年来的实测和理论分析表明，地应力的形成主要与地球的各种动力作用过程有关，其中包括：地壳板块运动及其相互挤压、地幔热对流、地球自转速度改变、地球重力、岩浆侵入、放射性元素产生的化学能和地壳非均匀扩容等。另外，温度不均、水压梯度、地表剥蚀或其他物理化学作用等也可引起相应的应力场。其中，构造应力场和重力应力场是目前地层天然应力场的主要组成部分。

(1)地壳板块运动及其相互挤压

海底扩张和大陆漂移是地壳大陆板块运动的源动力，可用于解释我国大陆岩体天然应力的起因。中国大陆板块东西两侧受到太平洋板块和印度洋板块的推挤，推挤速度为每年数厘米，而南北同时受到菲律宾板块和西伯利亚板块的约束。在这样的边界条件下，板块岩体发生变形，并产生水平挤压应力场，从而产生较大的地应力。

（2）地幔热对流

由于硅镁质的地幔温度很高，具有可塑性，并可以上下对流和蠕动。当地幔深处的上升流到达地幔顶部时，就分成两股相反的平流，回到地球深处，从而形成一个封闭的循环体系。地幔热对流引起地壳下面的水平切向应力，在亚洲形成由孟加拉湾一直延伸到贝加尔湖的地应力槽，它是一个有拉伸的带状区。我国从西昌、攀枝花到昆明的裂谷正位于这一地区，该裂谷区有一个以西藏中部为中心上升的大对流环。在华北—山西地堑有一个下降流，由于地幔物质的下降，引起很大的水平挤压应力，这是这一地区高地应力形成的主要原因。

（3）地球重力

由地心引力引起的应力场称为重力场，重力场是各种应力场中唯一一个能够准确计算的应力场。地壳中任一点的自重应力等于单位面积上覆岩层的重量。重力应力为垂直方向应力，是地壳岩体所有各点垂直应力的主要组成部分，但是垂直应力一般并不完全等于自重应力，因为板块运动，岩浆对流和侵入，岩体非均匀扩容，温度不均和水压梯度等都会引起垂直方向应力变化。一般来讲，地球自重力方向，岩体的地应力沿深度方向近似呈线性递增。

（4）岩浆侵入

岩浆侵入挤压、冷凝收缩和成岩均在周围地层中产生相应的应力场，其也是相当复杂的。熔融状态的岩浆处于静水压力状态，对其周围施加的是各个方向相等的均匀压力。但是炽热的岩浆侵入后即逐渐冷凝收缩，并从接触界面处逐渐向内部发展。不同的热膨胀系数及热力学过程会使侵入岩浆自身及其周围岩体应力产生复杂的变化过程。与上述三种成因应力场不同，由岩浆侵入引起的应力场是一种局部应力场，而且，在宏观上来讲，这种地应力作用方向的规律性较差。

（5）地温梯度

地壳岩体的温度随着深度增加而升高，由于温度梯度引起地层中不同深度不相同的膨胀，从而产生地层中的压应力，其值可达相同深度自重应力的几分之一。

另外，岩体局部寒热不均，产生收缩和膨胀，也会导致岩体内部产生局部应力场。

（6）地表剥蚀

地壳上升部分岩体因为风化、侵蚀和雨水冲刷搬运而产生剥蚀作用。剥蚀后，由于岩体内颗粒结构的变化和应力松弛赶不上这种变化，导致岩体内仍然存在着比由地层厚度所引起的自重应力还要大得多的水平应力值。因此，在某些地区，大的水平应力除与构造应力有关外，还和地表剥蚀有关。

### 5.3.1.2  地应力的测量方法

地应力的测量方法较多，而且随着岩土测试技术的发展而不断发展。常见的地应力测量方法有自由孔式测量方法、径向位移式、压力盒式、水压式以及地应力绝对值测量法等。下面对各种方法进行简单介绍，详细内容可查阅相关参考文献[62]。

自由孔式测量方法的特点，是置于钻孔内的仪器对钻孔的变形并不产生任何影响。通常采用三种形式：孔壁或坑道壁两点间距离变化的观测（孔壁位移型），孔壁表面应变值的观测（孔壁应变型）；孔底底面中心附近的应变观测（孔底应变型）。所用的传感单元多为应变片、应变丝。优点是装备简便，但当钻孔较深时操作比较困难。

径向位移式地应力仪，是通过探头内分立元件感受的孔壁径向位移值来进行地应力测量的。就指定的介质及元件而言，元件的电学量测值与径向位移成正比。但应说明的是，该比例系数随介质的不同而变动，是介质力学参量数弹性模量与泊松比的函数。径向位移式探头可以在钻孔中反复安装使用。当孔壁有不严重的张性破裂时，测量结果的误差较小（与孔壁贴应变片方法相比）。因此，径向位移式探头在地应力绝对位测量中使用最为普遍，装置类型也较多。

压力盒式地应力测量方法是将土压力盒埋在被测地层，进行地层压力测量。由于压力盒的埋设会对地层应力分布带来影响，所以该类测量方法主要用于人工堆积体，如挡土墙的填土层，大坝坝体以及经过处理的地基等。

水压式地应力测量方法是从二次采油过程中的压裂工艺改进而来的。其基本方法是：选择有代表性的基岩裸露的井孔段，用可膨胀的橡胶封隔器将其一孔段封闭，由地表泵入压裂液并加压，压力逐渐升高直至钻孔围岩破裂，这时液压突然降低，继续加大泵量可使裂隙继续扩展。根据记录的"压力－时间"关系曲线及岩石的有关参数，可求出主应力，然后通过印痕封隔器测量出裂隙的方位，从而确定主应力的方位角。该方法可以直接测量地层应力而不必预先知道岩体的力学参数，而且可以测出最大主应力的方向，但该方法使用成本较高。

### 5.3.1.3 地应力的分布特征

虽然可以根据地应力实地测量得到地应力分布规律，然而研究表明，地应力的分布与其成因有很大的关联性。从 20 世纪 50 年代初期起，许多国家先后开展了地应力绝对值的实测研究，至今已经积累了大量的实测资料。根据这些实测资料分析，大陆板块内地壳表层岩体地应力有如下分布特征：

1）地壳中主应力以压应力为主，方向基本上是垂直或水平的。大量的测量结果表明，一个主应力的方向并不总是垂直的，但与垂直方向的夹角小于 30°。故可认为一个主应力方向基本上是垂直的，另外两个主应力方向基本上是水平的。垂直应力的大小与上覆岩层的重量有关，垂直应力值可根据覆盖岩层的重量计算。虽然有些实测值与其有局部偏离，但总的来说还是符合上述规律的，特别是在地壳深部。绝大部分测量结果还表明地壳岩体中的应力以压应力为主，很少出现张应力的情况。

2)地应力场是一个具有相对稳定性的非稳定应力场,是时间和空间的函数。地应力在绝大多数地区是以水平应力为主的三向不等压应力场。三个主应力的大小和方向是随着空间和时间而变化的,因而它是个非稳定的应力场。地应力在空间上的变化,从小范围来看,是很明显的,从某一点到相距数十米的另一点,地应力的大小和方向也可能是不同的。但就某个地区整体而言,地应力的变化并不大。如我国的华北地区,地应力场的主导方向为北西到近于东西的主压应力。

在某些地震活动活跃的地区,地应力的大小和方向随时间的变化是很明显的,在地震前处于地应力积累阶段,应力值不断升高,而地震时使集中的应力得到释放,应力值突然大幅度下降。主应力方向在地震发生时会发生明显改变,在震后一段时间又会恢复到震前的状态。

3)垂直天然应力随深度呈线性增长。大量的国内外地应力实测结果表明,绝大部分地区的垂直天然应力 $\sigma_v$ 大致等于按平均密度 2.7 g/cm³ 计算出来上覆岩体的自重。但是在某些现代上升区,例如位于法国和意大利之间的勃朗峰、乌克兰的顿涅茨盆地,均测到了 $\sigma_v$ 显著大于上覆岩体自重的结果。而在俄罗斯阿尔泰区兹良诺夫矿区测得的垂直方向上的应力则比自重小的多,甚至有时为张应力。这种情况的出现大都与目前正在进行的构造运动有关。

垂直天然应力 $\sigma_v$ 常常是岩体中天然主应力之一,与单纯的自重应力场不同的是:在岩体天然应力场中,$\sigma_v$ 大都是最小主应力,少数为最大或中间主应力。例如,在斯堪的纳维亚半岛的前寒武纪岩体、北美地台的加拿大地盾、乌克兰的希宾地块以及其他地区的结晶基底岩体中,$\sigma_v$ 基本上是最小主应力。而在斯堪的纳维亚岩体中测得的 $\sigma_v$ 值却大都是最大主应力。此外,由于侧向侵蚀的卸载作用,在河谷谷坡附近及单薄的山体部分,常可测得 $\sigma_v$ 为最大主应力的应力状态。

4)水平天然应力分布比较复杂。岩体中水平天然应力的分布和变化规律是一个比较复杂的问题。根据已有实测结果分析,岩体中水平天然应力主要受地区现代构造应力场的控制,同时还受到岩体自重、侵蚀所导致的天然卸载作用、现代构造断裂运动、应力调整和释放及岩体力学性质等因素影响。根据各地的天然应力测量成果,岩体中水平天然应力可以概括为如下特点:

(1)岩体中水平天然应力以压应力为主,出现拉应力者很少,且多具局部性。值得注意的是在通常被视为现代地壳张力带的大西洋中脊轴线附近的冰岛,哈斯特已于距地表 4~65 m 深处,测得水平天然应力为压应力。

(2)大部分岩体的水平应力大于垂直应力,特别是在前寒武纪结晶岩体中,以及山麓附近和河谷谷底的岩体中,这一特点更为突出。

(3)岩体中两个水平应力 $\sigma_{hmax}$ 和 $\sigma_{hmin}$ 通常都不相等。一般来说,$\sigma_{hmin}/\sigma_{hmax}$ 比值随地区不同而变化于 0.2~0.8 之间。例如,在芬兰斯堪的纳维亚大陆的前寒武纪岩体中，$\sigma_{hmin}/\sigma_{hmax}$ 比值为 0.3 ~ 0.75。又如，在我国华北地区不同时代岩体中的应力测量结果表明，最小水平应力与最大水平应力的比值变化范围在 0.15 ~ 0.78 之间。说明岩体中水平应力具有强烈的方向性和各向异性。

(4)在单薄的山体、谷坡附近以及未受构造变动的岩体中，天然水平应力均小于垂直应力。在很单薄的山体中，甚至可能出现水平应力为零的极端情况。

5)天然水平应力与垂直应力的比值。岩体中天然水平应力与垂直应力之比定义为天然应力比值系数，用 $\lambda$ 表示。世界各地的天然应力测量成果表明，绝大多数情况下，平均天然水平应力与天然垂直应力的比值在 1.5 ~ 10.6 范围内。天然应力比值系数随深度增加而减小。平均天然水平应力 $\sigma_{hav}$ 与天然垂直应力 $\sigma_v$ 有如下规律：

$$(0.3 + \frac{100}{Z}) < \frac{\sigma_{hav}}{\sigma_v} < (0.5 + \frac{1500}{Z}) \qquad (5-41)$$

6)一个相当大的区域内，最大主应力方向是相对稳定的。在相对平坦的地区和离地表较深处的地应力测量结果是可以代表这个地区的应力场特点的。最大主应力方向尽管存在着局部变化，但是在某些广阔地区，水平主应力方向看来是有一定规律的。在一个相当大的区域内，最大主应力的方向是相对稳定的，并和区域控制性构造变形场一致。

7)区域构造场常常决定局部点的主应力。河谷构造应力的主要部分随剥蚀卸载很快释放掉。接近河谷岸坡表面存在的地应力分布差异很大。已经发现在接近河谷岸坡表面部分为岩石风化和地应力偏低带，往下则逐渐过渡到地应力平稳区。

8)岩体中地应力一般处于三维应力状态。根据三个主应力轴与水平面的相对位置关系，把地应力场分为水平应力场与非水平应力场两类。水平应力场的特点是两个主应力轴呈水平或与水平面夹角小于 30°，另一个主应力轴垂直于水平面或与水平面夹角大于或等于 70°。非水平应力场的特点是一个主应力轴与水平面夹角 45°左右，另两个主应力轴与水平面夹角在 0° ~ 45°间变化。应力测量结果表明，水平应力场在地壳表层分布比较广泛，而非水平应力场仅分布在板块接触带或两地块之间的边界地带。

在水平应力场条件下，两个水平或近似水平方向的应力是两个主应力或近似主应力。在这种情况下，岩体垂直平面内没有或仅有很小的垂直剪应力，而存在的数值取决于两水平主应力之差的水平剪应力。当水平剪应力足够大时，岩体就会沿着垂直平面发生剪切破坏。

在非水平应力场条件下，岩体中垂直平面内存在垂直剪应力，在水平面内存在水平剪应力。非水平应力场和很高的垂直天然剪应力出现在地壳不稳定地区，以及正在发生垂直运动的地区。

### 5.3.2　高地应力地层中岩土体的受力分析

#### 5.3.2.1　高地应力地层中软弱层带的受力分析

要弄清楚地应力对钻探施工的影响,首先要对高地应力地层中岩体的受力进行分析。从广义角度看,对一定介质而言,作用于介质周围的压应力都可以视为围压。但目前围压的具体含义却随研究对象的不同而异。如室内三轴试验中,围压一般指侧向压力,而垂向压力却被称为轴向压力。就软弱层带而言,其空间延伸方向是自身,而垂直其延伸方向的则是它的围岩。因此,可以用软弱层带的法向压应力 $\sigma_n$ 来反映其受到的地应力。

如果已知一点的应力状态,则可用弹性力学理论导出该点任一斜截面上的正应力 $\sigma_n$ 为:

$$\sigma_n = n_i m_j \sigma_{ij} (i,j = 1,2,3) \tag{5-42}$$

式中: $n_i$、$n_j$ 为方向余弦; $\sigma_{ij}$ 为应力分量。

#### 5.3.2.2　高地应力条件下钻孔的数理模型

通常孔壁岩石所受的应力状态属于轴对称问题,可在圆柱坐标中研究,其应力状态可用径向应力 $\sigma_r$、环向应力 $\sigma_\theta$、轴向应力 $\sigma_z$ 及剪应力 $\tau_{r\theta}$ 来表示。对于垂直井 $\tau_{r\theta} = 0$,此时应力状态可简化为 $\{\sigma_r, \sigma_\theta, \sigma_z\}$。对于岩石产生剪切破坏的情况,一般 $\sigma_\theta > \sigma_z > \sigma_r$(取压应力为正号),即 $\sigma_z$ 为中间应力。在研究孔壁稳定时,可以不考虑上覆压力 $\sigma_z$ 的影响,而把它简化为平面应变问题来分析[63,67]。

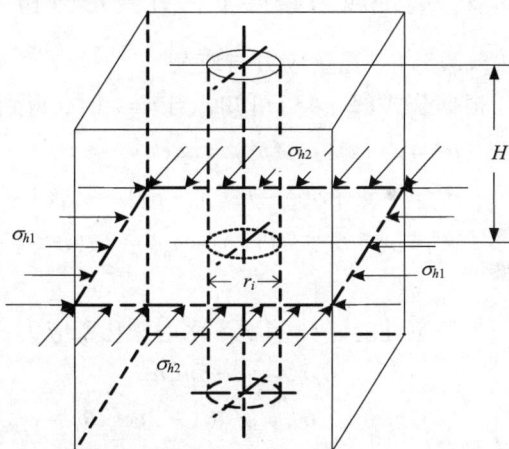

**图 5 - 53　钻孔及邻域内应力分布示意图**

根据线性弹性理论,在孔壁为可渗透的情况下(即冲洗液和地层水可以互相渗透流动),可求得图 5 - 53 所示计算模型中距孔轴 $r$ 处的有效应力,采用圆柱坐标可表示为:

$$\sigma_r' = \frac{\sigma_{h1} + \sigma_{h2}}{2}\left(1 - \frac{r_i^2}{r^2}\right) + \frac{\sigma_{h1} - \sigma_{h2}}{2}\left(1 - 4\frac{r_i^2}{r^2} + 3\frac{r_i^4}{r^4}\right)\cos 2\theta + \frac{r_i^2}{r^2}p_i - \delta\left[\frac{\xi}{2}\left(1 - \frac{r_i^2}{r^2} - f\right)\right] \times$$
$$(p_i - p_p) - ap(r)$$

$$\sigma_\theta' = \frac{\sigma_{h1} + \sigma_{h2}}{2}\left(1 + \frac{r_i^2}{r^2}\right) - \frac{\sigma_{h1} - \sigma_{h2}}{2}\left(1 + 3\frac{r_i^4}{r^4}\right)\cos 2\theta - \frac{r_i^2}{r^2}p_i - \delta\left[\frac{\xi}{2}\left(1 + \frac{r_i^2}{r^2} - f\right)\right](p_i -$$

$$p_p) - ap(r)$$

$$\sigma'_z = \sigma_v - \mu\left[2(\sigma_{h1} - \sigma_{h2})\frac{r_i^2}{r^2}\cos2\theta\right] + \delta(\xi - f)(p_i - p_p) - ap(r)$$

$$\tau_{r\theta} = \frac{\sigma_{h1} - \sigma_{h2}}{2}\left(1 + 2\frac{r_i^2}{r^2} - 3\frac{r_i^4}{r^4}\right)\cos2\theta \qquad (5-43)$$

$$\xi = \alpha(1-2\mu)/(1-\mu)$$

式中：$\sigma_{h1}$、$\sigma_{h2}$ 为水平向最大与最小主应力，MPa；$p_i$ 为钻孔中冲洗液压力，MPa；$p_p$ 为地层孔隙压力，MPa；$\sigma_v$ 为上覆层压力，MPa；$\mu$ 为岩石泊松比；$\alpha$ 为有效应力系数，$\alpha = 1 - C_r/C_B$，$C_r$、$C_B$ 为岩石的骨架压缩率和容积压缩率；$f$ 为地层孔隙度；$p(r)$ 为距离钻孔中心 $r$ 处的孔隙压力，MPa；$\delta$ 为系数，孔壁有渗流时为 1，否则为 0。

需要指出的是该模型主要考虑地应力是由上覆盖岩层引起，如果要考虑由地质构造等其他原因引起的地应力对钻孔孔壁岩体应力分布的影响其分析过程要比以上过程复杂得多，有时甚至难以实现。

### 5.3.3 高地应力条件下钻孔变形分析

#### 5.3.3.1 孔壁应力与应变

根据公式（5-43）可知，当 $r = r_i$ 时，得到孔壁应力：

$$\sigma'_r = p_i + \delta f(p_i - p_p) = ap(r)$$

$$\sigma'_\theta = -p_i + \delta(\xi - f)(p_i - p_p) + \sigma_{h1}(1-2\cos2\theta) + \sigma_{h2}(1+2\cos2\theta) - ap(r)$$

$$\sigma'_z = \sigma_v + \delta(\xi - f)(p_i - p_p) - 2\mu(\sigma_{h1} - \sigma_{h2})\cos\theta - ap(r)$$

$$\tau_{r\theta} = 0 \qquad (5-44)$$

当泥浆性能好孔壁不渗水时，孔壁应力：

$$\sigma'_r = p_i - ap(r)$$

$$\sigma'_\theta = \sigma_{h1}(1-2\cos2\theta) + \sigma_{h2}(1+2\cos2\theta) - p_i - ap_p \qquad (5-45)$$

$$\sigma'_z = \sigma_v - 2\mu(\sigma_{h1} - \sigma_{h2})\cos\theta - ap_p$$

$$\tau_{r\theta} = 0$$

利用物理方程求出应变[64]：

$$\varepsilon_r = \frac{1}{E}[\sigma_r - \mu(\sigma_\theta + \sigma_z)]$$

$$\varepsilon_\theta = \frac{1}{E}[\sigma_\theta - \mu(\sigma_z + \sigma_r)] \qquad (5-46)$$

$$\varepsilon_z = \frac{1}{E}[\sigma_z - \mu(\sigma_r + \sigma_\theta)]$$

利用几何方程求变形量：

$$\varepsilon_r = \frac{\partial u_r}{\partial r}$$

$$\varepsilon_\theta = \frac{\partial u_\theta}{\partial \theta}$$

$$\varepsilon_z = \frac{\partial u_z}{\partial z} \qquad (5-47)$$

### 5.3.3.2　钻孔变形规律

在确定了钻孔变形微分方程以后，如果知道地层的地应力分布情况，就可以通过求解微分方程，知道钻孔的变形规律。下面以我国某矿区高地应力分布区岩层为例，对高地应力条件下，钻孔的变形进行简单的分析。矿区岩石力学参数如表 5-8 所示。

表 5-8　某矿区岩石力学参数

| 参数 | 值 | 单位 | 备注 |
|---|---|---|---|
| $\sigma_{h1}; \sigma_{h2}$ | 24.5；15.4； | MPa | 矿区西主井 1300 中段，花岗岩；深 480 $m$。 |
| | 50.0；28.2 | MPa | 矿区东副井 1300 中段，大理岩；深 460 $m$。 |
| $\sigma_v$ | $\gamma H$ | MPa | $\gamma$ 为岩层平均重度 27 kN/m³；$H$ 为覆盖岩层厚度 |
| $p_i$ | $h/100$ | MPa | 静水压力，$h$ 为孔深，单位为米。 |
| $p_p$ | $\gamma H$ | MPa | 钻孔不漏水 |
| $\alpha$ | 0.5 | | 参考其他类似地层取值 |
| $p(r)$ | $\gamma H$ | MPa | 钻孔不漏水 |
| $\delta$ | 0 | | 钻孔不漏水 |
| $\mu$ | 0.25 | | 花岗岩 |
| | 0.27 | | 大理岩 |
| $\sigma_m$ | 28.6 | MPa | 花岗岩 |
| | 30~40 | MPa | 大理岩 |
| $E$ | 10000 | MPa | 花岗岩 |
| | 3000 | MPa | 大理岩 |

图 5-54 ~ 图 5-62 为在表 5-8 所列的岩层条件与地应力水平条件下，地应力对钻孔孔壁岩石作用以及钻孔变形（包括径向、轴向与角变形）的规律。

从图 5-54(a)可以看出，钻孔孔壁径向应力值随钻孔深度成比例减少，即钻孔孔壁所受的压应力随钻孔深度增加而减少。图 5-54(b)表明，钻孔所受的角应力随钻孔深度的增加而减小。单从这一发展趋势来看，随钻孔的深度增加，钻孔周边岩体所受圆周方向的挤压应力有所减小。当然，由于地应力分布的不均匀

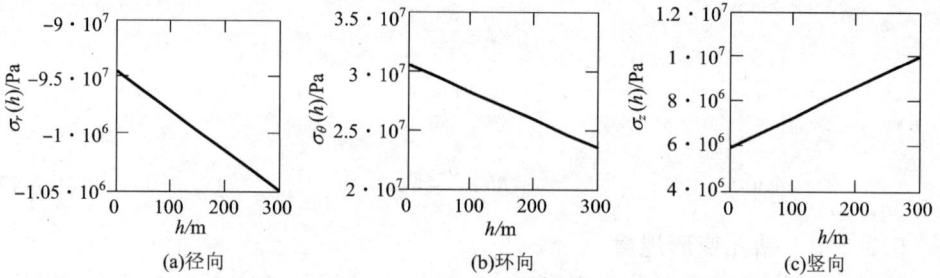

图 5 – 54   孔壁应力(Pa)与孔深 $h$(m)的关系

性,并非所有钻孔都严格遵守这种变化规律。根据图 5 – 54 的结果,似乎随钻孔深度增加,对孔壁的岩体稳定更有利。但是虽然角应力减小了,但径向应力增加,其结果是使水平面的剪应力加大。这无疑加重了孔壁岩体的不稳定。

图 5 – 55 所示是孔壁应变随深度变化曲线,由于把岩体看成处于弹性阶段,所以,应变的变化规律与应力的变化规律完全一致。在实际应用时,必须考虑到在有的地层,由于岩体的强度较其所受应力还小,会出现破坏,在这种情况下,应变就不能根据以上变化规律进行预测。

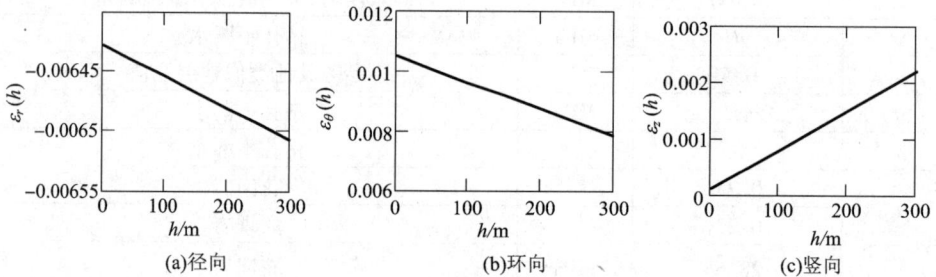

图 5 – 55   孔壁应变与孔深 $h$(m)的关系

图 5 – 56 所示是孔壁岩体随深度变化曲线,把岩体看成处于弹性阶段,并将整个钻孔深度的岩层看成是同一种岩石的情况下得到的结果。在实际应用时,很难出现与计算条件完全一致的条件,所以,这几个图的变化规律对钻探孔壁稳定性分析的借鉴作用不是很大。

图 5 – 57 所示为孔壁应力随方位角的变化关系。在这里没有考虑岩层的倾向,把岩层看成水平岩层。从图 5 – 57(a)可以看出,孔壁岩体所受的径向应力与方位角基本上没有关系。而图 5 – 57(b)与 5 – 57(c)表明孔壁岩石所受的角向应力与竖向应力与方位角的关系很大,而且二者都存在峰值。这很可能是高地应力

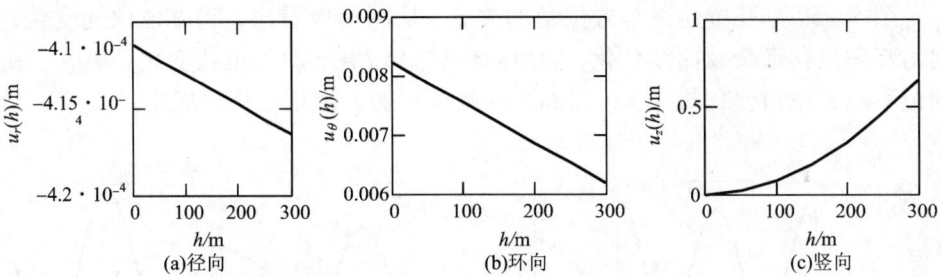

**图 5-56 孔壁位移(m)与孔深 $h$(m)的关系**

地层钻进时容易出现孔斜的主要原因。

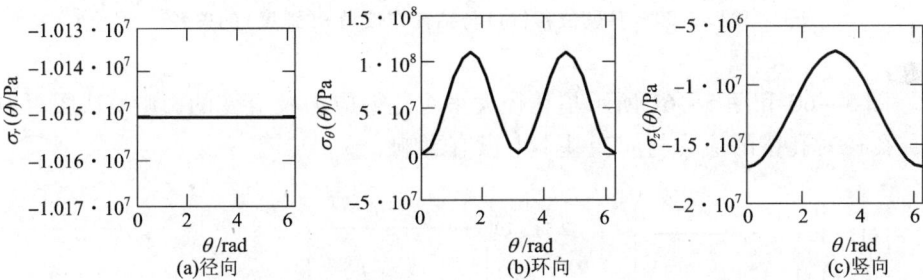

**图 5-57 孔壁应力与钻孔方位角 $\theta$(弧度)的关系**

图 5-58 所示是孔壁应变与方位角的关系。从图可以看出,随方位角的变化,各种应变基本上呈正弦或者余弦曲线变化。而且,各自的峰值有正有负。因此,有必要进一步弄清楚孔壁应变随方位角变化对孔壁稳定影响的程度大小。由于现场的地应力条件要比本模型的假设条件复杂得多,其孔壁应变随方位角的变化情况也要比本模型的计算结果复杂得多。

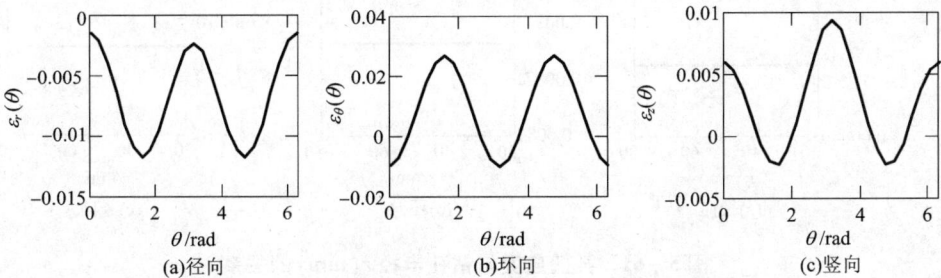

**图 5-58 孔壁应变与钻孔方位角 $\theta$(弧度)的关系**

图 5 - 59 是孔壁位移与方位角的关系。从图可以看出，随方位角的变化，径向与竖向位移呈余弦曲线变化，而角向位移呈幅值增加的正弦变化。知道了孔壁的位移随方位角变化规律，可以部分预测孔斜随方位角变化的规律。

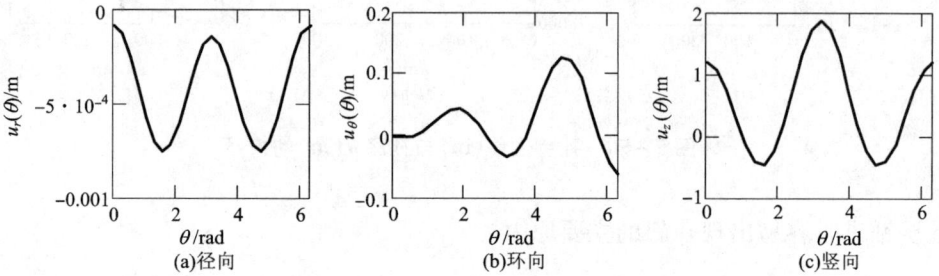

图 5 - 59　孔壁位移(m)与钻孔方位角 θ(弧度)的关系

图 5 - 60 和图 5 - 61 所示是孔径大小对孔壁应力及应变的影响。从图可以看出，孔径对孔壁的应力与应变基本上没有影响。

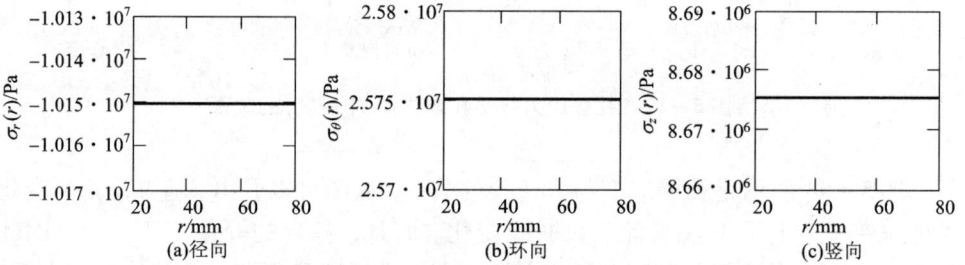

图 5 - 60　孔壁应力(Pa)与钻孔半径 r(mm)的关系

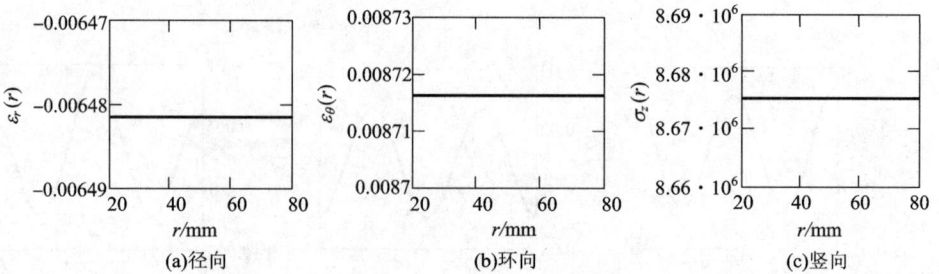

图 5 - 61　孔壁应变与钻孔半径 r(mm)的关系

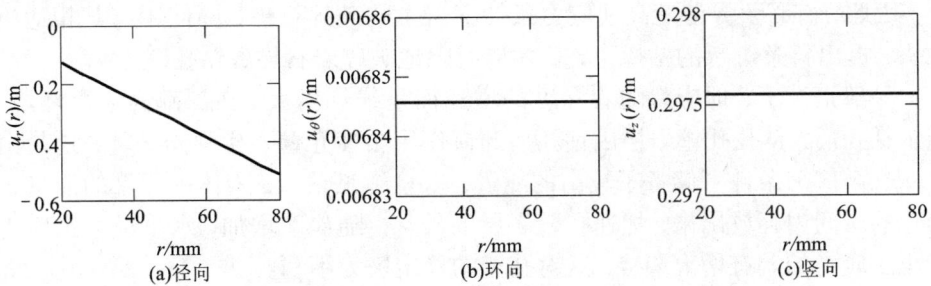

图 5 – 62　孔壁位移（m）与钻孔半径 r（mm）的关系

　　从以上实例分析可以看出，在高地应力条件下，钻孔会产生明显的变形；而且，由于软硬互层现象的存在，往往加大了这种变形。这主要表现在部分硬岩的竖向变形会转化为软岩的径向变形。

### 5.3.3.3　钻孔变形与钻孔深度、孔径以及方位角的关系

　　1）钻孔深度与钻孔变形的关系。在钻孔周围，岩体的径向、环、轴向应力、应变以及变形都随钻孔的深度增加而增加。由于钻孔周围岩体的三个应力分量以径向分量最小，所以即使钻孔产生缩径，岩体沿钻孔径向的应变以及变形也都为负值，而且，在其他条件相同的情况下，钻孔越深，钻进时产生缩径及孔斜的可能性越大。根据一些高地应力矿区钻进的实际情况，钻孔缩径与孔斜规律并不完全是这样，这主要是因为实际情况中，地应力的分布并不均匀，而且，地应力的最大分量的方向与轴向方向不一定一致[64]。

　　2）方位角与钻孔变形的关系。一般情况下，钻孔的径向应力大小与方位角无关，环应力与轴向应力都随方位角按余弦规律变化，而且环应力的变化周期是轴向应力变化周期的一半；径向应变与环应变随方位角按余弦规律变化，相位相差180 度；轴向应变随方位角按余弦变化，相位处于径向与环向应变之间；径向变形与轴向变形随方位角按余弦规律变化，环向变形随方位角按幅值递增的正弦规律变化。由于应力、应变以及变形都是按照正弦或者余弦规律变化，正负增量相互抵消，所以方位角对钻孔的孔斜影响不大，但可能引起钻孔在某个方位缩径。

　　3）孔径与钻孔变形的关系。钻孔周围岩体应力和应变的三个分量都不随孔径的变化而变化。钻孔的轴向、环向变形与不随孔径变化，只有钻孔的径向变形随孔径变化，而且，钻孔孔径的压缩变形随孔径的增加而线性增加。

## 5.3.4　高地应力对钻进工艺的影响

　　在高地应力区，在钻孔施工过程中，由于岩体受高地应力的作用，岩体的破碎机理与正常情况下岩体破坏机理不尽相同，而且破坏也较正常条件下更难进

行。因此，有必要弄清楚高地应力条件下岩土的破碎机理，并使用与其相适应的钻头，提出科学可行的钻探工艺，才能有限地破碎岩石导致钻孔[65]。

一般情况下，地应力随着深度的增加而呈线性增大。在深部高应力环境下，施工钻孔后，钻孔孔壁岩层因钻孔后卸荷作用会使孔壁发生强烈破坏，这是由于岩体在高应力条件下储备了较高的能量，一旦施工钻孔，岩体中积聚的能量将在较短的时间内释放出来，加速孔壁岩层的破坏。随深度增加，水平最大主应力与最小主应力的差有增大趋势，这对孔壁的稳定极为不利。

岩体中的原岩应力状态直接影响着孔壁岩体的稳定性，应力值高，再加上岩体软弱结构面发育和岩体总体破碎，这就使孔壁岩石具有软岩的性质，进行钻探施工导致钻孔后，由于地应力的作用，孔壁岩石往往会向孔内慢慢地移动收敛，导致钻孔缩径或者弯曲；而且这个过程是随着时间的推移缓慢发展的，这些现象均具有明显的流变特征。流变对钻孔的现场与孔壁稳定带来一系列的问题和危害。

### 5.3.4.1 岩石卸载破坏机理

1) 变形特征：岩石在卸荷过程中，其变形以向卸荷方向的回弹变形为主，体积应变从压缩状态迅速变为扩容膨胀，扩容量随初始围压的增大而增大，临近破坏点附近时，这种扩容显得更为剧烈；岩石在非卸荷方向或非主要卸荷方向上的变形非常小，岩石的卸荷变形破坏表现出较强的脆性特征[66]。

2) 变形参数的变化：岩石卸荷过程中变形模量逐渐减小，而环向应变与轴向应变的相对比值逐渐增大，变形参数的变化随初始围压增大而增大且非线性特征愈加明显；对实验数据回归统计发现，岩石的变形模量、环向应变与轴向应变的相对比值同体积应变呈多项式关系。

3) 抗剪强度参数的变化：岩石在卸荷条件下，其峰值状态黏聚力 $c$ 随着 $\Delta\sigma_1/\Delta\sigma_3$ 的比值减小而降低，然而残余状态随着 $\Delta\sigma_1/\Delta\sigma_3$ 比值的减小而增大；摩擦角在两种状态都是增大的。这种现象可以从岩石加卸载过程中变形破坏特征的不同得以解释，因为在卸荷过程中，随着 $\Delta\sigma_1/\Delta\sigma_3$ 比值的减小岩石以压剪变形为主向卸荷方向的张裂扩容变形为主变化，峰值状态时岩石张剪性破坏的 $c$ 值要比压剪性破坏的 $c$ 值低，一般来说张剪性破裂面的粗糙度较压剪性破裂面高，因此 $\varphi$ 值相对较高些。

4) 在岩石卸荷破裂特征、卸荷过程中参数变化特征及破坏时应力特征分析的基础上，归纳岩石卸荷破坏演化过程并分析抗剪强度参数在卸荷破坏过程中所起的作用。卸荷初期岩石产生大量微小的张裂隙，在这些微小张裂隙出现前只有黏聚力对变形起控制作用，而摩擦强度还没有充分调动起来；当卸荷到一走程度时，微小张裂隙间出现较大的扩展贯通，摩擦强度因素的贡献达到最大值，而黏聚力出现大幅度降低；当继续卸荷时，在 $\sigma_1$ 的压缩作用下，剪断张裂隙间的岩桥，并且沿那些相对较宽长的张裂隙形成一个张剪（剪张）性贯通破裂带，此时的黏聚力和摩擦强度都减小至残余强度。

**5.3.4.2　高地应力对钻进工艺的影响**

1）高地应力对钻孔孔斜的影响

孔壁岩体所受的径向应力与方位角基本上没有关系，孔壁岩体所受的角向应力与竖向应力与方位角的关系很大，而且二者都存在峰值，是高地应力地层钻进时容易出现孔斜的主要原因。由于现场的地应力条件复杂，其孔壁应变与位移随方位角的变化情况只能得到部分预测。

2）高地应力对孔壁稳定的影响

在高地应力且软硬夹层的地质条件下，钻孔不但产生明显的变形，而且会产生严重的孔壁坍塌。采用高比重泥浆，对深孔中因地应力引起的孔壁不稳定问题可以得到一定程度上的解决。但是对于浅孔，或者不能采用高浓度泥浆的钻孔（例如绳索取芯钻孔），采用增加泥浆比重的办法无法解决问题，这时，就必须采用下套管的方法解决因地应力引起的孔壁坍塌问题。

3）高地应力对套管磨损的影响

在高地应力作用下，岩石蠕变对套管产生非均匀外挤力，其大小随时间的增加而增大，开始时增加的速度较快，然后增加速度变缓，经过较长的一段时间后套管所受的蠕变外载趋于一个稳定值。在套管周围不同方向所受的蠕变外载不同，其大小与其和最大水平主应力的方向夹角有关。在最大水平主应力方向上受力最大，在最小水平主应力方向上受力最小，从而在套管周围形成了随时间而增大类似椭圆形径向分布的非均匀外载，其分布规律可用余弦函数近似表示。即：

$$\sigma_n = s_1 + s_2\cos2\theta \tag{5-48}$$

其中：$\sigma_n$ 是套管所受的径向蠕变外载力；$\theta$ 是与最大水平主应力方向的夹角；$s_1$、$s_2$ 是由实验数据回归所得到的套管载荷趋于稳定时的应力。

受套管蠕变载荷作用，套管在最大水平主应力方向上直径变小，在最小水平主应力方向上直径变大，成椭圆形，其椭圆度随时间的增加而增大。当套管能承受非均匀岩石蠕变外载时，套管的椭圆度最终趋于一个稳定值，该稳定值的大小与地应力的大小及套管的刚度有关。地应力增大会加大作用在套管上的岩石蠕变外载，从而加大套管的变形量。当地应力增大到一定程度而使作用在套管上的蠕变外载超过套管强度时，套管产生屈服，其变形逐步增加，直至套管破坏。

## 5.3.5　高地应力条件下的钻孔稳定性分析

### 5.3.5.1　孔壁稳定性

孔壁处的最大与最小主应力差值为：

$$\sigma'_{\theta,\max} - \sigma'_{r,\min} = \eta(3\sigma_{h1} - \sigma_{h2} - p_i) - p_i \tag{5-49}$$

其中：$\eta$ 为应力降低参数，一般取 0.95。

下表是某矿区地层岩矿强度与孔壁处的最大与最小主应力差值的比较。

**表 5 - 9 地层岩矿强度与孔壁处的最大与最小主应力差值**

| 岩性 | 强度/MPa | $(\sigma'_{\theta,max} - \sigma'_{r,min})$/MPa | 备注 |
|---|---|---|---|
| 花岗岩 | 28.6 | 51.3 | 孔深 200 m 处 |
| 大理岩 | 30 ~ 40 | 107.9 | 孔深 400 m 处 |

从表 5 - 9 可以看出，在该矿区施工的钻孔在某些孔段完全处于孔壁坍塌的应力条件下。只是由于地层中的岩体处于三向应力状态，其强度要比处于单向应力状态时大得多，所以，在地层中，岩体是完整的，而一旦形成钻孔，就非常容易产生垮塌[67]。

综上所述，在高地应力且有软硬夹层的地质条件下，钻孔不但产生明显的变形，而且会产生严重的孔壁坍塌。

### 5.3.5.2  采用高比重泥浆稳定孔壁的可行性

钻孔变形以及孔壁坍塌引起卡钻是高地应力且有软硬夹层的地区影响钻探效益的主要原因。

如果冲洗液在孔内产生的静水压力可以平衡由于地应力等因素产生的孔壁最大剪应力，则可以保持孔壁稳定。根据摩尔 - 库伦强度条件，可以计算出保持孔壁稳定所需的冲洗液密度为：

$$\rho_m = \frac{\eta(\sigma_{h1} - \sigma_{h2}) - 2CK + \alpha p_p(K^2 - 1)}{(K^2 + \eta)H} \quad (5 - 50)$$

其中：

$$K = \cot\left(45° - \frac{\Phi}{2}\right) \quad (5 - 51)$$

式中：$\eta$ 为应力非线形修正系数，取 0.95；$H$ 为孔深，m；$\rho_m$ 为冲洗液密度，g/cm³；$C$ 为岩石黏聚力，MPa；$\Phi$ 为岩石内摩擦角。

假设钻孔深度为 700 m，岩石的内摩擦角为 49°，根据表 5 - 9 的相关参数，可由公式(5 - 50)计算出冲洗液的比重为 1.106 g/cm³ 即可平衡孔内压力，防止塌孔。可见采用高比重泥浆，对深孔中因地应力引起的孔壁不稳定问题可以得到一定程度的解决。但是对于浅孔，或者不能采用高浓度泥浆的钻孔（例如绳索取芯钻孔），采用增加泥浆比重的办法无法解决问题，这时，就必须采用下套管的方法解决因地应力引起的孔壁坍塌问题。

## 5.3.6  高地应力对套管的影响

套管承受非均匀载荷作用时易挤毁失效，特别是在软岩层段中套管被挤毁失效的情况较多。因此，研究非均匀地应力下软岩层段套管的受力状况具有十分重要的意义。一些学者对地层、水泥环和套管的耦合问题进行了理论和实验研究，但主要以均匀地应力为前提，对非均匀地应力下套管受力的影响因素未作全面系统的分析。为此，应用半解析法求解了非均匀地应力下软地层、水泥环和套管的弹性耦合问题，对套管受力的影响因素进行了系统研究，为套管强度设计提供新的理论参考[68]。

### 5.3.6.1 地应力作用下套管的受力分析

1）软地层、水泥环、套管系统弹性分析

根据力学原理，软地层、水泥环、套管系统力学耦合问题可视为平面应变问题，设 $\sigma_{hmax}$ 为最大水平地应力，MPa；$\sigma_{hmin}$ 为最小水平地应力，MPa；$p_i$ 为套管支撑内压，MPa；$p_i$ 为井眼半径，mm；$r_1$ 为套管外半径，mm；$r_2$ 为套管内半径，mm；$\theta$ 为圆周角。并作如下基本假设：

（1）软地层、水泥环、套管均为各向同性的弹性材料；

（2）水泥环、套管均视为均匀壁厚圆筒，且与井眼中心同心；

（3）第一、二界面胶结良好时，将边界视为完全接触，当界面存在微间隙或相对剥离时忽略摩擦，将边界视为光滑接触。根据平面应变问题的平衡方程、物理方程和几何方程，以及地层外边界 $r = \infty$ 时的应力边界条件。

设 $\sigma_{hmax}/\sigma_{hmin} = \lambda$，可得地层的径向、环向、剪应力分量为：

$$\sigma_{ar} = \left[\frac{\sigma_{hmax}}{2}(1+\lambda)+C_2 r^{-2}\right]+\left[\frac{\sigma_{hmax}}{2}(1-\lambda)+3C_6 r^{-4}\right]\cos2\theta$$

$$\sigma_{a\theta} = \left[\frac{\sigma_{hmax}}{2}(1+\lambda)+C_2 r^{-2}\right]+\left[\frac{\sigma_{hmax}}{2}(1-\lambda)+3C_6 r^{-4}\right]\cos2\theta \quad (5-52)$$

$$\tau_{ar\theta} = -\left[\frac{\sigma_{hmax}}{2}(1-\lambda)+2C_3 r^{-2}-3C_6 r^{-4}\right]\sin2\theta$$

地层的径向、环向位移分量为：

$$\mu_{ar}-\frac{1}{2G_s}\left\{\left[(k_a-1)\frac{\sigma_{hmax}}{4}(1+\lambda)r-C_2 r^{-1}\right]+\left[\frac{P}{2}(1-\lambda)r+(k_a+1)C_3 r^{-1}-C_6 r^{-3}\right]\cos2\theta\right\}$$
$$(5-53)$$

$$v_{a\theta} = \frac{1}{2G_a}\left[-\frac{\sigma_{hmax}}{2}(1-\lambda)r-(k_a-1)C_3 r^{-1}-C_6 r^{-3}\right]\sin2\theta \quad (5-54)$$

水泥环的径向、环向、剪应力分量为：

$$\sigma_{br} = (2B+B_2 r^{-2})-(B_5+4B_3 r^{-2}-3B_6 r^{-4})\cos2\theta$$
$$\sigma_{b\theta} = (2B_1-B_2 r^{-2})+B_5+12B_4 r^{-2}-3B_6 r^{-4})\cos2\theta \quad (5-55)$$
$$\tau_{br\theta} = (B_5+6B_4 r^2-2B_3 r^{-2}+3B_6 r^{-4})\sin2\theta$$

水泥环的径向、环向位移分量为：

$$u_b = \frac{1}{2G_b}\{[(k_b-1)B_1r - B_2r^{-1}] + [(k_b-3)B_4r^3 - B_5r + (k_b+1)B_3r^{-1} - B_6r^{-3}]\cos2\theta\}$$

$$v_b = \frac{1}{2G_b}[(k_b+3)B_4r^3 + B_5r - (k_b-1)(B_3r^{-1} - B_6r^{-3})]\sin2\theta$$

$$(5-56)$$

套管的径向、环向、剪应力分量为：

$$\sigma_{cr} = (2A_1 + A_2r^{-2}) - (A_5 + 4A_3r^{-2} - 3A_6r^{-4})\cos2\theta$$

$$\sigma_{c\theta} = (2A_1 - A_2r^{-2}) + (A_5 + 12A_4r^2 - 3A_6r^{-4})\cos2\theta$$

$$(5-57)$$

$$\tau_{cr\theta} = (A_5 + 6A_4r^2 - 2A_3r^{-2} + 3A_6r^{-4})\sin2\theta$$

套管的径向、环向位移分量为：

$$u_c = \frac{1}{2G_c}\{[(k_c-1)A_1r - A_2r^{-1}] + [(k_c-3)A_4r^3 - A_5r + (k_c+1)A_3r^{-1} - A_6r^{-3}]\cos2\theta\}$$

$$v_c = \frac{1}{2G_c}[(k_c+3)A_4r^3 + A_5r - (k_c-1)A_3r^{-1} - A_6r^{-3}\sin2\theta$$

$$(5-58)$$

$$k_n = 3 - 4\mu_n$$

$$(5-59)$$

$$G_n = \frac{E_n}{2(1+\mu_n)}$$

式中：$G_s$、$G_b$、$G_c$、$k_a$、$k_b$、$k_c$ 分别为围岩、水泥环、套管的材料常数；$\mu_n$ 为相应介质材料泊松比；$G_n$ 为相应材料剪切模量，MPa；$E_n$ 为相应介质材料弹性模量，MPa；$C_2$，$C_3$，$C_6$，$B_2$，$B_3$，$B_4$，$B_5$，$B_6$，$A_1$，$A_2$，$A_3$，$A_4$，$A_5$，$A_6$ 为待定常数，由边界条件确定。

第 1 界面和第 2 界面的边界条件。在 $r = r_0$ 处（第 2 界面处），当水泥环与地层有微间隙时或胶结面脱开的情况下，若忽略水泥环和地层的摩擦，可认为该界面光滑接触，有边界条件：

$$\sigma_{r0} = \sigma_{br0}, \quad \mu_{r0} = u_{br0}, \quad \tau_{r\theta} = \tau_{br\theta} = 0, \quad v_{r0} = v_{br0} \qquad (5-60)$$

当水泥环与地层完全胶结，此时水泥环与地层完全接触，有边界条件式中，$\sigma_{r0}$、$\sigma_{br0}$ 分别为 $r_0$ 处地层、水泥环的径向应力分量，MPa；$u_{r0}$、$u_{br0}$ 分别为 $r_0$ 处地层、水泥环的径向位移分量，mm；$\tau_{r\theta}$、$\tau_{br\theta}$ 分别为 $r_0$ 处地层、水泥环的剪应力分量，MPa；$v_{r0}$、$v_{br0}$ 分别为 $r_0$ 处地层、水泥环的环向位移分量，mm。

在 $r = r_1$ 处（第 1 界面处），边界条件与第 2 界面类似，只是将地层的参数换成相应处套管的参数。

当 $r = r_2$ 时（套管内壁），当考虑内压作用时，有

$$\sigma_{cr2} = p_i, \quad r_{cr2\theta} = 0 \qquad (5-61)$$

式中：$\sigma_{cr2}$ 为套管内壁的径向应力分量，MPa；$\tau_{cr2\theta}$ 为套管内壁的剪应力分

量，MPa。

将地层、套管、水泥环的应力和位移表达式式(5-57)与式(5-58)代入边界条件(光滑接触时，边界剪应力为0，可得2个方程；完全接触时，边界剪应力相等，且环向位移相等，同样可得2个方程)，可得15个线性方程，足以确定15个未知常数。显然，15个方程可归纳为2个相互独立的方程组，第1个方程组用来确定描述均匀应力和位移的5个常数 $C_2$，$A_1$，$A_2$，$B_1$，$B_2$，第2个方程组确定其余常数。基于上述理论公式可编制数值计算程序，对力学模型进行求解。

必须指出的是，以上分析过程是建立在钻孔完整，而且套管与孔壁直接存在水泥加固层的条件下才能成立。如果没有水泥层加固，或者钻孔有扩径或者缩径现象出现，问题就要复杂得多。在实际应用中以上分析计算的结果与实际情况可能存在一些偏差。

2)地层套管受力影响因素分析

根据我国典型高地应力地区岩石力学及地应力等相关资料，取基本计算参数为：

(1)最大水平地应力40 MPa，最小地应力变化范围20~40 MPa(增量5 MPa)，套管支撑内压15 MPa；

(2)套管外径177.8 mm，套管内径164.08 mm，弹性模量210 GPa，泊松比0.3；

(3)水泥环厚度20 mm，水泥环弹性模量7 GPa，水泥环泊松比0.23；

(4)软地层弹性模量5 GPa，地层泊松比0.4。计算结果如图5-63~图5-68所示。

接触状态对套管受力的影响如图5-63所示。由图5-63可知，当界面完全接触时，套管内壁环向应力最小；当界面完全光滑接触时，套管内壁环向应力最大；当第1界面光滑接触时套管内壁环向应力略高于第2界面光滑接触时套管内壁环向应力。当界面存在微间隙时或相互脱离时，界面将处于摩擦接触状态，此时套管受力处于完全接触和光滑接触之间。

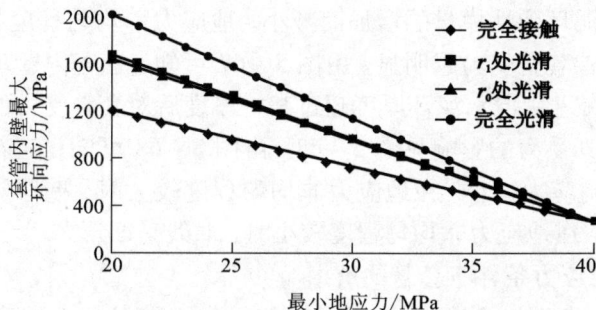

图5-63　接触状态对套管受力的影响

地层力学参数对套管受力影响见图 5 - 64 和图 5 - 65。由图 5 - 64 可知，随地层弹性模量的增加套管内壁最大环向应力呈非线性降低；随地应力非均匀性增加，地层弹性模量对套管受力影响越大。由图 5 - 65 可知，地应力不均匀程度较大时，套管内壁环向应力随地层泊松比的增加而增加；地应力不均匀程度较小时，套管内壁环向应力随泊松比增加而减小。

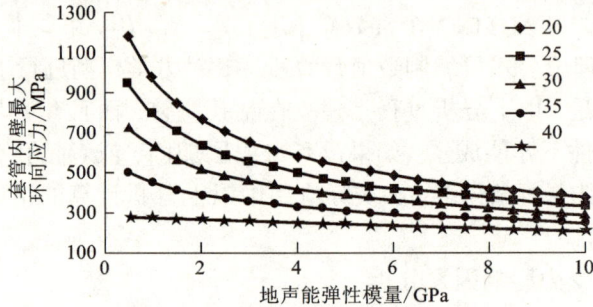

**图 5 - 64    地层弹性模量与套管的受力关系**

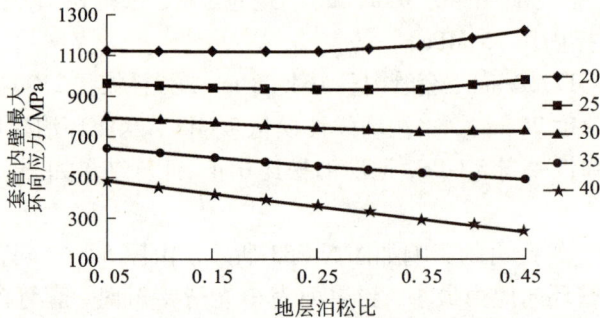

**图 5 - 65    地层泊松比与套管受力的关系**

水泥环对套管受力的影响见图 5 - 66 和图 5 - 67。由图 5 - 66 可知，套管内壁环向应力随水泥环弹性模量的增加而减小。地应力不均匀程度越大，提高水泥环弹性模量对改善套管受力越明显。由图 5 - 67 可知，套管内壁环向应力随水泥环厚度的增加而减小，但水泥环厚度超过某一厚度后对套管受力的改善不明显。

套管壁厚对其受力的影响见图 5 - 68。由图 5 - 68 可知，随着套管壁厚的增加，套管内壁环向应力减小。在地应力非均匀程度较大时，壁厚影响曲线先呈凸形，然后呈凹形；在地应力非均匀程度较小时，曲线呈凹形。

### 5.3.6.2   地应力条件下套管的磨损

钻进过程中，钻柱的旋转与往复运动使得与之接触的上层套管内壁发生磨损，导致套管强度降低。

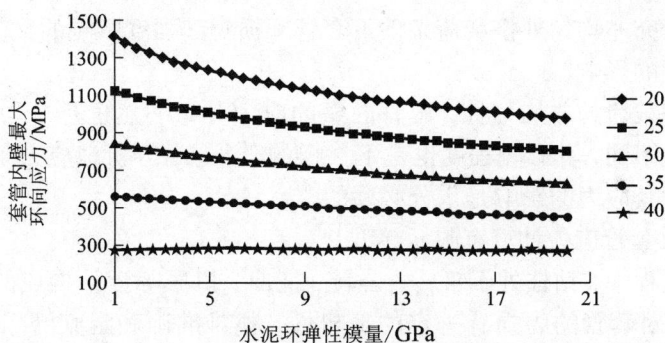

图 5 - 66　水泥环弹性模量与套管受力的关系

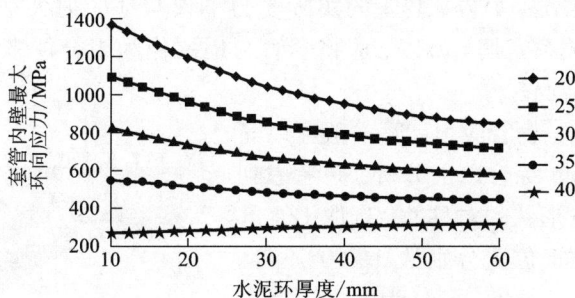

图 5 - 67　水泥环厚度与套管受力的关系

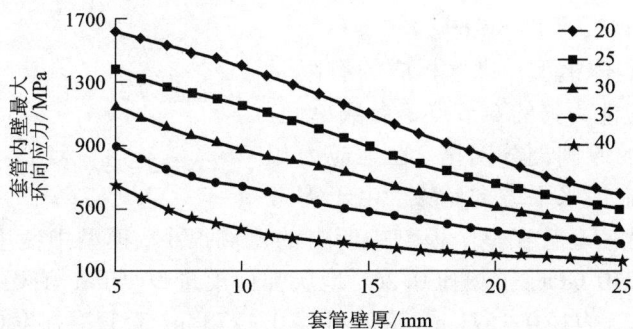

图 5 - 68　套管壁厚度与套管受力的关系

　　深井、超深井、大斜度井、大位移井等高难度井逐渐普及，其钻柱工作时间的延长以及井眼轨迹的变化都使得套管磨损问题日益突出。目前的研究多数都考虑套管在承受均匀外挤载荷时，磨损对其抗外挤强度的影响。而实际上，由于地应力的非均匀性，套管一般都要承受非均匀外挤载荷。

在少数研究非均匀外挤载荷条件下套管磨损对其强度影响的文献中,也没有涉及磨损位置的影响。

由于外挤载荷的非均匀性,套管内壁的应力分布必然也是非均匀的。因此,磨损所处位置不同,其影响程度也是不一样的。可见,分析地应力条件下套管内壁磨损位置对其应力的影响是十分必要的[69]。

1)磨损后套管应力计算有限元模型

在钻井过程中,钻柱处于自转、公转、挠曲、扭振等运动构成的复合运动状态,导致钻柱对套管的磨损有一定的随机性,很难准确确定其磨损位置。因此,必须在模型中考虑任意磨损位置才能使问题认识更全面。研究表明,地应力的非均匀程度对套管受力有着至关重要的影响。为全面起见,这里考虑均匀、非均匀水平地应力两种情况。另外,套管的实际受力不仅与地应力大小有关,还与近孔地层的力学性质关系密切。所以,应将套管与地层作为组合体来研究才能更真实地反映套管受力情况。

对于直孔而言,套管应力计算一般可以简化为平面应力问题。综合以上分析,并考虑到地应力载荷及套管形状的对称性,选取 1/4 部分为研究对象。磨损位置分别从 0 ~ 90°不等。为方便建模,定义磨损度(msd)为磨损深度占套管壁厚的百分比。在钻进过程中,主要是钻杆接头磨损套管内壁。因此,可根据磨损度首先确定钻杆中心位置,然后根据接头尺寸即可确定磨损处的形状,见图 5 - 69。

基于上述实体模型,建立相应的有限元模型,选用适应能力强的 6 节点等参数单元,依据内密外疏的原则剖分网格。在地应力相对边界处分别施加水平方向约束。由于需考

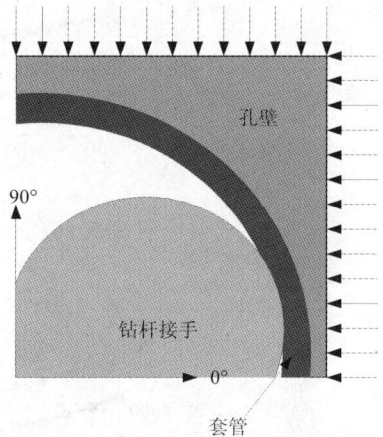

图 5 - 69 套管磨损示意图

虑边界效应,致使套管在整个模型中所占的比例很小。模型中使用的参数包括:套管弹性模量 210 GPa,泊松比 0.26,地层弹性模量 20 GPa,泊松比 0.25;地层边长 0.9 m,套管内径 0.1571 m,套管外径 0.1778 m,套管磨损度 0 ~ 0.59/6,钻杆接头外径 0.1318 m;水平最大地应力为 62.5 MPa,水平最小地应力为 45 MPa。

2)计算结果与分析

(1)均匀水平地应力条件下套管应力随磨损位置、磨损深度的变化情况。

在均匀水平地应力条件(45 MPa)下,套管承受均匀外挤载荷。如果套管自身无缺陷,那么磨损后套管受力情况仅与磨损深度有关,而与磨损位置无关。因此,只需考虑套管最大应力与磨损程度的关系即可。图 5 - 70 给出了均匀水平地应力

条件下套管最大应力随磨损程度的
变化情况。可见，在均匀地应力条
件下，套管最大应力随磨损程度的
增加而增大，两者基本呈线性关
系。套管受力状况随磨损程度的增
加而大大恶化。因此，在钻井设计
与施工过程中尽可能减少套管磨损
是十分必要的。

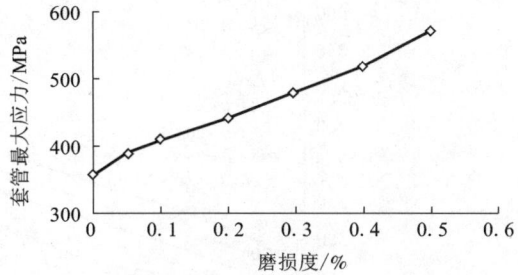

图 5 - 70　均匀地应力条件下套管的磨损情况

　（2）非均匀地应力条件下套管应力随磨损位置、磨损深度的变化情况

　图 5 - 71 和图 5 - 72 给出了非均匀水平地应力条件下套管应力随磨损位置、
磨损深度的变化情况。可见，磨损位置对套管应力峰值的影响是非常大的，当磨
损位置出现在 0°方位，也就是水平最大地应力方位时，套管的最大应力随磨损程
度的增加几乎没有变化，即使套管壁厚磨损到了一半时仍是如此。究其原因，就
在于非均匀地应力的影响超过了套管磨损的影响。

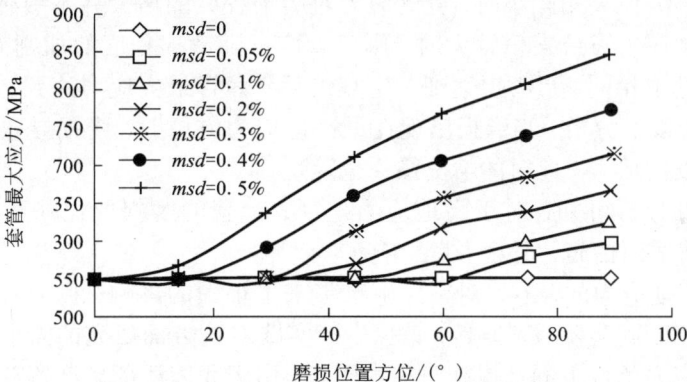

图 5 - 71　套管最大应力随磨损位置变化关系

　套管的应力峰值始终出现在最小地应力方位（90°），而没有出现在套管磨损
缺陷处。随着磨损位置逐渐向最小地应力方位转移，套管最大应力随之增大，套
管磨损的危害才逐渐显现出来。当套管磨损位置处于最小地应力方位时，则是最
危险的情况。此时，由套管磨损带来的套管应力增加和原来地应力非均匀性导致
的套管应力非均匀分布相叠加，使得套管应力急剧增加，套管的受力状态进一步
恶化，处于最危险的情形。由于钻杆旋转过程中与套管内壁的接触是一个动态变
化的过程，加上地应力方位的变化有很大的随机性，因此，几乎不可能准确确定
套管磨损位置与地应力方位间的几何关系。这样，在分析套管磨损问题时，只有
假设磨损位置在最小地应力方位才是安全可靠的。

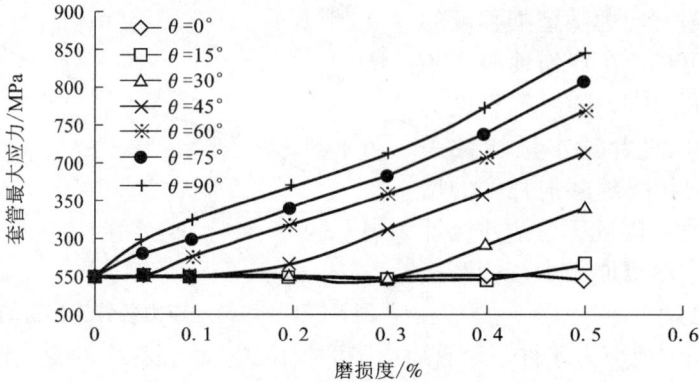

图 5 – 72　套管最大应力随磨损度变化关系

　　图 5 – 72 是图 5 – 71 的另一种表达形式。很显然，随着磨损程度的增加，套管的峰值应力逐渐增大。然而，套管应力增大的趋势却有较大差异。当磨损位置与最大地应力方位夹角较小时，套管应力对磨损程度的增大并不敏感。而当磨损位置与最大地应力方位夹角较大时，则套管应力随磨损程度的加剧而迅速增大，且变化趋势基本相同。当磨损达到一定程度后，套管最大应力达到屈服强度，不再增大。综合以上分析，当磨损出现在最小地应力方位时，磨损导致的应力增加得到最大程度的放大，此时的情况最为危险。

　　由以上的分析可知，对于高地应力地区，套管的磨损要比一般地区远为复杂，必须采取适当措施，消除不良影响。

　　总之，高地应力的存在，对钻探施工带来了很大的影响，目前有关这方面的研究还处于刚刚起步阶段。但是，钻探生产实践对这方面研究的需求迫使我们必须加快高地应力条件下的钻探施工技术研究。由于我国浅部矿产资源逐渐开采完毕，对深部矿产的勘探与开采已经不可避免。在对深部矿产进行勘探的过程中，高地应力问题是影响矿藏勘探与开采的主要因素之一[71]。目前，国家对部分高地应力矿区地应力分布进行了较深入的研究，取得了一些研究成果；然而，究竟高地应力是如何影响深部地层的钻探施工工艺与技术，这一问题并不明确。为确保对深部矿产资源准确、高效的勘探，进行高地应力条件下的钻探技术与工艺的研究还有很多问题需要解决。

# 5.4　冻土地层钻进技术

## 5.4.1　冻土及其基本特性

### 5.4.1.1　冻土

冻土，一般是指在 0℃ 或 0℃ 以下，并含有冰的各种岩石和土壤，是一种特殊的、低温易变的自然体，分为多年冻土和季节冻土。我国多年冻土和季节冻土的面积分别占全国面积的 20% 和 55%（徐学祖等，2001）。前者包括东北部受纬度地带性规律控制的高纬度多年冻土和西部高山与青藏高原及东部一些高山主要服从垂直地带性规律的高海拔多年冻土（周幼吾和郭东信，1982）。而厚 0.5 m 以上的季节性冻土层主要分布在东北、华北、西北（张祖培等，2003）。（如图 5-73 所示）。

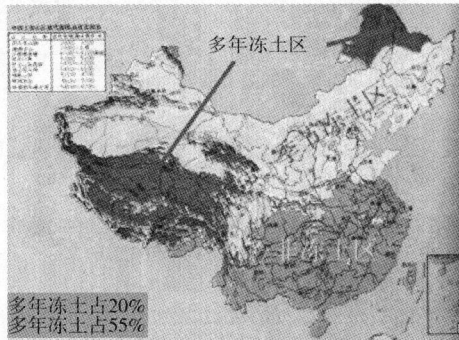

图 5-73  我国冻土分布图

世界冻土主要分布在欧洲、亚洲及北美洲，冻土厚度最深可达 1400 m。世界冻土厚度变化如图 5-74 所示。

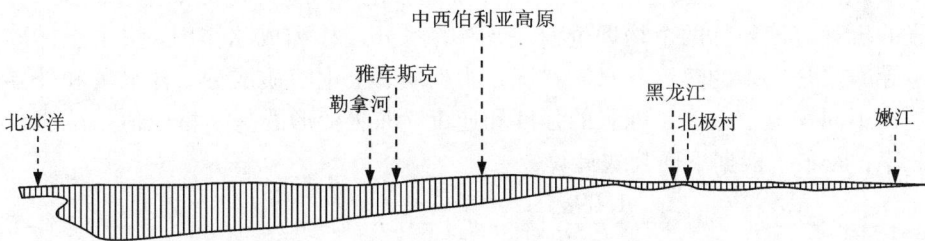

图 5-74  欧亚大陆多年冻土厚度变化示意图

### 5.4.1.2  冻土的基本特性

1）冻土的基本物理力学特性

冻土的形成过程实质上是土中水结冰并将固体颗粒胶结成整体之后，物理力学性质发生质变的过程，也是消耗能量最多的过程。水结冰一方面起着分离土粒的作用，使土粒间不能发生显著的摩擦力，另一方面又将土粒胶结成为一体。

（1）未冻水含量

土体冻结并不是全部的液态水均已转化成固态的冰，无论冻到多少度，其中始终存在部分未冻水。冻土中未冻水含量不但是计算相变热的必要指标，而且直接制约冻土的力学特性。未冻水含量主要取决于土的三大因素：物理性质(分散度、矿物成分、含水量、密度、水土中水的化学成分)、外界条件(温度、压力)以及冻融历史，且与温度保持动态平衡的关系，即当温度升高时，未冻水含量增大，温度降低，未冻水含量就减少。未冻水是液态水迁移的源泉，同时，由于冻土中未冻水含量随温度的变化，即固态水和液态水的相变，导致土体的物理力学性质随温度变化而变化。

其中未冻水和负温始终保持动态平衡关系，可以用下式表示：

$$W_u = \alpha\theta^{-b} \tag{5-62}$$

式中：$W_u$ 为未冻含水量，%；$\theta$ 为负温绝对值，℃；$\alpha$ 和 $b$ 为与土质有关的经验常数。

土在给定条件下，在相同温度时，随初始含水量的增大，未冻水含量略有增加。相同负温下，未冻水含量随初始含水量增大而增大的原因是在于未冻水不但存在于土颗粒的外围，而且也存在于冰晶之间。

(2)冻胀性能

冻胀，就是土在冻结过程中，土中水分(包括土体孔隙中原有水分以及从外部迁移到土体中的水分)转化为冰，引起土颗粒间的相对位移，使土体体积产生膨胀、土层升高的现象。冻胀可以分为原位冻胀和分凝冻胀，孔隙水原位冻结，可使土体体积增大9%，但由于外界水分补给并在土中迁移，则可使土体体积增大1.09倍，所以开放系统饱水土中的分凝冻胀是构成土体冻胀的主要因素。分凝冻胀的机理应该包括两个物理过程：土中的水分迁移和成冰作用。决定土体冻胀的主导因素是土中的热流和水流状况，而土质、土中溶质成分、含水量和外界压力则在不同程度上改变了冻胀的强度和速度。冻胀变形的基本特征值是冻胀量和冻胀率，冻胀率根据下面公式计算：

$$\eta = \frac{1.09\rho_d}{\rho_w}(w - w_p) = 0.8(w - w_p) \tag{5-63}$$

式中：$\rho_d$ 为干密度，取 $1.5\ g/cm^3$；$\rho_w$ 为水容重，$1.0\ g/cm^3$；$w$ 为天然含水率；$w_p$ 为塑限。

(3)冻土强度

冻土的强度特性是冻土力学中最重要的指标之一，它有峰值强度、屈服强度、残余强度和长期强度之分，并随着应变速率、温度、围压、和时间等因素的变化而变化。有一系列的指标来表征冻土在不同条件下的强度特征，如单轴抗压强度、抗剪强度、抗拉强度和抗弯强度等。冻土在拉应力作用下，由于其中的气泡(空隙、缺陷)等导致的应力集中作用，使裂纹迅速扩展，并引起脆断，所以抗拉强度远比抗压强度低。由于冰和矿物颗粒胶结后具有较大的黏结力和内摩擦力，从而使冻土的抗压、抗剪、抗拉强度等较未冻状态时大大提高。冻土属弹性 – 黏滞体，其力学性能表现在外荷载作用下，产生塑性变形引起应力松弛，在外力和温度一定时，其变形随加载时间的延长而增大。

（4）水分迁移

水分迁移是冻土的主要物理力学过程。正冻湿土中的水分迁移是指当土的相态平衡遭到破坏或外部作用改变（温度、压力、含水量、矿物颗粒表面能、水膜中分子的活动性等梯度的存在）时都会发生的水分迁移过程。冻结过程中由于水分迁移和水结冰引起体积膨胀和土层隆起，融化过程中由于体积收缩引起土层的沉陷。

（5）冻土的蠕变性能

所谓蠕变，是指在不变的应力作用下变形随时间而增长的现象。冻土蠕变可分为两种类型：一是非衰减蠕变；二是衰减蠕变。蠕变的类型，取决于荷载的大小和土中含水（冰）量的大小，还与土温有关。以前关于冻土蠕变的研究大多为恒温和恒载（或恒应力）条件下的蠕变过程，而工程实践中冻土地基所承受的荷载是变化的，地温也是波动的。

（6）冻土的流变性

冻土由于其中存在冰和未冻水而具有非常明显的流变特性，冻土的流变性是指其各项强度指标和变形特征随着荷载作用而发生改变的现象。它主要取决于土的物质成分、土中含水量、试验温度以及荷载作用情况，而其中土的物质成分（矿物成分及粒度成分）对于冻土的流变性质又具有决定性的影响作用[8]。

2）冻土的动力学特性

冻土的动力学特性是冻土力学研究的重要组成部分，对人工冻结和寒区工程建设中振动地基的基础设计具有重要的指导意义。目前有关冻土在动荷载作用下的弹性模量、单轴抗压强度以及变形等特性的研究有了很大的进展。在这些研究中，主要考虑了动载荷的大小（最大应力、最小应力）、温度等因素的作用。开展振动荷载及冲击荷载试验，旨在查明冻土在振动和冲击荷载下应力与变形速率的关系，以满足在振动荷载下的基础设计及冻土开挖施工工艺的设计要求。

（1）冻土在循环荷载作用下的动力学性质

所谓循环荷载，即加、卸荷均为周期性地进行，是动载荷的一种。在这类荷载作用下，冻土的应力 – 应变规律与静荷载作用下的应力 – 应变特性不同。由于在受荷过程中，冻土的应变随加荷时间增长而增大，冻土的内部结构也有所变化，反映为弹性模量的减小。何平等进行了大量的冻土在循环荷载作用下的蠕变试验研究，发现冻土的动弹性模量随动应变的增加而降低，随频率的增加而增加，随温度的降低而增加；在单轴动载下冻土的最小蠕变率随频率增加而减小。

冻土在振动荷载作用下的蠕变破坏准则与静载下具有相同的形式，在振动荷载作用下颗粒发生了明显的定向排列，这是导致蠕变强度和破坏应变减小的主要原因。循环动荷载作用下，冻土的动阻尼比随着冻土温度的降低而减小，随荷载振动频率的增加而减小，其中以土的负温影响尤为显著。对冻结粉质黏土大量的动三轴实验资料分析，得出冻土的动剪切模量随着冻土温度的降低而增大，随着荷载振动频率的加快而增大。这是因为在施加动荷载过程中，冻土中的冰晶体塑性流动，冰晶重新定向。冻土中未冻的黏滞性水膜的存在使其产生流变过程，因而加荷时间的增长必将影响冻土的动剪切模量，但冻土的负温对模量的影响大于频率的影响。临界动应力是指当荷载的振动增加到一定数值后，土样的动应力趋于某一条渐近线时所对应的动应力。冻土的温度越低，临界动应力的数值越高。该值受冻土温度的影响较大，受振动频率的影响较小。

（2）在循环荷载作用下冻土与桩之间的冻结强度

张健明等对在循环荷载作用下桩与冻结黄土之间的冻结强度进行了大量的试验研究。试验结果表明，在各种试验条件下，由于流变性和疲劳性的双重影响，冻结强度均随动载作用时间（振动次数）的延长而强烈衰减；荷载振动频率对冻结强度具有明显的影响，相同试验条件下，冻结强度随振动频率的增大而减小；冻土含水量对冻结强度具有显著的影响，地基土含水量对动力条件下冻结强度的影响与静载条件下相似；地基刚度对混凝土桩的冻结强度具有显著影响，相同条件下，冻结强度随地基刚度的增大而减小。

循环荷载作用与冲击荷载作用和静力作用不同，具有多次加载和卸载的重复作用，必须计入循环次数和循环应力幅度以及初始应力等因素，还有试件破坏标准的选择等问题。

（3）冻土的抗冲击强度

通过对摆锤式冲击试验结果的分析发现，冻土的冲击韧性随温度的降低而增加，随冲击能量的增加而增大，且后者增加的幅度大；试样尺寸及缺口开口深度对抗冲击强度具有明显的影响。因此在试验中对试样尺寸进行合理选择对试验结果的准确性和稳定性有十分重要的影响。试验结果对宽度和厚度相同尺寸变化的敏感度不同，对厚度小于临界值的变化也较宽度小于临界值的变化敏感，当厚度大于临界值后很快趋于渐近值，而宽度的这一变化过程则较为缓慢。冻土有缺口冲击试验研究表明，冻土的断裂吸收能随温度的降低、含水量及干容重的增加，以及土颗粒的变小呈非线性增加。

## 5.4.2 冻土的可钻性

冻土可钻性是指钻进时冻土破碎的难易程度，即指冻土对钻进工具的抵抗程度。因此冻土可钻性的理论分析从冻土破碎机理切入，分析冻土在动载或静载作用下的破碎机理，即分析冻土在动载或静载作用下的破碎过程和难易程度[72]。

### 5.4.2.1　冻土动载荷破碎机理

1）冲击载荷下的弹性波理论

所谓冲击载荷，就是在极短的时间内有着很大变化幅度的作用力。在理论力学中专门研究质点或刚体受力时，利用牛顿定律，在这个定律里，物体受力后的变形被忽略了，即把物体看成是刚性的，它只作整体的运动，物体上的任意两点没有相对位移，即不产生变形。专门研究物体变形的力学是材料力学。对弹性材料来说，应力和应变之间的关系是由虎克定律来表达的，在这个定律里，因变形而产生的物体运动被忽略了。就是把物体的变形看得很慢，或惯性很小，是微不足道的。现实的物体，惯性和弹性兼而有之，当它受力时，既改变它的速度，又改变它的形状。物体受力部位的质点，克服惯性，发生速度变化，这种变化是符合牛顿定律的。但是，同时它必定造成物体变形，这种变形阻碍着速度的变化。反过来说，物体的受力部位，必定造成变形，这种变形是服从虎克定律的。但是，在实现变形时，质点肯定会出现变速运动，而变速运动又妨碍了变形的进展。由此可见，变速和变形是相互依存又相互斗争着的矛盾双方，二者同时发挥作用。

因此，在受冲击载荷下，必须同时采用牛顿惯性定律和虎克定律来分析物体的受力状态、运动速度和位移等。当冻土试块受到强力冲击时，以冲击点为中心扩展半圆形的纵波和横波，横波在冻土中的传播速度，仅为纵波的一半左右。纵波以载荷的正前方为最强，横波则以载荷的两侧为最强。除此之外，纵波的侧向扩展导致自由面向上运动，于是衍生了一个剪切波。剪切波的波头是纵波和自由表面的交界点向横波波前所作的切线。无论单个纵波还是单个横波，抵达自由界面后，一般都要反射出纵横两种波来。由于冲击作用下的应力状况是十分复杂的，因此在应用上往往只估计其主要作用方面。在冻土中，抗拉强度远小于抗压强度；压缩波在自由面反射成拉伸波；这些拉伸波叠加起来常常出现很大的拉应力：两相对面传来的拉伸波的质点运动方向相反，常成为撕裂冻土的原因；横波传播速度较慢，常在发生裂纹之后才来到。因此，可略去这一次要因素，主要考虑纵波速度的影响。在破碎冻土时，常利用这种简化了的波动过程来分析破碎过程。但是一般地说，目前用力学分析来计算冲击破碎是困难的，主要还是利用试验来解决实际的工程问题。

凿碎冻土是利用冲击载荷来破碎冻土的，在冲击载荷的作用下破碎冻土和利用静力作用破坏冻土的性质并不完全一样。在静力作用下，冻土的应力和应变处在平衡稳定的状态，但是应力、应变达到平衡还需要一定的传播时间。在冲击载荷的作用下，用弹性波的速度传递应力和应变。

如果冲击速度相当大，以致足以使应变"聚集"起来时，那么应力将在局部达到足以使冻土破碎的程度。

2) 冻土冲击破碎机理

坚硬冻土的冲击破碎机理与岩石的破碎机理相似,冲击效果好。冲击荷载就是作用力在极短的时间内有着很大的变化幅度,它的明显特征是作用时间短。在冻土中,接触应力瞬间可达到最大值,不易产生塑性变形,表现为脆性增加,而且力的作用范围比较集中,颗粒受到冲击时,变形来不及扩展,就在碰撞处产生相当大的局部应力,发生局部破碎。不断对冻土施加冲击荷载,迫使冻土内部分子产生振荡,激起综合应力,可加速冻土产生应力集中,瞬时作用的载荷和应力集中特性,使冻土裂隙扩张,破碎效果增加,提高了钻进速度。根据材料力学原理可知,介质受到冲击载荷与受到静压载荷时的破碎程度是不同的。由于静压载荷是缓慢加载过程,而冲击过程中,颗粒则在强大的加速度作用下产生比静载高出数十倍甚至数百倍的动荷载,因此,冲击破碎比其他形式的破碎要容易得多,是一种能量利用率较高的破碎方法。

冻土在一定荷载作用下由变形发展到破坏,出现塑性流动和断裂。物体变形是荷载与物体反作用处于相对平衡状态时的主要物理现象,实际上微裂纹、空洞和缺陷贯穿在整个变形过程中,隐藏在各个变形阶段,随着荷载增大,最后发展到明显的破坏。冻土试样的破坏在外观上具有两种主要形式,即脆性破坏和塑性破坏。由于冻土在高温状态下呈黏 – 弹或黏塑 – 弹性体,因此还应有介于二者之间的过渡破坏形式即塑脆性破坏。由于冻土不是理想的均匀连续介质,其中通常有裂隙、裂纹、空洞和缺陷存在,在外荷载作用下显然整个几何断面具有不同的抵抗能力,因而在某些地点将出现不同程度的应力集中现象,并在此处首先发生破坏。破坏形式最大可能是剪切和拉裂,形成裂隙扩展导致脆性破坏。因为冻土裂隙末端应力集中常出现拉应力,而此处抵抗拉应力的能力恰好是最弱的。另外,由于冻土中存在结构冰(冰胶结和冰夹层)和未冻结的黏滞薄膜水,故很容易出现塑性流变过程,任何附加荷载都会促进这一过程的发展,导致塑性破坏。脆性破坏是物体中微观裂隙存在和发展的结果,而塑性破坏则是物体中结晶晶格错位的表现,所以塑性破坏即使在塑性流动状态时也无明显的裂纹形成。脆性破坏在外观上的主要特点是试样形成破裂纹滑动面,破坏时不发生明显变形;塑性破坏则相反,试样破坏时必定伴随着明显的塑性变形,甚至在塑性流动状态下也不形成破裂纹;塑脆过渡破坏型在破坏过程中,先是发生较为明显的塑性变形,并伴随裂纹产生和扩展,最终导致试样破裂。

### 5.4.2.2 冻土静载荷破碎机理

在寒冷地区,许多工程的基础施工常需要挖掘或切削冻土。切削破碎是刀具(钻头、截牙、刨刀、锯)施力丁被作用的冻上上,靠切削刃角从冻上体的外层上分离出冻土的一种机械破碎方法。切削破碎冻土包括截、刨、挖、钻等破碎方式,区分这四种方式的主要标记是刀具运动的轨迹。切削刀具的运动轨迹,随机械执行机构构造的不同而不同。但是，任何复杂的运动轨迹都是由两种基本运动组合而成的。这两种基本运动就是直线运动和旋转运动。而刀具的轨迹，可能是平面的、圆柱面的、圆锥面的、双曲面的、球面的或是环面的。切削冻土时，一般物体本身是不动的，而切削机具要顺着工作面(包括孔底)前进，至少有一个直线运动(连续的或断续的)包括到基本运动的组合中去。根据切削具运动特征把切削破碎冻土分为：(静载荷破碎冻土以切削为主)

截割——切削具运动由两个直线运动组成。

刨削——切削具运动为一个直线运动。

挖掘——切削具运动由一个直线运动和一个弧线(曲线)运动组成。

钻削——切削具运动由一个直线运动和一个旋转运动组成。

此外，还有两个直线运动和一个旋转运动、三个旋转运动和一个直线运动等复杂运动的机器，但基本离不开截、刨、挖、钻四种破碎冻土的方式，只是不单一化而已。切削过程中，冻土主要以脆性断裂破坏为主，形成粗细不等的切屑。其切削过程被认为是切削具切入和撕裂冻土的结果，可以描述为：

在切削具和前刃面的推挤下，切屑从小到大不断被剥落，这个切削过程使切削力随切削过程而波动。切削阻力随冻土温度的降低而呈非线性增加，随切削速度的提高而略有增加，随切削深度的增加而近似呈非线性增加，最佳切削具前角随切削深度的增大有增大的趋势。但平均切削阻力与最大切削阻力之比值在不同试验条件下基本在 0.4～0.65 间变化。切削冻土时，首先由切削刀刃切入冻土，对切削刀刃的阻力决定于冻土的性质和状态以及刀刃角。刀刃切入后，在刀刃前边的冻土，先是受压，然后发生变形，在与切削面成一定角的方向上出现最大剪应力，当该剪应力超过冻土抗剪强度时，冻土沿该方向错动，形成新表面，从而离开原体。但破坏现象是与冻土的性质密切相关的，在团聚得很紧的硬土中，先是出现裂纹，然后一块块地剥落，在剥落时阻力突然下降，且变化幅度较大；在比较松散的冻土中，钻进时往往出现整体粉碎的现象。在塑性土(黏土)中往往出现连续切削的现象。后两种切削中冻土阻力变化比较平稳。冻土强度取决于颗粒组成、含水率以及冻土温度等。

试验资料表明，切削力与切入深度呈直线关系，当切入宽度一定时，随着切削力增加，切入深度逐渐加深。钻削钻眼的规律基本上服从切削的一般规律，它们有许多共同点，如破碎过程、切削载荷的不平稳性等现象都基本相同，但也有不同之处。对钻削破碎冻土(钻眼)而言，钻削时运动轨迹为一螺旋线，钻削结果是在冻土内形成一个圆柱形钻孔，钻削刀具称为钻头，它的形状与截齿、刨刀有很大的不同，钻削常常采用刮刀和单面楔的几何形状。钻削冻土时，刀刃在轴压作用下，克服冻土抗压强度和硬度不断压入冻土，同时钻头不断旋转克服抗切削强度，将冻土切割下来，该过程是刀刃切入和撕裂冻土的过程。所以，钻削有自已的特点，下面将对钻削钻进的主要参数作简要分析。

1）钻压与钻速的关系

钻头轴向压力过小时，冻土只作弹性或塑性变形，压力过大时，也不利于冻土的切削。根据理论分析，钻头所需的轴压与冻土强度、钻头直径、刀刃宽度及冻土摩擦系数有关。通常，坚硬冻土所需轴压大，反之所需轴压小。钻头的刀刃角大小直接影响钻进速度，因此在选用钻头时，应考虑钻头刃角的尺寸，刃角越小，则刃越锐利，但容易磨损。钻头刃角选择适当，既可提高钻速又能减少钻头磨损。

2）转数对钻速的影响

对某一种冻土而言，当切削力一定时，往往存在一个最优转数后，在该转数条件下，可得到最大的钻进速度。超过最优转数后，转数增大，钻速反而会降低。这是因为钻刃切削冻土时，冻土的变形还没有充裕的时间向前传递，而且被钻削下的冻土碎屑还来不及排出，造成多次重复破碎，致使钻速降低。最优转数与冻土抗压强度有关，最优转数的大小取决于冻土的坚固程度，冻土愈坚固，最优转数值越小。

3）转速和切削力对钻削功率的影响

当转数小于最优值时，增加切削力能使钻速增加得很快，而功率增加的不多。当转数为最优值时，增加切削力转数增加更快，而功率增加的甚少。当转数超过最优值时，在切削力不变的条件下，增加转数会造成功率猛烈地增加，而钻速即使增加也很小，有时甚至是下降。所以在实际钻削破碎冻土中，应选择最优的转数，不要过分地增加转数或加大切削力，否则，不仅能量消耗得多，而且达不到提高钻速的目的[8]。

### 5.4.2.3 冻土可钻性的影响因素

冻土可钻性的影响因素可分为内在影响因素和外在影响因素两种，内在影响因素包括冻土的组构、温度、含水量；外在影响因素包括：波速、硬度、冻土强度（包括冻土抗压强度、抗拉强度、抗剪强度）、凿碎比功、钻速、研磨性等。同时，内在影响因素决定外在影响因素。因此，下面主要阐述外在影响因素，内在影响因素包含在其中[73]。

1）波速的影响

冻土的波速与土的性质、颗粒成分、负温值、应力状态和大小以及温度的变化过程等因素有关。冻土的波速能够较好地反映冻土的本身结构特征，越致密越坚实、温度越低的冻土，通常波速越高，这是因为冻土比较致密，则弹性波的能量损耗低，致使波幅、波速衰减较小，所以波速较高；裂纹越多，温度相对高的冻土通常波速越低。孔隙、充填物对波速也有影响，特别是孔隙，如果充满了水，由于温度的降低，孔隙中水结成了冰，就会使冻土的波速增大。一般情况下，波速随温度的变化取决于冻结温度、孔隙率和颗粒成分。黏性土属于冻胀性土类。冻土强度与可钻性的关系非常密切，而声波参数与冻土强度的相关性机理在于冻土温度低，未冻水含量少，而声波在水和冰中的传播速度分别为 1450 m/s 和 4300 m/s，在水中的吸收性大于在冰中，因此温度降低，波速增加；重度越大，土颗粒间接触越紧密，越有利于弹性波在土中传播；而重度大、温度低冻土强度高，因此冻土强度大，声波波速高，振幅衰减系数小。因此可以看出，冻土的纵、横波速度随温度的降低而增大，而且随着温度下降，冻土的脆性越来越明显，则相应的冻土的可钻进性能会随纵、横波速的增大而减弱[9]。

2）硬度的影响

冻土的硬度特性是指冻土表面抵抗工具侵入的能力，即工具压入冻土时的极限荷载与接触面积之比。冻土的硬度 $H_r$ 与单轴抗压强度 $\rho_c$ 有一定关系，但又有很大区别。根据理论分析认为：

$$H_r = (1 + 2\pi)\rho_c \qquad (5-64)$$

但试验证明：

$$H_r = (5 \sim 20)\rho_c \qquad (5-65)$$

无论理论分析还是试验证明，压入硬度总是比单向抗压强度大。造成这种差别的原因是：单轴抗压强度是冻土整体抗破坏的能力，而测定压入硬度实际上是使岩石局部破碎，相当于在多向应力状态下进行的强度测定。对于钻进冻土来说，冻土的压入硬度比单轴抗压强度更接近实际。因为工具对孔底冻土的破碎方式，在大多数情况下是侵入式局部破碎，而"侵入"一词意指：压碎、刻划、研磨、切削甚至冲击等，所以硬度指标更接近反映钻进破碎冻土的实质。

冻土硬度与冻土的结构、含水量、冻温有关，含水量一定时，冻土越致密、冻温越低，冻土硬度越高。

冻土硬度是冻土钻进的主要技术指标，冻土硬度越大，其可钻进性越差。

3）强度的影响

冻土的强度特性是指冻土在荷载作用下变形到一定程度，破坏前冻土所能承受的最大荷载，这是极限荷载。单位面积上的极限荷载称为极限强度。研究冻土的可钻性分级就要研究它的强度特性。冻土的强度特性即为冻土抵抗外载整体破坏的能力，其大小取决于内聚力和内摩擦力。冻土的强度对于钻进破碎，特别是孔壁稳定性有较大的影响，一般强度高的冻土难于破碎，但孔壁稳定；反之则相反。冻土的强度包括抗压强度、抗拉强度、抗剪强度等。

温度是衡量冻土强度与变形的重要指标之一，对冻土的钻进效果有着很大的影响。对于一种给定的土来说，其冻结温度并不是一个常数，而是随土中含水量而变的变数，与土的初始含水量相对应的冻结温度称为起始冻结温度。土体的冻结过程与土体的应力状态、温度状态及水分的迁移条件密切相关。当孔隙水压力大于(或等于)土骨架有效应力与土颗粒粘聚力之和时,并且温度满足相平衡条件,冰分凝方能形成。冰分凝最容易在无结构处出现,且冰分凝温度随冷端面温度的降低而降低。土体在冻结过程中由于冻结速度和水分迁移速度的影响,造成不连续分凝冰有单层冰、双层冰和厚层冰三种发育模式。当单层冰和双层冰发育时,冰分凝温度和孔隙水应力波动较大,尤其当双层冰生长时,冻结缘发育最充分,分凝缘端温度和孔隙应力降低幅度最大;当厚冰层形成后,冻结缘厚度减小,冰分凝温度和孔隙水应力趋于稳定。冻土的宏观破坏一般首先源于冻土内部颗粒的错位、滑移与微空隙细观损伤,其损伤的表现形式为受载过程中出现附加空隙,并因此导致材料的弱化,直至最终丧失承受载荷的能力,对较低负温条件下的冻土尤其如此。负温状态下土中水 – 冰的相成分始终保持着动态平衡,即随着温度的下降,土中液相水减少,固相水增多,反之亦然。未冻水含量对冻土的力学性质影响显著,在含水量一定的情况下,温度越低,则冻土的强度越大,越难钻进,且冻土多呈脆性破坏。

因此,冻土强度越高,冻土可钻进性能越差。

4)凿碎比功的影响

凿碎比功(冲击功)是凿碎单位体积冻土所消耗的功,它是冲击式破碎冻土的基础物理量。速度高的冲击力能使试样在受力区域集中了大量的能量,这样就易于使试样破碎。冲击速度越高时,细颗粒组成的比例也越大,冲击速度增加时冻土破碎功和比耗减少。冲击功数值很小时,冻土破碎功的比耗很大,凿深很小,甚至不能破碎冻土,这说明凿碎比功越大,凿入深度越浅,冻土的可钻性能越差。冻土凿碎比功随冲击功的增大而减小,当冲击功增大到相当数值后,破碎功的比耗则趋于一波动范围不大的稳定数值区。冲击频率过大或过小都不利于破碎冻土,但对冻土破碎功的比耗影响不大。

因此,凿碎比功越大,冻土可钻进性能越差。

5)冻土的钻进速度

冻土的钻进速度是最直接反映冻土可钻性的指标之一,冻土的钻进速度越高,冻土的可钻性能越好。那么钻进速度与哪些因素有关呢? 当钻头钻进冻土时,以速度 $V_f$ 沿钻孔轴线钻进时,钻切削冻土的厚度为:

$$h = V_f / (nz) \tag{5-66}$$

式中:$h$ 为切削厚度,m;$V_f$ 为钻头钻进速度,m/s;$n$ 为钻头转速,r/s;$z$ 为钻头翼数目。

经推导整个钻头所需的轴压 $P_0$ 为:

$$P_0 = \sigma_c (D/2) \cdot (K\mu h + c/2) \cdot z \tag{5-67}$$

式中:$P_0$ 为轴压,N;$\sigma_c$ 为冻土抗压强度,Pa;$D$ 为钻头直径,m;$K$ 为冻土抗切削强度与抗压强度的比例系数;$\mu$ 为切削刃与冻土的摩擦系数;$c$ 为边缘处的磨损宽度，m；其他符号意义同前。冻土的单位抗切削强度为：$\sigma_k = P/(hb)$，$\sigma_k$ 为单位抗切削强度，Pa；$P$ 为切削力，N；$h$ 为切入深度，m；$b$ 为切入宽度，m。

因此，轴压取决于冻土的抗压强度、抗切削强度、钻头直径、切削厚度、切削刃与冻土的摩擦系数、钻头的磨钝程度和钻头翼数目。当 $D$，$h$，$z$ 一定时，对坚硬的冻土所需的轴压大，反之所需轴压小。因此，钻头转速越大，钻速越大；同一强度冻土，压力越大，单位时间切削厚度越大，钻速越大。

对冻土来说，存在一个最优转数。在该转数条件下，可得到最大的钻进速度，超过最优转数，转数增大，钻速反而降低，这是因为钻削冻土时，冻土的变形还没有充裕时间向前传递，被钻削下来的冻土屑还来不及排除，造成多次重复的缘故。最优转数与冻土抗压强度有关，最优转数 $n_0$ 为：

$$n_0 = C/\sigma_c$$

式中：$C$ 为常数，其他符号意义同前。

6）冻土的研磨性

冻土的研磨性是指冻土磨损钻头或工具的能力，与岩石相比，冻土的研磨性小很多。在钻进中，钻头被磨损一方面增加了钻头的消耗，另一方面降低了碎岩效率。因此，研究冻土研磨性及其规律，直接关系到钻头的寿命、生产效率和钻进成本等。冻土研磨性是选择碎岩工具、设计钻头、确定钻进规程参数和制定钻头消耗定额的依据之一。

研磨性是选择冻土钻进设备、钻进方法、钻进参数的重要指标之一。对于研磨性强的冻土，需选择底出刃较大、切削具耐磨的钻头，以增加钻头切入冻土的能力，有效地防止钻头打滑；在钻进方法上，应选择冲击钻进或冲击回转钻进，更有效地破碎冻土，减少研磨性强的冻土对机具磨损的机会；在钻进参数的选取时，应采用较大钻压、适宜的转速，使切削具有效地切入冻土，转速太大，容易造成对钻头的磨损，转速太小，会使切入深度内的冻土不能及时地被切削掉。

冻土的研磨性越强，钻进越困难，冻土的可钻性越差；冻土的研磨性越弱，钻进越容易，冻土的可钻性越好。冻土的研磨性较岩石的研磨性要小很多，为了有效地测试冻土的研磨性，测试时，计量钻磨机具磨损的时间要长，并且需采用容易磨损的钻磨机具，以使磨损效果更加明显。室内实验时可采用塑料棒与冻土进行磨损，计量塑料棒单位时间的磨损体积，以衡量冻土的研磨性。由于影响冻土可钻性的因素很多，每一因素均反映了冻土的可钻性，但不只一个方面，所以采用综合指标评价冻土可钻性才是可行的。

## 5.4.3　冻土钻孔内温度分布

冻土钻孔内的温度分布指循环的冲洗介质在钻杆柱内通道和外环状通道中的温度分布情况。沿钻杆柱内通道向下流动的冲洗介质与在外环状空间中返流的冲洗介质，处于不断的热交换过程中。而且，外环状空间中返流的冲洗介质又直接地或通过套管与周围岩石接触，随时间和深度的变化而改变其温度[74]。

岩石的自然温度不是定值，通常是随深度的增加而不同程度增加的。由于与孔内循环介质的热交换而使岩体内的热平衡遭到破坏，热从孔壁向周围岩石流动（或相反），与冲洗介质的性能及其循环的时间有关，并随时间的变化而变化。冲洗介质在孔底接受钻头破碎岩石机械做功所产生的热量。孔底的这个局部热源，使孔内热交换过程复杂化了，它不仅影响返流的温度，而且影响沿钻杆柱向下流动的冲洗介质的温度。

在多年冻结岩石中钻进时，由于岩石中有水存在，并产生相变而复杂化了，这种变化对热流的强度和方向都有很大影响[75]。

孔内任何时间和任何循环点的温度，都是许多因素联合作用的结果，这些因素包括：冲洗介质的用量和初始温度；冲洗介质流动的速度和流态；冲洗介质和所钻岩石的物理性质和热物理性质；所钻岩石的自然温度及其随深度变化而变化的情况；钻杆和套管的结构特性和材料特性；机械钻速和回次时间；孔底钻头碎岩功率等。

### 5.4.3.1　冻土孔内温度的数学模型

以非冻结冲洗介质、正循环、在冻土中钻进直孔为例，来讨论孔内温度的数学模型。为了建立微分方程，我们做下列假设：

1）岩石温度随孔深的增加而线性上升；

2）冲洗介质的物理性质和热物理性质不变，按钻孔平均温度和平均压力时取值；

3）孔内不同深度岩石的物理性质和热物理性质不变，用相应的平均值表示；

4）冲洗介质和周围岩石间的不稳定热交换系数 $k_\tau$，根据循环时间（回次时间）确定，与随时间变化的冲洗介质温度无关；

5）岩石中水分相变对钻孔温度的影响，用不稳定热交换系数 $k_\tau$ 的修正系数 $k_j$ 加以考虑。

令冲洗介质以初始温度（正温度）$t_{1H}$ 进入钻杆（见图 5–75）。当其沿着钻杆柱向下流动时，由于冲洗介质产生热交换通过钻杆壁与温度较低的外环状空间而使钻杆内的冲洗介质冷却，到达井底时的温度为 $t_{1k}$。在井底时，冲洗介质在钻头破碎岩石时产生的热量作用下而升温，升温值为 $\Delta t_3$。沿外环状空间返流的初始温度为 $t_{2H}$。当在井底升温的冲洗介质流入外环状空间后，在沿外环状空间返流的过程中，与周围冻土产生热交换的速度比向下流动的冲洗介质产生的热交换速度快，因此冲洗介质被冷却。在钻井的某一个深度，上返冲洗介质的温度达到最低值。继续向井口方向流动时，由于地表上温度比较高、向下流动的冲洗介质产生的热交换比较快而使冲洗介质开始升温。冲洗介质返回到地表时的温度为 $t_{2k}$。取冲洗介质在钻杆柱内和外环状空间内流动均处于冷却状态的单元段为 $dh$（如图 5 -75 所示）。在 $dh$ 段，单位时间沿钻杆柱向下流动的冲洗介质损失的热量为：

$$dQ_1 = k\pi(t_1 - t_2)dh - gGi_1dh \qquad (5-68)$$

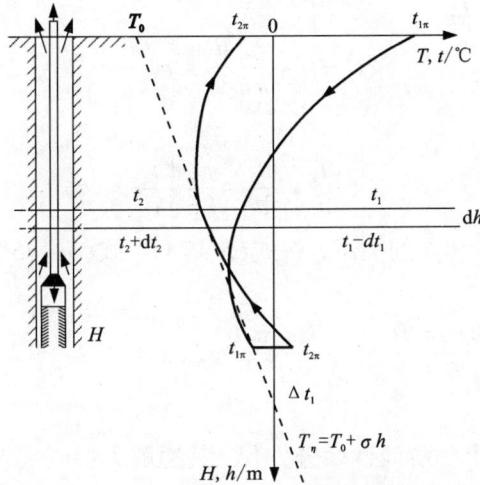

**图 5 -75　冻土钻进时井内冲洗介质温度分布示意图**

在同一个孔段 $dh$ 内，单位时间内沿外环状空间流动的冲洗介质损失的热量为：

$$dQ_2 = k_jk_\tau\pi D(t_2 - T_0 - \sigma h)dh - k\pi(t_1 - t_2)dh - gGi_2dh \qquad (5-69)$$

沿钻杆柱向下流动的冲洗介质的温度是随深度的增加而降低的，而沿外环状空间流动的冲洗介质的温度是随深度的增加而升高的，故：$dQ_1 = -Gcdt_1$ 和 $dQ_2 = Gcdt_2$。将 $dQ_1$ 和 $dQ_2$ 分别代入式（5 -68）和式（5 -69）后，得到沿钻杆向下流动的冲洗介质温度 $t_1$ 和在外环状空间返流冲洗介质温度 $t_2$ 的微分方程分别为：

$$Gcdt_1 = k\pi(t_2 - t_1)dh + gGi_1dh \qquad (5-70)$$

$$-Gcdt_2 = k_jk_\tau\pi D(T_0 + \sigma h - t_2)dh + gGi_2dh - k\pi(t_2 - t_1)dh \qquad (5-71)$$

式中：$t$ 为冲洗介质温度，℃；$T_0$ 为地表岩石温度，℃；$h$ 为现时井深，m；$G$ 为冲洗介质质量耗用量，kg/s；$c$ 为冲洗介质单位热容量（对于气体，常压时为 $c_p$），J/(kg·℃)；$D$ 为井径，m；$k$ 为每米钻杆柱的热传导系数，W/(m·℃)；$k_j$ 为岩石聚态变化时的热交换系数；$k_\tau$ 为冲洗介质与岩体间不稳定热交换系数（与时间有关），W/(m²·℃)；$i$ 为水力坡度（无量纲值）；$\sigma$ 为地热梯度，℃/m；$t$、$i$ 的下脚标分别代表钻杆柱内通道和外环状空间。

将式（5 -70）式（5 -71）式左边和右边除以 $Gc$ 和 $dh$ 后得：

$$\frac{dt_1}{dh} = \frac{k\pi(t_2 - t_1)}{Gc} + g\frac{i_1}{c} \tag{5-72}$$

$$-\frac{dt_2}{dh} = \frac{k_j k_\tau \pi D}{Gc}(T_0 + \sigma h - t_2) - \frac{k\pi}{Gc}(t_2 - t_1) + g\frac{i_2}{c} \tag{5-73}$$

由式(5-72)可得：

$$t_2 = t_1 + \frac{Gc}{k\pi}\frac{dt_1}{dh} - g\frac{Gi_1}{k\pi} \tag{5-74}$$

于是有：

$$\frac{dt_2}{dh} = \frac{dt_1}{dh} + \frac{Gc}{k\pi}\frac{d^2 t_1}{dh^2} \tag{5-75}$$

为了确定变量 $t1$ 和 $h$ 的关系，将式(5-74)、式(5-75)代入式(5-72)、式(5-73)，整理后得：

$$\frac{d^2 t_1}{dh^2} - \frac{k_j k_\tau \pi D}{Gc}\frac{dt_1}{dh} - \frac{k_j k_\tau \pi^2 D}{G^2 c^2}t_1 = -\frac{k_j k_\tau \pi^2 D}{G^2 c^2}(T_0 + \sigma h) - \frac{\pi g}{G^2 c}[k_j k_\tau D i_1 + k(i_1 + i_2)] \tag{5-76}$$

式(5-76)是一个二阶线性微分方程，其通解为：

$$t_1 = C_1 e^{r_1 h} + C_2 e^{r_2 h} + T_0 + \sigma h - \frac{Gc}{k\pi}\left[\sigma - g\frac{i_1}{c}\right] + \frac{Gg}{k_j k_\tau \pi D}(i_1 + i_2) \tag{5-77}$$

式中，$C_1$ 和 $C_2$ 为积分常数，$r_1$ 和 $r_2$ 为两个根：

$$r_1、r_2 = \frac{\pi}{Gc}\left[\frac{k_j k_\tau D}{2} \pm \sqrt{\frac{k_j^2 k_\tau^2 D^2}{4} + k_j k_\tau kD}\right] \tag{5-78}$$

积分常数可以根据边界条件确定。

第一个边界条件是：$h = 0$ 时，$t_1 = t_{1H}$，即在地表上钻杆中冲洗介质的温度等于其初始温度。

第二个边界条件是：

$$\frac{dt_1}{dh} = \frac{k\pi}{Gc}\Delta t_3 + k\frac{i_1}{c} \tag{5-79}$$

其中 $\Delta t_3$ 是因钻头在井底破碎岩石时产生的热量使冲洗介质温度升高的值。

根据这两个边界条件，可从通解式(5-77)中得到：

$$t_{1H} = C_1 + C_2 + T_0 - \frac{Gc}{k\pi}\sigma + \frac{gG}{k\pi}i_1 + \frac{Gg}{k_j k_\tau \pi D}(i_1 + i_2) \tag{5-80}$$

$$\frac{k\pi}{Gc}\Delta t_3 + k\frac{i_1}{c} = C_1 r_1 e^{r_1 H} + C_2 r_2 e^{r_2 H} \tag{5-81}$$

联立式(5-80)和式(5-81)可求出积分常数 $C_1$ 和 $C_2$。将 $C_1$ 和 $C_2$ 代入式(5-77)，就可得到任意深度 $h$ 和钻井总深度 $H$ 时沿钻杆柱向下流动冲洗介质的温度 $t_1$：

$$t_1 = m_1 \mathrm{e}^{r_1 h} + n_1 \mathrm{e}^{r_2 h} - a + b + T_0 + \sigma h \tag{5-82}$$

其中：$m_1 = -\dfrac{(t_{1H} - T_0 + a - b) r_2 \mathrm{e}^{r_2 H} + \dfrac{k\pi}{Gc}(a - \Delta t_3)}{r_1 \mathrm{e}^{r_1 H} + r_2 \mathrm{e}^{r_2 H}}$；

$\quad\quad n_1 = -\dfrac{(t_{1H} - T_0 + a - b) r_2 \mathrm{e}^{r_1 H} + \dfrac{k\lambda}{Gc}(a - \Delta t_3)}{r_1 \mathrm{e}^{r_1 H} + r_2 \mathrm{e}^{r_2 H}}$；

$\quad\quad a = \dfrac{Gc}{k\pi}\left[\sigma - g\dfrac{i_1}{c}\right]$；$b = \dfrac{Gg}{k_j k_\tau \pi D}(i_1 + i_2)$。

有了 $t_1$ 与 $h$ 和 $H$ 的关系式之后，就可求出外环状空间冲洗介质的温度的关系式。考虑到 $1 + \dfrac{Gc}{k\pi} r_2 = -\dfrac{r_2}{r_1}$ 和 $1 + \dfrac{Gc}{k\pi} r_1 = -\dfrac{r_1}{r_2}$，在外环状空间返流的冲洗介质温度 $t_2$ 与 $h$ 和 $H$ 的关系式为：

$$t_2 = m_2 \mathrm{e}^{r_1 h} + n_2 \mathrm{e}^{r_2 h} + b + T_0 + \sigma h \tag{5-83}$$

其中：

$$m_2 = \frac{(t_{1H} - T_0 + a - b) r_1 \mathrm{e}^{r_2 H} + \dfrac{k\pi}{Gc}(a - \Delta t_3)\dfrac{r_1}{r_2}}{r_1 \mathrm{e}^{r_1 H} - r_2 \mathrm{e}^{r_2 H}} n_2$$

$$= -\frac{(t_{1H} - T_0 + a - b) r_2 \mathrm{e}^{r_1 H} + \dfrac{k\pi}{Gc}(a - \Delta t_3)\dfrac{r_2}{r_1}}{r_1 \mathrm{e}^{r_1 H} - r_2 \mathrm{e}^{r_2 H}}$$

利用式（5-82）和式（5-83），就可以计算出已知井深、开始钻井循环任意时间、任何冲洗介质在钻杆柱内和外环状空间内任意点的温度。

使用压缩空气来代替冲洗液作为冲洗介质，是解决冻土钻井技术问题的一项重要措施。对于实际应用冷却空气的洗井钻进来说，可以使用比式（5-82）和式（5-83）更为简单的公式。对于在冻土中使用冷却空气洗井的取芯钻进来说，在误差允许范围内，为了简化公式，可以取 $\sigma = 0$，$i_1 = i_2 = 0$，$\mathrm{e}^{r_2 h} = 0$，故可得沿钻杆柱向下流动冲洗介质的温度 $t_1$、在外环空间上返流动冲洗介质的温度 $t_2$ 方程分别为：

$$t_1 = (t_{1H} - T_\Pi) \mathrm{e}^{r_2 h} + k\pi/(Gc_\mathrm{p})(\Delta t_3/r_1) \mathrm{e}^{r_1(h-H)} + T_\Pi \tag{5-84}$$

$$t_2 = (T_\Pi - t_{1H})(r_2/r_1) \mathrm{e}^{r_2 h} - k\pi/(Gc_\mathrm{p})(\Delta t_3/r_2) \mathrm{e}^{r_1(h-H)} \tag{5-85}$$

$$r_1 \text{、} r_2 = \left[\pi/(Gc)\right]\left(k_j k_\tau D/2 \pm \sqrt{k_j^2 k_\tau^2 D^2/4 + k_j k_\tau D}\right)$$

如果本回次前的钻孔深度为 $H_0(\mathrm{m})$，回次后的钻孔最终深度为 $H(\mathrm{m})$，钻进时间与循环冲洗时间相同为 $\tau(\mathrm{h})$，机械钻速为 $V_\mathrm{M}(\mathrm{m/h})$，则：

$$H = H_0 + V_\mathrm{M}\tau \tag{5-86}$$

式（5-84）和式（5-85）以及式（5-86）就是用冷却空气作为冲洗介质在冻土

中钻进时孔内温度的数学模型，用此模型可以求出孔内任意深度在任意时间钻杆柱内和外环空间内冲洗介质的温度[3]。

### 5.4.3.2 孔底冲洗介质温度的升高

钻进过程中，由于钻头破碎岩石做功而在孔底产生热量。根据史立涅尔的研究，机械钻进时，孔底碎岩的物理效率很低，主要是变成热能消失了。

在稳定状态下，即孔底钻头温度升到定值不变时，孔底单位时间内产生的热量，与冷却冲洗介质接收的热量相等。在干燥冻结岩石中钻进时，孔底液态或气态冲洗介质的温度增量为：

$$\Delta t_3 = N/(Gc) \qquad (5-87)$$

式中：$N$ 为破碎孔底岩石消耗的功率，kW。

在潮湿冻土中钻进时，热交换过程非常复杂，不能脱离质量交换而单独进行研究。因为在这种情况下，钻头在破碎岩石过程中产生的热量，除了使循环的空气升温外，还用于钻进过程中产生的岩粉的升温、冰的融解和水分的蒸发。岩粉的高度分散性和空气流的紊流性，加强了这一点。

取芯钻进时用于岩粉升温的热量不大，故用于单位时间内空气升温的热量为：

$$Q_B = Q_M - Q_N - Q_{ucn} \qquad (5-88)$$

式中：$Q_B$ 为空气升温的热量，W；$Q_M$ 为由于钻头破碎岩石产生的热量，W；$Q_N$ 为融解冰的热量，W；$Q_{ucn}$ 为水分蒸发用的热量，W。

融解冰消耗的热量为：$Q_N = \Psi \Delta W G \Delta t_3$

蒸发冰消耗的热量为：$Q_{ucn} = \Psi' \Delta W G \Delta t_3$

式中：$\Psi$、$\Psi'$ 分别为冰融解时的溶解热和蒸发时的溶解热，J/kg；$\Delta W$ 为空气所含水分的平均增量，kg/(kg·℃)。

如果空气接受的热量用其耗量、热容和温度增量表示（$Q_B = Gc_p\Delta t_3$），假设孔底机械功全部变成热能（$Q_M = N$），则：

$$\Delta t_3 = N/\{G[c_p + (\Psi + \Psi')\Delta W]\} \qquad (5-89)$$

利用这个公式可以计算出冷空气洗井钻进潮湿冻结岩石时，考虑孔底钻头破碎岩石和质量交换过程的孔底温度增量。

当孔底空气温度在 -10 ~ +10℃ 范围内，空气相对湿度在 10% ~ 100% 内变化时，空气中水分平均增量为 $\Delta W = 0.00033$ kg/(kg·℃)。冰的溶解热为 $\Psi = 3.34 \times 10^5$ J/kg。在 0 ~ 10℃ 范围内，形成蒸气的溶解热为 $\Psi' = 2.49 \times 10^6$ J/kg，热容量 $c_p = 1.0 \times 10^3$ J/(kg·℃)。

将这些数值代入式（5-89），得孔底温度增量为：

$$\Delta t_3 = 0.52N/G \qquad (5-90)$$

利用上式可以计算出冷却空气洗井钻进潮湿冻结岩石条件下的孔底空气温度增量。在不取芯钻进时，必须考虑单位时间内形成的岩粉在从岩石自然温度 $T_n$ 到外环空间空气温度所消耗的热量。这个热量可以通过计算孔底面积、机械钻速和所钻岩石性质来确定。

### 5.4.3.3　防止冻结岩石中孔壁坍塌的条件

当向孔壁岩石传递的热量不仅可使岩石的自然负温度升高到 0℃，而且可使岩石中的冰态胶结物变成液态(溶解热)时，孔壁岩石开始解冻，并可失去岩石的聚集性。使孔壁岩石只能得到达到低于 0℃ 的热量(不含溶解热)，这是防止孔壁岩石解冻的必要条件。

温度为 $t$ 的液态或气态冲洗介质在单位时间内向温度为 $T_{CT}$ 的单位长度井筒传递的热量为：$Q = \alpha_2 \pi d(t - T_{CT})$(其中 $\alpha_2$ 为散热率；$d$ 为井筒直径)。在从热交换开始的任意时间内，通过井筒周围岩石温度为 $T_n$ 向单位长度冻结岩石传递的热量为：$Q = k_\tau \pi d(t - T_n)$。令 $T_{CT} = 0℃$，$t = t_{max}$，则得：

$$t_{max} = k_\tau T_\Pi / (k_\tau - \alpha_2) = -T_\Pi / (B_i \sqrt[4]{F_0}) = -(T_\Pi / \alpha_2)(\lambda_\Pi / R_0)^{3/4} (C_\Pi \rho_\Pi / \tau)^{1/4}$$

$$(5-91)$$

式中：$B_i$ 为边界条件系数；$F_0$ 为傅立叶系数；$\lambda_n$ 为岩石导热系数，$W/(m \cdot ℃)$；$R_0$ 为钻孔半径，m；$C_n$ 为岩石的比热，$J/(kg \cdot ℃)$；$\rho_n$ 为岩石密度，$kg/m^3$；$\tau$ 为循环时间，s。

利用式(5-91)可以从理论上计算出给定条件下、给定循环时间内，不使孔壁岩石失去聚集性的冲洗介质的最大许用温度。

利用冲洗液洗井时，特别是紊流流态时，$B_i \to \infty$，因此在冰胶结的岩石中，不允许冲洗液循环介质温度为正值，否则，可能会破坏岩石的聚集性和稳定性。$B_i$ 值小时，例如空气洗井时，由于空气的物理性质和热物理性质，可以允许循环介质在有限期间内，有不高的正值温度。这个结论已被全俄勘探技术研究所所得的试验资料所证实，他们在短时间内使用 5 ~ 10℃ 的空气洗井时，没有因岩石融解失去聚集性而导致孔壁坍塌。然而，在这种情况下，很可能使孔壁岩石表面解冻、岩粉粘结、形成泥包等。

因此，保证冰冻胶结的岩石不融解的条件是：$t_{max} < 0℃$，即在井筒任意点上的液态或气态冲洗介质的温度都不应大于 0℃。

## 5.4.4　冻土地层钻进技术

在第四系覆盖层特别是季节性融冻层钻进时，冲洗液在循环过程中与孔壁岩石发生热交换而使孔壁冻土融化，同时相对较高的地表温度使季节性融冻层中之地表水对孔壁发生侵蚀作用(主要集中在融冻层和永冻层的界面处)，再者由于钻孔形成了自由面，而第四系地层的应力分布又不均匀，在以上 3 种因素的综合作用下，孔壁松散破碎的岩石失去胶结性，进而发生严重的坍塌事故，这时冲洗液护壁已不能起任何作用[76]。

大量工程实例证明，在钻孔上部复杂地层钻进最为有效的施工方法是采用跟管钻进法，逐次下入护壁套管，从而对钻孔上部复杂地层起到有效的隔离保护作用。

### 5.4.4.1 冻土层钻进特点

冻土层钻进涉及的地层大部分为冻结岩层。冻结岩层是由多种矿物颗粒、冰块、未冻结水以及充满水蒸气的空气等组成的多成分的岩系。冰块和未冻结的水的相互比例关系，在外部条件变化时(如温度和压力的波动)，不可避免地会引起永冻层自身物理性质发生质的变化。因此，从可钻性的观点来看，永冻层应看作是一种物理机械性质变化的岩层。永冻层中所含的液相水分越少，其强度越高。岩石孔隙中存在的冰能提高其塑性。岩石塑性在钻进中的实际影响在于钻头在钻进中会遇到很高的阻力。永冻层的塑性随着岩石矿物粒度的减小、冰冻性的增长以及钻孔深度的增加而增加。

沿钻柱向下流动的冲洗介质与环空中返流的冲洗介质，处于不断的热交换过程中。返流的冲洗介质又直接或间接地与周围岩石接触，随时间和深度的不同而改变其温度。井内温度的变化主要取决于井眼周围冻结岩石的温度、钻柱内向下流动的冲洗介质的初始温度、井底破碎岩石产生的热量、冲洗介质的性能特征和数量以及循环时间等。

在钻探施工阶段，用常规钻探手段(硬质合金钻进，普通细分散型泥浆作为冲洗液)遇到诸多难以解决的问题，其主要表现为：

(1)永冻地层孔段受岩层冰点以下低温的影响，冲洗液在循环过程中温度逐渐降低，导致孔壁缓慢结冰缩径，钻进回次终了时提钻受阻；

(2)施工中因孔内事故或机械事故停钻时，钻孔内冲洗液自孔壁开始冻结直至将钻孔封冻密实，导致冲洗液循环中断，整套钻具冻结于孔内；

(3)在地表温度相对较高的季节施工时，进入钻杆柱内的冲洗液温度>0℃，在循环过程中通过外环状间隙返流的冲洗液与周围地层岩石处于不断的热交换中，导致部分孔段温度升高，岩石融冻，在松散破碎和裂隙发育部位发生坍塌、掉块或漏失现象；

(4)第四系覆盖层(主要为季节性融冻层)及基岩上部松散破碎且裂隙发育的地段是发生坍塌掉块和漏失现象的主要部位，在钻探施工中应予以高度重视。

在永冻地层钻探施工时，应采用合理有效的施工工艺，选取适应地层需要的冲洗介质和钻进方法，防止钻孔冻结事故以及由于孔壁岩石吸热融冻而导致坍塌、缩径、漏失现象的发生，这是保证在永冻地层钻探施工顺利进行必须解决的关键问题。

#### 5.4.4.2 钻孔结构、钻具及钻进参数选择

1)钻孔结构设计

根据青藏高原煤系地层和多年冻土层的特征以及绳索取芯钻进时,钻具转速高,必须有级配合理的技术套管来确保钻具的稳定性,以防止钻杆折断的要求,通常采用的钻孔结构有以下几种:

(1)采用 $\phi$110 mm 开孔的钻孔结构。开孔为煤系地层,且钻孔较浅,开孔冻土、岩石完整坚硬,而且冻土层深度也较浅。这类地层的钻孔只需下一层孔口管,其深度以 10 ~ 20 m 为宜,并将孔口部位固定牢固、密封严实后,可直接换用 $S$75 mm 钻具钻进至终孔。

开孔为煤系地层,其钻孔较深或冻土层较厚时,则需增加一层技术套管。开孔钻进 10 ~ 20 m,下入 $\phi$108 mm 套管后,换用 $S$95 mm 钻具,在钻穿钻孔上部破碎裂隙或冻土层等不稳定地层后,下入 $\phi$89 mm 技术套管,后换用 $S$75 mm 钻具钻至终孔。

(2)采用 $\phi$130 mm 开孔的钻孔结构。开孔冻土层较松散、破碎,而且钻孔深度较深,则要下 2 ~ 3 层套管。即采用 $\phi$130 mm 开孔,钻进穿过冻土层及松散、破碎带,然后下入 $\phi$127 mm 套管,换用 $\phi$110 mm 钻进,尽量穿过上部冻土裂隙破碎带,之后下入 $\phi$108 mm 套管,换用 $S$95 mm 钻具,钻进穿过上部冻土破碎地层,至完整基岩后,下入 $\phi$89 mm 技术套管,换用 $S$75 mm 钻具钻进至终孔。

(3)采用 $\phi$150 mm 开孔的钻孔结构。钻孔较深,冻土层含冰量较大,以及钻孔上部地层较复杂时,采用 $\phi$150 mm 开孔,钻进穿过冻土破碎带,然后下入 $\phi$146 mm 孔口管,换用 $\phi$130 mm 钻进穿过上部冻土破碎地层,再下入 $\phi$127 mm 套管,换用 $S$95 mm 钻具钻进穿过冻土层或煤系地层的破碎带或漏失地层后,下入 $\phi$89 mm 技术套管,后换用 $S$75 mm 钻进至终孔。这种钻孔结构中,留有 $\phi$110 mm 孔径作为一级备用孔径[77]。

2)钻具选择

(1)钻头选择

根据高寒地区含煤地层条件和永久冻土层"硬、脆、碎、易融、易塌"的特点,结合国内煤炭地质勘探钻进使用绳索取芯钻具的情况,采用 $S$95 mm 钻具和 $S$75 mm钻具两级相配套的绳索取芯钻具系列。钻进中根据冻土层中钻进的技术要求,首先将浅部易融、易塌的冻土层钻进穿过后,采用套管封闭,然后换用 $S$95mm 绳索取芯钻具钻进,穿过冻土层或到完整基岩后,下入 $\phi$ 89mm 技术套管,再换用 $S$75mm绳索取芯钻具钻进至终孔。

在永久冻土层钻进,需采用钻头出刃好、钻进效率高的钻头,减少钻头在孔内的研磨时间。硬质合金钻进和金刚石钻进可以互换使用。采用硬质合金钻进时,宜使用肋骨式钻头或外出刃大的钻头;采用金刚石钻进时,应对常规形式钻

头结构进行改进，增加水口数量，调整水口排列，钻头侧面设计成肋条式，以减小钻头阻力，改善钻头冷却条件。

(2)钻杆选择

在地面勘探时钻杆主要是排渣，因此根据情况可用螺纹钻杆或空心钻杆，如岩层中含水量低可用空心钻杆。井下特殊钻进时，特别是需仰角钻进时，钻杆在轴芯压力和自重力作用下向孔壁下方弯曲，容易造成钻杆折断，要选用厚壁钻杆，并改进螺纹连接，提高抗扭矩能力。

(3)稳固器选择

地表勘探钻进时，钻具稳固较容易，采用普通方法即可。但在井下特殊钻进时，要保证钻孔质量，要采用稳固器改善钻杆的受力情况。最好采用扶正器，特点是空心轴随钻杆转动时，它的外壳、端盖等起稳固扶正作用而不回转。

3)钻进参数的选择

由于冻土区受冻结后岩石性质有所变化，钻进参数不能一律按照即定的钻进工艺流程进行，要结合实际钻进条件进行。

(1)钻压选择

钻压主要保证钻头切削岩石的作用。如岩石韧性较大，而且普氏系数 $f < (4\sim6)$ 时，钻压应小些，一般要小于 15 kN。而当 $f > (4\sim6)$ 时，钻压应大于 15 kN。

(2)转速的选择

转速不仅影响钻速，而且对防止埋钻起着决定作用。理论计算表明，在其他条件相同时，转速小于 150 r/min 产生的岩屑较 250 r/min 时多出 1 倍以上，易造成卡钻，故要选择大于 250 r/min 的钻速钻进。

(3)泥浆泵泵压的选择

在井下仰角钻进时，水力排渣对孔壁下部有一定的冲刷作用，泥浆泵泵压要严格控制。风压排渣时，要根据不同岩性随时调整，以保证岩屑排出[7]。

4)钻进操作要求

多年冻土地区广泛分布着含冰量不同，土体比较致密的冻结碎石土类及含冰量较高，土层松软的泥炭土类，它们的钻探技术要求各不相同。

(1)含冰量少而较密实的冻结碎石土类：该类土的体积含冰量比较少，通常情况下都小于20%，冰层主要充填于土层及碎石的孔隙中，钻进过程中往往难以采取含冰的岩芯。因此，钻进时均应用低速、中等的主轴压力。如果采用高速和大压力钻进，且时间较长，钻具产生较多的热量，就会使冻土岩芯融化，为此，宜用"少钻勤提"的方法。根据试验，回次钻进时间不宜超过 2~4 min，回次进尺以 0.1~0.2 m 为宜，对于钻头直径为 $\phi150$ mm 的钻具，压力为 800~1200 kg 较为适宜。

(2)含冰量高而松软的泥炭层等冻结软土类：该类土多属于层状冰冻土构造，

碎石含量较少。应选用中速钻进，回次进尺为 0.3 ~ 0.6 m，钻具轴芯压力一般为 600 ~ 1000 kg 为宜。在泥炭层钻进时，钻具轴芯压力还可以加大一些，因为合金钻头底出刃部分压入冻土层越深，采取的岩芯率越高。在钻进中提取岩芯样时，一定要加大钻具轴芯压力，使钻头与岩芯紧密卡住，这样可以防止岩芯脱落，提高岩芯采取率[78]。

### 5.4.4.3　冲洗液的选型

1) 冻土层钻进对冲洗液的要求

钻进冻土层时，土层逐渐受热，传递给它的热量不仅使岩层的温度升至零度，而且还使岩层中所含的冰胶结物转化成液态(融化比热)，从而使岩层开始丧失黏结性。如果将这种受热过程理想化，假设传递给岩石的热量仅仅使孔壁的温度升至零度(无融化比热)，从而确定冲洗介质的最大允许温度。此时，由冰胶结的冻土层组成的孔壁不会丧失黏结性。循环延续时间和冲洗液性质对钻进冻结岩石的最大允许温度有很大的影响，因此就需要限制规程参数，从而使钻孔任何一点的冲洗液或气液系统中的温度都不超过零度。冲洗液的温度对井内温度影响较大，所以应该选用能够保证井壁岩石不解冻的钻井初始温度。冲洗液的初始温度不应高于 -2℃、盐水溶液初始温度不应高于 -2.5 ~ -3℃。

为了降低施工成本，同时保证施工质量，开孔和钻进表层松散冻土含冰地层时应采用低温冲洗液，钻透穿过该段地层后下入套管护壁，继续钻进可采用一般冲洗液。低温冲洗液的配制是在一般冲洗液中加入防冻剂，通过改变防冻剂在冲洗液中的含量，降低冲洗液冻结的冰点，使其达到 -4℃ ~ -8℃时不结冰，使钻进通过冻土层的目的(见表 5 - 10)。

表 5 - 10　低温冲洗液的配制表

| 防冻剂的浓度/% | 浆液的冰点/℃ |
| --- | --- |
| 4.7 | -4 |
| 9.4 | -6 |
| 14.1 | -8 |

冲洗液既要符合绳索取芯钻进的"三低一好"(低黏度、低切力、低密度、润滑性好)，又要满足不同地层护壁要求，经过研究和探索，已形成系列[79]。

2) 低温冲洗液组分的选择

(1) 低温冲洗液类型的选择

在钻井工作中使用的钻孔冲洗介质的类型很多，适用的地层条件各不相同。根据极地钻探、永冻层钻探条件和对冲洗液性能指标的要求，可以使用的类型有油基、水基冲洗液。水基冲洗液中，以低固相聚合物和无固相聚合物冲洗液最为常用。根据低温条件对冲洗液的要求，如果选用膨润土配制泥浆，由于冲洗液的工作温度在冻点以下，在此温度下可能会影响到膨润土的吸附、水化与膨胀，进而影响到冲洗液的性能，因此应通过认真地分析比较，选用无固相聚合物冲洗液作为研究的主要类型。

（2）耐低温介质的选择

根据已有的资料，可以选择的耐低温介质很多，已经使用过的抗冻剂主要有煤油、低分子量的醇类，如甲醇、乙醇、丙醇、异丙醇和烯丙醇等都具有低的冻点。另外，无机电解质的盐类也是一种应用比较广泛的耐低温介质。

从钻井工作的特点出发，使用的无固相聚合物冲洗液，耐低温介质必须是水溶性的，且来源广泛、价格低廉、安全无毒、无污染。碳原子数少于 3 个的醇类均具有低冰点，在水中溶解度大等特点。但甲醇、乙醇等沸点比较低，且易燃。乙二醇是一种应用比较广泛的耐低温介质，符合钻井工作的要求。乙二醇是一种黏稠带有甜味的液体，沸点 197℃，熔点 -16℃，比重 1.113，其纯度可达 98% 以上，且与水混溶。乙二醇的主要用途是制造树脂、增塑剂，合成纤维、化妆品和炸药，并用作溶剂、配制发动机的抗冻剂。

（3）冲洗液其他组分的选择

冻土钻进中除了要考虑冲洗液的抗低温性能外，冲洗液对井壁稳定和井内安全控制的作用也是冲洗液设计必须重点关注的。要提高水基冲洗液的孔壁稳定性，一般从两方面考虑：一方面，聚合物能在孔壁形成有效的屏蔽层，降低进入所钻地层的滤液的速率；另一方面，无机盐可与有机聚合物进行适度交联、调节滤液的矿化度，降低冲洗液中水的活度，抑制泥页岩的水化。

①有机聚合物处理剂的选择

具有防塌能力的聚合物种类很多，主要采用聚乙烯醇（PVA）、聚丙烯酰胺（PAM）、PAC-141、聚丙烯酸钾（KPA）。聚乙烯醇（PVA）应用较广是因为其具有如下优点：性质很稳定，不受外界环境 pH、温度等的影响；可与大部分的高聚物相容；聚乙烯醇是可生物降解的，可满足环保的要求；提高冲洗液稳定井壁的能力；提高冲洗液的润滑性，降低摩阻。

聚丙烯酰胺是较早使用的泥浆处理剂，主要起絮凝、包被作用，经常使用的有部分水解聚丙烯酰胺（PHPA）和非水解聚丙烯酰胺（PAM）。以水解或非水解的聚丙烯酰胺为主要组分的防塌泥浆或无固相冲洗液体系因具有许多优点而被广泛使用，其突出的优点是低成本、良好的环境相容性。国内外的实验研究和钻井现场实践都证明聚丙烯酰胺具有很好的防塌作用，认为聚丙烯酰胺的防塌机理主要是：长链的聚丙烯酰胺在井壁表面上产生多点吸附，并且横过裂缝，从而阻止岩石的剥落；聚丙烯酰胺浓度较高时，在井壁表面形成较致密的吸附膜，减慢自由水渗透的速度，对泥页岩的水化膨胀，起抑制作用。

PAC－141 是不同的丙烯腈单体共聚物，其主链上连接有（－CN）、（－CONH$_2$）、（－COONa）和（－（COO）$_2$Ca）等极性基团，白色粉末，加入冲洗液中可控制滤失量，是很好的增稠、包被剂，可用于盐水冲洗液体系。聚丙烯酸钾（KPAM）是一种白色或淡黄色粉末，易吸潮，其耐热性能好，溶解后溶液的黏度很高，能起絮凝、提黏、降失水、防塌和堵漏作用。在油田钻探 3000 m 以内的浅井时，可用来取代聚丙烯酰胺。聚丙烯酸钾冲洗液体系所具有防塌性主要是因为聚丙烯酸钾能有效地对钻屑产生"包被"作用，抑制地层造浆；同时钾离子能防止岩石的水化与剥落，起到稳定孔壁的作用。从防塌机理可知，聚丙烯酸钾和聚丙烯酰胺的防塌机理相似，其体系的防塌能力应无大的差别[80]。

②无机电解质的选择

在无固相聚合物冲洗液中，无机盐主要起：与有机聚合物进行适度交联，提高溶液的黏度和降低溶液的失水量；调节溶液的矿化度，平衡地层的化学活度，抑制地层的膨胀分散或破碎坍塌；调节溶液的 PH；在一定程度上可以调节冲洗液的密度。在抗低温冲洗液中，无机盐主要选择（NaCl），主要因为 NaCl 具有很好的降低冻点和防塌作用。从 KCl 结构分析，KCl 的防塌性要比 NaCl 强，但是由于所研制的冲洗液是用在低温条件下的，所以对盐的溶解度要求很高，图5－76为NaCl 和 KCl 溶解度随温度的变化曲线，从图中可以看出，NaCl 的溶解度受温度的影响比氯化钾小，所以选用 NaCl 更为合适。

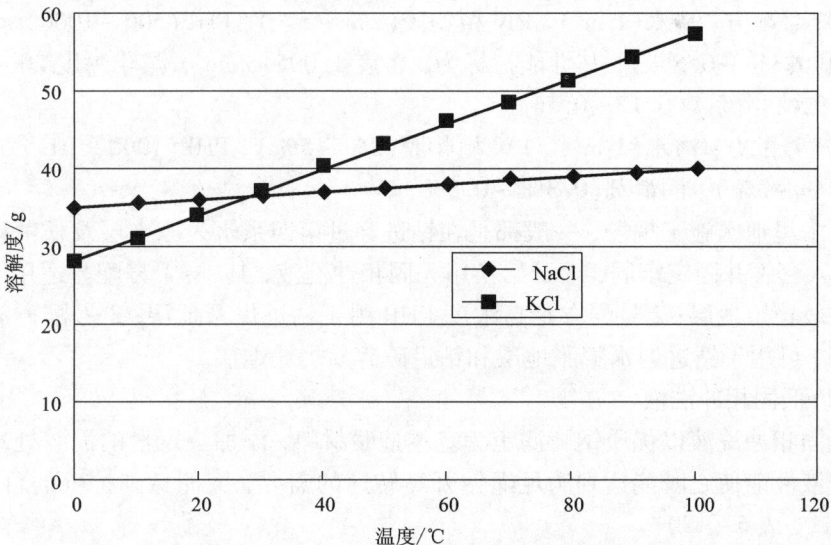

图 5－76　NaCl 和 KCl 溶解度随温度变化曲线

③降滤失剂的选择

冲洗液体系还需要加入降滤失剂，比较常用的有钠羧甲基纤维素（Na-CMC）和腐植酸钾（KHm）等。

冲洗液体系要满足生产的要求，单靠一种物质是难以实现的，必须靠各种物质的协同作用，大量的试验也证明，冲洗液体系能很好的满足钻进要求是无机处理剂和有机处理剂协同作用的结果。另外，研制适合低温条件下钻进要求的抗低温冲洗液体系，不仅要考虑有机处理剂和无机处理剂之间的作用，同时还要考虑整个冲洗液体系在低温下性能的变化，选择合适要求的冲洗液组分及加量，来得到满足低温钻进要求的冲洗液体系。

3）冲洗液体系

（1）无固相冲洗液

无固相冲洗液与清水相比，具有较好的携带和悬浮岩屑的能力，且能在井壁上形成薄的吸附膜，具有一定的护壁能力，有较好的润滑和减阻作用。具有现场配制简单、成本低、钻进时效高等特点，主要应用于非煤系地层或条件较好的煤系地层。以青海木里煤田永冻层地区为例，在木里煤田地区应用的冲洗液配方及其性能如下：

①1 号配方。清水（1 $m^3$）、PHP（50~150）×$10^{-6}$、润滑剂（0.3%~0.5%）。其性能指标为：密度 1.005 $g/cm^3$，漏斗黏度 15.5~16.5 s，pH 8~9，润滑系数 0.12~0.15。

②2 号配方：清水（1 $m^3$）、PW 植物胶（2%~5%）、PHP（500~1000）×$10^{-6}$、润滑剂（0.3%~0.5%）；其性能指标为：密度 1.005 $g/cm^3$，漏斗黏度 20~25 s，pH 8~9，润滑系数 0.12~0.15。

③3 号配方：清水（1 $m^3$）、PW 植物胶（2%~5%）、PHP（1000×$10^{-6}$）、腐植酸钾（1%~2%）、润滑剂（0.3%~0.5%）。

在木里地区施工现场，一般都是在钻进穿过第四系永久冻土层及松散破碎带后，下入套管并固定牢固，才开始换用无固相冲洗液，其中：1 号配方适用于钻进稳定或较稳定地层；2 号配方是高浓度 PHP 用于钻进煤系地层；3 号配方有较多钾离子，可用于钻进遇水膨胀地层和钻进破碎易坍塌地层。

（2）低固相冲洗液

低固相冲洗液以优质钠膨润土为基本造浆材料，添加一定量的泥浆处理剂调整冲洗液性能使之既能达到满足绳钻开高转速的需要，又能达到护壁的目的（见表 5-11、表 5-12）。

表 5 – 11　不分散低固相冲洗液配方表

| 配方编号 | 膨润土/% | 纯碱/% | CMC | PHP/ ×10⁻⁶ | KHM/% | 润滑剂/% |
|---|---|---|---|---|---|---|
| 1 | 5 | 6 | 0.1 ~ 0.2 | 50 ~ 100 | | |
| 2 | 3 | 6 | | 40 ~ 70 | | 0.3 ~ 0.5 |
| 3 | 3 | 6 | 0.1 ~ 0.2 | 40 ~ 70 | 1.5 | 0.3 ~ 0.5 |

表 5 – 11 中，1 号配方适用于钻进风化裂隙带。这类地层一般在开孔 30 m 左右，岩石破碎，胶结松散、易塌，并伴有冲洗液漏失。采用该配方可抑制孔内的坍塌和漏失。开孔钻进穿过此层后用套管隔离。

2 号配方适用于钻进稳定或较稳定地层。该配方冲洗液携带岩粉能力强，润滑性能好，能够提高钻进效率。

3 号配方适用于钻进易坍塌地层，如水敏性地层，裂隙破碎带，松散煤层等。该冲洗液的黏度，失水量适宜，且有"钾离子效应"作用，可达到固井护壁的效果。

表 5 – 12　不分散低固相冲洗液性能表

| 配方编号 | 黏度/s | 密度/(g·cm⁻³) | 失水量/[mL·(30min)⁻¹] | 泥皮/mm | pH | 润滑系数 |
|---|---|---|---|---|---|---|
| 1 | 26 ~ 30 | 1.03 ~ 1.0 | 59 ~ 12 | 0.5 ~ 1.0 | 8.5 ~ 9 | |
| 2 | 17 ~ 19 | 1.02 ~ 1.03 | 30 ~ 33 | 1.0 ~ 1.5 | 9 | 0.13 ~ 0.15 |
| 3 | 20 ~ 22 | 1.02 ~ 1.03 | 16 ~ 18 | 0.5 | 9 | 0.13 ~ 0.15 |

（3）钻进复杂地层冲洗液

复杂地层指的是水敏地层、构造破碎带、煤层及易塌地层。在此类地层中钻进必须使用"防塌"冲洗液。KHm 防塌冲洗液配方：原浆($1m^3$)、纤维素(0.5%)、KHm(1.5%)、润滑剂(0.5%)。性能指标：密度 1.02 ~ 1.03 $g/cm^3$、黏度 22 ~ 25s、pH8.5 ~ 10、失水量 10 ~ 15 mL/30min、泥皮 < 0.5mm、润滑系数 0.13 ~ 0.15。其中原浆为：清水 $1m^3$、黏土 30kg、纯碱 1.8kg。

### 5.4.4.4　冻土层钻进的主要措施

1）充分利用现场自然条件，对泥浆进行冷却。在施工现场冻土层上挖掘泥浆坑，泥浆坑的四壁和底部的温度为 −2℃ ~ −5℃。使用的泥浆冲洗液在其中能够得到充分的冷却，这就降低了钻进使用冲洗液与冻土层间的热量交换。因而钻进穿过冻土层时，冻土层将不被融解。

2)在冻结的松散冻土中(包括第四纪地层和风化带)或缓坡地貌部位厚层地下冰发育的冻土层,应尽量采用干钻的钻进方法。这种方法要求,在钻进中增加提钻频率,减少回次进尺,缩短钻进时间,在穿过含冰量高的层段后,迅速下入隔离套管。在冻结完整、地下水不发育的阳坡地带和冻结的基岩层中钻进时,可使用低温冲洗液。

3)钻进时,如果中途停钻,应将钻具提出孔外,以防止钻具冻结在孔内。当地下温度很低时,即使停钻时间短,也会造成冻结事故。

4)当天气寒冷时,要将使用的工具适当均匀加热,以防止工具在低温下冷冻脆裂破损,待机械运转一段时间后,再开始工作。

#### 5.4.4.5 应用实例

2006年青海煤炭地质局105勘探队在木里煤田试用2台钻机,先后完成6个钻孔。其中503钻机施工7-11号钻孔,502钻机施工7-10号钻孔。在施工7-10号钻孔时,开孔采用$\phi150$ mm孔径开孔,钻进穿过含冰量大的第四系松散冻土含冰地层后,下入$\phi146$ mm套管;然后换用$S95$ mm绳索钻具钻进至完整稳定的基岩层,再下入$\phi89$ mm技术套管;之后使用$S75$ mm绳索取芯钻具钻进。该钻终孔孔深468.56 m。在泥浆冲洗液的使用方面,开孔和钻进表层松散冻土含冰地层时,采用原浆中加入防冻剂的低温泥浆,使泥浆冲洗液达到$-4℃ \sim -8℃$时不结冻,钻进穿过该段地层下入$\phi146$ mm套管后,将泥浆冲洗液换成低固相冲洗液[79]。

在施工7-11号钻孔时,由于该钻孔位于高山陡坡地段,上部冻土(岩)层松散破碎,在施工时首先采用干钻法,钻进穿过该层段后,迅速下入$\phi146$ mm套管;换用$S95$ mm绳索钻具钻进,采用钠土细分散泥浆加入适量防冻剂,钻进120 m穿过冻土破碎带至完整基岩后,将$\phi89$ mm的技术套管下入孔内,然后换径使用$S75$ mm绳索取芯钻具钻进至终孔。该钻孔终孔孔深686.80 m。

两台钻机施工完7-10、7-11两个钻孔后,分别转向施工3-5号钻孔和1-15号钻孔。3-5号钻孔地貌类型是山前缓坡低洼地,地表明显沼泽化,该钻孔冻土层中,冻土上限以下地下冰为厚冰层发育,因而,在施工时首先采用干钻法,钻进穿过含冰地层至完整地层后,迅速下入$\phi146$ mm套管,换用$S95$ mm绳索钻具钻进穿过风化破碎带至完整基岩,再下入$\phi89$ mm技术套管,然后换径钻进至终孔。1-15号钻孔地貌类型是山前缓坡地表轻度沼泽化地段,冻土层表层为松散的夹薄层亚黏土的碎石、砾石层,采用原浆中加入防冻剂的低温泥浆,穿过该段地层后下入$\phi146$ mm套管,换径$S95$ mm绳索钻具钻进至完整稳定的基岩层,再下入$\phi89$ mm技术套管;之后换径钻进至终孔。两钻机各施工竣工钻孔三个,工程量3858.57 m。钻进效率分别达到424.5 m/月、404 m/月,取得了良好的效果。

## 5.5　坚硬地层钻进技术

坚硬地层，在金刚石钻进中又称"打滑"地层，在这类岩层进行金刚石钻进时经常出现金刚石钻头"打滑"现象，致使钻进效率低或根本不进尺，"打滑"地层具有以下三个特点：

1）硬度大，石英含量高。其岩石压入硬度一般可达 5000 MPa ，其中部分在 5500～6500 MPa 间，个别甚至高达 7000 MPa 。

2）岩石强度高。这类岩层的造岩矿物细，粒度多为 0.01～0.20 mm ，硅质胶结，颗粒之间结合力大，结构致密，整体强度高。其单轴抗压强度达 150 MPa 或更高。

3）在金刚石钻进时，由于钻进时效低，岩粉少且颗粒细，对钻头胎体磨损甚微，金刚石难以出刃，钻头出现"打滑"现象[82][83]。

坚硬岩层虽然在一般矿区所占比例不大，但由于钻头"打滑"现象的发生，即使钻进只有几米或十几米的岩层也要耗费大量时间，十天或二十天甚至一个月，导致整个钻孔施工周期延长、勘探成本增高、经济效益明显下降，我国大部分地区都存在这类岩层。因此，解决该类岩层钻进中的"打滑"问题极有必要，目前钻进该类岩层主要采用金刚石钻进，同时部分采用冲击回转钻进和牙轮钻进。

### 5.5.1　金刚石钻进

在钻进坚硬致密弱研磨性岩层时，金刚石钻头容易出现"打滑"现象，即钻进时金刚石钻头在岩石上"打滑"而不进尺，或进尺极慢，时效常在 0.1～0.2 m/h 间；回次进尺低，钻头使用寿命短。由于"打滑"现象的发生，即使这种岩层只有几米或十几米也要耗费大量时间和钻头，导致整个钻孔施工周期延长，勘探成本增高，经济效益下降。

#### 5.5.1.1　金刚石钻进坚硬地层"打滑"的原因

以金刚石钻头为例，当钻进未风化的致密的石英岩、碧玉岩、燧石等岩层时，金刚石钻头一般钻进零点几米以后，就不进尺了，钻头在孔底不进尺出现"打滑"现象，是由于岩石坚硬致密，对金刚石磨损较快造成的，如图 5-77 所示，金刚石钻头刚开始钻进时，金刚石处于如图 5-77a 所示的状况，金刚石棱角未磨损，金刚石与岩石接触面积小，能切入岩石，但由于岩石对金刚石磨损较快，钻进中岩石很快就将金刚石磨成如图 5-77b 所示的状况，金刚石棱角磨钝了，金刚石与岩石的接触面积增大，由于金刚石钻机施加给钻头的压力有限，金刚石施加给岩石的压力达不到岩石的破碎强度，金刚石不能切入岩石或切入岩石很少，那么所产生的岩粉也就很少，岩粉少，钻头胎体也就磨损慢，磨钝的金刚石不能脱落，新的锋利金刚石不能出露，使得金刚石钻头钻速越来越低，甚至不进尺，金刚石钻头出现"打滑"现象。有些钻机甚至出现过几天甚至几十天不进尺的现象，严重影响了生产效率。

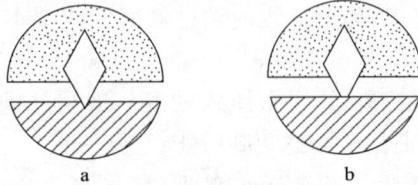

图 5 - 77　金刚石钝化图

### 5.5.1.2　解决坚硬地层金刚石钻进问题的主要措施

传统解决坚硬地层金刚石钻进问题的措施主要从金刚石钻头设计、金刚石钻头特殊处理、金刚石钻进工艺参数调节三方面进行。

1）通过金刚石钻头设计解决坚硬地层金刚石钻进问题

金刚石钻头设计主要包括金刚石钻头胎体配方设计、金刚石钻头水口设计、金刚石钻头唇面形状设计、金刚石粒度设计、金刚石浓度设计、金刚石强度设计。

（1）金刚石钻头胎体配方设计

在坚硬岩层钻进中，为了便于新鲜金刚石的出露，宜选择较低的胎体硬度，一般选用的胎体硬度为 HRC15 ~ HRC25。在实际钻探生产中，根据钻进地层的岩性特点，坚硬致密、弱研磨性岩层选用的胎体硬度为 HRC15 ~ HRC20，坚硬但较破碎的岩层选用的胎体硬度为 HRC20 ~ HRC25。但是在这类岩石中钻进，需要较高的钻压，而较高的钻压容易使软胎体变形，金刚石在钻头中得不到有效的固定。实践证明，用软胎体克服钻头"打滑"现象效果不是很显著。

（2）金刚石钻头水口设计

钻头水口的设计包括两个方面：一是水口形状；二是合适的水口数目。通过现场试验比选，扇形水口对于绳索取芯钻头尤为重要，扇形水口和直水口对比，一是能最大限度地减小钻头底唇面工作面积，增大钻头比压；二是钻头内外唇面的长度差不多，可以使钻头内外唇面均衡磨损；三是排粉和冷却效果要好于后者。为了减小唇面的工作面积，可以增加水口数目或加大水口面积。水口处冲洗液流量大，则钻头底唇面的工作块与孔底岩石间隙的冲洗液流量相应降低，其间隙中的岩粉不易排走而保留下来磨损胎体，有利于金刚石不断出露。

（3）金刚石钻头唇面形状设计

钻进发育完整的坚硬"打滑"地层时，较多自由面的唇面形状、唇面与孔底岩石接触面积小、单位接触面积压力大的金刚石钻头如高低齿、尖齿型、梯齿型等将有利于岩石破碎，此时金刚石碎岩方式将由简单的耕犁、压入、压碎、刮削等表面破碎形式转变为更高效率的崩裂等体积破碎形式，有利于提高钻速。

高低齿金刚石钻头减少了钻头唇面与孔底岩石面之间的接触面积，提高了金刚石钻头唇面对岩石的单位面积压力。实践证明，在钻进坚硬地层时需要很大的孔底压力，那么钻进坚硬致密岩层时就需要更大的孔底压力。高低齿钻头在现场的使用效果并不是很理想，分析其破岩机理：开始是高齿破碎岩石，钻进时效较高；随着高齿磨损低齿参加工作，钻头唇面与岩石接触面积逐渐增大，钻头的比压下降，整个钻头的大部分钻进时间同普通钻头没有多少区别，且易发生崩齿造成钻头提前报废。

使用尖齿唇面金刚石钻头克服钻头"打滑"有一定效果。新钻头下井时，唇面上单位面积压力很大，初期钻进速度较快。冲洗液在经过孔底工作面时，水流不容易沿着工作面的波峰与波谷流过，一些岩粉会留在波谷处，对钻头胎体起到磨损作用，使已磨钝的金刚石脱落，出露新的锋利金刚石。但在钻进一段时间后尖齿会很快磨钝，钻速下降很快，钻头又开始"打滑"。

梯形齿金刚石钻头唇面形状随时间推移变化较小，虽然没有前两种钻头的瞬时钻速快，但后劲足，比较持久稳定，这种唇面形状的钻头是克服坚硬"打滑"岩层较为理想的选择。

（4）金刚石粒度设计

由于坚硬岩层要求金刚石抗冲击强度比较高。一般选用偏细粒度金刚石，中等偏细粒度金刚石比粗粒度金刚石具有更优良的单位面积上的抗压强和抗冲击强度指标。在同等条件下的碎岩工作中，中等偏细粒度金刚石单晶具有更好的锋利度和耐用度，而粗粒度金刚石由于单位面积上的强度指标低，造成金刚石棱角易于被磨钝且又不能及时脱粒，新的金刚石不能及时出露，从而发生"打滑"现象。现场生产试验表明，过细的金刚石粒度同样会因出露不足造成钻头"打滑"，60 ~ 70 目的粒度实际钻进效果比较好。

（5）金刚石浓度设计

为了减少金刚石与岩石的接触面积，增加金刚石与岩石的单位接触面积压力，"打滑"地层一般选用浓度低的金刚石钻头，金刚石颗粒相对减少，钻进时分布在唇面上每粒金刚石的钻压就会增加，有利于金刚石切入岩石，从而提高机械钻速。金刚石浓度为 75% 左右的钻头效果相对较好。

（6）金刚石强度设计

高品级人造金刚石具有晶形好，单粒抗压强度高，热稳定性好等特点，钻进坚硬岩石具有特别明显的优点，是普通低品级金刚石所无法比拟的，钻进坚硬岩石应该选用高强度金刚石。

2）通过金刚石钻头特殊处理解决坚硬地层金刚石钻进

金刚石钻头特殊处理解决坚硬地层金刚石钻进的方法有人工砂轮打磨法、井底投砂研磨法、酸腐蚀法等。

(1)人工砂轮打磨法

采用打磨法来修磨金刚石钻头,就是利用砂轮机人工打磨金刚石钻头工作唇面,使金刚石出露,一般每回次打磨一次。采取该方法有两点需要注意:一是打磨的方向要注意和钻头回转方向一致;二是要准确把握打磨的度,否则金刚石颗粒容易提前脱落,导致钻头"打滑"不进尺。人工打磨法是采取辅助手段磨损钻头胎体,人为的使金刚石出露以破碎岩石。采用这类办法,缩短了钻头的寿命。此外,需要频繁提钻,操作起来很麻烦,并且大幅度增加了辅助工作时间,影响了工程进度,降低了经济效益。

(2)井底投砂研磨法

井底投砂研磨法就是在钻进过程中出现进尺缓慢时,通过钻杆向钻孔内投入细小的磨料,通过这些磨料使钻头胎体磨损,从而使钻头唇面上的金刚石出露。我们一般就地取材将坚硬石料如含硅质的砂岩、硅质条带白云岩、燧石条带、石英岩块等砸成 1~2 cm 大小、棱角分明的颗粒状作为孔底磨料,一次投入量 1~1.5 kg。钻进工艺参数为钻压 2~4 kN,转速 100~300 r/min,泵量要分为 2 种情况:第一种情况是孔内有水位,则不需要开泵;第二种情况是孔内无水位(干孔)则应向孔内送入适量冲洗液,送入水量不能过大,以刚好能润滑钻头为好,不大于 20 L/min,水量过大研磨钻头效果差。在投料前,一定要弄清孔底有无残留、脱落岩芯,如有残留、脱落岩芯必须要捞取干净。这样做的目的是确保研磨钻头的效果,并且保证在研磨过程中钻头不崩齿,不缺齿[84]。孔底投砂修磨钻头对操作人员的技能水平要求较高,没有丰富的施工经验很难把握。要注意控制投砂量、钻头压力、转速、研磨时间等。人工出露方法较好地解决了金刚石钻头在坚硬岩层"打滑"不进尺的问题,配合选用结构合理的金刚石钻头,可大幅提高钻进效率,

(3)酸腐蚀法

① 酸处理专用工具

耐酸手套一双,口罩少许,眼镜一副,浸泡钻头的瓷碟一只,纯硝酸少许(可根据钻进"打滑"地层工作量的多少而适当配置,并由专人保管使用)。

② 酸处理操作方法

a. 将纯硝酸两份倒入瓷碟中,再加入一份热水(可利用柴油机冷却水箱中的热水)。

b. 将清洗干净的钻头唇面轻轻放入瓷碟中,注意稀硝酸液面高度应浸泡在钻头胎体高度的 1 mm 左右,若过高则会降低钻头使用寿命。

c. 酸处理时必须有专人负责,随时观察腐蚀程度,掌握腐蚀时间,一般控制

在 10 min 以内，这一步最为关键。

d. 将钻头用清水清洗干净，即可下入钻孔内正常钻进。下一个钻头可以重复上面的处理方法，直至钻头用完为止。

另外，还有孔底干磨法：即钻进中人为地短时间内关闭循环水，加大钻进压力，使钻头与岩石直接摩擦，轻烧钻头，使磨钝的金刚石脱落，露出新的金刚石。但这种方法容易造成烧钻事故。再就是锤击法：即用铁锤、锉刀、钢锯等工具直接敲击钻头唇面，使其表面金刚石的光滑面被击破而出刃。但这种方法往往直接损伤钻头，容易导致钻头胎体脱落到孔底，造成事故[85]。

3）通过金刚石钻进工艺参数调整解决坚硬地层金刚石钻进

（1）钻压

钻压是金刚石钻进的重要参数，对于坚硬地层来说尤为重要。钻压的大小决定金刚石能否压入岩石，以及破碎岩石的不同形式。当钻压小，钻头底唇面上工作的金刚石与岩石接触面上的单位轴向压力小于岩石抗压硬度时，属表面破碎。破碎过程主要靠金刚石与岩石之间摩擦力引起的表面研磨来实现。当钻压增大，钻头底唇面上工作的金刚石与岩石接触面上的单位轴向压力大于岩石抗压硬度时，便产生体积破碎。此时钻速大大高于表面破碎。如果钻压过大，超出了允许的限度，则会引起钻头上金刚石和胎体过度磨损，导致钻速急剧下降。开始产生体积破碎的轴向压力称为临界轴向压力，临界轴向压力值取决于岩石性质、钻头结构和转速等。应当指出，按参考书中所求的钻压的理论值，一般比实际钻探施工要小一些，实际施工钻压还需要考虑不同孔深、孔斜造成的钻杆柱与孔壁摩擦的钻压损失及泵压对钻压的影响。特别是坚硬地层钻进所需的钻压比常规地层推荐的钻压大 1~2 倍，这是因为要保证金刚石能压入坚硬岩石，就需要比一般地层更大的钻压。在尽可能的情况下选择大钻压钻进。由于"打滑"层岩石抗压强度高，硬度大，钻头必须有较大钻压才能刻入岩石，完成微切削，按单位唇面面积计算钻头压力时应当取高值，但应根据钻机负载、钻具受力情况适度选用，以防止发生意外[86]。

（2）转速

转速不宜过高。"打滑"层钻进转速不宜过快。这是因为：一方面转速过快会对切削刃的冷却产生不良影响，加剧切削刃的提前磨损、磨钝甚至出现出刃抛光，发生人为"打滑"现象；在坚硬岩层中钻进时，过高的转速将会导致钻头与破碎面产生相对"打滑"现象，对碎岩无益，却对钻头寿命和进尺大大不利。对于金刚石钻进，选择转速时，必须将转速与加在钻头上的钻压一起考虑。钻压大时，转速相应小；钻压小时，转速相应取大，以防钻头过早过度磨损。

（3）泵量

泵量要小。"打滑"层钻进产生的岩粉本来较少，岩粉适度积存有助于胎体磨耗和金刚石锐化,这对钻进是有利的,因此在满足钻头冷却的前提下泵量取小值是有好处的;另外大泵量会加剧孔内钻具运转的不稳定性,将会对钻进参数的传递尤其是钻压传递带来很不利的后果,所以"打滑"层宜用小泵量钻进。在金刚石岩芯钻探中,冲洗液的主要作用是冷却钻头和携带岩粉。其作用的大小与钻头结构、水路布置,包括水口形式、数量和尺寸,冲洗液的成分、泵量等密切相关,这里主要就冲洗液成分和泵量略加分析。

①冲洗液成分:在坚硬地层中金刚石钻进一般进尺效率低,因而所产生的岩粉相应较少,这时冲洗液携带岩粉的作用并不重要,如果是坚硬、完整岩层可用清水钻进,假如是破碎、裂隙发育坚硬岩层,可考虑使用聚丙烯酰胺等化学冲洗液钻进,对保护孔壁,防止坍塌有很好的效果。

②泵量:理论上精确计算泵量比较困难,实际钻探施工中,一般用经验来控制,原则是:在保证冲洗液正常循环,冷却钻头的前提下,适当减少冲洗液用量。在坚硬、致密地层采用金刚石钻头钻进时,应合理地选择钻进参数,要依据实际工作中的地层条件、钻头结构等具体情况综合考虑,注意各钻进参数之间的配合。每回次开始都必须坚持轻压慢转、扫孔到底,待钻头底唇面与孔底岩石磨合后,才能以选用的钻进参数正常钻进,从而保证正常生产施工需要,提高钻探进尺效率。

4)弱包镶金刚石

以上针对坚硬地层将钻头用酸腐蚀或用砂轮磨掉一层胎体后继续用的方法,有一定作用,但不能从根本上解决问题。

另外,传统设计钻进这种"打滑"层金刚石钻头,就是采用软胎体材料、细颗粒金刚石,但做出的金刚石钻头不是寿命短就是时效低,也不能很好地解决问题。

要解决金刚石钻头"打滑"问题,主要就是要解决好金刚石的新陈代谢问题,要使金刚石一旦磨损到一定程度就自动脱落而出露新的金刚石,如图 5-78、图 5-79、图 5-80 所示。首先由出露的金刚石 1 破碎岩石(如图 5-78),金刚石 1 慢慢开始磨钝,出露金刚石 2(如图 5-79 所示),金刚石 1 磨钝到一定程度就脱落,由金刚石 2 接替金刚石 1 开始破碎岩石(如图 5-80 所示),如此循环,保证磨钝后的金刚石不断脱落,新的金刚石不断出露形成良性循环,保证有足够的金刚石破碎岩石,而且由于金刚石的不断出露和脱落,钻进时效较高,而坚硬致密岩石的研磨性都较强,时效高时岩粉量大对胎体的磨损较快,要求钻头胎体材料应比较耐磨,这就与传统的钻进坚硬致密地层要采用软胎体,包镶强度要求高背道而驰,为了做到以上这种金刚石新陈代谢的良性循环,采用弱包镶金刚石强度就能很好地解决这个问题,图 5-82 所示是将金刚石表面包上一层与金刚石黏结强度不太高的材料(如 WC 等),所用的这种材料与金刚石黏结不太好,但有一定黏结强度,像碳化钨这种材料包镶金刚石越厚其低熔点金属在烧结过程中越不容易渗透，金刚石的包镶强度越低，这样用来控制金刚石包镶强度的高低。当岩石愈坚硬致密，对金刚石磨损愈快，就要用较厚的弱包裹层，使金刚石新陈代谢加快，反之亦然。然后控制好烧结温度、压力、保温时间，就可以保证金刚石的良性新陈代谢。

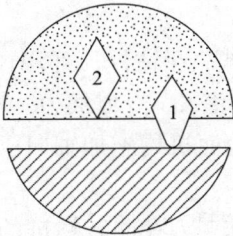

图 5 - 78　金刚石出露变化图

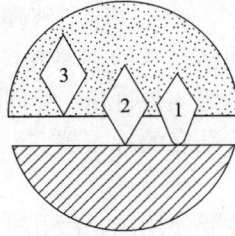

图 5 - 79　金刚石出露变化图

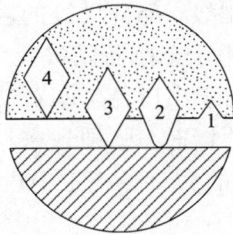

图 5 - 80　金刚石出露变化图

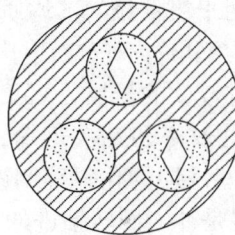

图 5 - 81　弱包镶金刚石示意图

使用如图 5 - 82 所示设计制造的金刚石制粒仪示意图将金刚石包裹一层 WC，以达到弱包镶的目的，20 世纪 80 年代中期以后中南大学研制的该种钻头在很多单位使用过，并产生了较好的效益。如福建的两个煤田地质队，原来遇到的"打滑"地层较多，每次遇到这种地层后，都是长时间不能进尺，影响了生产效率，增加了成本。后来采用中南大学研制的弱包镶金刚石钻头，不仅时效由原来的零点几米或不进尺达到了 2 m/h 以上，没出现"打滑"现象，而且钻头寿命由原来的几

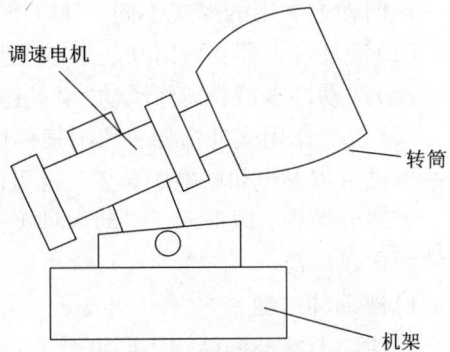

图 5 - 82　金刚石制粒仪示意图

米提高到了近 60 米，大大提高了生产效率，降低了生产成本。

## 5.5.2　冲击回转钻进

冲击回转钻进是在钻头已承受一定静载荷的基础上，以纵向冲击力和回转切削力共同破碎岩石的钻进方法。与常规回转钻进法相比，冲击回转钻进只要用不大的冲击力，便可以达到破碎坚硬岩石的效果。

冲击回转钻进的实现方式分两类：一类是顶驱式，在钻杆顶部用风动、液动或电动机构等实现冲击，并同时回转钻杆；另一类是潜孔式，以液力、气力、电磁力驱动靠近孔底的冲击器，产生冲击载荷，同时由地面机构施加轴向压力和回转扭矩。

现在主要使用的是潜孔式，潜孔式具体实施方法是：在回转钻进的钻具中增加一个具有一定冲击频率和冲击能量的冲击器(也称潜孔锤)，在取芯钻进时，冲击器一般安装在岩芯管上端；在无岩芯钻进时，则直接安装在钻头上。

### 5.5.2.1　冲击回转钻进的优点

最适用于粗颗粒的不均质岩层，在可钻性Ⅵ～Ⅷ级，部分Ⅸ级的岩石中，钻进效果尤为突出；不仅应用于硬质合金钻进，还应用于金刚石钻进及牙轮钻进，它既可钻进较软的岩层，又可钻进坚硬的岩层；应用于小口径金刚石钻进，不仅可提高钻进效率和钻头寿命，还可克服裂隙地层的堵芯，坚硬致密地层的"打滑"，及某些地层的孔斜等问题。同时，在岩土工程的大口径施工中也有用武之地。冲击器是冲击回转钻进的关键部件。

由于地质钻探主要使用液动冲击回转钻进，以下主要论述液动冲击回转钻进的相关内容。

### 5.5.2.2　冲击器分类

根据动力采用的形式不同，分以下三种：

(1)液动冲击器：采用高压水或泥浆作为动力介质；

(2)风动冲击器：又称风动"潜孔锤"，用压缩空气作为动力介质；

(3)机械作用式冲击器：利用某种机械运动，使冲锤上下运动而产生冲击力，这些机械可以是电机、电磁装置，也可以是涡轮或特种机构。

上述分类中，以液动、气动两种型式比较成熟，在地质勘探中又以液动冲击器使用比较广泛。

1)液动冲击器

液动冲击器根据结构不同可分为：阀式液动冲击器和无阀式液动冲击器，阀式液动冲击器又可分为：正作用阀式液动冲击器；反作用阀式液动冲击器；双作用阀式液动冲击器。无阀式液动冲击器又可分为：射流式液动冲击器；射吸式液动冲击器。

（1）阀式正作用液动冲击器

其工作原理如图 5－83 所示：冲锤活塞 5 在锤簧 6 的作用下处于上位，其中心孔被活阀 4 盖住，液流瞬间被阻，液压急剧增高而产生水锤（也称水击）效应。在液压作用下，冲锤活塞和活阀一同下行，压缩阀簧 3 和锤簧 6；当活阀下行到一定位置时，活阀被阀座 2 限制，活阀停止运行并与冲锤活塞 5 脱开，液流经冲锤活塞中心孔而流向孔底，液压下降，活阀在阀簧作用下返回原位；冲锤活塞在动能作用下利用惯性继续运行，冲击铁砧 7，冲击能量经铁砧—岩芯管接头—岩芯管等传至钻头，冲击之后，冲锤活塞在锤簧力作用下弹回；再次与活阀接触，完成一个冲击周期[87]。其主要特点如下：

①正作用冲击器结构简单，性能稳定，调试容易。

②冲击器中弹簧的反作用要消耗一部分能量，抵消了很大一部分高压液流所产生的冲击力。

③弹簧在 1500 次/min 或更高的循环压缩、伸张下，容易损坏。

（2）阀式反作用液动冲击器

它是利用高压液流的压力推动冲锤活塞上行，并压缩工作弹簧储存能量，经弹簧释能而做功。

工作原理如图 5－84 所示：高压液流进入冲击器，由于水路封闭，当冲锤活塞上下端压力差超过工作弹簧 1 的压缩力和冲锤活塞本身的质量时，迫使冲锤活塞上行，并压缩工作弹簧储存能量；与此同时，铁砧 4 的水路被逐步打开，高压液流开始流向孔底，液压下降，冲锤活塞利用惯性继续上行，当上行到上死点时，冲锤活塞利用自身质量和工作弹簧的弹力，使冲锤活塞急速向下运动而冲击铁砧；同时，由于冲锤活塞与铁砧相接触而又封闭了液流通向孔底的通路，液压开始上升，当上升到一定值时，再次作用于冲锤活塞，使其上行，开始第二个工作周期[87]。反作用冲击器的主要特点如下：

①对冲洗液的适应能力较强；

②可获得较大的单次冲击功；

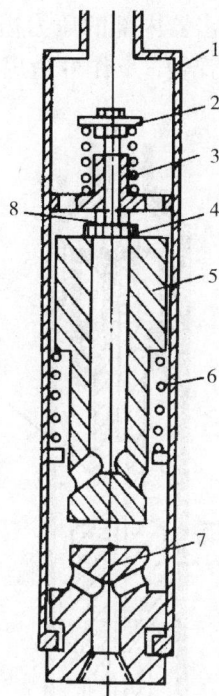

图 5－83　正作用冲击器原理示意图
1—外壳；2—活阀坐；3—阀簧；
4—活阀,5—冲锤活塞；6—锤簧；
7—铁砧；8—缓冲垫圈

③冲击器内部的压力损失较小，效率较高。该类冲击器的主要缺点是需要刚度较大的弹簧，工作寿命短。

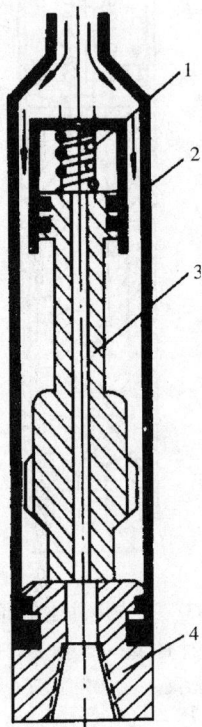

图 5-84　反作用阀式冲击器原理示意图

1—活塞弹簧；2—外壳，3—连杆；4—砧子

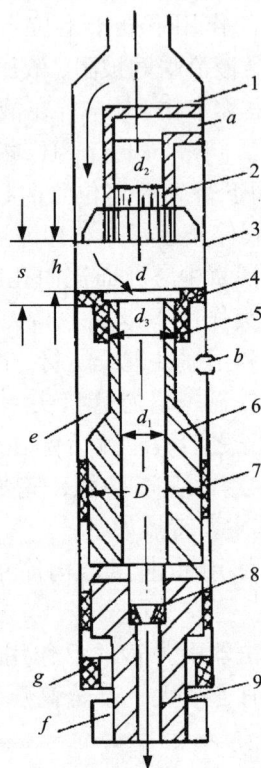

图 5-85　无弹簧双作用冲击器示意图

1—活阀座，2—活阀，3—外套，4—支撑座；5—导向密封件；6—冲锤；7—导向密封件；8—节流环；9—砧子

（3）阀式双作用液动冲击器

它的冲锤活塞正冲程和反冲程均由液体压力推动。工作原理如图 5-85 所示：当钻具到达孔底时，由于钻具自重，使活接头 $f$ 被压紧到外套上的 $g$ 处，这时工作腔 $d$ 处的液流，分别作用在活阀 2 和塔形冲锤活塞 6 上，由于活阀上下端的压差，迫使活阀上移到最上位置；由于冲锤活塞上、下两端面积不同而产生的压力差，迫使其也向上移动；当冲锤活塞上行到与活阀接合时，通道 $d_1$ 被关闭，冲锤活塞与活阀便一起急速下行，当下行至 $h$ 时，活阀被支撑座 4 限制，冲锤活塞与活阀分离，借助惯性作用继续下行，下行到 $s$ 时，冲击砧子 9；由于冲锤活塞中心通道被打开，液流又恢复循环，在液流压力作用下，活阀急剧上升，冲锤活塞也急剧上行，周而复始进行[87]。其主要特点如下：

①双作用液动冲击器的液流能利用率较大；

②缺点是结构比较复杂，部分零件磨损较快等。

（4）射流式液动冲击器

射流式液动冲击器是采用双稳射流元件作为控制机构的一种液动冲击钻具。工作原理见图 5 - 86：水泵输出的高压水经钻杆柱输入射流元件①，从喷嘴喷出，产生附壁作用。若先附壁于右侧，高压液流则流入右输出通道 C 并进入缸体②的上部，推动活塞③下行。此时，与活塞连接的冲锤④便冲击砧子⑤，将冲击动能传给岩芯管及钻头，完成一次冲击。在 C 输出高压水的同时，有一小股高压液流（称为反馈信号液流）进入 D 控制孔。在活塞行程末了时，反馈信号很强，促使射流由 C 切换到 E 输出，高压液流由左通道输出，进入下腔，推动活塞向上。同时，当活塞上行时，反馈信号又回到 F，射流又切换到右输出通道。如此反复循环，实现冲锤的冲击动作。上下缸的回水通过 C、E 输出道而返回到放空孔，经水接头及砧子内孔道流入岩芯管，直达孔底，冲洗孔底后返回地表。射流式液动冲击器工作原理见图 5 - 86[87]。其主要特点如下：

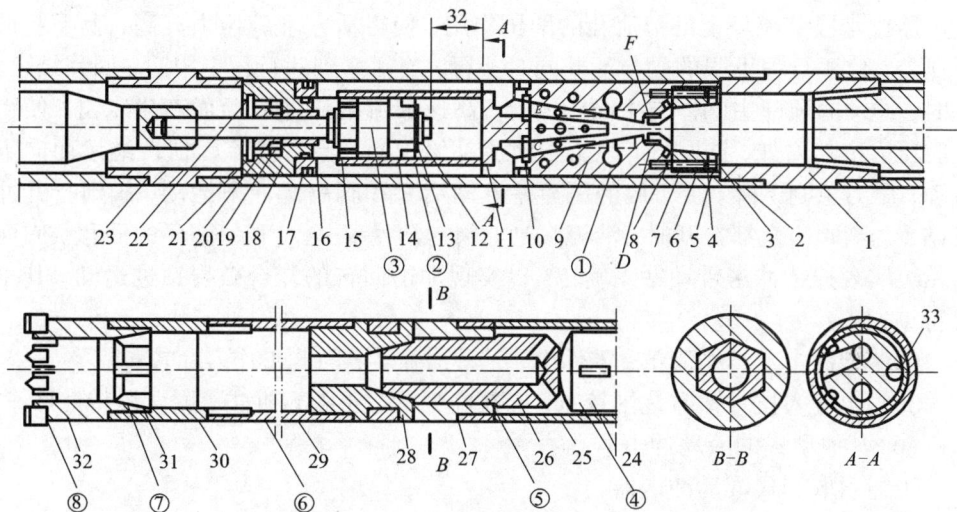

**图 5 - 86　液压射流冲击回转钻具图**

①—射流元件；②—缸体；③—活塞；④—冲锤；
⑤—砧子；⑥—岩芯管；⑦—卡簧；⑧—钻头；
1—上接头；2—缸套外壳；3—打捞垫；4、13、22—弹簧挡圈；5—螺栓；6、8、10、17—"O"形密封圈；
7—打捞螺纹；9—射流元件；11—缸体；12—活塞杆；14、20—密封圈；15—支撑环；16—导向钢套；
18—压盖；19—支撑环；21—前垫；23、28—接头；24—冲锤；25—外壳；26—砧子；27—六方套；
29—岩芯管；30—卡簧座；31—卡簧；32—钻头；33—销钉

①结构简单，零件少，易于操作；

②无弹簧及配水活阀等零件，寿命较长；

③能量利用率较高；

④工作时不易产生堵水现象，能较好地预防和防止发生烧钻头及蹩泵等事故；

⑤钻进中产生的高压水锤波比阀式冲击器小，钻具工作较平稳，能减少水泵、冲击器及高压管路等零件的损坏。

(5)射吸式液动冲击器

射吸式液动冲击器主要是利用钻井液流过喷嘴时的卷吸作用，以及阀控液压随动系统的压力与位移的综合反馈关系，使阀与活塞在上下腔内产生交变压力差，推动活塞往复运动，从而完成举锤与冲击，并以冲击方式输出能量[87]（如图5-87所示）。射吸式液动冲击器由上接头、外管、喷嘴、活塞密封组合、阀室、冲锤、花键轴套、节流、环下接头等组成。工作时，将上接头与钻铤联接，下接头与钻头联接。钻井时，高压钻井液经钻铤内孔，流入上接头内孔，驱动冲击器工作可分为回程和冲程2个阶段，回程过程中，启动前冲击器的阀与活塞均处于行程下限，液流通道畅通，启动时，工作液从喷嘴射出，高速射流将活塞上腔的液流抽到下腔，使得上腔的压降减小，而进入下腔的液流由于通道扩大，流速减慢和冲击器排水段节流环上的节流孔的增压作用，使得活塞下腔压力升高，上下腔形成压差，位于行程下限的阀与活塞同时上行，当活塞到达行程上限时，回程结束；此时，冲锤的顶部主阀体与主阀座闭合，高速液流被迅速阻断而产生水击，使得上腔压力突然增加，同时，下腔由于液流补给阻断，原有液流因惯性继续而向下流动，压力急剧下降。上下腔的压力差推动活塞和阀一起向下运动，阀门打开冲击砧子。当阀门全部打开时，液流畅通，阀与活塞又进入下一循环的回程。周而复始可实现连续冲击带动钻头旋转，以实现冲击回转的复合破岩钻进运动。其主要特点如下：

①该型冲击器结构简单、零件少、无易损弹簧，因此工作寿命较长。

②输出输入技术参数范围较宽，能在高频状态下稳定冲击，耐背压特性好。

(6)其他型式的液动冲击器：

①绳索取芯式液动冲击器

绳索取芯式液动冲击器是一种将绳索取芯钻具同液动冲击钻进相结合的新型钻具和先进的钻进方法。这种方法不仅具有绳索取芯钻进所具有的各种优点，同时，由于冲击载荷的作用，可以克服绳索取芯钻进由于钻头唇部较厚，在一定钻压条件下钻头比压较小、在坚硬致密岩石中钻速较低的缺点。绳索取芯液动冲击器将绳索取芯与液动冲击器相结合，充分利用冲击回转钻进碎岩优势，提高坚硬及"打滑"地层的钻进效率，同时冲击振动又可以减少岩芯堵塞；深孔中钻进，由于使用绳索取芯，大大缩短了取芯所用的辅助时间，是一种高效的钻进方法。

②孔底反循环液动冲击器

孔底反循环液动冲击器是一种既可以实现局部反循环，又具有冲击作用的孔底钻具。

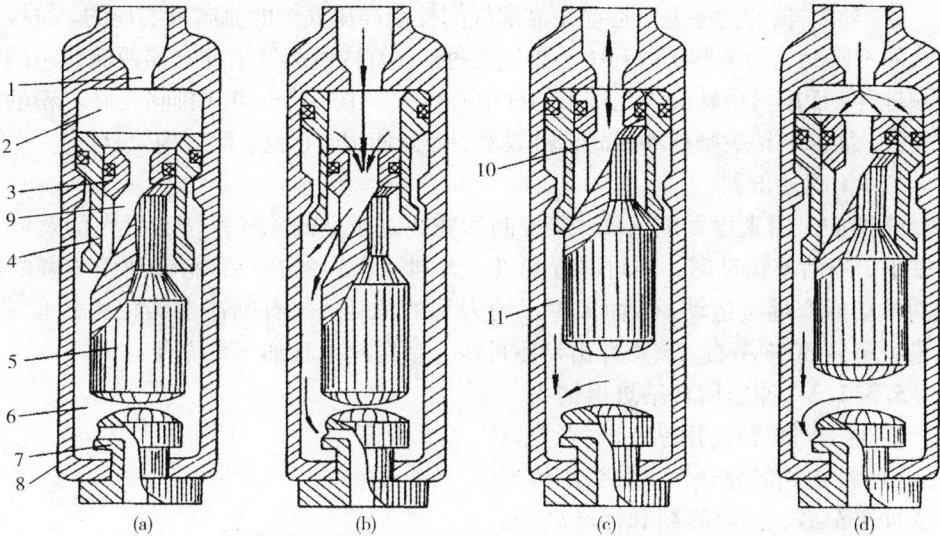

**图 5 – 87　射吸式液动冲击器原理图**

（a）未送水时的起始状态；（b）送水时的起始状态；（c）举锤时的回程状态；（d）冲程开始

1—喷嘴；2—上腔；3—活塞；4—阀；5—冲锤；6—下腔；7—砧子；8—低压腔；

9—高压腔；10—水击区；11—降压区

③孔底可调式液动冲击器

孔底可调式液动冲击器是一种可以根据所钻岩石的特性自动调节冲击功和冲击频率的冲击器，在钻进不同岩石时，都处于最优的工作状态。如钻进硬岩时，对孔底钻具所施加的轴芯压力较小，从而使弹簧的压缩量也较小，而冲击行程相应增大，此时，冲击器产生的冲击功大而频率低，形成以冲击为主的冲击－回转钻进，有利于硬岩的破碎；当遇到软岩层时，对钻具所施加的轴芯压力较大，冲击器产生的冲击功小，但频率较高，是以回转切削为主的冲击回转钻进，有利于软岩的破碎。

2）风动冲击器

风动冲击器也称风动潜孔锤，是以压缩空气作为介质而工作的。同时，压缩空气也兼做洗孔介质，因此也具有空气钻进的一些特点。生产实践表明，风动冲击回转钻进的效率一般要比液动冲击回转钻进高，其主要原因是风动冲击器的单次冲击能量较大，且孔底冲洗效果较好。但使用风动冲击器钻进时，需配备能力较大的空压机，燃料消耗较大，设备也较复杂。

风动冲击器的种类主要分为有阀冲击器和无阀冲击器两大类，其中有阀式按排气方式的不同又分为旁侧排气和中心排气两种。

（1）有阀冲击器

这类冲击器的活塞上下运动是靠配气阀控制高压气体的流向来实现的。按排气方式的不同又分为旁侧排气和中心排气两种。气缸内的废气由冲击器两侧排出的称旁侧排气,而废气由钻头中孔排出的称中心排气。中心排气方式排除孔底岩粉的效果较好,能降低钻头磨耗和提高钻进效率,因此使用较广泛,但结构较复杂。

(2)无阀冲击器

这类冲击器未设置配气阀,其控制活塞往复运动的配气系统布置在活塞或气缸壁上,当活塞运动时,自动进行配气。无阀冲击器的特点:能够利用压气的膨胀功推动活塞继续运动,从而减少了动力气的消耗。与有阀冲击器相比,压气消耗量可节省30%左右。该类冲击器零件少,结构简单且加工较方便。

### 5.5.2.3 冲击回转钻进用钻头

1)冲击回转钻进用钻头的特点

(1)冲击回转钻进时,钻头刚体要承受冲击荷载、轴向静载和回转转矩,因此钻头刚体材料的强度要高于回转钻进钻头;

(2)作为取芯用的冲击钻头,其壁厚较回转钻进取芯钻头厚,钻头体的长度较长;而气动冲击回转钻头壁厚更大或多采用全面钻进型式;

(3)钻头体的外形多呈多边形,以增大通水、通气面积;

(4)气动冲击回转钻进为了使钻头能承受较大的冲击荷载,切削具一般采用强度较高的硬质合金。

2)冲击回转钻进用钻头的主要类型

(1)液动冲击回转钻头

①取芯式硬合金钻头

a.普通大八角硬合金钻头

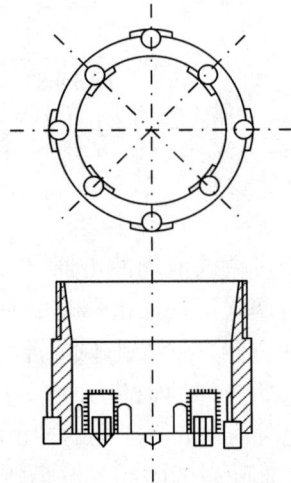

图 5-88 普通大八角硬合金钻头图

如图 5-88 所示,其结构有带肋骨和不带肋骨两种形式。肋骨厚 3 mm,可增大通水面积,内、外出刃皆为 3 mm,底出刃 5 mm,刃尖角 90°~100°,适于钻进 5~8 级中硬岩石。

b.长片状肋骨式硬合金钻头

如图 5-89 所示钻头内肋骨与钻头体连成一体。当钻头直径为 91 mm 时,外肋骨片厚度为 4 mm,外出刃 1.5 mm,内出刃 1 mm,底出刃 5mm,冲击刃角

110°。适用于低频大冲击功液动冲击器钻进中硬岩石。

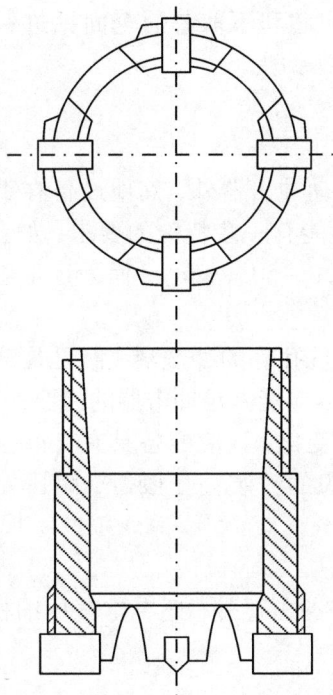

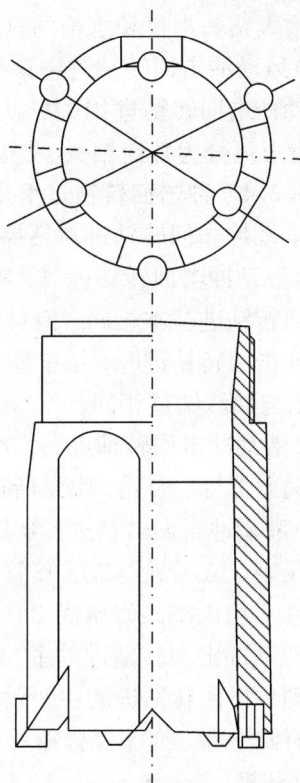

图 5 - 89　长片状肋骨式硬合金钻头图　　　　图 5 - 90　异形硬合金钻头图

c. 异形硬合金钻头

如图 5 - 90 所示利用异形截面钻头体，以增大液流过水断面，减少流阻背压和岩芯堵塞。对于直径为 75 mm 的钻头，镶焊 6 粒硬质合金，内、外出刃各 1 mm，底出刃 2.5～3 mm，合金刃尖角 90°～100°，适于在 5～7 级中硬岩石中使用。

②取芯金刚石钻头

金刚石液动冲击回转钻进的主要特点是高频率、小冲击功，所配备的钻头主要是能适于钻进坚硬及"打滑"岩层。目前，我国在冲击回转钻进中仍沿用普通回转钻进用的金刚石钻头，但由于冲击回转钻进工艺不同于纯回转钻进，故在钻头结构上应有其特点。

a. 金刚石冲击回转钻进是以回转为主，冲击为辅，选择钻头类型时，表镶或孕镶钻头都可以用；

b. 由于在钻进中金刚石要承受较大的冲击动载，所以应选用强度较大的金刚石。金刚石在镶嵌前最好先进行圆粒化和金属镀层处理，以提高金刚石抗冲击和包镶能力，同时，也应提高胎体的强度和硬度；

　　c.增大钻头水口和水槽的过水断面。

　　(2)风动冲击回转钻进用钻头

　　风动冲击回转钻进用的钻头，按用途分为取芯和不取芯的全面钻进钻头两种。按齿形可分为片齿钻头、柱齿钻头和柱片混镶钻头。

### 5.5.2.4　冲击回转钻进用设备

　　1)液动冲击回转钻进对钻探设备的要求

　　(1)液动冲击回转钻进时，除需增加孔底液动冲击器外，其他设备在类型上与常规回转钻进基本相同，但对钻机、水泵的性能有一些特殊的要求，如：硬合金液动冲击回转钻进时，钻机应有低速档(转速 30~50 r/min)，而采用金刚石钻进时，则与回转钻进相同；

　　(2)液动冲击回转钻进时，水泵不仅供应清洗孔底的冲洗液，而且是液动冲击器的动力能源。因此，水泵所提供的泵量、泵压应能满足冲击器的需要；

　　(3)液动冲击回转钻进，泵压高且有脉动性变化，故应配备具有良好抗振性能的泵压表、稳压罐。高压胶管应选用钢丝编织的镶装高压胶管，耐压能力在 8MPa 以上，稳压罐的耐压能力在 10MPa 以上。

　　2)风动冲击回转钻进的主要设备及附属装置

　　风动冲击回转钻进的主要设备除钻机、风动冲击器外，还有空气压缩机，附属装置有除尘器、泡沫混合器及注射器等。

　　(1)钻机

　　按钻进目的不同而有所区别

　　①钻进水井多采用长行程动力头钻机；

　　②钻进地质勘探孔时，为适应空气冲击器钻进的需要，多把立轴式钻机设计为低转速，有时也直接采用长行程无级变速的动力头式的复合钻机；

　　③在施工大口径工程钻时，常使用起重机式打桩机。

　　(2)空压机

　　为风动冲击器提供动力，清洗孔底。空压机的型式很多，在空气冲击回转钻进中普遍使用螺杆式空压机，因为它具有重量轻、噪音低、风量大、压力高、体积小的优点。目前，国内外的螺杆压缩机型号很多，最高风量达 40 $m^3$/min，压力一般为 2.4 MPa。

### 5.5.2.5　冲击回转钻进破碎岩石原理

　　如图 5-91 所示冲击回转钻进在钻头切削具上同时受到 3 种力的作用，即回转力、轴向静压力和冲击力。在这 3 种力的联合作用下，岩石以冲击剪切和回转切削方式破碎。首先是切削具在冲击载荷作用下形成破碎穴，在两次冲击破碎穴之间造成孔底局部岩脊，而后切削具在回转力的作用下将已经产生了裂纹的岩脊切削下来。钻进不同性质的岩石，冲击碎岩和回转切削碎岩所起的作用是不相同的。

1）在坚硬、脆性岩石中钻进时

岩石破碎主要是冲击力作用的结果，钻具的回转只是移动切削具的位置，改变冲击点，在移动中将裂隙发育的岩脊切削掉，而轴向静载则是用来克服钻具在冲击时的反弹力，以改善钻具的工作性能。因而，在考虑其最佳转速时，主要是二次冲击间形成的岩脊应在钻头回转切削作用下，能有效地被切削掉。因此，对于坚硬、脆性的岩石，利用动载破碎岩石时，由于瞬时应力集中，轴向静载在孔底岩石上造成了预加应力，而在冲击的同时又作用有回转力，这就对欲破碎的岩石增加了附加剪切

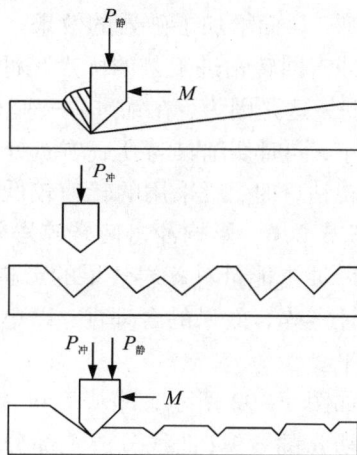

图 5 –91　冲击回转钻进破碎岩石原理图

作用，造成粗大颗粒岩体的分离，提高了碎岩效果。而且，这种效果将随岩石脆性的增大而更为显著。

2）对于中硬、塑性较大的岩石

其破碎方式仍然是以回转切削为主，冲击作用是辅助性的。冲击作用在岩石中形成裂纹，为回转钻进切入岩石和切削岩石创造了十分有利的条件。因而，轴芯压力是保证有效破碎岩石的主要参数，它关系到切入岩石的深度和产生体积破碎的程度。轴压的最大值则取决于切削具的强度。

3）对于塑性大的岩石

冲击力的碎岩作用不大，大部分冲击能量为岩石的塑性变形所吸收，不能导致大的体积破碎和分离，而回转切削破岩作用处于主导地位。冲击回转碎岩过程具有冲击碎岩和回转碎岩两者的特征，根据冲击碎岩和回转碎岩作用的主次，又将冲击回转钻进分为冲击 – 回转碎岩和回转 – 冲击碎岩两种形式。

（1）冲击 – 回转碎岩

以冲击碎岩为主，回转力矩使切削具在静压的作用下沿孔底剪切两次冲击间残留的岩石脊峰，这种方式要求冲击器具有低频率、大冲击功，风动冲击器即属此类。对于脆性岩石来说，利用这种方式碎岩，效果较好。

（2）回转 – 冲击碎岩

是把高频低冲击功，加在一般回转钻进的硬质合金钻头或金刚石钻头上。它主要用于小口径钻进，液动冲击器即属此类。该方法之所以能破岩，主要是岩石受高频冲击力后，一方面在刃具接触处产生应力集中，增大了破碎体积；另一方

面岩石内部分子被迫振荡而产生疲劳破坏并降低了强度,再加上轴向的静压和回转切削,从而增加了破岩的效果。

冲击回转钻进工艺的优点是冲击回转钻进钻头切削具的磨损总体上小于纯回转钻进。这是因为,在钻进硬—坚硬岩石时,碎岩以冲击作用为主,轴芯压力相对较小,同时切削具与孔底岩石处于瞬间动接触状态,因此,磨损较小。此外,冲击回转钻进时,所采用的转速较低,切削具的磨损也较小。

### 5.5.2.6　影响冲击回转碎岩效果的因素

1)冲击能量对碎岩效果的影响

评定碎岩效果的合理性:以单位体积破碎能(碎岩比功),表示碎岩的能量消耗水平。

如图 5-92 所示,冲击能量 $A$ 和碎岩比功 $\alpha$ 的 $\alpha-A$ 曲线分成三部分:

$A < A_0$ 是伤痕区,这时小的冲击能不足以使岩石产生破碎坑,且破碎下的岩粉很细,因而比功 $\alpha$ 很大;

$A_0 \leqslant A \leqslant A_c$ 为过渡区(阴影部分),该区内测定的比功 $\alpha$ 变化不定;

$A > A_c$ 为稳定区,该区内比功 $\alpha$ 变化不大,且值较小。对于一般岩石,每厘米刃长上冲击能量若超过 10 J,即 $A_c$ =10 J/cm,破碎比功 $\alpha$ 认为有稳定值。

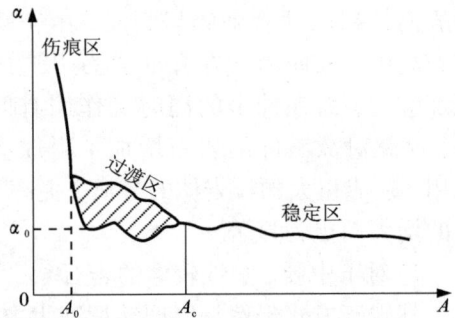

图 5-92　$\alpha-A$ 曲线图

2)冲击间隔对碎岩效果的影响

在两次冲击之间,切削刃回转一个角度,这个角度称之为冲击间隔。冲击间隔反映了转速与冲击频率之间的关系。使两次冲击间的岩脊能被全部剪崩或切削掉的最大间隔,称为"最优冲击间隔",常用 $\beta$ 表示。$\beta$ 与冲击功、岩性、冲击齿圆弧半径 $R$ 和切削刃角等有关。冲击功增加,岩石的最优角 $\beta$ 增加。

3)冲击应力波对碎岩效果的影响

冲击器所产生的冲击力以应力波的形式经砧子、岩芯管、钻头传递给岩石。

不同的冲锤形状和不同的撞击接触面,将产生不同的入射应力波形。一般:细长的冲锤形状,入射波的幅度低,作用时间长;

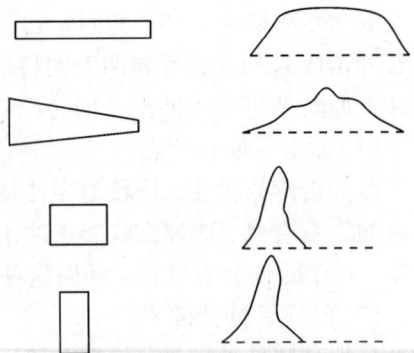

图 5-93　不同锤形与入射波形的关系图

短而粗的冲锤形状，入射波的幅度高，作用时间短。

如图 5-93 所示，4 种冲锤质量都相同，但不同形状的冲锤，其入射波形却不同。缓和的入射波形比陡的入射波形有更高的凿入效率，这是由于凿入起初不需要很大的力，随着刃具侵深增加，所需力也增大，故缓和的波形与之相匹配。除了调整冲锤的形状和断面积之外，还可以通过调整撞击面的接触条件来改变入射波的形状。

### 5.5.2.7　冲击回转钻进规程的选择

液动与气动冲击回转钻进，钻进规程有很大差异。

1）液动冲击回转钻进规程的选择

（1）钻压

冲击回转钻进时，有轴压和冲击荷载。不同岩石，钻压对钻速的影响不同，一般情况下八级以下岩层，钻压增加机械钻速随之增加，钻进八级以上岩层时机机械钻速则有所下降。要根据不同的岩石选择不同的钻压。

（2）转速

硬合金液动冲击回转钻进时，为降低切削刃的磨损和增加回次长度，选用较低转速。若增大转速，则在冲击频率不变的情况下，两次冲击的间距增加，切削行程增大，切削具的磨损就会增大。影响转速选择的主要因素是岩石性质。硬岩或强研磨性岩石，碎岩主要靠冲击作用，冲击间距应较小，转速应降低；裂隙发育的岩层或软岩层。合理的转速应保证充分发挥切削碎岩的作用。金刚石冲击回转钻进时，为充分发挥多刃切削研磨岩石的优势，转速应尽量提高。

（3）泵压和泵量

泵压和泵量是液动冲击回转钻进的重要参数，钻进中，冲洗液不仅可以冷却钻头、清洗孔底，而且泵压和泵量直接影响冲击器的冲击频率和冲击功的大小。通常，泵量增大，冲击器的冲击频率和冲击功增大，孔内冲排粉干净，平均机械钻速增高。液动冲击回转钻进对泵压也有一定要求。泵压除要克服冲击器及管路上的阻力损失外，还应满足冲击器做功的需要，随着泵压的增高，冲击器的冲击频率和冲击功都相应增加。

2）气动冲击回转钻进规程选择

主要规程是钻进时的风量、风压、转速及孔底钻压。

（1）风量与风压的选择

①风量选择

通常，风量越大，环隙气流上返速度越大，岩屑上返能力越强，钻进效率越高。但风量过大会引起压力损失增大，冲刷孔壁加剧。一般携带岩屑上升的最佳速度大约在 15 ~ 22 m/s。

总风量取决于钻进速度并与节流塞有关，钻进速度越快，所需风量越大。节流塞的作用是分配风量，钻进时，根据环状间隙上返气流的状况和冲击器的工作情况，选择不同孔径的节流塞。风压不同，耗风量也不同，当其处于不同海拔高度和不同温度条件下时，其风量应加以修正。

②风压选择

风动冲击器钻进时，钻速与风压有密切关系。如图 5-94 所示为 4 种不同型号的冲击器，在花岗岩中钻进时钻速与风压的关系。风压较高能提高钻速，但风压太大，管路中的损失也较大。因此，风压只能在适当的范围内选择。孔内涌水时，风动冲击回转钻进的风压将有所不同，尤其是加接钻杆后，需要有足够的风压把孔内水柱抬起并喷出。这种现象称为"气喷"，把孔内涌水排出的最大风压称为"气喷峰值压力"，其大小决定于水柱的高度。一旦孔内涌水被压缩空气排出，风压即降到潜孔锤的工作风压。

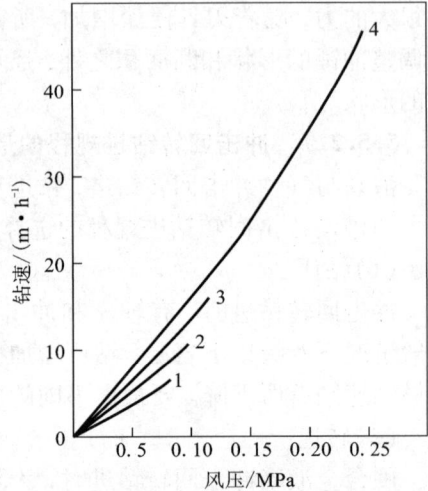

图 5-94 钻速与风压的关系图
1—阀式冲击器(1955)；2—阀式冲击器(1960)；
3—阀式冲击器(1968)；4—无阀冲击器

（2）钻压及转速的选择

①钻压的选择

钻压保持孔底钻头与岩石的紧密接触，一般为 $0.9 \ kN/cm^2$。钻压过大并不能增大钻速，反而可能增大钻头的磨损。

②钻头的回转速度

合理的转速应保证冲击刃（如球齿）在每冲击一次后能落在新的岩面上。若回转速度过慢，冲击刃将重复冲入先前的冲坑中，重复破碎，钻头不稳定，回转受阻，钻进效率下降。若钻头转速过快，钻进效率不仅不增加，反而会引起钻头齿的过快磨损。不同地层的合理转速为：

覆盖层：40~60 r/min；　　软岩层：30~50 r/min；
中硬岩层：20~40 r/min；　　硬岩层：10~30 r/min。

### 5.5.3　贯通式潜孔锤反循环连续取芯钻探技术

贯通式潜孔锤反循环连续取芯钻探技术集潜孔锤高效碎岩、流体介质全孔反循环、不停钻连续获取岩矿芯三种先进钻探工艺于一体，机械钻速高，全孔反循环对孔壁无冲刷，不停钻连续地排出岩矿芯，不需要水循环排渣等，因此不受季节寒冷、地层破碎或冻结、岩石坚硬、缺水等地质条件因素的影响，是一种可以提高坚硬地层钻进效率的有效钻进方法。

#### 5.5.3.1　贯通式潜孔锤结构及其工作原理

　　贯通式潜孔锤的结构区别于普通型潜孔锤的主要特征，是中部设置的贯通孔道。该贯通孔将孔底与地表连通，构成岩（矿）芯、岩渣屑（粉）、气流及液体等物质上返的通道。贯通孔的设计改变了潜孔锤内部各零件的几何形状及排气通道。贯通式潜孔锤结构原理见图 5 – 95。

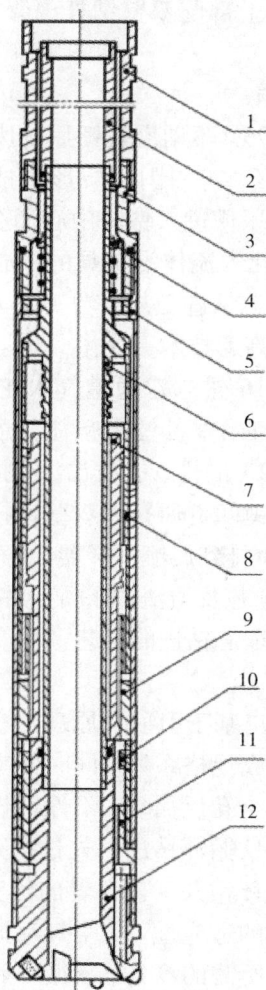

图 5 – 95　贯通式潜孔锤结构原理图

1—双壁钻杆；2—钻杆内管；3—变径接头；
4—逆止阀；5—外缸；6—芯管；7—活塞；
8—内缸；9—衬套；10—半圆卡；
11—花键套；12—反循环钻头

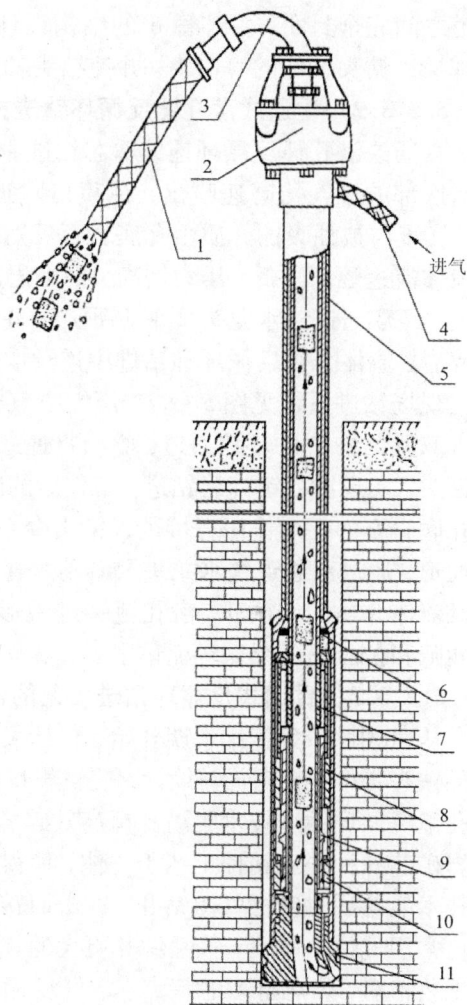

图 5 – 96　贯通式潜孔锤反循环连续取
（样）钻进原理图

1—排渣管；2—双通道气水龙头；3—鹅颈弯管；
4—进气胶管；5—双壁钻杆；6—逆止阀；7—芯管；
8—内缸；9—活塞；10—衬套；11—反循环钻头

贯通式潜孔锤工作原理：压缩空气由双壁钻杆进入贯通式潜孔锤的上接头环状间隙，推开逆止阀 4，进入外缸 5 和内缸 8 之间的环状通道，由内缸 8 上的径向进气孔进入前后气室推动活塞 7 往复运动产生冲击能量。前后气室内做功后的废气分别排入活塞与芯管 6 之间的环状通道，进入钻头上部环槽，经钻头花键槽底部留出的通道由钻头排气孔排出。潜孔锤贯通孔与潜孔锤的前后气室及内部各通道之间完全封闭，由芯管 6 的结构设计实现。芯管上部与双壁钻杆内管插接，下部插入钻头上部的直口中，并使钻头轴向滑动[88]。

### 5.5.3.2 贯通式潜孔锤反循环钻进技术工艺原理

贯通式潜孔锤反循环连续取芯钻进原理见图 5 - 96。驱动潜孔锤后的废气由钻头底部的排气孔高速喷出，在喷口附近形成低压区，对周围介质形成抽吸作用。气流与被抽吸的介质由孔底岩石反射后经钻头扩压槽进入钻头中心通孔，高速流体流速逐渐降低，压力增高，携带岩芯、岩屑及孔内流体沿钻具的中心通道上返，经双通道气水龙头 2 和鹅颈弯管 1 排出孔外。该钻进工艺成功实现了潜孔锤碎岩、流体介质反循环和钻进中连续取芯三种钻探高新技术一体化[88]。

现场钻进系统见图 5 - 97。压缩空气经胶管 15、16 进入双通道气水龙头 3，进入双壁钻杆 9 的环状通道，驱动贯通式潜孔锤 12 工作，冲锤高频往复运动冲击钻头，实现潜孔锤碎岩钻进。工作后的废气经钻头 13 的排气孔排出，经扩压槽和孔底岩石的反射作用直接进入钻头中心孔，经潜孔锤的贯通孔和双壁钻杆的中心通道，通过双通道气水龙头及鹅颈弯管 2、排渣管 4 排到旋流取样器 7，完成动力及流体介质的反循环。潜孔锤钻进中形成的岩（矿）芯及岩渣（粉）屑经钻头底部间隙和扩压槽随反循环流体上返，实现不停钻连续取芯钻进的工艺[88]。

### 5.5.3.2 贯通式反循环钻进工艺的优势优点

从 20 世纪 80 年代末期开始，吉林大学创新设计出基于引射器原理的空气反循环钻头，并不断完善其设计，使空气反循环钻头形成规格系列。同时使贯通式潜孔锤反循环钻进技术集潜孔锤高效碎岩、流体介质全孔反循环、不停钻连续获取岩矿芯三种先进钻探工艺于一体，使得迈入了空气反循环钻进的先进行列，该项技术能够同时发挥气体钻井、冲击回转钻井和反循环钻井工艺三者的优势，具有比常规气体钻井、空气锤钻井更大的优势和更广泛的适应性。从空气反循环钻进工艺特点、岩芯样取芯特点、空气反循环钻进工艺所需的设备、反循环施工工艺对环境的适应程度、可推广的应用领域这几方面归纳，贯通式反循环钻进工艺的优势可概括如下几点：

1）形成反循环无需外界封堵，反循环能力强，并且不受孔径的限制。

2）作为动力介质的压缩空气密度小，对孔底岩石压力小，更利于碎岩，碎岩比功小。

3）对地层地质条件适应性好，孔底排渣屑能力强，能减少钻头在孔底的重复

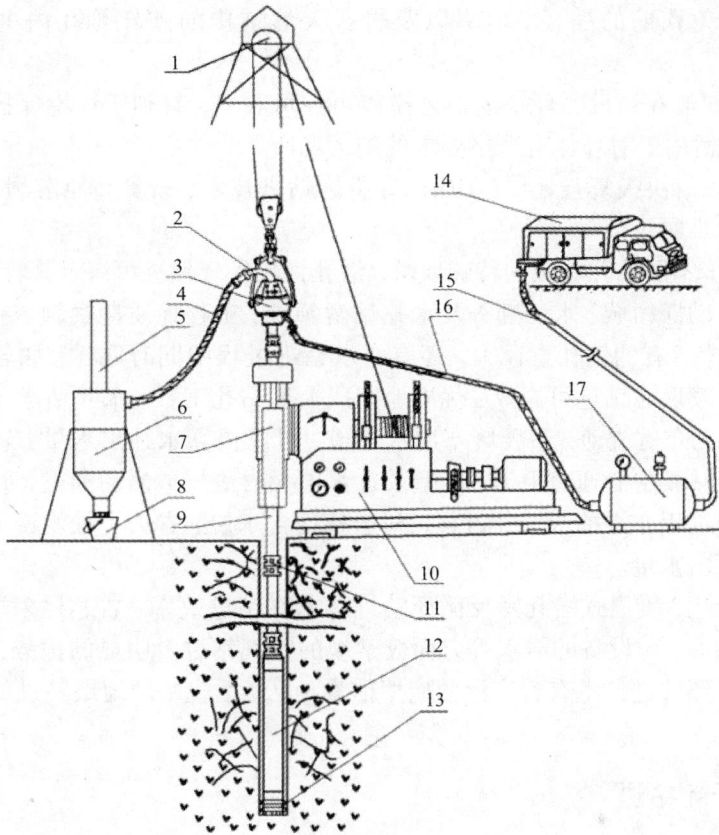

图 5 - 97　贯通式潜孔锤反循环连续取芯(样)钻进设备、机具布置图

1—天车；2—鹅颈弯管；3—双通道气水龙头；4—排渣管；5—取样器排气管；6—旋流取样器；
7—钻机立轴；8—接芯(样)桶；9—双壁钻杆；10—钻机；11—双壁钻杆锁接头；12—GQ 贯通式潜孔锤；
13—反循环柱齿合金钻头；14—空压机；15 - 16—输送压气管路；17—储气罐

破碎，提高钻头的寿命。

4)反循环所需的供风量小，可有效节省设备投资和降低空压机能源消耗。

5)处理地层出水能力较强。

6)利于干旱缺水地区施工，并适于冬季或冷冻地层施工作业。

7)轴压小，转速低，钻进规程参数较常规岩芯勘探低，所以贯通式反循环钻进工艺对钻具及设备磨损小，钻头寿命长，对钻孔的扰动小，可有限减少孔内事故。

8)岩芯(样)采取率高，品质好，地层判断准确、及时。

9)可实现泡沫与雾化钻进相结合的复合空气潜孔锤钻进工艺，使用空气动力介质时，仍可使用各种液体冲洗介质保护孔壁及岩芯。在水敏性破碎复杂地层钻进时，可避免孔壁的缩径、坍塌以及岩石天然结构的破坏等孔内事故和不良影响。

10）空气潜孔锤反循环钻进工艺排渣可控可收集，有利于环境保护与施工人员的健康，适用于对环保有严格要求的施工场所。

11）可以解决极复杂地层（矿山的穿空区钻进技术、云贵高原溶洞地层）的钻进取芯技术难题。

12）对于不同钻孔领域的特殊要求，潜孔锤反循环钻进可满足其特殊的需求。在地质岩芯勘探领域、水文勘查及水井钻凿领域、工程地质勘察领域中，钻孔较深，地层复杂，有的钻孔直径大，还有要求钻进过程中同时取样，如若应用潜孔锤反循环连续取芯钻进可高效、优质地完成上述钻孔工程。水井钻凿用反循环钻进，沿孔壁无介质流动，不会堵塞出水通道，可以提高水井出水量：岩渣屑及流体介质均经钻具中心通道上返，孔壁及含水层无岩渣屑或岩粉通过，并且潜孔锤反循环钻进过程亦是抽水洗井过程，利于疏通含水层，省去了抽水洗井工序，并提高了水井出水量。

综上所述，贯通式潜孔锤反循环钻进技术在钻进效率、岩芯样采取率、对地层的适应能力、对设备的需求等方面较常规的空气钻进有明显的优势，所以推广贯通式反循环钻进技术有着广泛的应用前景，也是适应坚硬地层钻进的有效钻进方法。

## 5.5.4 牙轮钻进

牙轮钻进作为一种钻孔孔径大、穿孔效率高的钻进方法，多用于矿山穿孔、石油钻进、工程钻进及其他钻进。主要用于全面钻进，也有部分取芯钻进，特别是将牙轮钻进和潜孔冲击器结合使用也是钻进坚硬地层的一种有效钻进方法。

### 5.5.4.1 牙轮钻头

1）牙轮钻头结构

牙轮钻头包括牙轮、牙齿、牙轮轴、轴承、牙掌、钻头体、喷嘴、储油润滑密封系统等。

（1）牙轮

牙轮为合金钢锥体，锥面铣齿或镶装硬质合金齿，内腔有轴承跑道。

锥面分为单锥和复锥，单锥由主锥和背锥组成，用于钻进硬地层，复锥由主锥、副锥及背锥组成，用于钻进软到中硬地层。

（2）牙齿

牙齿分为铣齿和镶齿，铣齿就是在牙轮锥面上直接铣出，是楔形。镶齿就是镶装在牙轮锥面上的硬质合金齿，有多种齿形：

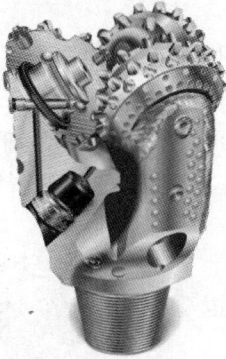

图 5 – 98 牙轮钻头结构图

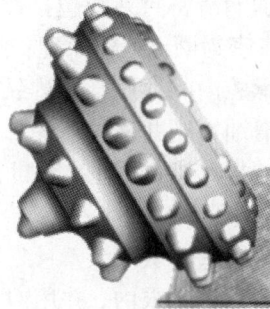

图 5 – 99 牙轮图

勺形齿：极软至中软地层
楔形齿：软至中硬地层
锥形齿：中硬地层
尖卵形齿：硬地层
球齿：硬至坚硬地层

勺形　　楔形　　圆锥形　　尖卵形　　球形

图 5 – 100 牙齿图

（3）轴承

轴承包括牙轮内腔、牙爪轴颈、轴承跑道、锁紧元件等，每个牙轮有大、中、小和止推四付轴承。大、小轴承承受径向载荷；中轴承用来锁紧和定位；止推轴承承受轴向载荷。

轴承按轴承副结构分为滚动轴承、滑动轴承；根据轴承密封与否分为密封、非密封轴承；滚动轴承有两种结构：滚柱—滚珠—滚柱—止推；滚柱—滚珠—滑动—止推；滑动轴承有两种结构：滑动—滚珠—滑动—止推；滑动—卡簧—滑动—止推。

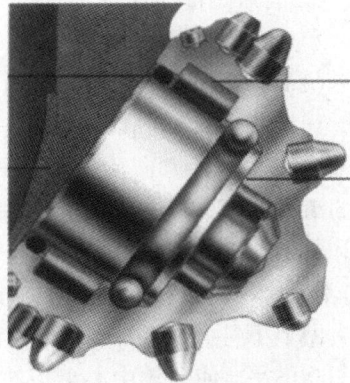

图 5 – 101 牙轮轴承图

（4）储油润滑密封系统

储油润滑密封系统包括储油润滑补偿系统和密封系统：密封圈分为橡胶密封圈、金属密封圈。工作原理：储油压力补偿系统（传压孔、压力补偿膜、油杯等）保持轴承腔内的油压与井内钻井液柱压力相平衡。当轴承腔内油压降低，储油杯中的润滑油在钻井液柱压力作用下补充到轴承腔内；当轴承腔内的油压升高，则流入储油杯。其中，有效密封是关键。

（5）喷嘴

牙轮钻头一般安装 3~4 个喷嘴，直径 7~14 mm。用卡簧固定在水眼内，并用 O 形圈密封。

（6）牙轮的布置

方案 1：非自洗无滑动布置，特点是齿圈不嵌合、不超顶、不移轴，适用于硬地层；

方案 2：自洗不移轴布置特点是齿圈相互嵌合、超顶、不移轴，适用中硬地层；

图 5-102　牙轮喷嘴图

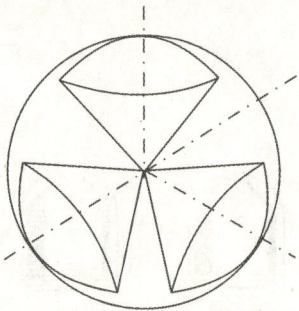

图 5-103　牙轮的布置 1 图

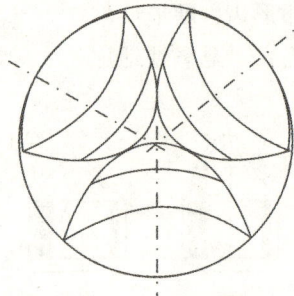

图 5-104　牙轮的布置 2 图

方案 3：自洗移轴布置特点是齿圈相互嵌合、超顶、移轴，适用软地层。

2）牙轮钻头工作原理

（1）牙轮钻头在井底的运动

牙轮随钻头一起顺时针旋转称公转，牙齿绕牙轮轴线作逆时针方向旋转称自转，牙轮齿相对于井底的滑移，包括径向（轴向）和切向（周向）滑动，超顶和复锥引起切向（周向）滑动，移轴引起径向（轴向）滑动，牙轮在滚动过程中，其中心上下波动，使钻头做上下往复运动，单、双齿交替接触井底和井底凹凸不平，使牙轮中心上下波动。

（2）牙轮钻头的破岩机理

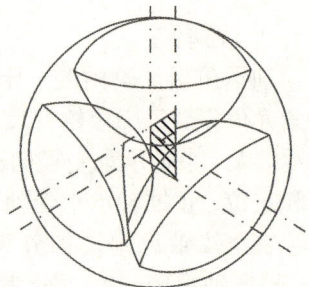

图 5-105　牙轮的布置 3 图

①冲击、压碎作用

牙轮钻头工作时，牙轮滚动，单齿与双齿交替接触井底，使钻头产生纵向振动。钻头纵向振动产生的冲击载荷和钻压通过牙齿作用在岩石上，对井底岩石产生冲击压碎作用，形成体积破碎坑穴。

(2)滑动剪切作用

牙轮钻头的超顶、复锥和移轴结构，使牙轮在井底滚动的同时还产生牙齿对井底的滑动，剪切齿间岩石。

3)牙轮钻头磨损与分级

(1)牙齿磨损：铣齿是根据齿的磨损高度与原齿高之比划分磨损等级；镶齿是根据崩碎和掉落的齿数与原有齿数之比划分磨损等级。

(2)轴承磨损：轴承磨损以钻头使用时间与轴承寿命(小时)之比分级。

4)牙轮钻头类型及选择

牙轮钻头类型 IADC 编码：I 系列代号：用数字 1 ~ 8 表示钻头牙齿特征及适钻地层；A 地层等级代号：用数字 1 ~ 4 表示所钻地层再分为 4 个等级；D 钻头结构特征代号：用数字 1 ~ 9 表示钻头结构特征，其中 1 ~ 7 表示钻头轴承及保径特征；C 附加结构特征代号：用英文字母表示钻头附加特征。

例如：341S——表示适用于中等研磨性或硬研磨性地层、4 级、非密封滚动轴承、标准铣齿钻头。537C——表示适用于低抗压强度的软到中硬、3 级地层、滑动密封轴承保径、带中心喷嘴钻头。

5)牙轮钻头合理使用

(1)从软到硬各种地层，都有相应钻头类型与之对应。使用时，应根据所钻地层性质合理选择钻头类型。

(2)钻压在 $0.21 ~ 0.42$ t/cm² 范围内时，钻速与所加钻压成正比。一般常用最佳范围：$0.28 ~ 0.35$ t/cm²。

(3)增加转速，可提高钻速，但轴承和牙齿磨损加快。常用转速范围：55 ~ 110 r/min。

(4)在排量满足携带岩屑要求的前提下，应尽可能提高泵压，以充分利用高压水射流的破岩作用，提高钻速。

**5.5.4.2　牙轮钻机**

主要以用于大型露天矿山的牙轮钻机进行论述。

1)牙轮钻机起源和分类

1933 年，比塞洛斯进入钻机市场；1952 年，比塞洛斯生产了第一台商业认可的电动型牙轮钻机；1945 年，俄罗斯重型机械联合公司(即乌拉尔机械)开始制造重型牙轮钻机；此后，美国的加登纳 – 丹佛公司(简称 G – D 公司)和德雷赛工业公司马里恩机铲分公司也相继开发了牙轮钻机。在 20 世纪 90 年代初期，P – H 公司也开发了牙轮钻机；我国从 20 世纪 60 年代起开始研制牙轮钻机，到 80 年代研制成功并投入市场，见表 5 - 13。

表 5 - 13　牙轮钻机按技术特征分类

| 技术特点　　分类 | 小型钻机 | 中型钻机 | 大型钻机 | 特大型钻机 |
|---|---|---|---|---|
| 钻孔直径/mm | ≤150 | ≤280 | ≤380 | >445 |
| 轴压力/kN | ≤200 | ≤400 | ≤550 | >650 |

一般钻孔直径在 280~380 mm 范围内的钻机称为大型钻机，牙轮钻机主要用于露天矿山 200 mm 以上的炮孔凿岩作业。

2）国外牙轮钻机的现状

国外牙轮钻机的现状及主要厂家的技术特点：国外目前能批量制造牙轮钻机的国家主要是美国、俄罗斯和日本。美国设计制造的牙轮钻机技术水平较高，性能较好，几乎畅销全球。目前世界上主要生产牙轮钻机的 3 家公司都在美国：比塞洛斯公司（BE，已被卡特彼勒并购）、英格索兰（IR，已被阿特拉斯·科普柯公司并购）和 P&H 公司（已被久益国际并购）。比塞洛斯和英格索兰公司是生产牙轮钻机历史悠久的公司，而 P&H 公司是 1991 年收购了加德纳 - 丹佛公司的牙轮钻机生产线后进入牙轮钻机市场的。

（1）比塞洛斯公司是世界最大、历史较悠久而技术先进的牙轮钻机制造商之一。49 - R、65 - R 和 67 - R 及其派生系列是该公司目前主要产品，代表了 21 世纪初的世界先进水平。其中，49 - R 型牙轮钻机的特点包括：电动无链齿条齿轮加压提升系统可保持轴压力均匀，提高钻进速度，延长钻头寿命；无链可反转履带行走系统可使钻机快速定位，4 s 内自动找平；高效螺杆空压机可增大压缩空气量，快速排除孔底岩渣，加快钻孔速度；由 PLC 管理的全部钻机功能提高了生产效率和安全性；可编程的钻机控制系统可实现钻机自动化，提高钻进效率。为满足铁燧石中钻孔的需要，该公司在 49 - R 型钻机的基础上又研制出了更大型 59 - R 型钻机，轴压力达 585~630 kN，排渣风速达 35.56 m/s，孔径达 406~445 mm。59 - R 型钻机的履带架、找平千斤顶、液压系统、钻架、加压提升机构、回转小车、主空压机和可编程序控制等方面都较 49 - R 型钻机有所改进和完善，其在铁矿中的钻孔速度达到了 28.3 m/h。

（2）英格索兰公司在矿用牙轮钻机方面主要生产全液压牙轮、潜孔两用钻机。其主要产品有 DM - 25、DM - 45E、DM - 50E、DM - H 和 DM - M 等型号。其特点是全部动作由液压驱动，整机动力则任选柴油发动机或电力。20 世纪 80 年代初，英格索兰公司推出 DM - H 型钻机，轴压力 500 kN，孔径为 311 ~ 381 mm。采用液压挖掘机式履带行走装置，由两台液压马达分别传动两条履带，提高了机动性，移位作业时间由几小时减少到几分钟。20 世纪 80 年代中期到 90 年代陆续推出了性能不断完善的 DM - M 型、DM - M2 型和 DM - M3 型钻机。英格索兰公司推出的大轴压的 Pit Viper Series351 型牙轮钻机，该机型轴压力为 570 kN，排气量为 6500 $m^3$/min，排气压力为 0.76 MPa。此外，英格索兰公司研究开发的钻机检测系统（IRDMS），能使操作者从控制台监视钻进速度、孔深、总进尺以及已钻出的孔数等钻进参数。同时还可以诊断出关键件的温度、压力、过滤器状况等与机械和系统功能有关的故障，并能把数据传输给钻机外的计算机，或者与矿山无线系统联网。

（3）P&H 公司牙轮钻机系列包括 3 种型号：P&H70A 型，其轴压力为 408 kN，最大孔径达 311 mm；P&H100B 型，轴压力为 590 kN，最大孔径达 445 mm，P&H120A 型，轴压力为 680 kN，最大孔径达 559 mm。所有 P&H 钻机均装备以 PLC 为基础的控制系统，把钻机上的全部控制和显示功能集合为一体。可控制钻机的自动钻进、水平找平、主压缩空气供应、自动润滑、液压系统和马达动作、回转速度和传动、提升运动和传动以及行走运动等工作；同时，监测钻机的液压和空气过滤器、钻进深度和钻进速度、作业参数以及各种传动中的任何故障，压缩空气和油的临界温度、PLC 的输入和输出状态等全部信息都能在驾驶室的计算机上显示。

3）国内牙轮钻机的现状及主要厂家的技术特点

我国从 20 世纪 60 年代起开始研制牙轮钻机，经过多次改良和淘汰，现在还在生产和使用的有 KY 和 YZ 两大系列 12 种型号。主要研制单位有：洛阳矿山机械工程设计研究院、南昌凯马有限公司和中钢衡重公司等。国产牙轮钻机已达到美国 20 世纪 90 年代初的技术水平，但在整体性能上与国外当今的同类产品差距很大，具体体现在品牌单一，表现为动力单一，功能单一，结构形式单一，传动方式落后等。

（1）南昌凯马 KY 系列牙轮钻机，全部配套件均立足国内，因而制造成本相对低廉，主要有 KY - 250 型和 KY - 310 型及其派生产品。洛阳矿山机械工程设计研究院和南昌凯马有限公司合作开发的 KY - 250A 型钻机在宝钢白云鄂博铁矿 $f16 ~ f20$ 的矿岩上穿孔，日穿孔效率为 128 ~ 199.5 m/（台·日），最高为 644 m/（台·日），超过了比塞洛斯公司 45 - R 在该矿日最高进尺 570 m 的纪录，并获得国家科技进步特等奖，国家金质奖。、KY - 310 型钻机轴压 0 ~ 490 kN，钻进速度 0 ~ 4.5 m/min，爬坡能力为 12°，行走速度 0 ~ 0.78 km/h。钻机采用了交流变频电机驱动，顶部回转，减速机—封闭链条—齿轮齿条连续加压，高钻架，电动、气动、液压联合操纵，压气排渣工作机构可在 $f ≥ 5$ 的各种矿岩上穿凿 310 mm、孔深为 18 m 的爆破炮孔。

（2）中钢衡重公司主要生产 YZ－35 型和 YZ－5 型及其派生产品。YZ－35 型钻机也是获得国家金质奖的产品，性能超过比塞洛斯公司的 45－R。YZ－55 型钻机是目前我国生产的最大型号的牙轮钻机，YZ－55A 已应用于首钢秘鲁铁矿。为增大钻头的推进力度，YZ－55 型钻机在回转系统和主传动机构设计了 3 个交流变频电机，以满足提高电压和频率的需要，这一设计在国内尚属首创。此外，中钢衡重还在 YZ－55 型牙轮机上应用了可编程控制器 PLC、人机界面 HMI 技术，改进了空压机，并将机棚与驾驶室分离等，增强了整机的防腐防锈功能。

4）国内、外牙轮钻机的发展趋势

现代化牙轮钻机总的趋势是规格向大型化、高效化方向发展；系统向全自动化、智能化方向发展；结构上向形式多样化、结构简单化和高可靠性、高适应性方向发展；操作上向提高舒适性和易维修性方向发展；大型牙轮转机的市场前景及发展趋势随着采矿业投资力度的不断加大，大型牙轮钻机的需求也在加大，尤其在露天煤矿。当前国内、外牙轮钻机的发展趋势有：1）提高钻孔直径大型露天矿山牙轮钻机的钻孔直径由 310 mm、380 mm 已趋向 406 mm、445mm，目前已发展到 559 mm；2）加大轴压力、回转功率、排碴风量风压和钻机重量，实行强化钻进；3）采用高钻架长钻杆，减少钻机的辅助作业时间；4）使钻机一机多用，能钻倾斜炮孔，以满足采矿工艺方面的要求；5）采取措施，提高牙轮钻头的使用寿命；6）发展电力传动，采用静态控制驱动交、直流电机；7）改善司机的劳动条件，增加司机室的舒适程度；8）提高钻机的自动化水平，全面提高钻机的经济效益；9）采用 PLC－视屏系统，可随时向司机提供运转的各种性能参数[89]。

综上所述，今后牙轮钻机将具有如下发展趋势：几乎所有的制造厂家都开始采用计算机辅助设计方法，以提高设计工作效率、钻机本身则围绕着增强生产能力和作业效率、提高可靠性和安全性、改善操作环境和工作条件，来不断改进结构，推出新机型。尤其是在大型钻机上，使用随机计算机来自动控制钻机主要工作参数以及对钻机主要工作过程进行监控，以提高穿孔效率，降低故障率和生产成本，特别是将牙轮钻进和潜孔冲击器结合使用能有效提高牙轮钻进的钻进速度，也是一种钻进坚硬地层的一种有效钻进方法。

# 参考文献

[1]刘广志.岩芯钻探事故预防与处理[M].北京：地质出版社，1986.

[2]李世忠，钻探工艺学[M]，北京：地质出版社，1990.

[3]汤凤林、А.Г.加里宁、段隆臣.岩芯钻探学[M].武汉：中国地质大学出版社，2009.

[4]楼日新.复杂地层潜孔锤跟管钻进技术研究[D].成都：成都理工大学，2007.

[5]刘灿铭.国内破碎复杂地层钻进技术的研究现状与展望[J].甘肃科技，2010，26（14）：78－80.

[6]熊清林.钻探复杂条件分类初探[D].长沙：中南大学.2011.

[7]徐耀鉴，张绍和，杨仙.弱包镶金刚石钻头在高地应力地层中的应用研究[J].金刚石与磨料磨具工程.2008(1)：27－30.

[8]胡郁乐，张绍和.钻探事故预防与处理知识问答[M].武汉：中国地质大学出版社，2010.

[9]邓晓春，胡海军.复杂地层成因分析与钻探工艺研究[J].西部探矿，2008(12)：106－107.

[10]曾祥熹，陈志超.钻孔护壁堵漏原理[M].北京：地质出版社，1986.

[11]石立明.复杂地层岩芯钻探综合治理技术[J].探矿工程（岩土钻掘工程）2008(2)：12－15.

[12]姚爱国，彭金龙.钻探技术新进展[J].地质与勘探，2000.36(2)：1－4.

[13]熊继有，程仲.随钻防漏堵漏技术的研究与应用进展[J].钻采工艺，2007，30（2）：7－10.

[14]董永刚.复杂地层钻进护壁堵漏技术[J].西部探矿工程，2011(10)：87－89.

[15]王政敏，朱庆法.复杂地层钻进难的综合治理[J].西部探矿工程，2001(6)：97－98.

[16]王祖平，隆威.复杂地层成因分析及钻进技术措施[J].广东建材，2010(5)：105－106.

[17]魏宏超，唐志进.裂隙性储层堵漏剂配方优选实验[J].钻井液与完井液，2010，27(3)：38－40.

[18]陈森，朱璞.复杂地层成因分析及钻进技术对策[J].安徽建筑，2011(4)：89－90.

[19]张永勤，刘辉.复杂地层钻进技术的研究与应用[J].探矿工程(岩土钻掘工程)，2001（增刊）：159－165.

[20]杜焕文，胡忠义.常用硅酸盐水泥护壁堵漏实践与探讨[J].煤田地质与勘探，1992，20（2）：63－67.

[21]隋洪久，修正春.复杂地层冲击反循环钻进技术要点[J].西部探矿工程，2006(4)：204～205.

[22]薛玉志，唐代绪.可控膨胀堵漏剂包覆工艺技术研究[J].钻井液与完井液，2008，25(5)：23－25.

[23]王中华.聚合物凝胶堵漏剂的研究与应用进展[J].精细与专用化学品，2011，19(4)：16－

19.

[24] 朱宗，培费立. 泡沫泥浆钻进工艺及护壁堵漏机理研究[J]. 探矿工程，1996(5)：34 – 36.

[25] 王长新，胡卫平. 复杂地层深孔钻进的泥浆应用浅述[J]. 中州煤炭，2009(9)：45 – 46。

[26] 廖长生. 复杂地层钻进技术浅析[J]. 西部探矿工程，2009(2)：70 – 71.

[27] 卢春华，鄢泰宁. 提高复杂地层取芯质量的新型钻具[J]. 地质与勘探，2009，45（2）：
112 – 114.

[28] 孙满军，冯基东. 浅谈第四系复杂地层钻探技术[J]. 吉林地质，2010，29（2）：151 – 152.

[29] 孙平贺，乌效鸣，等. 大宝山复杂钼矿地层钻孔堵漏技术研究与应用[J]. 地质与勘探，
2010，46(1)：132 – 136.

[30] 王政敏，朱庆法. 复杂地层钻进难的综合治理[J]. 西部探矿工程，2001(6)：104 – 105.

[31] 刘睦峰，彭振斌. 砂卵石层泥浆护壁与旋挖钻进工艺[J]. 中南大学学报（自然科学版），
2010，41(1)：265 – 270.

[32] 王发民，石永泉. 大溶隙岩溶地层的有效钻孔堵漏方法[J]. 探矿工程（岩土钻掘工程），
2007(3)：15 – 17.

[33] 安庆宝，崔迎春. 复杂地层条件下钻井液优化使用的探讨[J]. 钻井液与完井液，2004，21
(4)：1 – 5.

[34] 刘晓阳，姜德英. 松散岩层钻探技术应用研究进展及其主要成果[J]. 铀矿地质 2005，21
(3)：169 – 176.

[35] 张雷，王福春. 泥浆护壁钻探成孔技术在流砂地层中的应用[J]. 林业科技情报，2003，35
(1)：68.

[36] 陈娜，朱磊. 厚松散层钻探工艺技术[J]. 陕西地质，2007，25(2)：66 – 71.

[37] 卢采田. 煤田地质钻探中水敏性地层护壁问题及解决办法[J]. 西部探矿工程，2010(6)：
64 – 67.

[38] 刘灿铭. 国内破碎复杂地层钻进技术的研究现状与展望[J]. 甘肃科技，2010，26(14)：
78 – 80.

[39] 唐进军，黄贡生. CL 植物胶复合无固相冲洗液在复杂地层绳索取芯钻进中的应用与研究
[J]. 探矿工程（岩土钻掘工程），2007(11)：25 – 29.

[40] 卢敦华，何忠明. 巨厚松散层的钻进工艺技术[J]. 矿冶工程，2006，26(5)：6 – 9.

[41] 王达，何远信，等. 地质钻探手册[M]. 长沙：中南大学出版社，2014.

[42] 余伦秀. 浅谈提高工勘中岩芯采取率的几点措施[J]. 地质学报，2009，29(2)：204 – 206.

[43] 黄开明. 复杂地层条件下绳索取芯钻探工艺运用探讨[J]. 广东科技，2009(6)：291 – 292.

[44] 王集荣，杨家久. 水泥土搅拌桩钻心法检测钻具的选取[J]. 广州建筑，2009（6）：
23 – 25.

[45] 刘晓东. 滑坡勘察新方法—空气潜孔锤取芯跟管钻进技术[D]. 成都：成都理工大
学，2007.

[46] 张美南. 钻探专业评述[J]. 电力勘测，2000(27)：7 – 12.

[47] 颜纯文. 美国宝长年公司推出 XF4200 新型地表岩芯钻机[J]. 地质装备，2010，11(2)：
19 – 20.

[48] 陈云坤. ZK24403 孔钻探施工技术[J]. 云南科技管理, 2010, 23(2): 87 – 88.

[49] 何远信, 夏柏如, 赵尔信. 环境科学钻探取样技术研究[J]. 现代地质, 2005(3): 471 – 474.

[50] 何远信. 环境科学钻探技术研究[D]. 北京: 中国地质大学(北京), 2006.

[51] 石立明. 复杂地层岩芯钻探综合治理技术[J]. 探矿工程(岩土钻掘工程), 2008, 35(2): 12 – 15.

[52] 廖长生. 复杂地层钻进技术浅析[J]. 西部探矿工程, 2009, 21(2): 70 – 71.

[53] 舒智. 复杂地层深孔钻进关键技术的探讨与实践[J]. 探矿工程(岩土钻掘工程), 2009, 36: 161 – 166.

[54] 鄢泰宁. 岩土钻掘工程学[M]. 武汉: 中国地质大学出版社, 2001.

[55] (苏)E·里乌诺夫等著, 杨若期译. 勘探钻孔定向钻进[M], 长沙: 化工部长沙化学矿山研究院, 1982.

[56] 郭绍什. 钻探手册[M]. 武汉: 中国地质大学出版社, 1993.

[57] 李世忠. 钻探工艺学[M]. 北京: 地质出版社, 1989.

[58] 符文熹, 聂德新, 尚岳全, 等. 地应力作用下软弱层带的工程特性研究[J]. 岩土工程学报, 2002, 24(5): 584 ~ 587.

[59] 魏宗智, 王志远. 坑道水平钻探主要技术问题的探讨[J]. 甘肃冶金, 2003(12): 9 – 13.

[60] 汤凤林, 等. 岩芯钻探学[M]. 武汉: 中国地质大学出版社, 1997.

[61] 黄醒春. 岩石力学[M]. 北京: 高等教育出版社, 2005.

[62] 苏恺之. 地应力测量方法[M]. 北京: 地震出版社, 1985.

[63] 邓金根, 张洪生. 钻井工程中开壁失稳的力学机理[M]. 北京: 石油工业出版社, 1998.

[64] 徐芝纶. 弹性力学[M]. 北京: 人民教育出版社, 1980.

[65] 薛强. 弹性力学[M]. 北京: 北京大学出版社, 2006.

[66] 苏恺之编著, 地应力测量方法[M], 地震出版社, 1985 年 03 月第 1 版.

[67] Li Jian – Zhong, Ni Xi, Yin Xiaohong. Modelling study on geothermal well under high geostress [C], Asia – Pacific Power and Energy Engineering Conference, 28 – 31 March, 2010, Chengdu, China.

[68] 曾德智, 林元华, 张莉, 等. 非均匀地应力下套管受力影响因素研究[J]. 石油: 石油钻采工艺, 2006(5), 7 – 9.

[69] 李军, 柳贡慧. 非均质地应力条件下磨损位置对套管应力的影响研究[J]. 天然气工业, 2006(7), 77 – 90.

[70] 姚良秀. 准噶尔盆地钻井关键技术研究与应用[D]. 西安: 西安石油大学, 2010.

[71] 张统得, 陈礼仪, 贾军, 李前贵. 汶川地震断裂带科学钻探项目钻井液技术与应用[J], 探矿工程, 2014(9): 139 – 142.

[72] 潘殿琦. 冻土可钻性影响因素及其分级的试验研究[D]. 长春: 吉林大学. 2006.

[73] 张志红. 冻土可钻性理论分析及影响因素探讨[J]. 工程地质学报, 2004. 12(3): 259 – 262.

[74] 蒋国盛, 周刚, 汤凤林. 冻土钻孔内的温度分布—冻土钻探专题之一[J]. 探矿工程(岩土

钻掘工程). 2002(1): 41-44.

[75]汤凤林, 张生德, 蒋国盛, 等. 天然气水合物地层钻井时井内温度特征的分析研究[J]. 煤田地质与勘探. 2003. 31(2): 58-60.

[76]刘海波. 祁连山区永冻地层钻探工程施工方法[J]. 探矿工程(岩土钻掘工程). 2008(12): 12-14.

[77]王永贵. 冻土区钻进技术的研究[J]. 煤炭技术. 2003. 22(12): 98.

[78]邱信庆. 大兴安岭多年冻土工程地质钻探特点[J]. 冰川冻土. 1993. 15(2): 418-420.

[79]冯哲. 抗低温钻井液性能的研究[D]. 长春: 吉林大学. 2008.

[80]张红红, 等. 聚合物钻井液防塌机理的试验研究[J]. 探矿工程(岩土钻掘工程 2007). 34(1): 44-46.

[81]贾志耀, 周兢. 青海木里煤田永久冻土地层钻探技术研究[J]. 中国煤炭地质. 2013. 25(10): 59-62.

[82]罗爱云, 段隆臣, 王伟雄, 田永常. "打滑"地层新型孕镶金刚石钻头[J]. 地质科技情报, 2007, (1): 109-111

[83]张丽, 杨凯华. 金刚石钻头钻进坚硬致密弱研磨性岩层的研究现状及进展[J]. 金刚石与磨料磨具工程, 2003, (1): 30-32.

[84]谭建国, 张所邦, 刘健, 宋鸿. 鄂西地区坚硬""打滑""地层钻进方法[J]. 探矿工程(岩土钻掘工程), 2011: (4): 22-24.

[85]孙秀梅, 刘建福. 坚硬"打滑"地层孕镶金刚石钻头设计与选用[J]. 探矿工程(岩土钻掘工程), 2009, (2): 75-78.

[86]侯满柱, 王保会, 赵永瑞. 坚硬地层金刚石钻进参数的选择[J]. 山西建筑, 2005, (3): 70-71.

[87]蒋荣庆, 张祖培. 液动冲击回转钻进技术简介[J]. 煤田地质与勘探, 1980, (4): 90-96.

[88]赵志强, 贯通式潜孔锤反循环取芯关键技术与试验研究[D]. 长春: 吉林大学. 2013.

[89]贺建平, 鲁娜. 浅谈国内外牙轮钻机的现状及发展趋势[J]. 机械管理开发.

**图书在版编目(CIP)数据**

复杂地层钻探技术/彭振斌,孙平贺,曹函等编著.
—长沙:中南大学出版社,2015.11
ISBN 978 - 7 - 5487 - 2066 - 9

Ⅰ.复...Ⅱ.①彭...②孙...③曹...Ⅲ.复杂地层 – 钻探
Ⅳ.P634

中国版本图书馆 CIP 数据核字(2015)第 296696 号

## 复杂地层钻探技术

彭振斌　孙平贺　曹　函　等编著

| | | |
|---|---|---|
| □责任编辑 | 刘小沛　　胡业民 | |
| □责任印制 | 易建国 | |
| □出版发行 | 中南大学出版社 | |
| | 社址:长沙市麓山南路 | 邮编:410083 |
| | 发行科电话:0731-88876770 | 传真:0731-88710482 |
| □印　　装 | 长沙鸿和印务有限公司 | |

| | | | | | |
|---|---|---|---|---|---|
| □开　　本 | 720×1000　1/16 | □印张 20.5 | □字数 397 千字 | | |
| □版　　次 | 2015 年 11 月第 1 版 | □印次　2015 年 11 月第 1 次印刷 | | | |
| □书　　号 | ISBN 978 - 7 - 5487 - 2066 - 9 | | | | |
| □定　　价 | 77.00 元 | | | | |

图书出现印装问题,请与经销商调换